annual reports
in organic
synthesis - 1990

ANNUAL REPORTS IN ORGANIC SYNTHESIS

ANNUAL REPORTS IN ORGANIC SYNTHESIS-1970
John McMurry and R. Bryan Miller, Eds.

ANNUAL REPORTS IN ORGANIC SYNTHESIS-1971
John McMurry and R. Bryan Miller, Eds.

ANNUAL REPORTS IN ORGANIC SYNTHESIS-1972
John McMurry and R. Bryan Miller, Eds.

ANNUAL REPORTS IN ORGANIC SYNTHESIS-1973
R. Bryan Miller and Louis S. Hegedus, Eds.
John McMurry, Series Editor

ANNUAL REPORTS IN ORGANIC SYNTHESIS-1974
Louis S. Hegedus and Stephen R. Wilson, Eds.
R. Bryan Miller, Series Editor

ANNUAL REPORTS IN ORGANIC SYNTHESIS-1975
R. Bryan Miller and L. G. Wade, Jr., Eds.

ANNUAL REPORTS IN ORGANIC SYNTHESIS-1976
R. Bryan Miller and L. G. Wade, Jr., Eds.

ANNUAL REPORTS IN ORGANIC SYNTHESIS-1977
R. Bryan Miller and L. G. Wade, Jr., Eds.

ANNUAL REPORTS IN ORGANIC SYNTHESIS-1978
L. G. Wade, Jr., and Martin J. O'Donnell, Eds.

ANNUAL REPORTS IN ORGANIC SYNTHESIS-1979
L. G. Wade, Jr., and Martin J. O'Donnell, Eds.

ANNUAL REPORTS IN ORGANIC SYNTHESIS-1980
L. G. Wade, Jr., and Martin J. O'Donnell, Eds.

ANNUAL REPORTS IN ORGANIC SYNTHESIS-1981
L. G. Wade, Jr., and Martin J. O'Donnell, Eds.

ANNUAL REPORTS IN ORGANIC SYNTHESIS-1982
L. G. Wade, Jr., and Martin J. O'Donnell, Eds.

ANNUAL REPORTS IN ORGANIC SYNTHESIS-1983
Martin J. O'Donnell and Louis Weiss, Eds.

ANNUAL REPORTS IN ORGANIC SYNTHESIS-1984
Martin J. O'Donnell and Louis Weiss, Eds.

ANNUAL REPORTS IN ORGANIC SYNTHESIS-1985
Martin J. O'Donnell and Eric F. V. Scriven, Eds.

ANNUAL REPORTS IN ORGANIC SYNTHESIS-1986
Eric F. V. Scriven and Kenneth Turnbull, Eds.

ANNUAL REPORTS IN ORGANIC SYNTHESIS-1987
Eric F. V. Scriven and Kenneth Turnbull, Eds.

ANNUAL REPORTS IN ORGANIC SYNTHESIS-1989
Kenneth Turnbull and Daniel M. Ketcha, Eds.

annual reports in organic synthesis – 1990

edited by

Kenneth Turnbull
Wright State University
Dayton, Ohio

Phillip Weintraubull
Merrell Dow Research Institute
Cincinnati, Ohio

Daniel M. Ketcha
Wright State University
Dayton, Ohio

James Keay
Reilly Industries
Indianapolis, Indiana

ACADEMIC PRESS, INC.
Harcourt Brace Jovanovich, Publishers
San Diego New York Boston London Sydney Tokyo Toronto

QD
262
.A558
1990

This book is printed on acid-free paper. ∞

Copyright © 1990 by Academic Press, Inc.
All Rights Reserved.
No part of this publication may be reproduced or transmitted in any form or
by any means, electronic or mechanical, including photocopy, recording, or
any information storage and retrieval system, without permission in writing
from the publisher.

Academic Press, Inc.
San Diego, California 92101

United Kingdom Edition published by
Academic Press Limited
24-28 Oval Road, London NW1 7DX

Library of Congress Catalog Card Number: 71-167779

ISBN   0-12-040820-1   (alk. paper)

Printed in the United States of America
90 91 92 93   9 8 7 6 5 4 3 2 1

CONTENTS

PREFACE x
JOURNALS ABSTRACTED xii
GLOSSARY OF ABBREVIATIONS xiv

I. CARBON–CARBON BOND FORMING REACTIONS
A. Carbon–Carbon Single Bonds (see also: I.E., I.F., I.G., I.H.) 1
   1. Alkylations of Aldehydes, Ketones, and Their Derivatives 1
   2. Alkylations of Nitriles, Acids, and Acid Derivatives 9
   3. Alkylations of β–Dicarbonyl, β–Cyanocarbonyl Systems,
      and Other Active Methylene Compounds 15
   4. Alkylations of N-, P-, S-, Se and Similar Stabilized
      Carbanions 20
   5. Alkylations of Organometallic Reagents (see also: I.B.3.,
      I.F., I.G.) 22
   6. Other Alkylation Procedures 30
   7. Nucleophilic Addition to Electron–Deficient Carbon 32
      a. 1,2–Additions 32
         (1) Aldol–Type Condensations 32
            (a) Intermolecular 32
         (2) Addition of N-, P-, S-, or Similar Stabilized
             Carbanions 44
         (3) Addition of Organometallic Species 47
         (4) Others 63
      b. Conjugate Additions 66
         (1) Enolate–Type Carbanions 66
         (2) Organometallic Reagents 72
         (3) Other Conjugate Additions 79
   8. Other CarbonN dashCarbon Single Bond
      Forming Reactions 82
B. Carbon–Carbon Double Bonds (see also: I.E.1.) 92
   1. Wittig–Type Olefination Reactions 92
   2. Eliminiations 103
      a. Alcohols and Derivatives 103
      b. Halides 106
      c. Other Eliminations 108
   3. Other Carbon–Carbon Double Bond Forming Reactions 111
   4. Allene Forming Reactions 131

- C. Carbon–Carbon Triple Bonds 133
- D. Cyclopropanations 138
  1. Carbene or Carbenoid Additions to a Multiple Bond 138
  2. Other Cyclopropanations 142
- E. Thermal and Photochemical Reactions 147
  1. Cycloadditions 147
  2. Other Thermal Reactions 167
  3. Photochemical Reactions 169
- F. Aromatic Substitutions Forming a New Carbon–Carbon Bond 176
  1. Friedel–Crafts Type Aromatic Substitution Reactions 176
  2. Coupling Reactions to Form an Aromatic Carbon–Carbon Bond ... 179
  3. Other Aromatic Substitutions 184
- G. Synthesis via Organometallics 191
  1. Synthesis via Organoboranes 191
  2. Carbonylation Reactions 195
  3. Other Synthesis via Organometallics 201
  4. Organometallic Reviews 203
- H. Rearrangements 205
  1. Claisen, Cope, and Similar Processes 205
  2. Other Rearrangements 209

II. OXIODATIONS

- A. C–O Oxidations 215
  1. Alcohol → Ketone, Aldehyde 215
- B. C–H Oxidations 217
  1. C–H → C–O 217
  2. C–H → C–Hal 222
- C. C–N Oxidations 225
- D. Amine Oxidations 226
- E. Sulfur Oxidations 227
- F. Oxidative Additions to C–C Multiple Bonds 228
  1. Expoxidations 228
  2. Hydroxylation 231
  3. Other Oxidative Additions to C–C Multiple Bonds 233
- G. Phenol–Quinone Oxidation 235
- H. Dehydrogenation 235
- I. Reviews 236

III. REDUCTIONS

- A. C=O Reductions 238
- B. C–N Multiple Bond Reductions 244

		1. Imine Reductions	244
		2. Reduction of Heterocycles	245
	C.	Reduction of Sulfur Compounds	246
	D.	N–O Reductions	247
	E.	C–C Multiple Bond Reductions	249
		1. C=C Reductions	249
		2. C≡C Reductions	253
	F.	Hetero Bond Reductions	254
		1. C–O → C–H	254
		2. C–Hal → C–H	258
		3. C–S → C–H	260
		4. C–N → C–H	261
	G.	Reductive Cleavages	262
		1. Oxiranes	262
		2. N–O Cleavage	262
		3. Others	262
	H.	Reduction of Azides	263
	I.	Reductive Cyclizations	264
	J.	Other Reductions	265
	K.	Reviews	265

IV. SYNTHESIS OF HETEROCYCLES

	A.	Oxiranes, Aziridines, and Thiiranes	267
	B.	Oxetanes, Thietanes, and Azetidines	269
	C.	Lactams	270
	D.	Lactones	277
	E.	Furans and Thiophenes	285
	F.	Pyrroles, Indoles, etc	293
	G.	Pyridines, Quinolines, etc	303
	H.	Pyrans, Pyrones, and Sulfur Analogues	309
	I.	Other Heterocycles with One Heteroatom	314
	J.	Heterocycles with a Bridgehead Heteroatom	318
	K.	Heterocycles with Two or More Heteroatoms	320
		1. Heterocycles with 2 N's	320
		a. 5-Membered	320
		b. 6-Membered	323
		2. Heterocycles with 2 O's or 2 S's	326
		3. Heterocycles with 1 N and 1 O	328
		4. Heterocycles with 1N and 1S	334
		5. Heterocycles with 1 O and 1 S	338
		6. Heterocycles with 3 or more N's	339
		7. Heterocycles with 2 N's and 1 O	342
	L.	Other Heterocycles	343
	M.	Reviews	347

V. PROTECTING GROUPS
- A. Hydroxyl 354
- B. Amine Protecting Groups 360
- C. Carboxyl Protecting Groups 362
- D. Protecting Groups for Aldehydes and Ketones 364
- E. Amino Acid Protection 367

VI. USEFUL SYNTHETIC PREPARATIONS
- A. Functional Group Preparations 372
  1. Acids and Anhydrides (see also: I.G.2.) 372
  2. Alcohols (see also: II.B.1., III.A.) 375
  3. Alkyl and Aryl Halides (see also: II.B.2.) 378
  4. Amides 385
  5. Amines and Carbamates 389
  6. Amino Acids and Derivatives 393
  7. Esters (see also: I.G.2., IV.D., V.C.) 397
  8. Ethers 401
  9. Aldehydes and Ketones (see also: I.A.1., II.A.1., III.F.1., V.E.) 403
  10. Nitriles and Imines 405
  11. Azides 408
  12. Other N–Containing Functional Groups 409
- B. Additions to Alkenes or Alkynes 411
- C. Sulfur Compounds 413
- D. Phosphorus, Selenium, and Tellurium Compounds 418
- E. Nucleotides, etc 421
- F. Silcon Compounds 422
- G. Tin Compounds 425

VII. OTHER REVIEWS
- A. Techniques 427
- B. Asymmetric Synthesis and Molecular Recognition 429
- C. Reactions 431
- D. Reactive Intermediates 435
- E. Organo–metallics and –metalliods 436
- F. Halogen–Compounds and Halogenation (see also: VI.A.3.) 440
- G. Natural Products 441
- H. Others 443

AUTHOR INDEX 445

PREFACE

One of the most difficult problems facing chemists today is that of "keeping up with the literature." For several reasons, the problem is particularly severe for the synthetic organic chemist. Bits of information of potential use are scattered throughout common chemistry journals and can be found in any paper, not just those dealing strictly with synthesis. Thus, synthetic chemists must read a large number of journals and must organize and index what they read to make the information available for future reference. All synthetic chemists do this, but the task is becoming more difficult each year as the flow of information increases.

The problem, however, is shared to some extent by all. Most organic chemists are at some time faced with the problem of synthesizing a desired material, and for many the problems are formidable. Nonspecialists faced with the synthetic problem are not likely to have kept pace with the developments in synthetic chemistry that may well solve their problems, and they will not have the necessary information in their files.

Thus, we felt that an organized annual review of synthetically useful information would prove beneficial to nearly all organic chemists, both specialists and nonspecialists in synthesis. It should help relieve some of the information storage burden of the specialist and should enable the nonspecialist who is seeking help with a specific problem to rapidly become aware of recent synthetic advances. Ideally also, it should appear as promptly as possible after the close of the abstracting period. As in the past years, we have placed particular emphasis on keeping the abstracts as concise as possible, while indicating the generality of the reactions involved. We have tried to combine similar publications into inclusive abstracts, particularly in Chapters I and IV. This practice has allowed us to include a larger number of references without a substantial increase in the book's length. It should be noted that where multiple abstracts are included the diagrams correspond to the first mentioned of these. The remaining abstracts are similar but not identical.

In producing *Annual Reports in Organic Synthesis—1990* we have abstracted 46 primary chemistry journals, selecting useful synthetic advances. We have tried to present the information in an organized manner, emphasizing rapid visual retrieval. Only the common journals received by our libraries have been abstracted. Any journal received after March 1, 1990 will be covered in the next volume. We have also exercised selectivity in choosing which papers to abstract. Our general guidelines have been to include all reactions and methods that are new, synthetically useful, and reasonably general. Each entry is composed primarily of structures, accompanied by very few comments. The purpose of this emphasis is to aid the reader in scanning the book. The mind is capable of absorbing a whole picture in an instant but is considerably slowed by having to read sentences. If the pictures presented catch the reader's interest, he or she should then seek details from the original paper.

We have included an author index based on the name of the senior author or sometimes the first author. No subject index is included because to do so would greatly increase both the cost of the book and the lead time for publication. Instead, we have chosen to use an extensive table of contents. Chapters I–III are organized by reaction type and constitute a major part of the book. The organization of these sections is self-explanatory; thus, there should be no difficulty in locating a new method of oxidation or a new cyclopropanation procedure. Chapter IV deals with methods of synthesizing heterocyclic systems, and Chapter V covers the use of new protecting groups. Chapter VI covers those synthetically useful transformations that do not fit easily into the first three chapters. Chapter VII has been divided into sections in order to help the reader to quickly find a review on a specific topic.

Any undertaking of this type involves a series of compromises. We have chosen to emphasize reasonable cost, rapid publication, and rapid visual retrieval of information at the admitted expense of detail and beauty.

The arduous task of typing the manuscript was carried out by Marcia Ketcha, Ken Turnbull, and Phil Weintraub. In addition, Marcia Ketcha's help in preparing the author index is gratefully acknowledged.

Senior and Contributing Editor
Kenneth Turnbull

Contributing Editors
Daniel M. Ketcha
Phillip M. Weintraub
James Keay

JOURNALS ABSTRACTED

Accounts of Chemical Research
Acta Chemica Scandinavica
Aldrichimica Acta
Angewandte Chemie International Edition in English
Australian Journal of Chemistry
Bulletin of the Chemical Society of Japan
Bulletin de Sociétés Chimiques Belges
Bulletin de la Société Chimique de France
Canadian Journal of Chemistry
Chemical and Pharmaceutical Bulletin
Chemical Reviews
Chemical Society Reviews
Chemische Berichte
Chemistry and Industry
Chemistry Letters
Collection of Czechoslovakian Chemical Communications
Gazzetta Chimica Italiana
Helvetica Chimica Acta
Heterocycles
Indian Journal of Chemistry
Journal of the American Chemical Society
Journal of Chemical Research (S)
Journal of the Chemical Society (Perkin I)
Journal of the Chemical Society (Perkin II)
Journal of Heterocyclic Chemistry
Journal of Medicinal Chemistry
Journal of Organic Chemistry
Journal of Organic Chemistry (USSR)
Journal of Organometallic Chemistry
Journal für Praktische Chemie
Liebigs Annalen der Chemie
Monatschefte für Chemie
Organic Preparations and Procedures International
Organic Synthesis
Organometallics
Pure and Applied Chemistry
Recueil des Travaux Chimiques des Pays-bas
Russian Chemical Reviews
Synthesis
Synthetic Communications
Tetrahedron
Tetrahedron Letters
Topics in Current Chemistry
Zeitschrift für Chemie
Zeitschrift für Naturforschung, Teil B

GLOSSARY OF ABBREVIATIONS

AA amino acid
Ac acetyl
acac acetonylacetone
AIBN azobisisobutyronitrile
An para anisyl
Ar aryl
9-BBN 9-borabicyclo[3.3.1]nonane
BINAP (DINAP) 2,2'-bis-(diphenylphosphino)-1,1'-binaphthyl
Boc t-butyloxycarbonyl
bpy bipyridyl
BQ benzoquinone
BSA N,O-bis silylacetamide
Bu butyl
Bn benzyl
BPPM t-butoxycarbonyl-4-(diphenylphosphino)-2-(diphenylphosphino)methyl)pyrrolidine
Bz benzoyl
CAN ceric ammonium nitrate
Cbz benzyloxycarbonyl
COD 1,5-cyclooctadiene
Cp cyclopentadienyl
CRA complex reducing agents
CSA camphor sulfonic acid
DABCO 1,4-diazabicyclo[2.2.2]octane
dba dibenzylidene acetone
DBU 1,5-diazabicyclo[5.4.0]undec-5-ene
DCB diclorobenzene
DCC dicyclohexylcarbodiimide
DDQ 2,3-dichloro-5,6 dicyanobenzoquinone
de diastereomeric excess
DEAD diethyl azodicarboxylate
DET diethyl tartrate
DIBAH (DIBAL) diisobutylaluminum hydride

DIOP 2,3-O-isopropylidene-2, 3-dihydroxy-1, 4-bis(diphenylphosphino)butane
DMAD dimethyl acetylenedicarboxylate
DMAP 4-N,N-dimethylaminopyridine
DME dimethoxyethane
DMF dimethylformamide
DMPS dimethylphenylsilyl
DMSO dimethylsulfoxide
DPPE,dppe diphenylphosphinoethane
dppf dichloro[1,1'bis(diphenylphosphino)-ferrocene]
dr diastereomeric ratio
ds diastereoselectivity
E general electrophile
ee enantiomeric excess
Et ethyl
EWG electron-withdrawing group
fl flavin
FVP flash vacuum pyrolysis
FVT flash vacuum thermolysis
Hap hydroxyapatite
HMDS 1,1,1,3,3,3-hexamethyldisilazane
HMPA,HMPT hexamethylphosphoramide
Hν irradiation with light
LDA lithium diisopropylamide
MCPBA m-chloroperbenzoic acid
Me methyl
Mek methyl ethyl ketone
MEM b-methoxyethoxymethyl
Mes mesityl
MOM methoxymethyl
Ms methanesulfonyl
MS molecular sieves
MSA methanesulfonic acid
NBS N-bromosuccinimide

NIS	*N*-iodosuccinimide
Np	naphthyl
[O]	general oxidation
Ⓟ	polymeric backbone
PDC	pyridinium dichromate
Ph	phenyl
PMB	para methoxybenzyl
PMP	para methoxyphenyl
PPA	polyphosphoric acid
Pr	propyl
psi	pounds per square inch
pyr	pyridine
PTC	phase-transfer catalysis
PTSA	*p*-toluenesulfonic acid
RaNi	Raney nickel
rt	room temperature
Salen	*N,N*-ethylenebis(salicylide-neiminato)
SEM	b-trimethylsilyl ethoxymethyl
TBAF	tetrabutylammonium fluoride
TBDMS	*t*-butyldimethylsilyl
TBS	*t*-butyldimethylsilyl
TCNE	tetracyanoethylene
TEA	triethylamine
Tf	trifluoromethanesulfonate
TFA	trifluoroacetic acid
TFAA	trifluoroacetic anhydride
THF	tetrahydrofuran
THP	tetrahydropyranyl
TIPS	triisopropylsilyl
TMEDA	tetramethylethylenediamine
TMS	trimethylsilyl
Tol	tolyl
Ts, Tos	*p*-toluenesulfonyl
Z	benzyloxycarbonyl
Δ	heat
18-C-6	18-crown-6

I
CARBON–CARBON BOND FORMING REACTIONS

I.A. Carbon - Carbon Single Bonds

(see also : I.E., I.F., I.G., I.H.)

I.A.1. Alkylations of Aldehydes, Ketones and Their Derivatives

I.A.1-1 J.-P. Gesson et al., *Tetrahedron*, <u>45</u>, 5853 (1989); P.C. Bulman Page et al., *J. Chem. Soc., Perkin Trans. 1*, 185 (1989); P. Bravo et al., *ibid.*, 839 (1989) and *J. Org. Chem.*, <u>54</u>, 5171 (1989); N.-C. Chang et al., *ibid.*, <u>54</u>, 3820 (1989); Y. Koteswar Rao and M. Nagarajan, *ibid.*, <u>54</u>, 5678 (1989); K.F. Podraza and R.L. Bassfield, *ibid.*, <u>54</u>, 5919 (1989); R. Knorr et al., *Chem. Ber.*, <u>122</u>, 1791 (1989); J.E. Saavedra et al., *Synth. Commun.*, <u>19</u>, 1147 (1989); Yu. Goldberg et al., *ibid.*, <u>19</u>, 2489 (1989); E. Wada, S. Kanemasa and O. Tsuge, *Bull. Chem. Soc. Jpn.*, <u>62</u>, 860 (1989); V.V. Shchepin et al., *J. Org. Chem. (USSR)*, <u>25</u>, 660 (1989).

60-81%, 100 : 0 to 44 : 56

other bases and leaving groups employed

I.A.1-2 R. Noyori et al., *J. Org. Chem.*, 54, 1785 (1989).

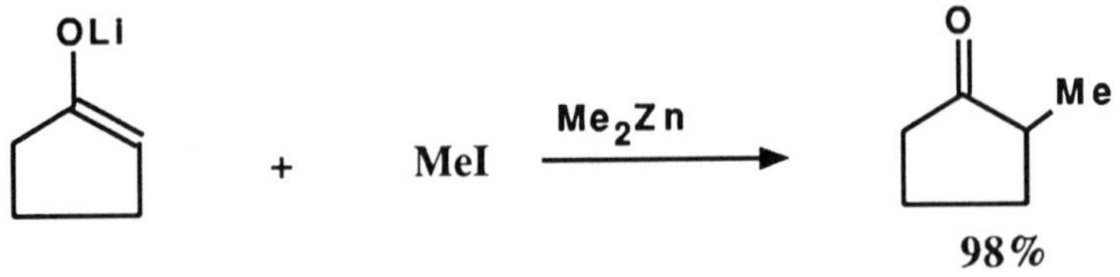

dimethylation suppressed by addition of dimethyl zinc

I.A.1-3 S.G. Davies et al., *J. Organomet. Chem.*, 364, C29 (1989); *Tetrahedron Lett.*, 30, 587 and 2971 (1989) and *J. Chem. Soc., Perkin Trans. 1*, 1162 (1989).

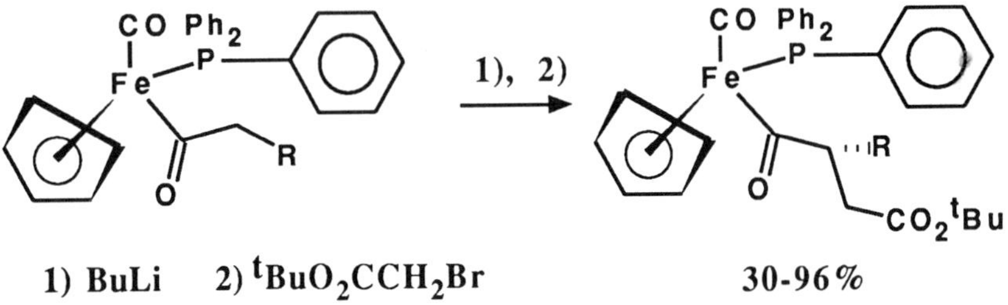

1) BuLi   2) $^tBuO_2CCH_2Br$ 30-96%

I.A.1-4 A.J. Pearson et al., *J. Org. Chem.*, 54, 5141 and 4663 (1989) and *Tetrahedron Lett.*, 30, 5049 (1989); G.R. Stephenson et al., *ibid.*, 30, 2607 (1989).

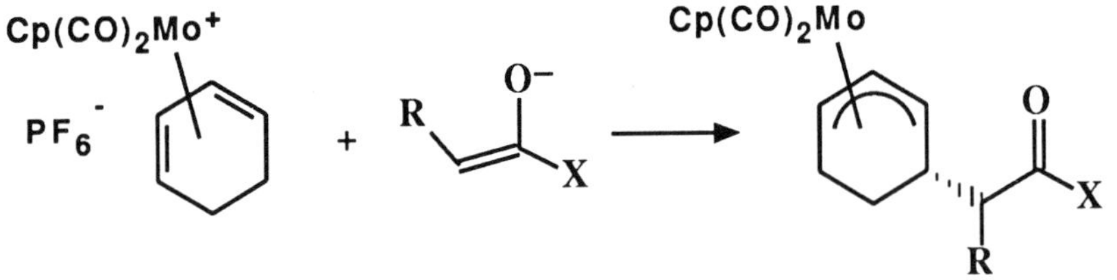

I.A.1-5 S. Fukuzawa et al., *Bull. Chem. Soc. Jpn.*, 62, 2348 (1989).

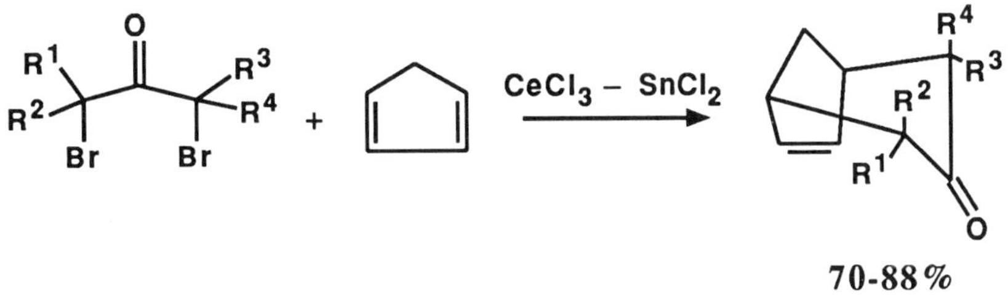

70-88%

I.A.1-6 F.A. Lakhvich et al., *J. Org. Chem. (USSR)*, 24, 1249 (1988); L.G. Lis et al., *ibid.*, 25, 396 (1989); A.S. Demir and D. Enders, *Tetrahedron Lett.*, 30, 1705 (1989).

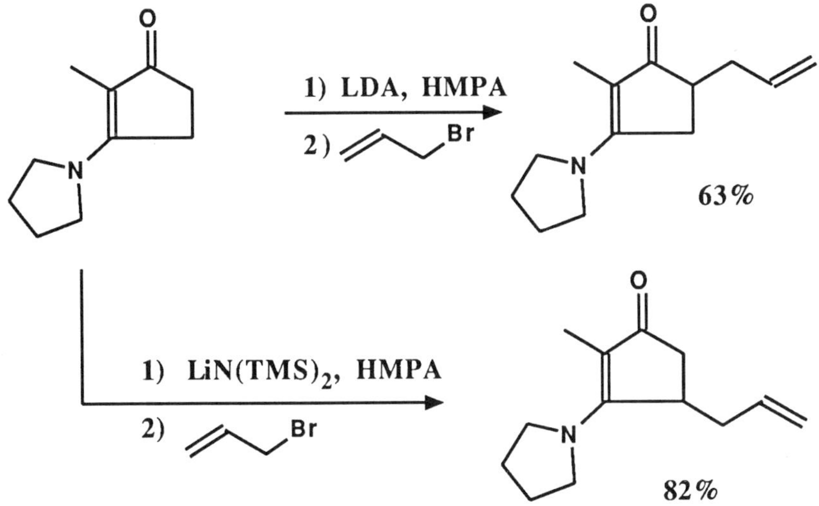

63%

82%

other γ-alkylations also reported

I.A.1-7 K. Tomioka, M. Shindo and K. Koga, *Chem. Pharm. Bull.*, **37**, 1120 (1989); G.H. Kulkarni et al., *Synth. Commun.*, **19**, 1369 (1989); N.W.A. Geraghty and N.M. Morris, *Synthesis*, 603 (1989); M. Yamashita et al., *Bull. Chem. Soc. Jpn.*, **62**, 1668 (1989).

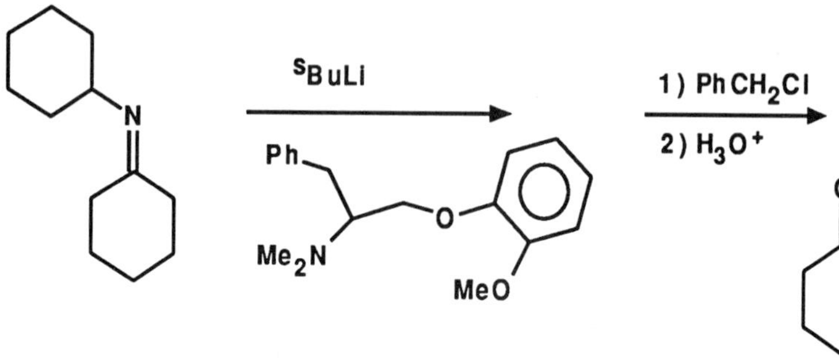

36%, 51% ee

I.A.1-8 T. Shono et al., *Tetrahedron Lett.*, **30**, 1253 (1989); A.B. Smith, III et al., *J. Am. Chem. Soc.*, **111**, 6648 (1989); B. Mucha and H.M.R. Hoffmann, *Tetrahedron Lett.*, **30**, 4489 (1989); K. Sato et al., *Bull. Chem. Soc. Jpn.*, **62**, 239 (1989).

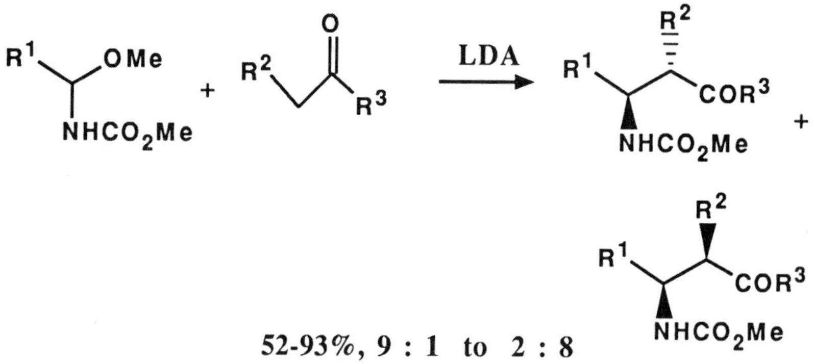

52-93%, 9 : 1 to 2 : 8

similar reactions with a chiral acetal and intramolecularly with $Pd(OAc)_2$ catalysis

I.A.1-9 N.K. Sangwan and K.S. Dhindsa, *Org. Prep. Proced. Int.*, 21, 241 (1989).

[Reaction: acetylacetone + epichlorohydrin (glycidyl chloride), aq. KOH → 6-chloro-5-acetoxy-hexan-2-one, 40%]

I.A.1-10 H. Kosugi, Y. Watanabe and H. Uda, *Chem. Lett.*, 1865 (1989); S. Eguchi et al., *Bull. Chem. Soc. Jpn.*, 62, 2575 (1989); J. Iqbal and R. Mohan, *Tetrahedron Lett.*, 30, 239 (1989); J. Otera et al., *ibid.*, 30, 91 (1989); L. Hevesi et al., *ibid.*, 30, 4433 (1989); T. Eicher et al., *Synthesis*, 367 and 372 (1989).

[Reaction: Bu-CH(OAc)-CH(Cl)-STol-p + CH$_2$=C(OTMS)Ph, ZnBr$_2$, CH$_2$Cl$_2$ → Bu-CH(OAc)-CH(STol-p)-CH$_2$-C(O)Ph, near quantitative]

I.A.1-11 K. Ishihara and H. Yamamoto, *Tetrahedron Lett.*, 30, 1825 (1989); T.V. Lee and K.L. Ellis, *ibid.*, 30, 3555 (1989); T. Inaba et al., *Chem. Ind.*, 763 (1989); A. Hosomi et al., *Chem. Lett.*, 1761 (1989) and *J. Org. Chem.*, 54, 3254 (1989); S.M. Makin et al., *J. Org. Chem. (USSR)*, 24, 1038 (1988); R.C. Cambie et al., *Aust. J. Chem.*, 42, 1939 (1989); H. Pellissier and G. Gil, *Tetrahedron*, 45, 3415 (1989); T.V. Lee et al., *J. Chem. Soc., Perkin Trans. 1*, 2139 (1989); I. Kuwajima et al., *J. Am. Chem. Soc.*, 111, 8277 (1989); T. Takeda et al., *Chem. Lett.*, 1257 (1989).

[Reaction: PhCH(OMe)$_2$ + TBDMS enol ether of camphor-like ketone, TiCl$_4$ → α-(methoxyphenylmethyl) ketone, >99%, >99% exo : threo]

various other leaving groups employed

I.A.1-12 R. Hunter et al., *J. Chem. Soc., Perkin Trans. 1*, 1631 (1989); T. Ishihara et al., *Chem. Lett.*, 1369 (1989).

CH₂=CHCH₂SOPh + [cyclohexenyl-OTMS] →(1), 2)→ [cyclohexanone with CH₂CH=CHSPh substituent] 63%

1) TMSOTf, CH₂Cl₂, -78°C, ⁱPr₂NEt   2) 0.1M HCl

I.A.1-13 J.-Y. Wu and D.J. Burnell, *Tetrahedron Lett.*, 30, 1021 (1989); P.N. Rao et al., *Synth. Commun.*, 19, 2741 (1989); N.R. Ayyangar et al., *ibid.*, 19, 2741 (1989).

TMSO-[cyclopentene]-OTMS + [1,1-diethoxycyclohexane] →BF₃·OEt₂ / CH₂Cl₂ / -78°C, rt→ [spiro diketone] 89%

I.A.1-14 S. Ogawa et al., *Chem. Commun.*, 436 (1989); J.S. Swenton et al., *J. Org. Chem.*, 54, 5364 (1989); M.A. Tius et al., *Tetrahedron Lett.*, 30, 923 and 2333 (1989).

[exo-methylene pyranose with OMe, AcO, OBn, OBn] →1) HgCl₂, acetone-H₂O 2) MsCl, NEt₃→ [cyclohexenone with AcO, OBn, OBn] 77%

I.A.1-15 I. Shimizu et al., *Chem. Lett.*, 577, 1127 and 1457 (1989); K. Hiroi et al., *Tetrahedron Lett.*, 30, 1543 (1989).

$$CF_3COCH_2CO_2CH_2CH=CHPh \xrightarrow[THF]{Pd\text{-}dppe} CF_3COCH_2CH_2CH=CHPh$$

79%

I.A.1-16 T. Sakai, M. Utaka et al., *Bull. Chem. Soc. Jpn.*, 62, 4072 (1989).

$$R^1COCH_2A + ArCHO \xrightarrow[NaI]{TMSCl} R^1COCH(A)CH_2Ar$$

A = H, Me, COMe, CO$_2$Et

17-100%

I.A.1-17 E. Baciocchi et al., *Tetrahedron Lett.*, 30, 3707 (1989); S.E. Drewes et al., *J. Chem. Soc., Perkin Trans. 1*, 1585 (1989); R.H. Crabtree et al., *Tetrahedron Lett.*, 30, 5583 (1989).

$$Me\text{-}C(OTMS)=CH_2 + CH_2=C(OTMS)Me \xrightarrow[\substack{NaHCO_3 \\ MeCN,\ rt}]{CAN} MeCOCH(Me)CH_2COMe$$

74%

similar results with Ag$_2$O and with cyclopentane / hv / H$_2$

I.A.1-18 S. Yamamura et al., *Chem. Lett.*, 113 (1989) and *Tetrahedron Lett.*, 30, 3797 (1989).

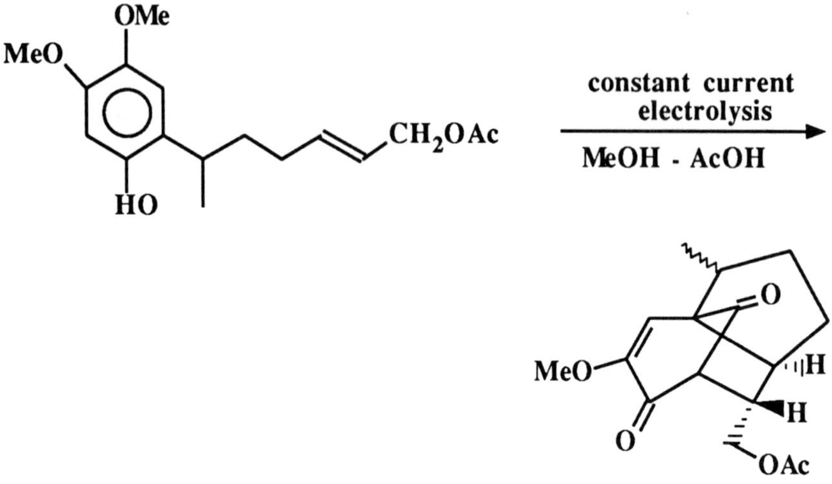

60% 3 : 1, α : β

I.A.1-19 M.A. Tius et al., *Tetrahedron Lett.*, 30, 4629 (1989) and *J. Org. Chem.*, 54, 46 (1989).

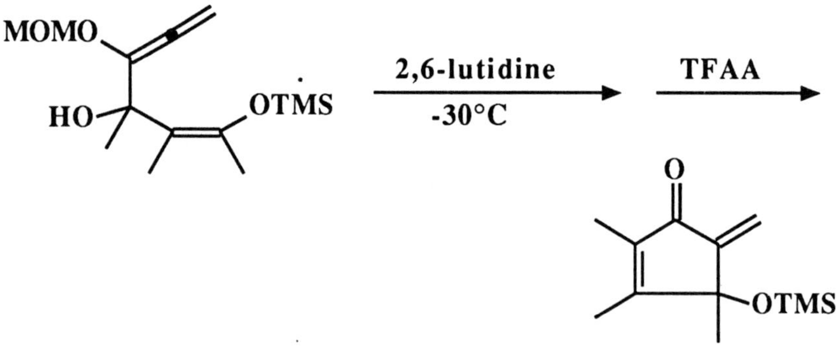

83%

I.A.2. Alkylations of Nitriles, Acids and Acid Derivatives

I.A.2-1 Jack E. Baldwin et al., *J. Chem. Soc., Perkin Trans. 1*, 833 (1989) and *Tetrahedron*, 45, 1453, 6309 and 6319 (1989); G. Frater et al., *Helv. Chim. Acta*, 72, 1846 (1989); K.-H. Kerber and H. Lackner, *Liebigs Ann. Chem.*, 719 (1989); A. Jarzebski and J. Wicha, *Synth. Commun.*, 19, 63 (1989); A. Dobrev et al., *ibid.*, 19, 297 (1989); J.L. Belletire and N.O. Mahmoodi, *ibid.*, 19, 3371 (1989); L.A. Paquette et al., *J. Org. Chem.*, 54, 1408 (1989).

$$\underset{\substack{\text{ZN} \\ \text{H} \\ Z = \text{BnOCO}}}{\overset{\text{CO}_2\text{Me}}{\diagup}\!\!\!\diagdown\text{CO}_2{}^t\text{Bu}} \quad \xrightarrow{\substack{1)\ \text{LHMDS} \\ 2)\ \text{RBr}}} \quad \underset{\substack{\text{ZN} \\ \text{H}}}{\overset{\text{R}\quad\text{CO}_2\text{Me}}{\diagup\!\!\!\diagdown\text{CO}_2{}^t\text{Bu}}}$$

45-50%, 3:1 to 5:1 d.r.

other bases and electrophiles used

I.A.2-2 A. Solladie-Cavallo and M.C. Simon, *Tetrahedron Lett.*, 30, 6011 (1989); J. Yaozhong et al., *Synth. Commun.*, 19, 881, 1297 and 1423 (1989); J.M. McIntosh et al., *Tetrahedron*, 45, 5449 (1989).

85%, 60 : 40

I.A.2-3 M.J. O'Donnell et al., *J. Am. Chem. Soc.*, 111, 2353 (1989).

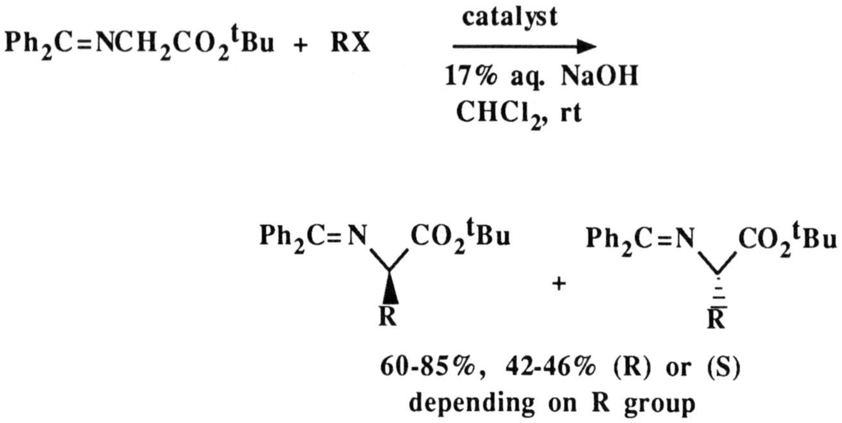

$$Ph_2C=NCH_2CO_2{}^tBu + RX \xrightarrow[\text{CHCl}_2, \text{rt}]{\text{catalyst} \atop 17\% \text{ aq. NaOH}}$$

$$Ph_2C=N\underset{R}{\overset{CO_2{}^tBu}{\diagup}} + Ph_2C=N\underset{\bar{R}}{\overset{CO_2{}^tBu}{\diagup}}$$

60-85%, 42-46% (R) or (S)
depending on R group

catalyst = a cinchonine catalyst

I.A.2-4 S.K. Taylor et al., *J. Org. Chem.*, 54, 2039 (1989); S. Bartel and F. Bohlmann, *Tetrahedron Lett.*, 30, 685 (1989).

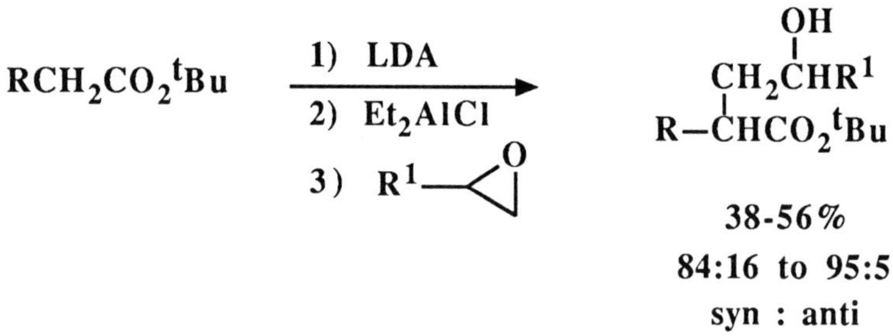

$$RCH_2CO_2{}^tBu \xrightarrow[\text{2) Et}_2\text{AlCl} \atop \text{3) } R^1 \text{—} \triangleleft^O]{\text{1) LDA}} \begin{array}{c} \text{OH} \\ | \\ CH_2CHR^1 \\ | \\ R-CHCO_2{}^tBu \end{array}$$

38-56%
84:16 to 95:5
syn : anti

I.A.2-5 K.Yamada et al., *J. Am. Chem. Soc.*, 111, 2302 (1989); L.A. Paquette et al., *J. Org. Chem.*, 54, 1399 (1989); K. Fuji et al., *Tetrahedron Lett.*, 30, 2825 (1989).

Mn = (+) menthyl

a chiral binaphthyl auxiliary used similarly

86%, 4 : 1

I.A.2-6 B. Herradon and D. Seebach, *Helv. Chim. Acta,* 72, 690 (1989); P. Boissin et al., *Tetrahedron Lett.*, 30, 4371 (1989); J.F. Dellaria, Jr. and B.D. Santarsiero, *J. Org. Chem.*, 54, 3916 (1989).

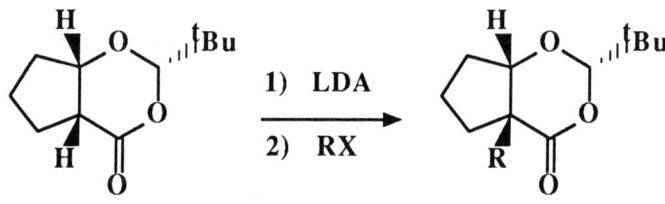

other chiral lactones used

38-93%, >98% d.s.

I.A.2-7 G. Mignani et al., *Tetrahedron Lett.*, 30, 2383 (1989); X. Lu and X. Jiang, *J. Organomet. Chem.*, 359, 139 (1989); D. Handschuh and W. Voelter, *Liebigs Ann. Chem.*, 1007 (1989).

$$R^1\text{-CH(CO}_2R^2\text{)-Li} + CH_2=C(CH_3)-CH(Cl)-R^3 \xrightarrow[\text{Ph}_3\text{P, toluene, rt}]{(C_3H_5PdCl)_2} R^1\text{-CH(CO}_2R^2\text{)-CH}_2\text{-C(CH}_3\text{)=CH-}R^3$$

64-100% of total

other Pd catalysts used for similar transformations

+ $CH_2=C(CH_3)-CH(R^3)-CH(R^1)(CO_2R^2)$

28-81.5%

I.A.2-8 J. Gore et al., *Tetrahedron Lett.*, 30, 3963 (1989).

$$CH_2=C=CH_2 + R^1\text{-C(X)=CH}_2 + \text{LiCH}(N=CPh_2)(CO_2Me) \xrightarrow{Pd(0)L_n} \text{THF}$$

X = Br, I

$$R^1\text{-C(=CH}_2\text{)-CH}_2\text{-C(=CH}_2\text{)-CH(N=CPh}_2\text{)(CO}_2Me)$$

35-56%

I.A.2-9 K. Uneyama et al., *J. Org. Chem.*, 54, 872 (1989).

$$CH_2=CHCO_2Me + CF_3CO_2H \xrightarrow{\text{anode}} \begin{array}{c} CF_3CH_2CHCO_2Me \\ | \\ CF_3CH_2CHCO_2Me \end{array}$$

50%

I.A.2-10 P.B. Rasmussen and S. Bowadt, *Synthesis*, 114 (1989).

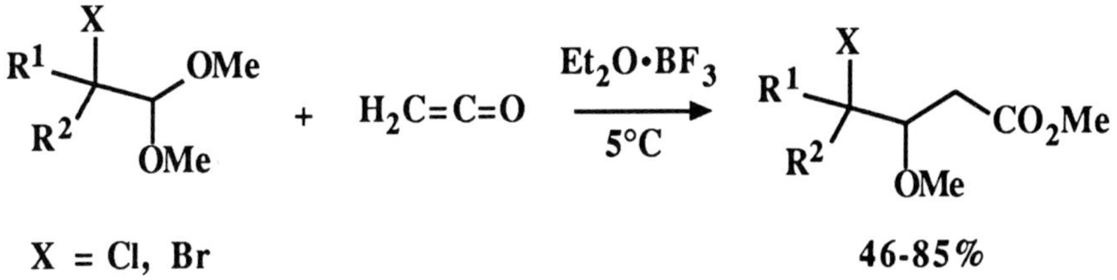

$$R^1R^2C(X)(OMe)-CH(OMe) + H_2C=C=O \xrightarrow[5°C]{Et_2O \cdot BF_3} R^1R^2C(X)-CH(OMe)-CH_2-CO_2Me$$

X = Cl, Br

46-85%

I.A.2-11 G.R. Stephenson et al., *J. Organomet. Chem.*, **364**, C11 (1989).

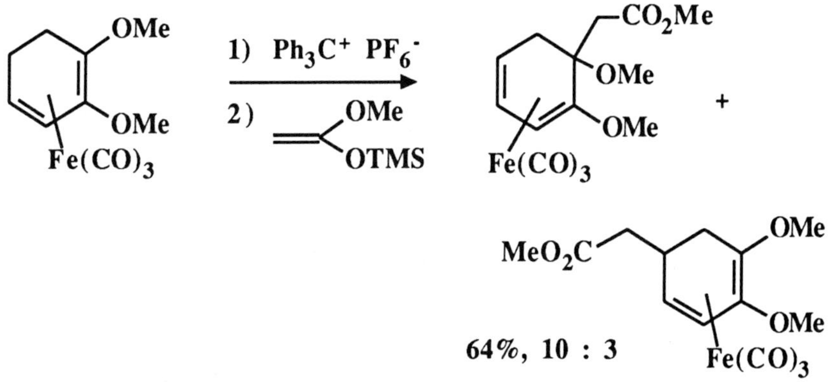

[Fe(CO)$_3$ complex of cyclohexadiene with OMe groups]
1) Ph$_3$C$^+$ PF$_6^-$
2) CH$_2$=C(OMe)(OTMS)
→ two products, 64%, 10 : 3

I.A.2-12 W. Oppolzer et al., *Tetrahedron Lett.*, **30**, 5603 and 6009 (1989).

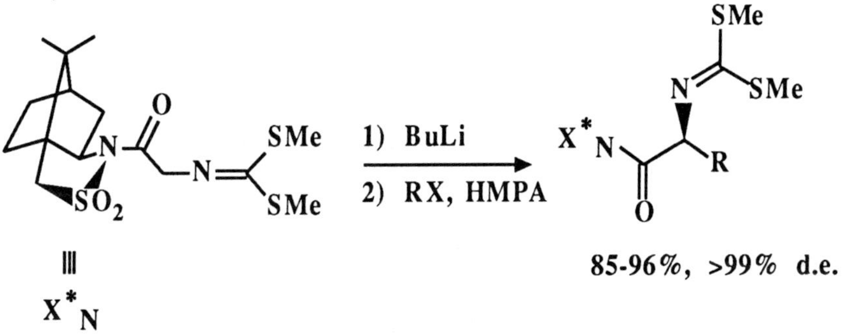

[Camphorsultam-derived glycine equivalent with N=C(SMe)$_2$]
1) BuLi
2) RX, HMPA
→ alkylated product

85-96%, >99% d.e.

I.A.2-13 M. Orena et al., *Tetrahedron*, 45, 1501 (1989); T. Nishi et al., *Chem. Pharm. Bull.*, 37, 2200 (1989); R.H. Bradbury, D. Waterson et al., *Tetrahedron Lett.*, 30, 3845 (1989); M. Harre et al., *Liebigs Ann. Chem.*, 1081 (1989); D. Seebach et al., *ibid.*, 1215 (1989).

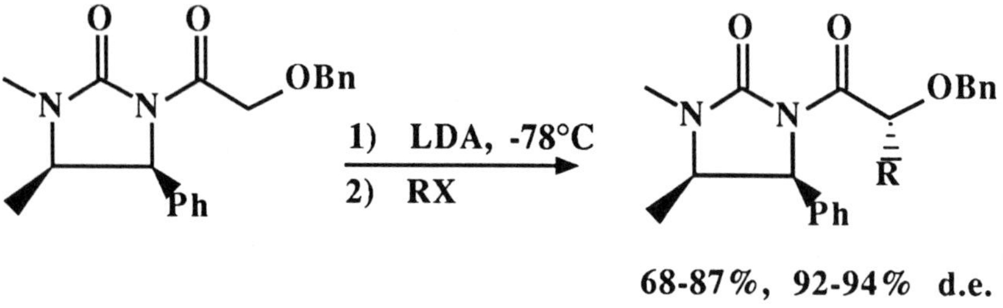

68-87%, 92-94% d.e.

I.A.2-14 S.G. Levine and M.P. Bonner, *Tetrahedron Lett.*, 30, 4767 (1989); J.-M. Fang and C.-J. Chang, *Chem. Commun.*, 1787 (1989); P. Cannone and J. Plamondon, *Can. J. Chem.*, 67, 555 (1989); E. Dominguez et al., *Bull. Chem. Soc. Belg.*, 98, 77 (1989); P. Tundo et al., *J. Chem. Soc., Perkin Trans. 1*, 1070 (1989).

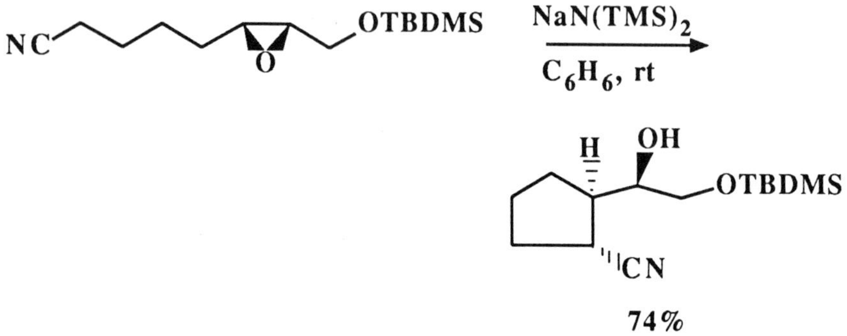

74%

I.A.2-15 T. Itoh, Y. Takagi and T. Fujisawa, *Tetrahedron Lett.*, 30, 3811 (1989).

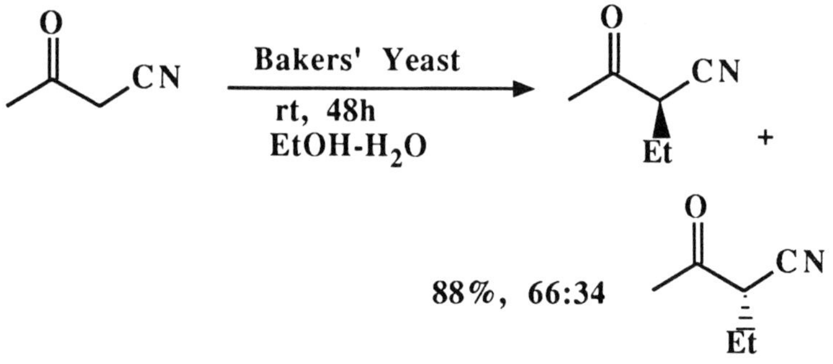

88%, 66:34

I.A.3. Alkylation of ß-Dicarbonyl, ß-Cyanocarbonyl Systems and Other Active Methylene Compounds

I.A.3-1 K. Fukumoto et al., *J. Org. Chem.*, 54, 5413 (1989); F. Ojima and T. Osa, *Bull. Chem. Soc. Jpn.*, 62, 3187 (1989); G.-J. Liu et al., *Synth. Commun.*, 19, 1167 (1989); M. Charpentier-Morize et al., *Chem. Commun.*, 83 (1989); A. Choudhary and A.L. Baumstark, *Synthesis*, 688 (1989); R. Neidlein and D. Kikelj, *ibid.*, 612 (1989); E. Diez-Barra et al., *ibid.*, 391 (1989); S. Brandange and B. Lindqvist, *Acta Chem. Scand.*, 43, 807 (1989); T. Herman and R. Carlson, *Tetrahedron Lett.*, 30, 3657 (1989).

71-94%, 4:1 to 16:1

I.A.3-2 R. Tamura et al., *Tetrahedron Lett.*, 30, 2413 (1989); L.H. Klemm, B.S. Hudson and J.J. Lu, *Org. Prep. Proced. Int.*, 21, 633 (1989); J.T. Gupton et al., *Synth. Commun.*, 19, 2415 (1989); S. Ostrowski and M. Makosza, *Liebigs Ann. Chem.*, 95 (1989).

other leaving groups and activated methylene species also used

72%

I.A.3-3 H. Matsuyama et al., *J. Org. Chem.*, **54**, 2374 (1989) and *Bull. Chem. Soc. Jpn.*, **62**, 3026 (1989).

$$\underset{E\ =\ CO_2Me}{\text{[2-E-indan-1-one]}} + \underset{Ph}{\overset{R^1S^+R^2}{\underset{|}{}}} X^- \xrightarrow[CH_2Cl_2]{K_2CO_3} \underset{25-38\%}{\text{O-alkylation}} + \underset{62-74\%}{\text{[2-E-2-R}^1\text{-indan-1-one]}}$$

I.A.3-4 Y. Masuyama et al., *Bull. Chem. Soc. Jpn.*, **62**, 2913 (1989); J.B. Baruah and A.G. Samuelson, *J. Organomet. Chem.*, **361**, C57 (1989).

$$R^1\text{-CH=CH-CHX-R}^2 + NaCH(CO_2Et)_2 \xrightarrow[\text{dioxane}]{Mo(CO)_6} R^1\text{-CH=CH-CH(CHE}_2\text{)-R}^2 + R^1\text{-CH(CHE}_2\text{)-CH=CH-R}^2$$

X = SR, SO$_2$R, SeR   E = CO$_2$Et

similarly with halide leaving groups, diketones and Cu / Cu(ClO$_4$)$_2$·6H$_2$O

6-75%, 0:100 to 100:0

I.A.3-5 Y. Otsuji et al., *Chem. Lett.*, 615 (1989).

$$R^1\text{-CH=CH-C(R}^2\text{)=CH}_2 + MeI \xrightarrow[\text{THF, rt}]{TBAF} \xrightarrow{NaC(R)E_2} \text{[MeC(O)-CHR}^1\text{-C(R}^2\text{)=CH-C(R)E}_2\text{]}$$

E = CO$_2$Me
TBAF = Bu$_4$N$^+$ [Fe(CO)$_3$NO]$^-$

35-60%

I.A.3-6 K. Hiroi et al., *Chem. Lett.*, 1751 (1989).

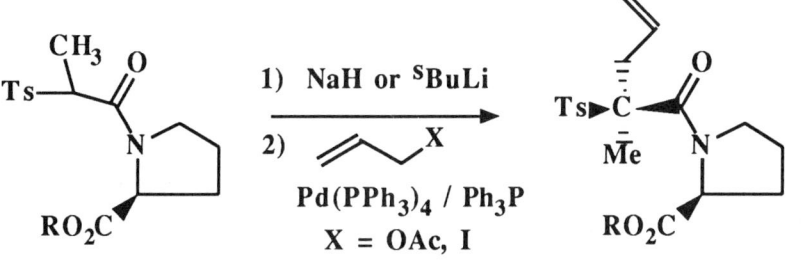

72-98%, 31-86% d.e.

I.A.3-7 D.R. Deardorff et al., *J. Org. Chem.*, 54, 2759 (1989); B.M. Trost and J.M. Tour, *ibid.*, 54, 484 (1989); D. Sinou et al., *ibid.*, 54, 1890 (1989); F.-P. Montforts et al., *Helv. Chim. Acta*, 72, 1852 (1989); A. Umani-Ronchi et al., *J. Chem. Soc., Perkin Trans. 1*, 845 (1989); J. Tsuji, *Pure Appl. Chem.*, 61, 1673 (1989); D.E. Bergbreiter and D.A. Weatherford, *Chem. Commun.*, 883 (1989).

R = OMe, Me

other leaving groups and Pd catalysts used

78-86%

I.A.3-8 J. Gore et al., *Tetrahedron Lett.*, 30, 69 (1989).

E = CO$_2$Me

75%

I.A.3-9 J.C. Fiaud and J.Y. Legros, *J. Organomet. Chem.*, 370, 383 (1989); J.-L. Roustan et al., *ibid.*, 376, C20 (1989); J.-E. Backvall et al., *Tetrahedron Lett.*, 30, 617 (1989); R.C. Larock and S.K. Stolz-Dunn, *ibid.*, 30, 3487 (1989); M. Moreno-Manas and J. Ribas, *ibid.*, 30, 3109 (1989); W. Huggenberg and M. Hesse, *ibid.*, 30, 5119 (1989); W.A. Donaldson et al., *J. Org. Chem.*, 54, 6056 (1989).

$$\text{tBu} \diagup \text{OAc} + \text{NaCH(CO}_2\text{Me)}_2 \xrightarrow[\text{Pd(dba)}_2,\ \text{dppe}]{\text{R(+) BINAP}}$$

E = CO_2Me

tBu—⟨⟩=CHE$_2$

82%, ca. 25% e.e.

similar reactions with other Pd catalysts or $Fe(CO)_2(NO)_2$, usually with direct displacement of the leaving group preferred

---

I.A.3-10 A.V. Rama Rao et al., *Chem. Commun.*, 400 (1989).

$$\xrightarrow[\text{AcOH, rt, 0.5h}]{\text{Mn(OAc)}_3,\ \text{Cu(OAc)}_2}$$

72%

I.A.3-11 J.A. Landgrebe et al., *Tetrahedron Lett.*, 30, 4093 (1989).

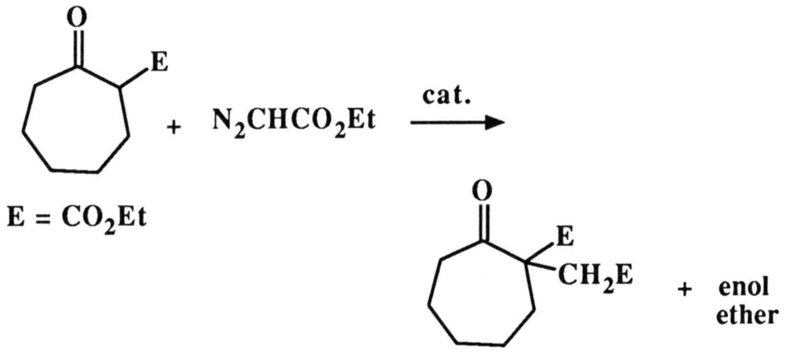

E = CO$_2$Et

cycloheptanone-2-CO$_2$Et + N$_2$CHCO$_2$Et $\xrightarrow{\text{cat.}}$ 2-CO$_2$Et-2-CH$_2$E-cycloheptanone + enol ether

cat. = CuCl, 64-65%   35-36%
= Rh$_2$(OAc)$_4$, 10-11%   89-90%

I.A.3-12 R.K. Haynes and A.G. Katsifis, *Aust. J. Chem.*, 42, 1455 and 1473 (1989); S.R. Angle and M.S. Louie, *Tetrahedron Lett.*, 30, 5741 (1989).

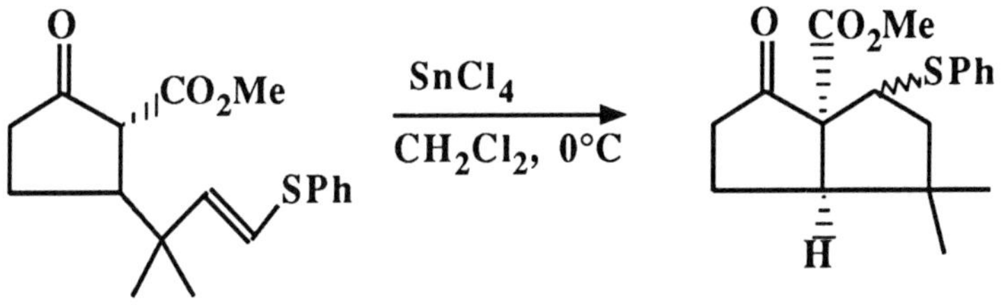

$\xrightarrow[\text{CH}_2\text{Cl}_2,\ 0°\text{C}]{\text{SnCl}_4}$

73%, 4:1

cyclization also observed with TFA and an OMEM leaving group

I.A.4. Alkylation of N-, P-, S-, Se- and Similar Stabilized Carbanions

I.A.4-1 T. Gallacher et al., *J. Chem. Soc., Perkin Trans. 1*, 1793 (1989); B.H. Lipshutz et al., *Tetrahedron Lett.*, 30, 15 (1989); Y. Mori and M. Suzuki, *ibid.*, 30, 4383 and 4387 (1989); I. Hanna et al., *Synth. Commun.*, 19, 2755 (1989); A. Jacot-Guillarmod et al., *Helv. Chim. Acta*, 72, 1259 (1989); H. Chikashita et al., *Bull. Chem. Soc. Jpn.*, 62, 833 (1989); S. Cabbidu et al., *J. Organomet. Chem.*, 366, 1 (1989); S.-W. Kim et al., *Chem. Pharm. Bull.*, 37, 304 and 1434 (1989); K. Mori and H. Takaishi, *Tetrahedron*, 45, 1639 (1989); A. Jonczyk et al., *Liebigs Ann. Chem.*, 203 (1989); T.K. Sarkar and T.K. Satapathi, *Tetrahedron Lett.*, 30, 3333 (1989).

70-98%

E^+ = oxiranes, alkyl halides, aldehydes
similarly with diselenides

I.A.4-2 J.-B. Baudin and S.A. Julia, *Tetrahedron Lett.*, 30, 1963 and 1967 (1989); R. Tanikaga and T. Murashima, *J. Chem. Soc., Perkin Trans. 1*, 2142 (1989); P.C. Bulman Page et al., *ibid.*, 2441 (1989); M. Ashwell and R.F.W. Jackson, *ibid.*, 835 (1989); A.J. Pearson et al., *J. Am. Chem. Soc.*, 111, 134 (1989); M.J. Szymonifka and J.V. Heck, *Tetrahedron Lett.*, 30, 2873 (1989); J. Wicha et al., *ibid.*, 30, 2845 (1989).

34-90%, 52:48 to 75:25

similar reactions with other sulfoxides, sulfones and sulfoximines

I.A.4-3 J.C. LeMenn and J. Sarrazin, *J. Chem. Res. (S)*, 26 (1989); K.M. Pietrusiewicz and M. Zablocka, *Tetrahedron Lett.*, 30, 477 (1989); R.W. McClard et al., *ibid.*, 30, 411 (1989); A. Thenappan and D.J. Burton, *ibid.*, 30, 3641 (1989).

$$(EtO)_2P(O)CCl_3 + 2e^- \xrightarrow[RX]{\text{electrolysis}} (EtO)_2P(O)CCl_2R$$

0-63%

similar alkylations with base, RX

I.A.4-4 R.E. Gawley et al., *J. Am. Chem. Soc.*, 111, 2211 (1989); M.A. Gonzalez and A.I. Meyers, *Tetrahedron Lett.*, 30, 43 and 47 (1989); J. Albert and S.G. Davies, *ibid.*, 30, 5945 (1989); J.A. Monn and K.C. Rice, *ibid.*, 30, 911 (1989); M.A. Sanner, *ibid.*, 30, 1909 (1989); J.M. Hornback and B. Murugaverl, *ibid.*, 30, 5853 (1989); A. Mann et al., *Synth. Commun.*, 19, 3007 (1989); D. Enders and B. Bockstiegel, *Synthesis*, 493 (1989).

1) BuLi or ^{t}BuLi, THF
2) R^2X, -78 to -124°C with or without TMEDA

routinely >90%, 25-92% d.e.

I.A.4-5 R.E. Gawley et al., *J. Org. Chem.*, 54, 3002 (1989).

1) BuLi, -78°C
2) RX, -100°C

63-92%, 75->99% d.e.

I.A.4-6 W.R. Bowman and S.W. Jackson, *Tetrahedron Lett.*, 30, 1857 (1989); N. Kornblum and M.J. Fifolt, *Tetrahedron*, 45, 1311 (1989).

halide displacement by a nitro anion also reported

I.A.5. Alkylations of Organometallic Reagents

(see also : I.B.3., I.F., I.G.)

I.A.5-1 H. Kotsuki et al., *Tetrahedron Lett.*, 30, 3999 and 1287 (1989); V. Bolitt, C. Mioskowski and J.R. Falck, *ibid.*, 30, 6027 (1989); K. Mori and T. Takeuchi, *Liebigs Ann. Chem.*, 453 (1989); S. Hanessian et al., *J. Org. Chem.*, 54, 5831 (1989); F. Rama and L. Capuzzi, *Synth. Commun.*, 19, 1051 (1989); W.C. Still et al., *J. Am. Chem. Soc.*, 111, 3439 (1989); T. Schrader and W. Steglich, *Synthesis*, 97 (1989); Y. Kobayashi et al., *Chem. Lett.*, 389 (1989).

>63%

other leaving groups used in similar situations

I.A.5-2 K.B. Sharpless et al., *J. Org. Chem.*, 54, 1295 (1989); J.A. Soderquist and B. Santiago, *Tetrahedron Lett.*, 30, 5693 (1989); A.L. Campbell et al., *ibid.*, 30, 27 (1989); G. Frater and U. Muller, *Helv. Chim. Acta*, 72, 653 (1989); D. Seebach et al., *Liebigs Ann. Chem.*, 1233 (1989); M. Larcheveque and Y. Petit, *Bull. Soc. Chim. Fr.*, 130 (1989); A.V. Rama Rao et al., *Tetrahedron*, 45, 7031 (1989).

$$\text{epoxide-OTs} + \text{RMgX} \xrightarrow[\text{Li}_2\text{CuCl}_4]{\text{CuI or}} \text{R-CH(OH)-CH}_2\text{-OTs} \quad 49\text{-}90\%$$

various other organocuprates also used

I.A.5-3 Q.-Y. Chen and S.-W. Wu, *Chem. Commun.*, 705 (1989).

$$\text{FO}_2\text{SCF}_2\text{CO}_2\text{Me} + \text{RX} \xrightarrow{\text{CuI}}_{\text{DMF}} \text{RCF}_3 \quad 53\text{-}92\%$$

I.A.5-4 A.J. Pearson et al., *Chem. Commun.*, 1332 and 659 (1989) and *J. Am. Chem. Soc.*, 111, 6778 (1989).

[Fe(CO)$_3$ cycloheptadienyl cation with CO$_2$Me, PF$_6^-$] + Me$_2$CuLi → [Fe(CO)$_3$ cycloheptadiene with CO$_2$Me and Me], 64%

Mn and Mo congeners also employed

I.A.5-5 J.A. Marshall, *Chem. Rev.*, 89, 1503 (1989).

> Review: "S$_N$2' Additions of Organocopper Reagents to Vinyloxiranes".

I.A.5-6 T. Ibuka, Y. Yamamoto et al., *J. Am. Chem. Soc.*, 111, 4864 (1989) and *J. Org. Chem.*, 54, 4055 (1989).

E = CO_2Me

93-98%, >99:1 d.s.

similar results with different leaving groups and organolithium or organomercury species

---

I.A.5-7 S.G. Davies et al., *Tetrahedron Lett.*, 30, 2967 (1989); M. Uemura et al., *J. Org. Chem.*, 54, 468 (1989); L.A. Flippin et al., *ibid.*, 54, 3588 (1989); S. Takano et al., *Heterocycles*, 29, 249 (1989).

73%

I.A.5-8 A. Umani-Ronchi et al., *Chem. Commun.*, 596 (1989); A.R. Katritzky et al., *Synthesis*, 323 and 747 (1989); P. Knochel et al., *J. Am. Chem. Soc.*, 111, 6474 (1989); D.J. Burton and L.G. Sprague, *J. Org. Chem.*, 54, 613 (1989); Y. Yamamoto et al., *Tetrahedron Lett.*, 30, 5611 (1989); A. Oku et al., *ibid.*, 30, 6035 and 6039 (1989).

E = CO_2Et

70-82%
2.4:1 to
4.2:1

I.A.5-9 H. Yamamoto et al., *J. Am. Chem. Soc.*, 111, 366 (1989) and *Tetrahedron Lett.*, 30, 6409 (1989); G.W. Klumpp et al., *ibid.*, 30, 4453 (1989); P. Knochel et al., *Organometallics*, 8, 2831 (1989).

[vinyl dioxane] → 1) $Me_2C=CHCH_2ZnBr$; 2) MeI, HMPA, rt, 16h → [product] 50%

catalysis by Ni or Pd species also reported

I.A.5-10 A.R. Katritzky et al., *Tetrahedron Lett.*, 30, 3303 (1989) and *J. Org. Chem.*, 54, 6022 (1989) and *J. Chem. Soc., Perkin Trans. 1*, 225 (1989); H.H. Wasserman et al., *Tetrahedron*, 45, 3203 (1989); C. Najera et al., *Tetrahedron Lett.*, 30, 3837 (1989); T. Fujisawa et al., *ibid.*, 30, 977 (1989); Jack E. Baldwin et al., *Chem. Commun.*, 1852 (1989).

$BtCH_2N=PPh_3$ + R-M $\xrightarrow{\text{1) aq. } NH_3}_{\text{2) HCl}}$ $RCH_2NH_3^+ \, Cl^-$ 65-93%

Bt = 1-benzotriazolyl   M = MgX, Li

various other leaving groups used

I.A.5-11 D.J. Collins and S.B. Rutschmann, *Aust. J. Chem.*, 42, 1447 (1989).

[chromene spiro dioxolane] → 1) MeMgI ; 2) MeI → [product] 56%

I.A.5-12 T.-Y. Luh et al., *J. Org. Chem.*, 54, 2261 (1989); R. Menicagli et al., *Gazz. Chim. Ital.*, 119, 69 (1989); K. Yuan and W.J. Scott, *Tetrahedron Lett.*, 30, 4779 (1989).

$$\text{R}\diagdown\!\!=\!\!\overset{\text{R}^1}{\diagup}\!\!-\!\!\underset{S}{\overset{S}{\diagdown\diagup}} + \text{MeMgBr} \xrightarrow{\text{NiCl}_2(\text{dppe})} \text{R}\diagdown\!\!=\!\!\overset{\text{R}^1}{\diagup}\!\!-\!\!\overset{}{\diagdown}\!\!-\!\! +$$

$$\text{R}\diagdown\!\!=\!\!\overset{\text{R}^1}{\diagup}\!\!-\!\!=$$

92-98%, 100:0 to 68:32

I.A.5-13 V.A. Pavlov et al., *J. Org. Chem. (USSR)*, 25, 1009 (1989).

$$\text{PhMgBr} + \text{MeCH=CHCH}_2\text{OH} \xrightarrow[-20°\text{C}]{\text{NiCl}_2 \text{ / S-phephos}}$$

S-phephos =
$$\underset{\underset{\text{NMe}_2 \quad (S)}{|}}{\text{PhCH}_2\text{CHCH}_2\text{PPh}_2}$$

$$\underset{\overset{|}{\text{CH}_3}}{\text{R-CH-CH=CH}_2}$$

optical yield 53% (S)

I.A.5-14 H. Xiong and R.D. Rieke, *J. Org. Chem.*, 54, 3247 (1989).

$$\text{Ph}\diagdown\!\!=\!\!=\!\!\diagup\text{Ph} \xrightarrow[\text{THF, rt}]{\text{Mg}^*} \xrightarrow[\text{THF, -78°C}]{\text{Br(CH}_2)_3\text{Br}}$$

Mg* = highly reactive magnesium

65%

I.A.5-15 T.H. Chan et al., *J. Am. Chem. Soc.*, **111**, 8737 (1989) and *J. Org. Chem.*, **54**, 317 (1989); J. Yoshida, S. Matsunaga and S. Isoe, *Tetrahedron Lett.*, **30**, 219 (1989); B.A. Barner and R.S. Mani, *ibid.*, **30**, 5413 (1989).

$$\text{[pyrrolidine-CH}_2\text{OMe, N-CH}_2\text{-SiMe}_2\text{-CH}_2\text{Ph]} \xrightarrow[\text{2) RX}]{\text{1) }^s\text{BuLi}} \text{[pyrrolidine-CH}_2\text{OMe, N-CH}_2\text{-SiMe}_2\text{-CHRPh]}$$

58-86%, 95% d.e.

I.A.5-16 P. Beak and B. Lee, *J. Org. Chem.*, **54**, 458 (1989); H. Ahlbrecht et al., *Chem. Ber.*, **122**, 1995 (1989); M. Nojima et al., *J. Chem. Soc., Perkin Trans. 2*, 1009 (1989); D.J. Kempf, *Tetrahedron Lett.*, **30**, 2029 (1989).

$$\text{R-C(O)-N(Me)-CH}_2\text{-CH=CH}_2 \xrightarrow[\text{2) MeI}]{\text{1) }^t\text{BuLi}} \text{R-C(O)-N(Me)-CH=CH-CH}_2\text{-Me}$$

R = Me(Ph)$_2$C

75%

I.A.5-17 S.L. Grundy et al., *J. Chem. Soc., Perkin Trans. 1*, 1663 (1989); F. Moulines and D. Astruc, *Chem. Commun.*, 614 (1989); R.B. Bates et al., *J. Org. Chem.*, **54**, 311 (1989).

$$\text{[tetralin-CpFe}^+\text{ PF}_6^-\text{]} \xrightarrow[\text{allyl-I}]{^t\text{BuOK}} \text{[tetra-allyl-tetralin-CpFe}^+\text{ PF}_6^-\text{]}$$

49%

I.A.5-18 W.F. Bailey and K. Rossi, *J. Am. Chem. Soc.*, 111, 765 (1989); L.A. Paquette et al., *J. Org. Chem.*, 54, 5044 and 5054 (1989).

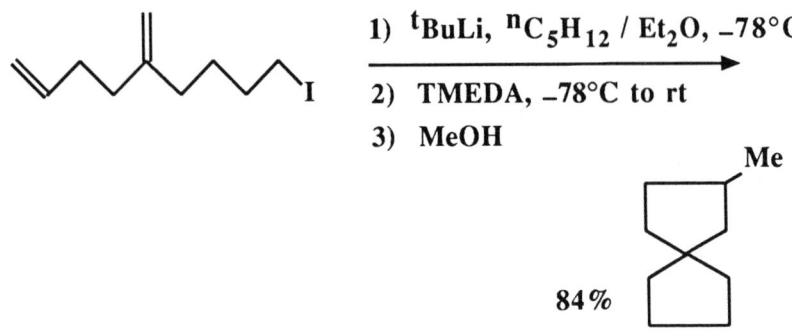

I.A.5-19 R. Hunter and G.D. Tomlinson, *Tetrahedron Lett.*, 30, 2013 (1989); D. Hongxun et al., *J. Organomet. Chem.*, 367, C9 (1989); H.C. Brown et al., *J. Am. Chem. Soc.*, 111, 1754 (1989).

MeO OMe   1) TMSOTf, THF, −78°C   MeO
   ╲╱   ╲
   ╱╲   ─────────────────────────→   ╱╲╱╲╱
  R   H   2) [BuB(allyl)$_3$]$^-$ Li$^+$ R   H

17-94%

I.A.5-20 E. Negishi et al., *J. Org. Chem.*, 54, 3521 and 6014 (1989) and *J. Am. Chem. Soc.*, 111, 3089 and 3336 (1989); A.N. Kasatkin et al., *J. Org. Chem. (USSR)*, 24, 1875 (1988).

$Cp_2Zr(CH_2CH_2R)_2$ + $H_2C=CHR$ ─────→ HCl ─────→

Me   R
  \ /
  / \
Me   R

60-65%

displacement of halide or acetate with congeneric Ti, Zr or Hf species

I.A.5-21 A. Kamimura, N. Ono et al., *J. Org. Chem.*, 54, 4998 (1989); G.A. Molander and S.W. Andrews, *ibid.*, 54, 3114 (1989); S.E. Denmark and T.M. Willson, *J. Am. Chem. Soc.*, 111, 3475 (1989); S.R. Angle and K.D. Turnbull, *ibid.*, 111, 1136 (1989); H. Mayr et al., *Synthesis*, 128 (1989); M. Taddei et al., *Tetrahedron Lett.*, 30, 6067 (1989); S.D. Burke et al., *ibid.*, 30, 6299 and 6303 (1989); J.S. Sabol and R.J. Cregge, *ibid.*, 30, 6271 (1989); H. Mayr and G. Hagen, *Chem. Commun.*, 91 (1989); Y. Yamamoto and M. Schmid, *ibid.*, 1310 (1989); S. Takano et al., *ibid.*, 1893 (1989); H.H. Mooiweer, H. Hiemstra and W.N. Speckamp, *Tetrahedron*, 45, 4627 (1989); S.V. Ley et al., *ibid.*, 45, 4293 (1989).

various leaving groups and Lewis acids employed

I.A.5-22 T. Ishihara and M. Kuroboshi, *Synth. Commun.*, 19, 1611 (1989).

R_f-I + RCH=CHR^1 $\xrightarrow[\text{MeOH, rt, 20h}]{\text{SnCl}_2\text{-AgOAc or -PbBr}_2}$ R_fCH(R)$\overset{R^1}{\underset{I}{C}}$H

42-97%

I.A.6. Other Alkylation Procedures

I.A.6-1 A.B. Smith, III et al., *J. Org. Chem.*, 54, 3449 (1989); D. Mukherjee et al., *Tetrahedron Lett.*, 30, 3469 (1989) and *Synth. Commun.*, 19, 3275 (1989); J.S. Wilkie and K.N. Winzenberg, *Aust. J. Chem.*, 42, 1207 and 1217 (1989).

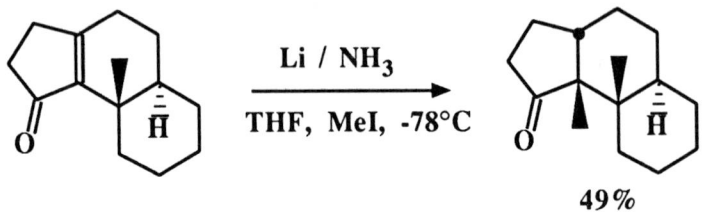

49%

opposite to the result expected on the basis of Trost's work

reductive alkylation of aryl rings also reported

I.A.6-2 O. Arrad and Y. Sasson, *J. Org. Chem.*, 54, 4993 (1989); K. Saito and K. Harada, *Bull. Chem. Soc. Jpn.*, 62, 2562 (1989).

$$RX + KCN \xrightarrow[100°C, \text{ toluene, } H_2O]{A27 \text{ resin}} RCN$$

no reaction without catalyst

I.A.6-3 T. Mukaiyama et al., *Chem. Lett.*, 1273 and 997 (1989); T. Fuchigami et al., *ibid.*, 1987 (1989); R. Herranz et al., *Chem. Commun.*, 938 (1989); N. Cohen et al., *J. Org. Chem.*, 54, 3282 (1989); H. Pellissier and G. Gil, *Tetrahedron Lett.*, 30, 171 (1989).

$$R\!\!-\!\!\!<^{OMe}_{OMe} \xrightarrow[\text{cat. } [Rh(COD)Cl]_2]{TMSCN} R\!\!-\!\!\!<^{OMe}_{CN}$$

88-96%

similar results with $Co(acac)_2$ or $BF_3 \cdot OEt_2$

I.A.6-4 E.M. Campi and W.R. Jackson, *Aust. J. Chem.*, **42**, 471 (1989); R.J. McKinney and W.A. Nugent, *Organometallics*, **8**, 2871 (1989).

$$\text{CH}_3\text{CH}_2\text{C}{\equiv}\text{CC}(\text{CH}_3){=}\text{CH}_2 + \text{HCN} \xrightarrow[\text{(PhO)}_3\text{P, C}_6\text{H}_6,\ 120°\text{C}]{\text{Ni[P(OPh)}_3]_4}$$

products: (E)-2-methyl-3-cyano-1,3-hexadiene + (E)-3-methyl-2-cyano-1,3-hexadiene

41%, 90:10

I.A.6-5 Y. Masuda et al., *Chem. Commun.*, 266 (1989).

$$R^1R^2C{=}CH_2 \xrightarrow{1)-3)} R^1R^2CH{-}CH_2{-}CN$$

72–98%

1) $(C_6H_{11})_2BH$ 2) CuCN 3) $Cu(OAc)_2 \cdot H_2O$ / $Cu(acac)_2$

I.A.6-6 J.-M. Fang et al., *J. Chem. Res. (S)*, 272 (1989).

$$CH_3CH_2CH_2CH_2CH{=}CH_2 + \text{PTSCN} \xrightarrow[\text{heat}]{\text{AIBN}} CH_3CH_2CH_2CH_2CH_2CH(CN)CH_2Ts$$

82%

I.A.7. Nucleophilic Addition to Electron Deficient Carbon

I.A.7.a.1a. Intermolecular Aldol-Type 1,2 - Additions

I.A.7.a.1a-1 T.H. Black, *Org. Prep. Proced. Int.*, 21, 179 (1989).

Review : "Recent Progress in the Control of C versus O Acylation of Enolate Anions".

I.A.7.a.1a-2 M.L. Gross et al., *J. Am. Chem. Soc.*, 111, 8336 (1989).

Base-Initiated Aldol Condensations in the Gas Phase

I.A.7.a.1a-3 E.M. Arnett et al., *J. Am. Chem. Soc.*, 111, 748 (1989).

Thermochemistry of a Structurally Defined Aldol Reaction

I.A.7.a.1a-4 S.E. Denmark and B.R. Henke, *J. Am. Chem. Soc.*, 111, 8032 (1989).

Investigations on Transition-State Geometry in the Aldol Condensation

I.A.7.a.1a-5 A.J. Fry and M. Susla, *J. Am. Chem. Soc.*, 111, 3225 (1989).

Mechanism of the Lanthanum Bromide Assisted Electrochemical Aldolization of α-Bromo Ketones

I.A.7.a.1a-6 K.-L. Yu and B. Fraser-Reid, *Chem. Commun.*, 1442 (1989).

Facial-Selective Carbohydrate-Based Aldol Reactions

I.A.7.a.1a-7 M. Majewski and D.M. Gleave, *Tetrahedron Lett.*, 30, 5681 (1989); A. Dondoni et al., *ibid.*, 30, 6063 (1989); A.J. Pearson and M.W.D. Perry, *Chem. Commun.*, 389 (1989); T.K.M. Shing et al., *ibid.*, 1294 (1989); G. Mehta et al., *ibid.*, 1299 (1989); M.A. Tius et al., *ibid.*, 867 (1989); E.R. Koft et al., *J. Org. Chem.*, 54, 2936 (1989); C.R. Noe et al., *Liebigs Ann. Chem.*, 637 (1989).

50-84%, 6:94 to 30:70

other bases, substrates and stereochemical outcomes reported

I.A.7.a.1a-8 A. Ando and T. Shioiri, *Tetrahedron*, 45, 4969 (1989); D.S. Watt et al., *Synthesis*, 818 (1989).

93%, 68% e.e. (S,S)

R-(+)-proline also used

I.A.7.a.1a-9 S. Takano et al., *Chem. Lett.*, 359 (1989); P.R. Hamann and A. Wissner, *Synth. Commun.*, 19, 1509 (1989); K. Tadano et al., *J. Org. Chem.*, 54, 276 (1989).

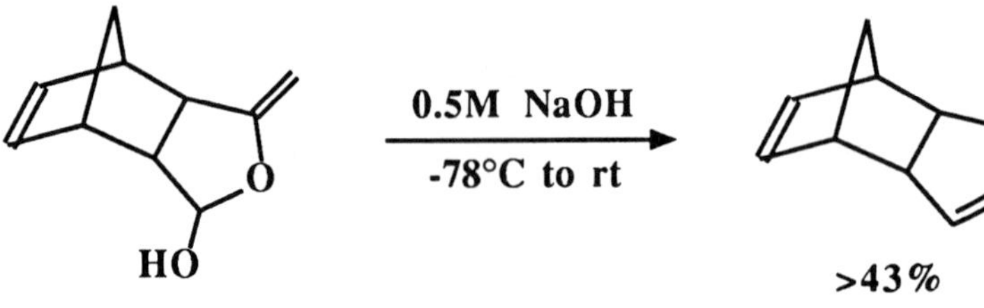

0.5M NaOH, -78°C to rt, >43%

I.A.7.a.1a-10 G.M. Whitesides et al., *J. Am. Chem. Soc.*, 111, 9275 (1989); A.J. Sinskey, C.-H. Wong et al., *ibid.*, 111, 3924 (1989).

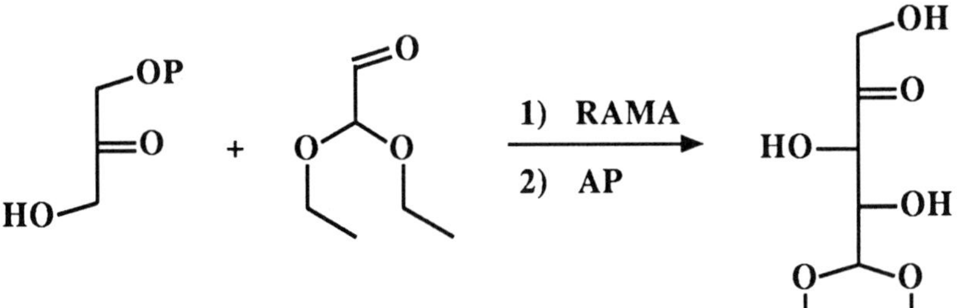

1) RAMA 2) AP

RAMA = rabbit muscle aldolase
AP = acid phosphatase

60%

similar results with fructose 1,6-diphosphate aldolase

I.A.7.a.1a-11 J. Nokami, J. Tsuji et al., *J. Am. Chem. Soc.*, 111, 4126 and 4829 (1989).

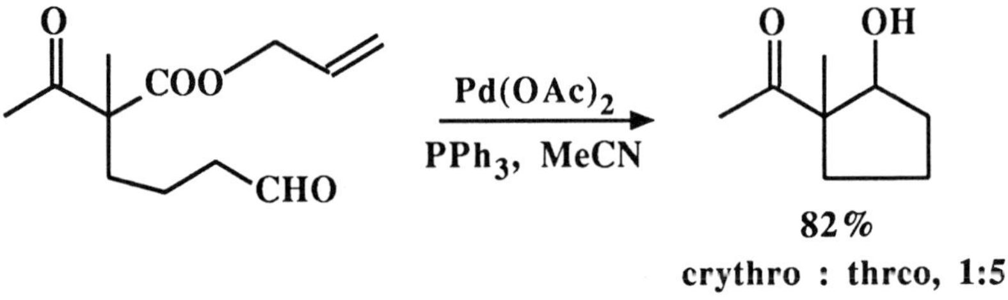

$Pd(OAc)_2$, PPh_3, MeCN

82%
erythro : threo, 1:5

I.A.7.a.1a-12 J. Barluenga et al., *Tetrahedron Lett.*, 30, 1413 and 5923 (1989); N. Risch and E. Esser, *Z. Naturforsch.*, 44b, 209 (1989); S. Isayama and T. Mukaiyama, *Chem. Lett.*, 2005 (1989).

$$\text{morpholine-enamine} + \text{H}(C=O)R^4 \xrightarrow[\text{or ZnCl}_2]{\text{MgBr}_2 \cdot \text{OEt}_2} \text{product}$$

45-87%

similar reactions with other enamines

I.A.7.a.1a-13 K. Yamakawa et al., *Tetrahedron Lett.*, 30, 1083 (1989) and *Bull. Chem. Soc. Jpn.*, 62, 2942 (1989); Y. Zhang and W. Xu, *Synth. Commun.*, 19, 1291 (1989).

$$\text{Ph-S(O)-oxirane}(R^1,R^2,R^3) + \text{Me}_2\text{CuLi} \xrightarrow[R^4R^5C=O]{\text{ZnCl}_2} \text{product}$$

52-84%

threo : erythro 1:0 to 2:1

copper sulfate /β-cyclodextrin also used for an aldol condensation

I.A.7.a.1a-14 C. Siegel and E.R. Thornton, *J. Am. Chem. Soc.*, 111, 5722 (1989); Y. Tanabe, *Bull. Chem. Soc. Jpn.*, 62, 1917 (1989); U. Schollkopf and T. Beulshausen, *Liebigs Ann. Chem.*, 223 (1989).

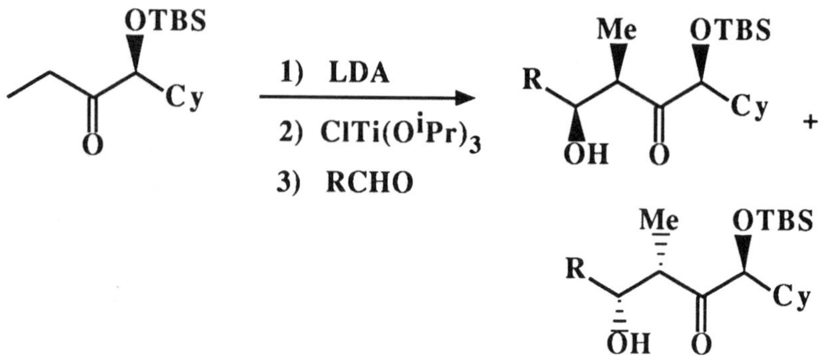

81-89%, 76:1 to 138:1

I.A.7.a.1a-15 T. Ishihara et al., *Chem. Lett.*, 1191 (1989); K. Sasaki et al., *ibid.*, 607 (1989); J.I. Levin, *Tetrahedron Lett.*, 30, 13 (1989).

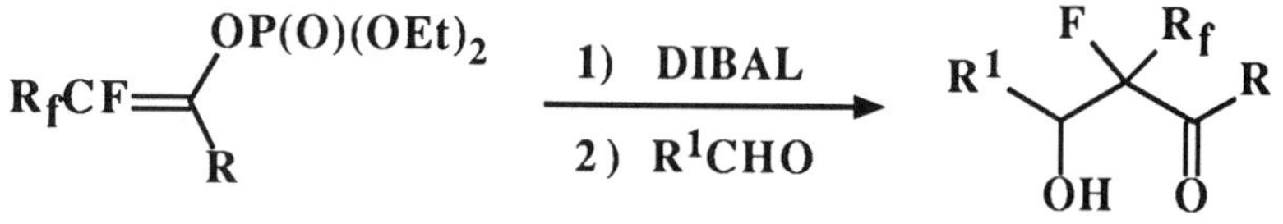

56-88%

other aluminum enolates used for aldol condensations

I.A.7.a.1a-16 D. Schinzer, *Synthesis*, 179 (1989).

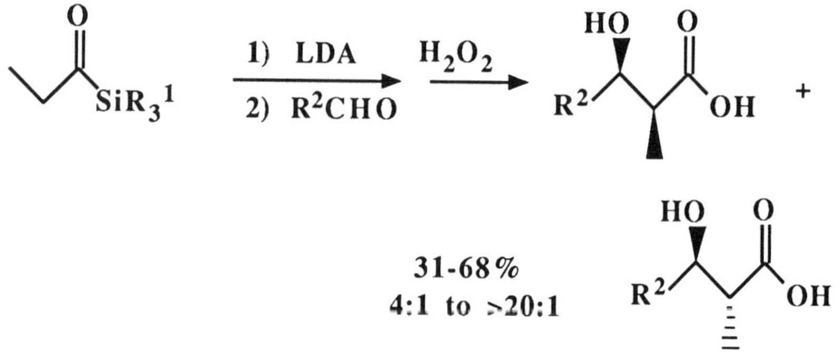

31-68%
4:1 to >20:1

I.A.7.a.1a-17 P. Beslin and M. Houtteville, *Bull. Soc. Chim. Fr.*, 413 (1989) and *Tetrahedron*, 45, 4445 (1989); M. Born and C. Tamm, *Tetrahedron Lett.*, 30, 2083 (1989); E. Baader et al., *ibid.*, 30, 5115 (1989); T. Nakata, T. Oishi et al., *ibid.*, 30, 6525 and 6529 (1989); B. Zwanenburg et al., *ibid.*, 30, 127 (1989); D. Seebach et al., *Angew. Chem., Int. Ed. Engl.*, 28, 472 (1989); J.T. Welch and J.S. Plummer, *Synth. Commun.*, 19, 1081 (1989); T.H. Black and S. Eisenbeis, *ibid.*, 19, 2243 (1989); S. Hunig and C. Marschner, *Chem. Ber.*, 122, 1329 (1989); W.H. Pearson and J.V. Hines, *J. Org. Chem.*, 54, 4235 (1989); T. Uyehara, N. Asao and Y. Yamamoto, *Chem. Commun.*, 753 (1989); R. Mestres et al., *J. Chem. Soc., Perkin Trans. 1*, 21 and 327 (1989).

$R^1\underset{SMe}{\overset{S}{\diagup\!\!\!\diagdown}} + R^2\diagdown CHO \xrightarrow[\text{-78°C}]{\text{LDA, THF}} R^2\text{-CH(OH)-CH}(R^1)\text{-C(=S)SMe}$

similar reactions with chiral or achiral esters

50-93%
syn : anti 91:9 to 50:50

I.A.7.a.1a-18 J.M. Cook et al., *J. Am. Chem. Soc.*, 111, 2169 (1989); P. Victory et al., *J. Chem. Res. (S)*, 88 (1989).

$2\ ^tBuO_2C\text{-C(=O)-CO}_2{}^tBu + \text{OHC-CHO} \xrightarrow[\text{aq. NaHCO}_3,\ rt]{K_2CO_3,\ MeOH}$ bicyclic diene-diol product

93%

I.A.7.a.1a-19 J.A. Turner and W.S. Jacks, *J. Org. Chem.*, 54, 4229 (1989); M. Shibasaki et al., *ibid.*, 54, 3354 (1989); M. Watanabe et al., *Chem. Pharm. Bull.*, 37, 292 (1989).

$$R^1-C(=O)-N(Me)(OMe) + R^2CH=C(OLi)(OR^3) \xrightarrow{H_3O^+} R^1-C(=O)-CH(R^2)-C(=O)-OR^3$$

63-89%

similarly with esters and a cyclic anhydride

I.A.7.a.1a-20 K. Burgess and I. Henderson, *Tetrahedron Lett.*, 30, 3633 and 4325 (1989).

$$Me-CH_2CH_2-CHO + R-S(=O)-CH_2-CO_2Me \xrightarrow[MeCN, rt]{piperidine}$$

42-74%
79-16% e.e.

Me-CH₂CH₂-CH(OH)-CH=CH-CO₂Me

I.A.7.a.1a-21 S. Warren et al., *Tetrahedron Lett.*, 30, 5937 and 5933 (1989).

EtCN $\xrightarrow[\text{2) cyclohexyl(SPh)CHO}]{\text{1) LDA}}$ [cyclohexyl(SPh)]-CH(OH)-CH(CN)-Me + [cyclohexyl(SPh)]-CH(OH)-CH(CN)-Me

69%   25%

I.A.7.a.1a-22 Y. Ito, T. Hayashi et al., *Tetrahedron Lett.*, 30, 4681 (1989) and *Helv. Chim. Acta*, 72, 1471 (1989).

$$R^1COCOR^2 + CNCH_2COX \xrightarrow[1)]{Au(I)} \xrightarrow{conc.\ HCl}$$

X = OMe, NMe$_2$

$$\begin{array}{cc}
R^2CO\ \ \ \ \ COX & R^2CO\ \ \ \ \ COX \\
R^1\diagdown\diagup & R^1\diagdown\diagup \\
HO\ \ \ \ \ NHCOPh & HO\ \ \ \ \ NHCOPh \\
42\text{-}90\%\ e.e. & 36\text{-}84\%\ e.e.
\end{array}$$

37:28 to 71:11

1) a chiral phosphino ferrocene

I.A.7.a.1a-23 J.R. Gage and D.A. Evans, *Org. Synth.*, 68, 83 (1989); Y.-C.P. Chiang et al., *J. Org. Chem.*, 54, 5708 (1989); W.R. Roush and A.D. Palkowitz, *ibid.*, 54, 3009 (1989); T.W. Ku et al., *ibid.*, 54, 3487 (1989); Y. Sugano and S. Naruto, *Chem. Pharm. Bull.*, 37, 840 (1989); A.S. Kende et al., *Tetrahedron Lett.*, 30, 5821 (1989); M. Uemura et al., *ibid.*, 30, 6383 (1989); R.P. Polniaszek and S.E. Belmont, *Synth. Commun.*, 19, 221 (1989).

[oxazolidinone-propionyl] $\xrightarrow[\text{2) PhCHO}]{\text{1) Bu}_2\text{BOTf, NEt}_3}$ [aldol product with OH, Ph, Me]

84%, >97% d.e.

I.A.7.a.1a-24 H.C. Brown et al., *J. Am. Chem. Soc.*, **111**, 3441 (1989); E.J. Corey and H.-C. Huang, *Tetrahedron Lett.*, **30**, 5235 (1989); I. Paterson and J.M. Goodman, *ibid.*, **30**, 997 and 1293 (1989); S. Masamune et al., *J. Org. Chem.*, **54**, 2817 (1989); C. Trombini et al., *J. Chem. Soc., Perkin Trans. 1*, 1025 (1989).

I.A.7.a.1a-25 L.N. Pridgen et al., *Tetrahedron Lett.*, **30**, 5539 (1989); P.G.M. Wuts and S.R. Putt, *Synthesis*, 951 (1989); K. Yamada et al., *Chem. Lett.*, 787 (1989).

other metal enolates and chiral auxiliaries used similarly

I.A.7.a.1a-26 C.R. Holmquist and E.J. Roskamp, *J. Org. Chem.*, **54**, 3258 (1989).

I.A.7.a.1a-27 G.A. Slough, R.G. Bergman and C.H. Heathcock, *J. Am. Chem. Soc.*, 111, 938 (1989); T. Mukaiyama et al., *Chem. Lett.*, 993 and 1909 (1989); M. Onaka, Y. Izumi et al., *Tetrahedron Lett.*, 30, 6341 (1989); L. Colombo et al., *ibid.*, 30, 6435 (1989); C. Palomo et al., *J. Chem. Soc., Perkin Trans. 1*, 1692 (1989).

$$R^1\text{-C(OTMS)=CH-}R^2 + PhCHO \xrightarrow{\text{Rh catalyst}} R^1\text{-CO-CH}(R^2)\text{-CH(OTMS)-Ph}$$

29-90%

syn : anti   50:50 to 86:14

various other catalysts used for similar transformations

I.A.7.a.1a-28 T. Kitazume et al., *J. Org. Chem.*, 54, 83 (1989); K. Chow and S. Danishefsky, *ibid.*, 54, 6016 (1989); K.M. Nicholas et al., *ibid.*, 54, 5426 (1989); R.G. Harvey et al., *ibid.*, 54, 840 (1989); C. Gennari et al., *Tetrahedron Lett.*, 30, 5163 (1989); G.A. Molander and S.W. Andrews, *ibid.*, 30, 2351 (1989); M. Hanaoka et al., *ibid.*, 30, 5623 and 5627 (1989); J.G. Stuart and K.M. Nicholas, *Synthesis*, 454 (1989); T. Mukaiyama et al., *Chem. Lett.*, 1397 and 893 (1989); F. Shirai and T. Nakai, *ibid.*, 445 (1989); B.A. Barner et al., *Tetrahedron*, 45, 6101 (1989); S. Jeganathan and P. Vogel, *Chem. Commun.*, 993 (1989); L. Gorrichon et al., *Synth. Commun.*, 19, 3241 (1989).

$$\text{H-CO-CMe(F)-CH}_2\text{OBn} + \text{CH}_2\text{=C(OTMS)-}^i\text{Bu} \xrightarrow{\text{Lewis Acid}} {}^i\text{Bu-CO-CH}_2\text{-CH(OH)-CMe(F)-CH}_2\text{OBn}$$

Lewis Acid = $TiCl_4$,   83%, threo : erythro   78:22
Lewis Acid = $EtAlCl_2$, 51%, threo : erythro   9:91

other catalysts and substrates employed similarly

I.A.7.a.1a-29 Y. Kita et al., *Chem. Pharm. Bull.*, **37**, 2002 and 1446 (1989); H. Kunz and W. Pfrengle, *Angew. Chem., Int. Ed. Engl.*, **28**, 1067 and 1068 (1989).

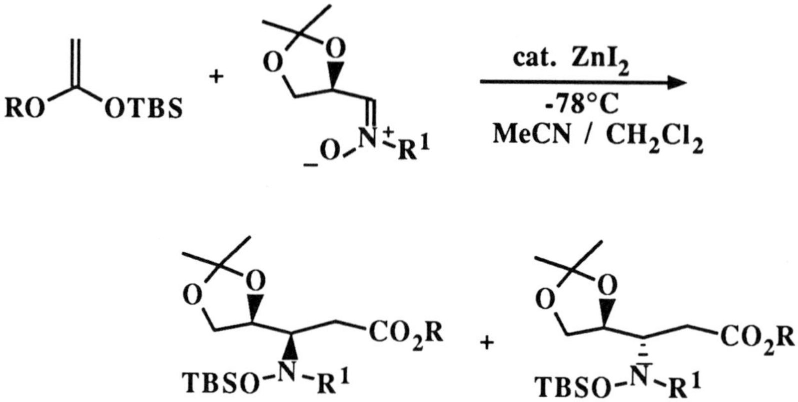

$$\text{RO-C(=CH}_2\text{)-OTBS} + \text{nitrone} \xrightarrow[\text{MeCN / CH}_2\text{Cl}_2]{\text{cat. ZnI}_2, -78°C} \text{products}$$

54%-quantitative, 90:10 to 9:91

I.A.7.a.1a-30 T. Mukaiyama et al., *Chem. Lett.*, 297, 1001, 1319, 1757 and 2069 (1989).

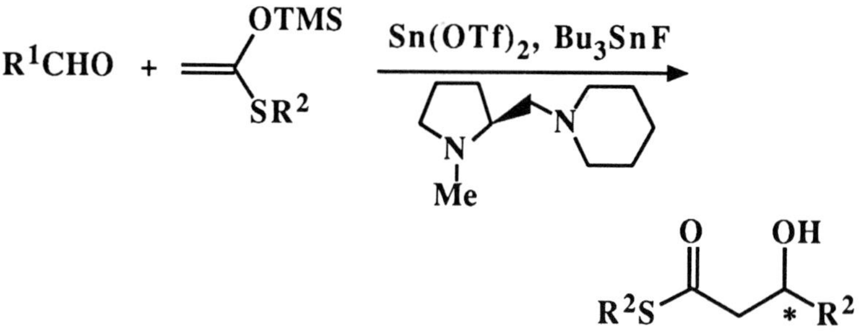

$$R^1\text{CHO} + \text{CH}_2\text{=C(OTMS)(SR}^2\text{)} \xrightarrow{\text{Sn(OTf)}_2, \text{Bu}_3\text{SnF, chiral diamine}} R^2\text{S-C(=O)-CH}_2\text{-C*H(OH)-R}^2$$

70-90%

78->95% e.e.

I.A.7.a.1a-31 R.W. Kavash and P.S. Mariano, *Tetrahedron Lett.*, **30**, 4185 (1989); D.J. Burnell and Y.-J. Wu, *Can. J. Chem.*, **67**, 816 (1989).

$$\text{ArCHO} + \underset{\text{TMSO}\quad\text{OTMS}}{\square} \xrightarrow[\text{2) TFA}]{\text{1) BF}_3\cdot\text{OEt}_2} \text{Ar-cyclopentenone-OH}$$

73%

I.A.7.a.1a-32 H.-U. Reissig et al., *Tetrahedron*, **45**, 3139 (1989).

$$\underset{^t\text{Bu}}{\overset{\text{CO}_2\text{Me}}{\text{TMSO-cyclopropane}}} \xrightarrow[\text{2) H}_2\text{O}]{\text{1) PhCHO, TiCl}_4, -78 \text{ to rt}} \quad ^t\text{Bu-C(O)-CH}_2\text{-CH(Ph)(Cl)-CO}_2\text{Me}$$

77%, 3:2

I.A.7.a.1a-33 G.L. Larson et al., *Synth. Commun.*, **19**, 1405 (1989).

$$\text{cyclohexanone} \xrightarrow[\substack{\text{KF / 18-C-6}\\\text{ZnI}_2,\text{ HMPA}}]{\underset{\text{Ph}\quad\text{CCl}_2\text{Ph}}{\text{OTMS}}} \text{1-benzoyl-cyclohexene}$$

32%

I.A.7.a.2. 1,2-Additions of N-, P-, S-, or Similar Stabilized Carbanions

I.A.7.a.2-1 K. Yamada et al., *Chem. Commun.*, 110 (1989); O.R. Martin et al., *Tetrahedron Lett.*, 30, 6139 and 6143 (1989); I. Kitagawa et al., *Chem. Pharm. Bull.*, 37, 2555 (1989); P.E. O'Bannon and W.P. Dailey, *J. Am. Chem. Soc.*, 111, 9244 (1989); A.G.M. Barrett et al., *J. Org. Chem.*, 54, 1233 (1989).

$$EtNO_2 \xrightarrow[\text{with or without HMPA}]{\text{BuLi}} \xrightarrow{\text{PhCHO}} \underset{\text{Me}}{\overset{\text{OH}}{\text{Ph}}} \overset{NO_2}{\diagdown} \quad + $$

no HMPA	57%, 100:0	Ph–CH(OH)–CH(NO$_2$)(–)$_2$
2.6 HMPA / BuLi	76%, 5:95	

reactions of other nitro anions with aldehydes or ketones also reported

---

I.A.7.a.2-2 M.T. Reetz and J. Binder, *Tetrahedron Lett.*, 30, 5425 (1989).

$$R_2N\text{-CHR}^1\text{-CHO} + CH_2=S(CH_3)_2 \longrightarrow \underset{R_2N}{\overset{R^1}{\diagdown}}\text{-epoxide} \quad + $$

$$\underset{R_2N}{\overset{R^1}{\diagdown}}\text{-epoxide}$$

45-75%
86:14 to 91:9

I.A.7.a.2-3 N. Kunieda et al., *Bull. Chem. Soc. Jpn.*, 62, 2229 (1989); M. Pohmakotr et al., *Tetrahedron Lett.*, 30, 1715 (1989) and *Synth. Commun.*, 19, 477 (1989); O. Yonemitsu et al., *Chem. Pharm. Bull.*, 37, 1167 (1989); S.G. Pyne and G. Boche, *J. Org. Chem.*, 54, 2663 (1989); K. Yamakawa et al., *ibid.*, 54, 3130 and 3973 (1989); S.G. Pyne and B. Dikic, *Chem. Commun.*, 826 (1989).

$$\text{p-TolSCH}_2\text{Li} \xrightarrow[\text{2) H}_3\text{O}^+]{\text{1) R–C}_6\text{H}_4\text{–CO}_2\text{Men}} \text{p-TolSCH}_2\text{C(O)–C}_6\text{H}_4\text{–R}$$

Men = menthyl

>92%, 1.6-24.6% e.e. (major)

similar reactions with chiral or achiral suloxides or with imines

---

I.A.7.a.2-4 S.J. O'Connor and P.G. Williard, *Tetrahedron Lett.*, 30, 4637 (1989); S.V. Ley et al., *ibid.*, 30, 3209 (1989); T.V. Lee, J.R. Maxwell et al., *ibid.*, 30, 4867 (1989); D. Hoppe et al., *ibid.*, 30, 2915 and 2919 (1989); S. Ikegami et al., *Chem. Lett.*, 1063 (1989); R.L. Snowden et al., *Helv. Chim. Acta*, 72, 570 (1989); K. Tanaka et al., *J. Org. Chem.*, 54, 63 (1989); L.S. Lehman de Gaeta et al., *ibid.*, 54, 4004 (1989); M. Makosza et al., *Liebigs Ann. Chem.*, 825 (1989); E. Grunder and G. Leclerc, *Synthesis*, 135 (1989); A.S. Cieplak, B.D. Tait and C.R. Johnson, *J. Am. Chem. Soc.*, 111, 8447 (1989).

1) BuLi, -78 to 0°C
2) LDA, -78 to rt

65%

I.A.7.a.2-5 A. Krief et al., *Tetrahedron*, <u>45</u>, 2005 and 2023 (1989); P.G. McDougal and B.D. Condon, *Tetrahedron Lett.*, <u>30</u>, 789 (1989).

$$RCH(SePh)_2 \xrightarrow{BuLi} \xrightarrow{PhCHO} \xrightarrow{H^+} \underset{PhCHOH}{RCHSePh}$$

"reverse addition"   82%

similarly with TMS sulfides / tetrabutylammonium fluoride

I.A.7.a.2-6 J. Barluenga et al., *Synthesis*, 298 (1989).

$$\underset{R^1}{\overset{Ph\diagdown\underset{\diagup}{P}\diagup Ph}{\diagdown}} N\text{-}Ph \xrightarrow[\substack{2)\ R^2CH=NPh \\ 3)\ H_2O}]{1)\ LDA} \begin{array}{c} Ph\diagdown\underset{\diagup}{P}\diagup Ph \\ R^1\diagdown\diagup N\text{-}Ph \\ R^2\diagup\diagdown NHPh \end{array}$$

88-96%

I.A.7.a.2-7 H.H. Wasserman et al., *Tetrahedron Lett.*, <u>30</u>, 869 and 873 (1989) and *J. Org. Chem.*, <u>54</u>, 2785 (1989); A. Thenappan and D.J. Burton, *Tetrahedron Lett.*, <u>30</u>, 6113 (1989); M. Sawamura, Y. Ito and T. Hayashi, *ibid.*, <u>30</u>, 2247 (1989); A. Togni and S.D. Pastor, *ibid.*, <u>30</u>, 1071 (1989); M.K. Tay et al., *Tetrahedron*, <u>45</u>, 4415 (1989).

R = H, CO₂Et

93-99%

I.A.7.a.3. 1,2-Additions of Organometallic Species

I.a.7.a.3-1 H.C. Brown et al., *J. Org. Chem.*, 54, 1570 (1989); W.H. Pearson et al., *ibid.*, 54, 5814 (1989); K.C. Nicolaou and K.H. Ahn, *Tetrahedron Lett.*, 30, 1217 (1989); Yu.N. Bubnov et al., *J. Organomet. Chem.*, 359, 151 (1989).

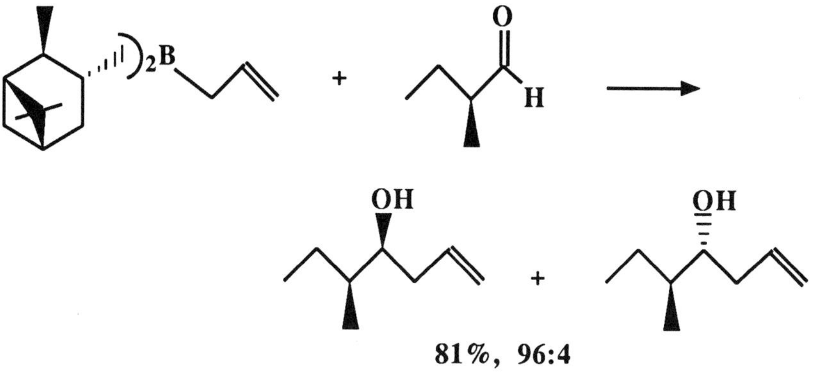

81%, 96:4

I.A.7.a.3-2 A. Suzuki et al., *Tetrahedron Lett.*, 30, 3789 (1989); W.R. Roush et al., *ibid.*, 30, 6457 (1989) and *J. Am. Chem. Soc.*, 111, 2984 (1989); R.W. Hoffmann et al., *Liebigs Ann. Chem.*, 883 (1989) and *Chem. Ber.*, 122, 903, 1777 and 1783 (1989).

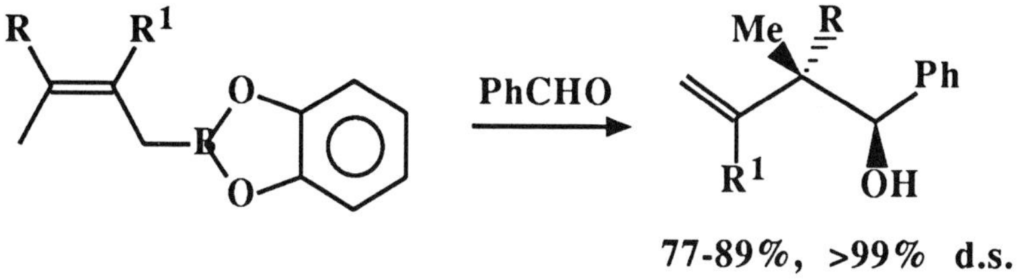

77-89%, >99% d.s.

chiral boronates used similarly

I.A.7.a.3-3 E.J. Corey et al., *J. Am. Chem. Soc.*, 111, 5495 (1989).

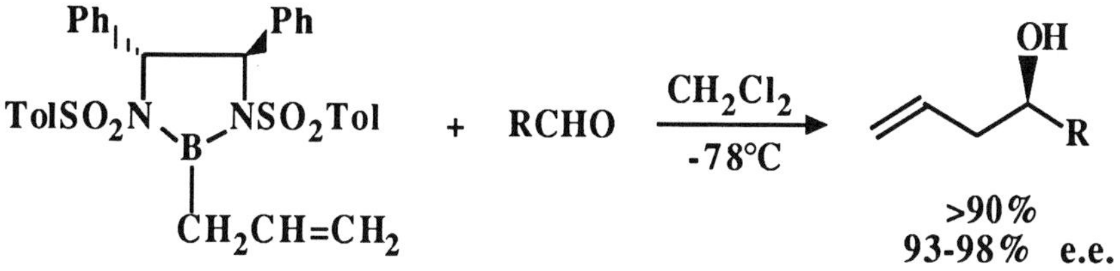

>90%
93-98% e.e.

I.A.7.a.3-4 A. Pelter, K. Smith et al., *Tetrahedron Lett.*, 30, 5643 and 5647 (1989).

$$\text{Mes}_2\text{BCHR}^1 \ \text{Li}^+ + R^2\text{CHO} \xrightarrow[\text{or NCS}]{\text{TFAA}} R^2\text{COCH}_2R^1 \quad 16\text{-}92\%$$

alkenes if $R^1 = H$

I.A.7.a.3-5 Y. Masuyama et al., *Chem. Lett.*, 1647 (1989) and *Tetrahedron Lett.*, 30, 3437 (1989); T.L. Macdonald et al., *ibid.*, 30, 1473 (1989); R Fan and T. Hudlicky, *ibid.*, 30, 5533 (1989); E.J. Thomas et al., *J. Chem. Soc., Perkin Trans. 1*, 1521 and 1529 (1989); J. Auge and G. Bourleaux, *J. Organomet. Chem.*, 377, 205 (1989); M.A. Ciufolini and G.O. Spencer, *J. Org. Chem.*, 54, 4739 (1989); L. Strekowski et al., *ibid.*, 54, 6120 (1989); S.F. Martin and W. Li, *ibid.*, 54, 6129 (1989); G.E. Keck et al., *J. Am. Chem. Soc.*, 111, 8136 (1989); Y. Yamamoto and K. Saito, *Chem. Commun.*, 1676 (1989).

$$\diagdown\!\!\!=\!\!\!\diagup\text{OH} + R^1\text{COCOR}^2 \xrightarrow[\text{SnCl}_2,\ \text{solvent}]{\text{PdCl}_2(\text{PhCN})_2}$$

products: allyl-C(R^1)(OH)-C(=O)-R^2 + allyl-C(R^1)(OH)-C(OH)(R^2)-allyl

12-61%, 100:0 to 0:100

reactions with other allyl stannanes also reported

I.A.7.a.3-6 J. Iqbal and S.P. Joseph, *Tetrahedron Lett.*, 30, 2421 (1989); J.A. Marshall and W.Y. Gung, *ibid.*, 30, 309 and 2183 (1989); G. Tagliavini et al., *J. Organomet. Chem.*, 376, 269 (1989).

$$Me\text{-CH=CH-CH}_2\text{-SnBu}_3 + R^1CHO \xrightarrow{CoCl_2} Me\text{-CH=CH-CH}_2\text{-CH(OH)-}R^1$$

vinylogous attack without cobalt chloride

54-74%

I.A.7.a.3-7 M.T. Reetz and P. Hois, *Chem. Commun.*, 1081 (1989).

$$CH_2=C(SnR_3)\text{-CH}_2R^1 + R^2COCl \xrightarrow{TiCl_4} R^2\text{-CO-CH}_2\text{-CH=CH-}R^1$$

38-85%
E:Z 80:20 to 37:63

I.A.7.a.3-8 H. Yamamoto et al., *J. Org. Chem.*, 54, 5198 (1989); S.R. Wilson and M.E. Guazzaroni, *ibid.*, 54, 3087 (1989); M.V. Papadopoulou, *Chem. Ber.*, 122, 2017 (1989); Y. Ishii et al., *Synthesis*, 283 (1989); G. Courtois and L. Miginiac, *J. Organomet. Chem.*, 376, 235 (1989); J.F. Normant et al., *Tetrahedron Lett.*, 30, 3955 and 3959 (1989).

prenyl-ZnBr $\xrightarrow{\text{reagent}}$ (linear allylic alcohol with Ph, OH) + (branched isomer, Ph-CH(OH)-C(Me)_2-CH=CH_2)

reagent = PhCHO, <1 : 99
reagent = PhCOSi^{i}Pr$_3$, >99 : 1
then Bu$_4$NF

I.A.7.a.3-9 A. Furstner, *Synthesis*, 571 (1989).

Review: "Recent Advancements in the Reformatsky Reaction"

I.A.7.a.3-10 M. Bortolussi and J. Seyden-Penne, *Synth. Commun.*, 19, 2355 (1989); D. Basavaiah and T.K. Bharathi, *ibid.*, 19, 2035 (1989); L. Miginiac et al., *ibid.*, 19, 2167 (1989); C.H. Heathcock et al., *J. Am. Chem. Soc.*, 111, 1530 (1989); F. Matsuda et al., *Tetrahedron Lett.*, 30, 4259 (1989); M. Bellassoued et al., *Bull. Chem. Soc. Belg.*, 98, 185 (1989).

$$\text{cyclohexanone} + BrCH_2CO_2Et \xrightarrow[\text{THF}]{Zn/Ag} \text{1-(hydroxy)-1-(CO}_2Et)\text{cyclohexane}$$

86%

I.A.7.a.3-11 G. Boireau et al., *Tetrahedron*, 45, 5837 (1989).

$$PhCOCO_2(-)\text{menthyl} \xrightarrow[\text{2) } H_3O^+]{\text{1) RMgX / ZnX}_2} \underset{OH}{\overset{R}{Ph-C-CO_2(-)\text{menthyl}}}$$

87-95%, 0-84% d.e.

I.A.7.a.3-12 K. Tanaka et al., *Chem. Commun.*, 1700 (1989); K. Soai et al., *ibid.*, 534 (1989), *J. Chem. Soc., Perkin Trans. 1*, 109 (1989), *Heterocycles*, 29, 2065 and 2219 (1989), *Bull. Chem. Soc. Jpn.*, 62, 2124 (1989) and *Chem. Lett.*, 481 (1989); N. Oguni et al., *ibid.*, 1969 (1989); R. Noyori et al., *J. Am. Chem. Soc.*, 111, 4028 (1989); N.N. Joshi, M. Srebnik and H.C. Brown, *Tetrahedron Lett.*, 30, 5551 (1989); M. Yoshioka et al., *ibid.*, 30, 1657 (1989).

$$PhCHO + Et_2Zn \xrightarrow[\text{toluene, rt}]{\text{catalyst}} \underset{Ph}{\overset{HO\ H}{\underset{Et}{\bigvee}}} + \underset{Ph}{\overset{HO\ H}{\underset{Et}{\bigvee}}}$$

catalyst A, 90%, 92% e.e. (R)
catalyst B, 87%, 88% e.e. (S)

A : OH axial   B : OH equatorial

I.A.7.a.3-13 J. Grondin et al., *J. Organomet. Chem.*, <u>362</u>, 237 (1989); R.F.W. Jackson et al., *Chem. Commun.*, 644 (1989).

$$RBr \xrightarrow[\text{95°C, 3-4h}]{\text{Cu / Zn, ethyl carbonate}} RZnBr \xrightarrow[\text{ethyl carbonate, 0°C}]{\text{MeCOCl}} RCOMe \quad 41\text{-}58\%$$

the use of ethyl carbonate as solvent allows the reaction of zinc with halides which would normally be unreactive

---

I.A.7.a.3-14 Y. Ito et al., *Chem. Lett.*, 1603 (1989).

[2,6-disubstituted aryl isocyanide] + R_2^1Zn $\xrightarrow[\text{PdCl}_2(\text{PPh}_3)_2]{\text{ArI}}$ [2,6-disubstituted aryl N=C(R^1)Ar imine] 37-81%

other Pd catalysts used

I.A.7.a.3-15 T. Cohen and M. Bhupathy, *Acc. Chem. Res.*, <u>22</u>, 152 (1989).

> Review : "Organoalkali Compounds by Radical Anion Induced Reductive Metalation of Phenylthio ethers".

I.A.7.a.3-16 H. Yamataka et al., *J. Org. Chem.*, 54, 4706 (1989); G. Tonachini, P. Venturello et al., *Tetrahedron*, 45, 7827 (1989).

Electron Transfer in the Additions of Organolithium Reagents to Benzophenone and Benzaldehyde

Effect of Lithium Complexation by 12-Crown-4 on the Regioselectivity of the Attack of Gem-Dichloroallyl Lithium on Some Carbonyl Compounds

---

I.A.7.a.3-17 S.D. Rychnovsky, *J. Org. Chem.*, 54, 4982 (1989); W.H. Pearson and A.C. Lindbeck, *ibid.*, 54, 5651 (1989); J. Barluenga et al., *Tetrahedron*, 45, 2183 (1989); D. Michelot, *Synth. Commun.*, 19, 1705 (1989); M.G. Banwell et al., *Chem. Commun.*, 865 (1989); H. Yamamoto et al., *Bull. Chem. Soc. Jpn.*, 62, 3736 (1989).

80%, 65:35

syn product on warming to -20°C before PhCHO addition

similar reactions with lithio species formed from alkyl stannanes or alkyl halides

I.A.7.a.3-18 P. Bravo et al., *Gazz. Chim. Ital.*, 119, 323 (1989); C. Kibayashi et al., *Tetrahedron Lett.*, 30, 4539 (1989); A.I. Meyers and M.A. Sturgess, *ibid.*, 30, 1741 (1989); J. Yaozhong et al., *Synth. Commun.*, 19, 3337 (1989); L.S. Liebeskind, *Tetrahedron*, 45, 3053 (1989); M.M. Midland et al., *Org. Synth.*, 68, 14 (1989).

62-84%, 60:40 to 75:25

similar reactions with chiral imines and achiral ketones

I.A.7.a.3-19 S.G. Davies and C.L. Goodfellow, *J. Organomet. Chem.*, 370, C5 (1989); M. Watanabe et al., *Chem. Pharm. Bull.*, 37, 2884 (1989); D.J. Ager et al., *Chem. Commun.*, 1256 (1989); T. Konakahara and Y. Kurosaki, *J. Chem. Res. (S)*, 130 (1989); G.A. Molander and K. Mautner, *J. Org. Chem.*, 54, 4042 (1989); B. Mudryk and T. Cohen, *ibid.*, 54, 5657 (1989); W.D. Wulff et al., *J. Am. Chem. Soc.*, 111, 5485 (1989).

68%

abstraction of protons adjacent to Si or O also reported

I.A.7.a.3-20 D. Hoppe and O. Zschage, *Angew. Chem., Int. Ed. Engl.*, 28, 69 (1989).

Me—CH=CH—CH$_2$—OCON^{i}Pr$_2$ $\xrightarrow{\text{sBuLi}}_{\text{(-)sparteine}}$ $\xrightarrow{\text{RCHO}}$ $\xrightarrow{\text{H}_2\text{O}}$

R—C(H)(OH)—C(Me)—CH=CH—OCON^{i}Pr$_2$

92-95%, 80-83% e.e.

I.A.7.a.3-21 D.J. Hlasta and J.J. Court, *Tetrahedron Lett.*, 30, 1773 (1989); W.-Y. Leung and E. LeGoff, *Synth. Commun.*, 19, 787 (1989); H. Uno, Y. Shiraishi and H. Suzuki, *Bull. Chem. Soc. Jpn.*, 62, 2636 (1989); S.N. Yarmolenko et al., *J. Org. Chem. (USSR)*, 25, 2334 (1989); A.I. Meyers et al., *J. Am. Chem. Soc.*, 111, 1905 (1989); A. Maercker and K.-D. Klein, *Angew. Chem., Int. Ed. Engl.*, 28, 83 (1989); Y. Gaoni, *Tetrahedron*, 45, 2819 (1989).

X—C(=O)—N(Me)—OMe $\xrightarrow[\text{2) R}^2\text{M}]{\text{1) R}^1\text{M}}$ R^1—C(=O)—R^2

41-79%

X = OEt, N(Me)OMe, NMe$_2$
M = Li, MgCl

similarly with amides, esters or carbon dioxide and lithio species

I.A.7.a.3-22 Y. Kawanami et al., *Chem. Lett.*, 2063 (1989); J. Plumet et al., *J. Org. Chem.*, 54, 4158 (1989); M. Koreeda and Z. You, *ibid.*, 54, 5195 (1989).

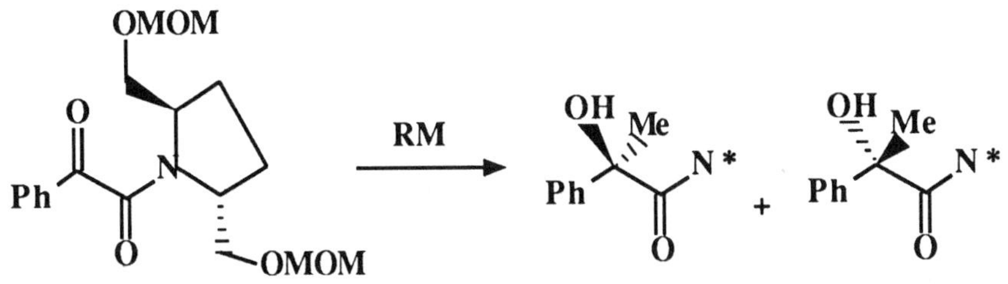

PhCOCON*

RM = MeLi (1.2 eq.), -78°C   75%, 81:19
THF/HMPA

RM = MeMgBr (1.2 eq.), rt   94%, 19:81
THF

I.A.7.a.3-23 R.J.P. Corriu et al., *Tetrahedron*, 45, 171 (1989).

Grignard Reagents as Powders : Preparation and Reactivity

I.A.7.a.3-24 M. Nakata, M. Kinoshita et al., *Bull. Chem. Soc. Jpn.*, 62, 2618 (1989); K. Mori and H. Kikuchi, *Liebigs Ann. Chem.*, 1263 (1989); M.T. Reetz et al., *Tetrahedron Lett.*, 30, 5421 (1989).

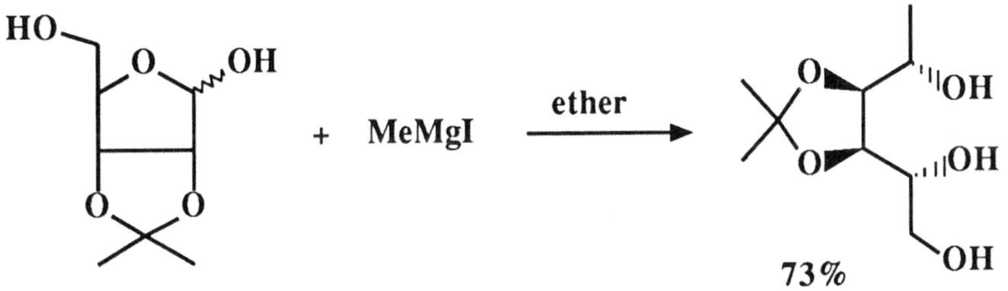

73%

I.A.7.a.3-25 P.C. Bulman Page et al., *J. Chem. Soc., Perkin Trans. 1*, 1158 (1989); S.G. Davies and C.L. Goodfellow, *ibid.*, 192 (1989); D. Hoppe, E. Egert et al., *Angew. Chem., Int. Ed. Engl.*, 28, 67 (1989); H. Fujioka, Y. Tamura et al., *Chem. Pharm. Bull.*, 37, 602 and 1488 (1989); S. Kano et al., *ibid.*, 37, 2867 (1989); O. Yonemitsu et al., *ibid.*, 37, 1698 (1989); T. Momose et al., *Heterocycles*, 29, 1865 (1989); J. Barluenga et al., *Tetrahedron Lett.*, 30, 5927 (1989); C. Bernardon, *J. Organomet. Chem.*, 367, 11 (1989); S. Miyano et al., *Chem. Lett.*, 1135 (1989).

95% (exclusive)

reactions of Grignard reagents with other chiral substrates also reported

---

I.A.7.a.3-26 K. Uneyama et al., *Tetrahedron Lett.*, 30, 4821 (1989).

Ar = 4-anisyl

61-85%

I.A.7.a.3-27 D. Savoia et al., *J. Org. Chem.*, 54, 228 (1989); J. Singh et al., *Org. Prep. Proced. Int.*, 21, 501 (1989).

85%

I.A.7.a.3-28 P. Canonne et al., *Tetrahedron*, 45, 2525 (1989).

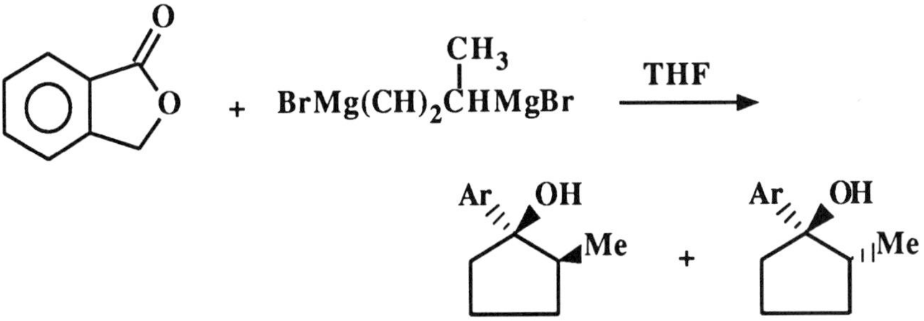

Ar = 2-HOCH$_2$C$_6$H$_4$

85%, 18:82

I.A.7.a.3-29 A.H. Alberts and H. Wynberg, *J. Am. Chem. Soc.*, 111, 7265 (1989).

The Role of the Product in Asymmetric C-C Bond Formation : Stoichiometric and Catalytic Enantioselective Autoinduction

---

I.A.7.a.3-30 J.-T. Wang et al., *Synthesis*, 291 (1989).

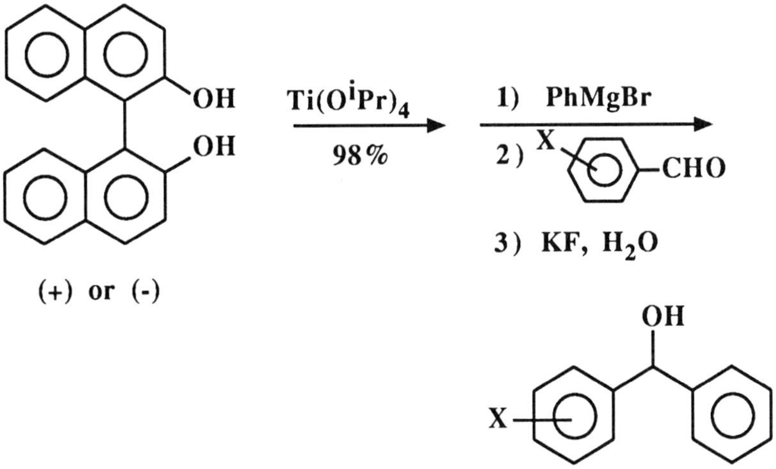

(+) or (−)

52-83%

I.A.7.a.3-31 D. Hoppe et al., *Synthesis*, 83 (1989); K. Suzuki et al., *Tetrahedron Lett.*, 30, 1563 (1989); M. El Idrissi and M. Santelli, *ibid.*, 30, 1531 (1989); T. Fujisawa et al., *Chem. Lett.*, 2045 (1989).

I.A.7.a.3-32 S. Collins et al., *J. Org. Chem.*, 54, 4154 (1989); M. Riediker, R.O. Duthaler, G. Bold et al., *Angew. Chem., Int. Ed. Engl.*, 28, 494, 495 and 497 (1989).

I.A.7.a.3-33 T. Imamoto et al., *J. Am. Chem. Soc.*, 111, 4392 (1989); L.A. Paquette et al., *J. Org. Chem.*, 54, 2278 and 2291 (1989).

$$\text{Bn}_2\text{C=O} + \text{BuMgBr} \xrightarrow[\text{THF, 0°C}]{\text{CeCl}_3} \text{Bn}_2\text{C(OH)Bu}$$

98%

18-36% without $CeCl_3$

I.A.7.a.3-34 G.A. Olah et al., *J. Am. Chem. Soc.*, 111, 393 (1989); A. Dondoni et al., *J. Org. Chem.*, 54, 693 (1989); C.P. Lillya and T.P. Sassi, *Tetrahedron Lett.*, 30, 6133 (1989); E. Nakamura, I. Kuwajima et al., *ibid.*, 30, 6541 (1989).

$$\text{PhCHO} + \text{CF}_3\text{SiMe}_3 \xrightarrow[\text{2) aq. HCl}]{\text{1) Bu}_4\text{NF}} \text{PhCH(OH)CF}_3$$

85%

various other silyl anion precursors used

I.A.7.a.3-35 H.-U. Reissig et al., *Chem. Ber.*, 122, 2165 (1989); S. Pernez and J. Hamelin, *Tetrahedron Lett.*, 30, 3419 (1989); K. Sato, M. Kira and H. Sakurai, *J. Am. Chem. Soc.*, 111, 6429 (1989).

OHC-iPr + allyl-TMS →(Lewis Acid, -78°C) two diastereomeric homoallyl alcohols

Lewis Acid = BF_3, 49%, 53:47

Lewis Acid = $TiCl_4$, 58%, 62:38

I.A.7.a.3-36 T.H. Chan and D. Wang, *Tetrahedron Lett.*, 30, 3041 (1989); T. Tokoroyama et al., *ibid.*, 30, 6397 and 6401 (1989); S. Kiyooka et al., *J. Org. Chem.*, 54, 5409 (1989); J.K. Whitesell et al., *ibid.*, 54, 2258 (1989).

$$\text{allyl-Si(Me)}_2\text{-CH}_2\text{-N-pyrrolidine-CO}_2\text{Me} + \text{RCHO} \xrightarrow{1)} \text{RCH(OH)-CH}_2\text{-CH=CH}_2$$

60-81%
23-43% e.e. (S)

1) $TiCl_4$, $SnCl_4$ or $BF_3 \cdot OEt_2$

I.A.7.a.3-37 K. Takai et al., *Tetrahedron Lett.*, 30, 4389 (1989) and *J. Org. Chem.*, 54, 4732 (1989); S. Takano et al., *ibid.*, 54, 3515 (1989); Y. Kishi et al., *J. Am. Chem. Soc.*, 111, 2735 (1989); R. Baker and J.L. Castro, *J. Chem. Soc., Perkin Trans. 1*, 190 (1989).

$$R^1CHO + R^2CH=CHCHCl_2 \xrightarrow[\text{THF-DMF, rt}]{CrCl_2} R^1\text{-CH(OH)-CH}(R^2)\text{-CH=CH-Cl}$$

Z:E 95:5 to 100:0
threo:erythro 93:7 to 100:0

58-96%

I.A.7.a.3-38 H. Ishibashi et al., *Synth. Commun.*, 19, 443 (1989); S.V. Ley et al., *Tetrahedron*, 45, 7161 (1989); M. Prashad et al., *Tetrahedron Lett.*, 30, 4757 (1989).

$$RSCH_2COCl + R_n^1AlCl_{3-n} \longrightarrow RSCH_2COR^1$$

66-100%

R = Me, Ph R^1 = Me, Et
n = 1,2

I.A.7.a.3-39 Y.-Z. Huang et al., *J. Organomet. Chem.*, 366, 87 (1989).

$$R^1R^2CO + RCH(X)CO_2Et + Bu_3Sb \longrightarrow$$

X = Br, Cl

$$R^1R^2C=C(R)CO_2Et$$

0-96%

I.A.7.a.3-40 R.D. Rieke et al., *Synth. Commun.*, 19, 1833 (1989).

$$R\text{-}Br \xrightarrow[\text{2) PhCOCl}]{\text{1) Cu*}} RCOPh$$

44-90%

Cu* = activated copper

I.A.7.a.3-41 E. Nakamura, I. Kuwajima et al., *Tetrahedron Lett.*, 30, 1975 (1989); F.J. Pulido et al., *Synth. Commun.*, 19, 1039 (1989).

2-methylcyclohexanone + Bu$_2$CuLi $\xrightarrow{\text{TMSCl}}$ (TMSO, Bu disubstituted cyclohexane)

68%, 96:4

I.A.7.a.3-42 Y. Nishiyama, S. Hamanaka et al., *Chem. Lett.*, 1825 (1989).

$$\left[R\text{-}\overset{O}{\underset{\|}{C}}\text{-}Se \right]_2 + 2\ Bu_2CuLi \longrightarrow 2\ R\overset{O}{\underset{}{\text{-C-}}}Bu$$

79-92%

I.A.7.a.3-43 J.W. Faller et al., *Tetrahedron Lett.*, 30, 1769 (1989) and *J. Am. Chem. Soc.*, 111, 1937 (1989).

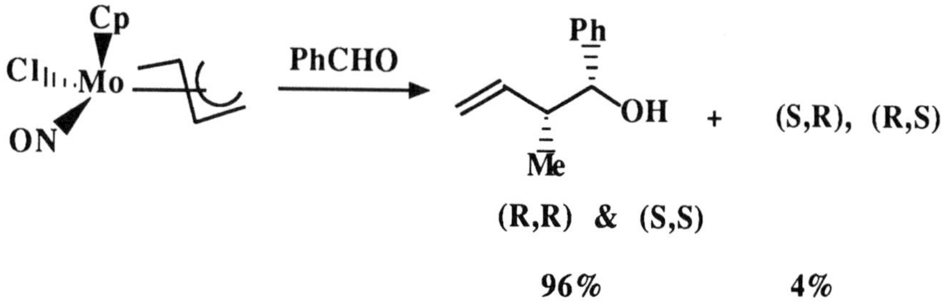

Cl⋯Mo(Cp)(NO)(allyl) + PhCHO → CH$_2$=CH-CH(Me)-CH(OH)-Ph + (S,R), (R,S)

(R,R) & (S,S)

96%   4%

I.A.7.a.3-44 Y. Butsugan et al., *J. Organomet. Chem.*, 369, 291 (1989).

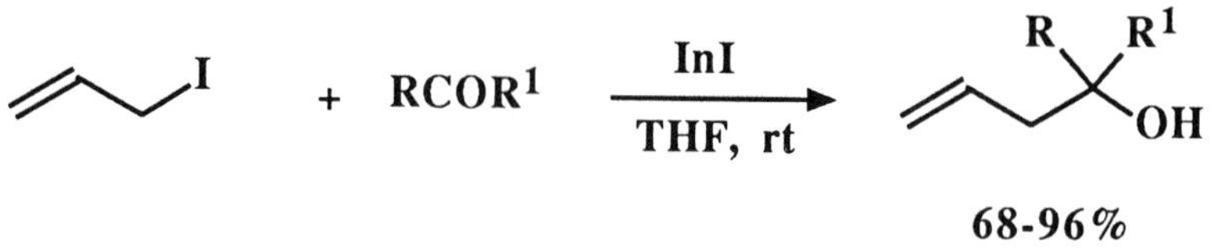

$$CH_2=CH-CH_2-I + RCOR^1 \xrightarrow[THF, rt]{InI} CH_2=CH-CH_2-C(R)(R^1)-OH$$

68-96%

I.A.7.a.3-45 A. Dormond et al., *J. Org. Chem.*, 54, 3747 (1989).

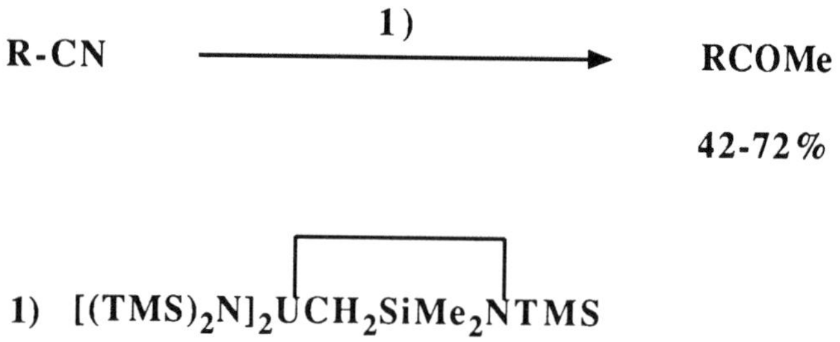

$$R\text{-}CN \xrightarrow{1)} RCOMe$$

42-72%

1)   [(TMS)$_2$N]$_2$U̅CH$_2$SiMe$_2$N̅TMS

I.A.7.a.4 Other 1,2 - Additions

I.A.7.a.4-1 M. Onaka, Y. Izumi et al., *Chem. Lett.*, 1393 (1989); R. Herranz et al., *Synthesis*, 703 (1989); M.P. Georgiadis and S.A. Haroutounian, *ibid.*, 616 (1989); K. Saito and K. Harada, *Tetrahedron Lett.*, 30, 4535 (1989); T. Kurihara et al., *ibid.*, 30, 3681 (1989); K. Sukata, *J. Org. Chem.*, 54, 2015 (1989).

$$R^1R^2C=O + TMSCN \xrightarrow[CH_2Cl_2]{solid\ catalyst} R^1R^2C(OTMS)(CN)$$

92-98%

catalyst = Fe-Mont, CaF_2, Hap
other catalysts and nitrile sources used

I.A.7.a.4-2 S.-K. Kang et al., *Org. Prep. Proced. Int.*, 21, 383 (1989).

$$RCHO + KCN \xrightarrow[CrO_3]{TMSCl} RCOCN$$

63-72%

I.A.7.a.4-3 J.A. Gladysz et al., *Tetrahedron Lett.*, 30, 3931 (1989).

78-95%, 76.5:23.5 to 94.5:5.5
(53-89% d.e.)

I.A.7.a.4-4 J. Perichon et al., *Tetrahedron*, 45, 1423 (1989); W. Qiu and Z. Wang, *Chem. Commun.*, 356 (1989); M. Tokuda, S. Satoh and H. Suginome, *J. Org. Chem.*, 54, 5608 (1989); S. Durandetti et al., *ibid.*, 54, 2198 (1989); S. Torii et al., *ibid.*, 54, 444 (1989); Y. Watanabe et al., *J. Organomet. Chem.*, 369, C51 (1989); J. Perichon et al., *ibid.*, 369, C47 (1989); S. Torii et al., *Tetrahedron Lett.*, 30, 4161 (1989).

$$PhCHO + CF_3Br \xrightarrow{\text{electroreduction}} PhCHCF_3$$
$$\phantom{PhCHO + CF_3Br \xrightarrow{\text{electroreduction}} Ph}|$$
$$\phantom{PhCHO + CF_3Br \xrightarrow{\text{electroreduction}} Ph}OH$$

95%

similar reactions with $PbCl_2$ / Al or $Ru_3(CO)_{12}$
allyl acetates used instead of halides

I.A.7.a.4-5 K. Sakai et al., *Tetrahedron Lett.*, 30, 6349 (1989).

[structure: hex-5-enal with Bu substituent on internal alkene carbon] →(chiral Rh(I) complex)→ [3-butylcyclopentanone]

78%, 73% e.e. (S)

I.A.7.a.4-6 T. Nakai et al., *J. Am. Chem. Soc.*, 111, 1940 (1989); K.H. Schulte-Elte and H. Pamingle, *Helv. Chim. Acta*, 72, 1158 (1989); J.K. Whitesell et al., *J. Org. Chem.*, 54, 2258 (1989); D.L. Cheney and L.A. Paquette, *ibid.*, 54, 3334 (1989); K. Sakai et al., *Chem. Pharm. Bull.*, 37, 1990 (1989).

isobutylene + $OHCCO_2Me$ →(^{i}PrO)$_2$TiCl$_2$, BINOL, MS 4A, CH_2Cl_2→ product with OH and E

E = CO_2Me

72%, 95% e.e.

similar results with chiral alkenes or chiral carbonyl species

I.A.7.a.4-7 T. Shono et al., *J. Org. Chem.*, <u>54</u>, 6001 (1989); E. Kariv-Miller et al., *ibid.*, <u>54</u>, 4022 (1989); J.E. Swartz, E. Kariv-Miller and S.J. Harrold, *J. Am. Chem. Soc.*, <u>111</u>, 1211 (1989).

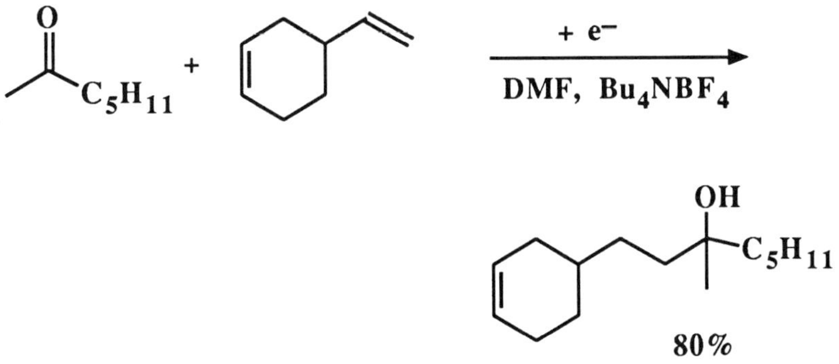

$$\text{MeC(O)C}_5\text{H}_{11} + \text{(4-vinylcyclohexene)} \xrightarrow[\text{DMF, Bu}_4\text{NBF}_4]{+ e^-} \text{product (80\%)}$$

I.A.7.a.4-8 H. Hoberg and D. Guhl, *J. Organomet. Chem.*, <u>375</u>, 245 (1989) and <u>378</u>, 279 (1989).

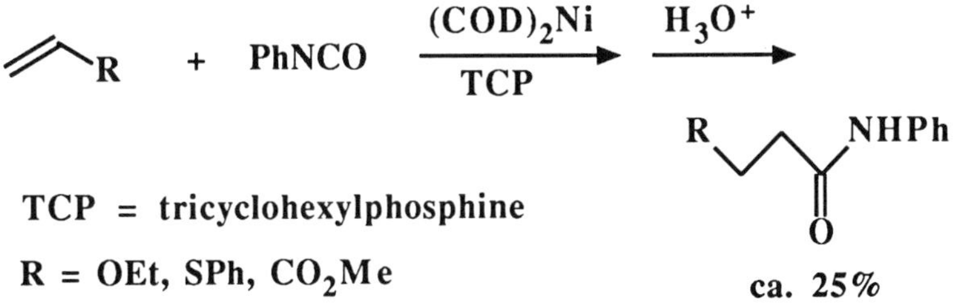

$$\text{CH}_2=\text{CHR} + \text{PhNCO} \xrightarrow[\text{TCP}]{(\text{COD})_2\text{Ni}} \xrightarrow{\text{H}_3\text{O}^+} \text{R-CH}_2\text{CH}_2\text{C(O)NHPh} \quad \text{ca. 25\%}$$

TCP = tricyclohexylphosphine

R = OEt, SPh, CO$_2$Me

I.A.7.b.1. Conjugate Additions of Enolate-Type Carbanions

I.A.7.b.1-1 G. Revial, *Tetrahedron Lett.*, 30, 4121 (1989); J. d'Angelo et al., *ibid.*, 30, 2645 and 6511 (1989); M. Franck-Neumann et al., *ibid.*, 30, 3529, 3533 and 3537 (1989); K. Saigo et al., *Chem. Lett.*, 943 (1989); P.C. Bulman Page et al., *Tetrahedron*, 45, 3819 (1989) and *Synth. Commun.*, 19, 1655 (1989); R. Fuks and M. Van den Bril, *ibid.*, 19, 1681 (1989).

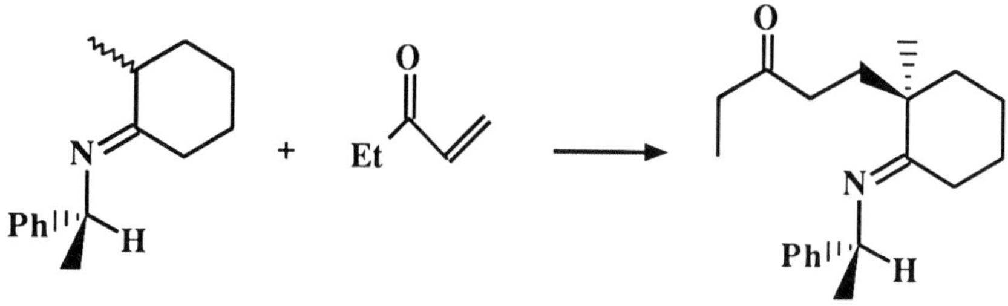

(after hydrolysis and cyclization)   67%, 85% e.e.

other enamines and Lewis acids also used

I.A.7.b.1-2 A.P. Kozikowski and B.B. Mugrage, *J. Org. Chem.*, 54, 2274 (1989).

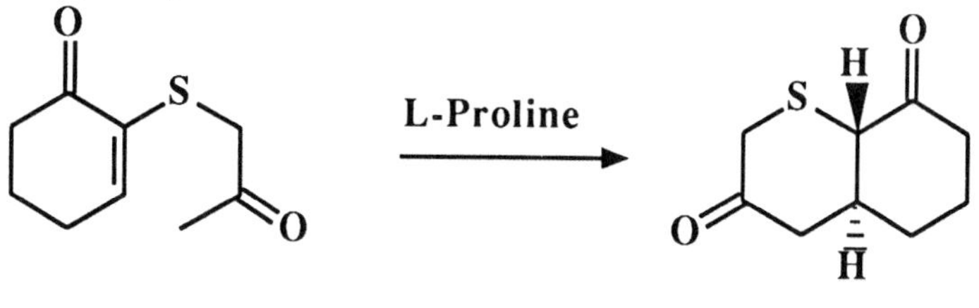

L-Proline

87%

I.A.7.b.1-3 J. Nokami, J. Tsuji et al., *Tetrahedron Lett.*, 30, 4829 (1989).

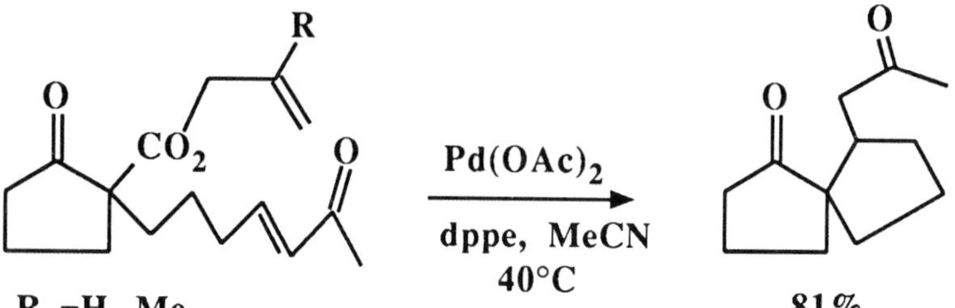

$Pd(OAc)_2$

dppe, MeCN
40°C

R = H, Me

81%

I.A.7.b.1-4 Y. Yamada et al., *Tetrahedron Lett.*, 30, 5911 (1989); Y. Thebtaranonth et al., *ibid.*, 30, 3857 and 3861 (1989); R.H. Prager et al., *Aust. J. Chem.*, 42, 37 and 731 (1989); C.H. Heathcock et al., *J. Org. Chem.*, 54, 1548 (1989); T. Uyehara, N. Shida and Y. Yamamoto, *Chem. Commun.*, 113 (1989).

I.A.7.b.1-5 S.J. Danishefsky et al., *J. Am. Chem. Soc.*, 111, 3456 (1989); J.-M. Poirier and L. Hennequin, *Tetrahedron*, 45, 4191 (1989); T. Mukaiyama and R. Hara, *Chem. Lett.*, 1171 (1989); M. Asaoka et al., *ibid.*, 1847 (1989); K. Kanematsu et al., *J. Org. Chem.*, 54, 5597 (1989); C.V.C. Prasad and T.H. Chan, *ibid.*, 54, 3242 (1989); S. Torii et al., *Bull. Chem. Soc. Jpn.*, 62, 3739 (1989); A. Quendo and G. Rousseau, *Synth. Commun.*, 19, 1551 (1989).

unusual addition cis to the OTBS group

other Lewis acids used for similar transformations

I.A.7.b.1-6 P. Metzner et al., *Tetrahedron*, 45, 2041 (1989).

I.A.7.b.1-7 D.F. Taber et al., *J. Org. Chem.*, 54, 3831 (1989); L.N. Pridgen et al., *ibid.*, 54, 1523 (1989); E.A. Ruveda et al., *ibid.*, 54, 1539 (1989); M. Widhalm et al., *Monatsh. Chem.*, 120, 147 (1989); A. Loupy et al., *Tetrahedron Lett.*, 30, 333 (1989).

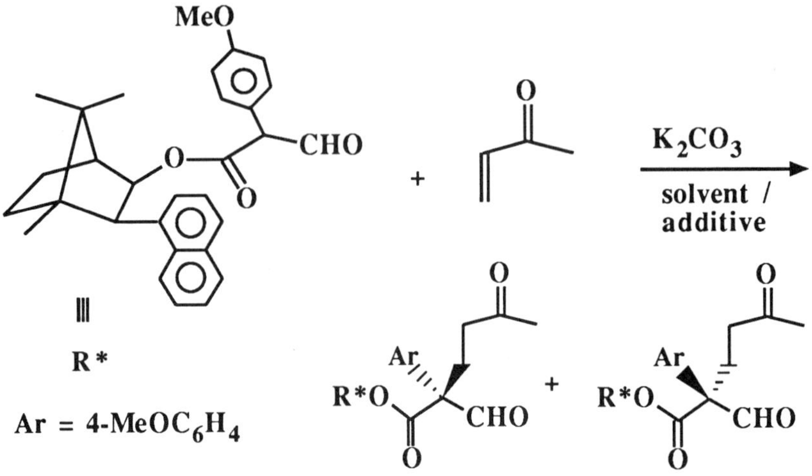

Ar = 4-MeOC$_6$H$_4$

solvent / additive = PhCH$_3$ 54%, 88 : 12
= (MeO)$_2$CH$_2$/H$_2$O   76%, 95 : 5

I.A.7.b.1-8 T. Hudlicky and M.H. Maxwell, Jr., *Synth. Commun.*, 19, 1847 (1989).

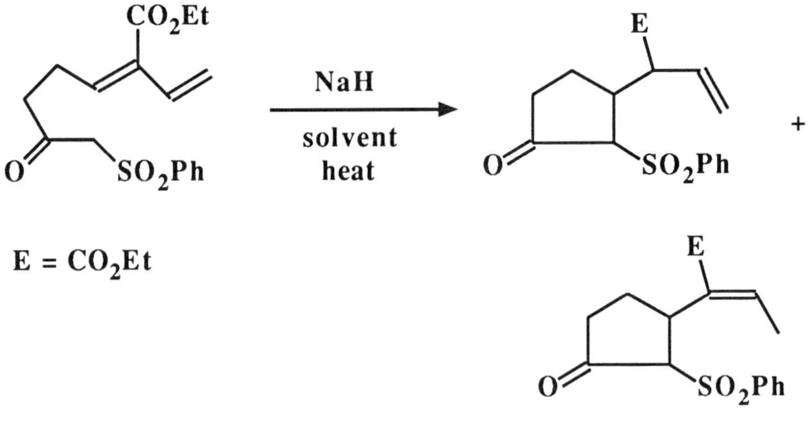

E = CO$_2$Et

solvent = diglyme, 75%, 0 : 100
solvent = DME, 85%, 75 : 25

I.A.7.b.1-9 Y. Ito et al., *Tetrahedron Lett.*, 30, 1257 (1989); L. Viteva and Y. Stefanovsky, *ibid.*, 30, 4565 (1989); K. Popandova-Yambolieva, *Synth.Commun.*, 19, 1561 (1989).

$$R^1\text{-CO-CH=CH-}R^2 + R^3\text{-CH(CN)-CO}_2\text{Me} \xrightarrow[\text{THF}]{\text{TBAF}} R^1\text{-CO-CH}_2\text{-CHR}^2\text{-CR}^3(\text{CN})\text{CO}_2\text{Me}$$

72-93%
50:50 to 75:25

I.A.7.b.1-10 R.K. Haynes et al., *Aust. J. Chem.*, 42, 1671 and 1785 (1989) and *J. Org. Chem.*, 54, 1960 and 5162 (1989).

sulfoxides also used

74%, 67 : 33

I.A.7.b.1-11 M. Mikolajczyk and P. Balczewski, *Tetrahedron*, 45, 7023 (1989); G. Rosini et al., *ibid.*, 45, 5935 (1989); T. Nomoto and H. Takayama, *Chem. Commun.*, 295 (1989); M.R. Bryce et al., *J. Chem. Res. (S)*, 1 (1989); D.A. Anderson and J.R. Hwu, *J. Chem. Soc., Perkin Trans. 1*, 1694 (1989); T. Keumi et al., *J. Org. Chem.*, 54, 4034 (1989).

$$\text{(2-PhSCH}_2\text{-cyclopentenone)} + \text{MeNO}_2 \xrightarrow[\text{rt}]{\text{Al}_2\text{O}_3} \text{product}$$

75%

similar results with nitro anions

I.A.7.b.1-12 A. Bojilova et al., *Synth. Commun.*, 19, 2963 (1989).

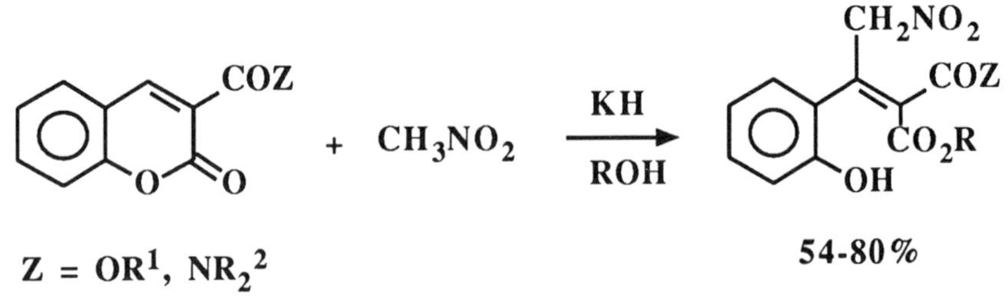

Z = OR^1, NR$_2$^{2}

54-80%

I.A.7.b.1-13 H. Fujioka, Y. Kita et al., *Chem. Commun.*, 1509 (1989); W. Brade and A. Vasella, *Helv. Chim. Acta*, 72, 1649 (1989).

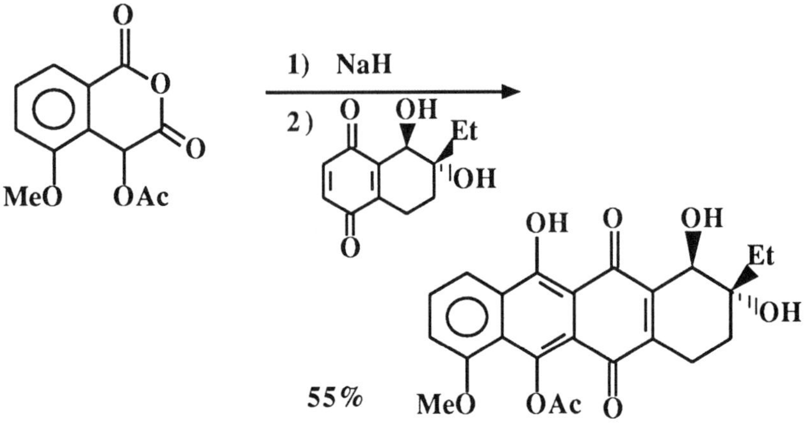

55%

I.A.7.b.1-14 M.L. Graziano and S. Chiosi, *J. Chem. Res. (S)*, 44 (1989).

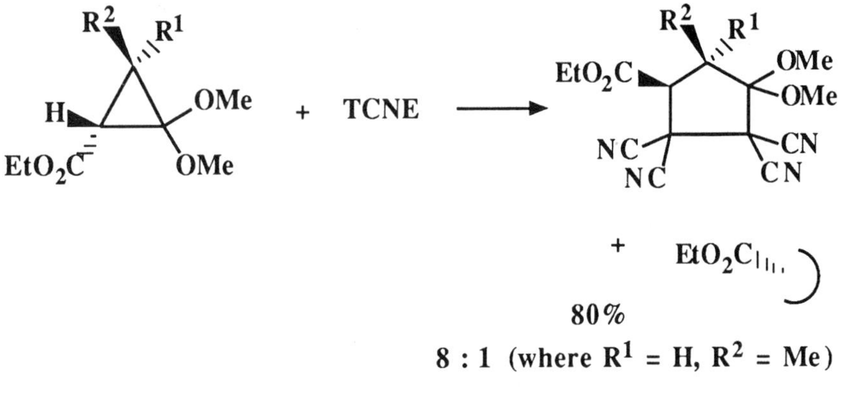

80%

8 : 1 (where R^1 = H, R^2 = Me)

I.A.7.b.1-15 K. Fuji et al., *J. Am. Chem. Soc.*, 111, 7921 (1989); A.R. Katritzky et al., *J. Heterocycl. Chem.*, 26, 1541 (1989); K. Hartke et al., *Chem. Ber.*, 122, 669 (1989).

99%, 86% e.e.

elimination of halides also reported

I.A.7.b.1-16 H. Hagiwara et al., *Chem. Lett.*, 2067 (1989); D. Spitzner, A. Simon et al., *Tetrahedron Lett.*, 30, 547 (1989); K. Fukumoto et al., *J. Chem. Soc., Perkin Trans. 1*, 529 (1989); J.A. Elix and A.A. Whitton, *Aust. J. Chem.*, 42, 1969 (1989).

71%

I.A.7.b.1-17 G.H. Posner and E.M. Shulman-Roskes, *J. Org. Chem.*, 54, 3514 (1989); S.M. Ali and S. Tanimoto, *ibid.*, 54, 2247 (1989); P. Beak and D.A. Burg, *ibid.*, 54, 1647 (1989); S. Hunig et al., *Chem. Ber.*, 122, 2131 (1989); M.M. Al-Arab et al., *Tetrahedron*, 45, 6545 (1989).

45-72%

I.A.7.b.2. Conjugate Additions of Organometallic Reagents

I.A.7.b.2-1 D.A. Hunt, *Org. Prep. Proced. Int.*, 21, 705 (1989).

Review : "Michael Addition of Organolithium Compounds. A Review".

I.A.7.b.2-2 A.I. Meyers et al., *Tetrahedron*, 45, 6949 (1989) and *Tetrahedron Lett.*, 30, 4049 (1989); J.F.G.A. Jansen and B.L. Feringa, *ibid.*, 30, 5481 (1989); N.-Y. Shih et al., *ibid.*, 30, 5563 (1989); D.Y. Oh et al., *ibid.*, 30, 3307 (1989) and *Synth. Commun.*, 19, 1891 (1989); J. Otera et al., *J. Org. Chem.*, 54, 5003 (1989); M.R. Myers and T. Cohen, *ibid.*, 54, 1290 (1989).

other Michael additions with lithio species (with or without subsequent alkylation) also reported

---

I.A.7.b.2-3 K. Tomioka et al., *J. Am. Chem. Soc.*, 111, 8266 (1989).

R = Bu, Ph

80%, 91% e.e.

I.A.7.b.2-4 J.S. Swenton et al., *J. Org. Chem.*, **54**, 4413 (1989).

I.A.7.b.2-5 B.B. Snider and Y. Ke, *Tetrahedron Lett.*, **30**, 2465 (1989); K. Koga et al., *Tetrahedron*, **45**, 643 (1989); M. Larcheveque et al., *Chem. Commun.*, 31 (1989); L.A. Paquette et al., *J. Am. Chem. Soc.*, **111**, 8037 (1989); A.J. Solo et al., *J. Org. Chem.*, **54**, 2317 (1989).

similarly with enones

I.A.7.b.2-6 G. Bartoli et al., *J. Chem. Soc., Perkin Trans. 2*, 573 (1989).

I.A.7.b.2-7 K. Sato et al., *Bull. Chem. Soc. Jpn.*, **62**, 1601 (1989).

CH$_2$=CH–C(=NPh)(OMe) + 6 eq. EtMgBr ⟶ Et-CH$_2$-CH$_2$-C(=O)-CH(Et)-C(=O)-Et

80%

I.A.7.b.2-8 C. Najera et al., *Tetrahedron Lett.*, **30**, 6085 and 173 (1989); F. Sato et al., *ibid.*, **30**, 4379 (1989); P. Knochel et al., *ibid.*, **30**, 5069 (1989); K. Mori and M. Fujiwhara, *Liebigs Ann. Chem.*, 41 (1989); T. Kitazume et al., *J. Org. Chem.*, **54**, 5630 (1989).

Ts–CH=CH–C(=O)–NH^{i}Pr + 2 RMgBr $\xrightarrow{\text{HCl}, \text{H}_2\text{O}}$ Ts–CH$_2$–CH(R)–C(=O)–NH^{i}Pr

77-94%

different leaving groups and lithio, magnesium or zinc cuprates used

---

I.A.7.b.2-9 J.F.G.A. Jansen and B.L. Feringa, *Chem. Commun.*, 741 (1989).

cyclohex-2-enone + ^{i}PrMgBr $\xrightarrow[\text{THF, 0°C}]{\text{Me}_2\text{N-Zn(Cl)(O}^t\text{Bu)-NMe}_2 \ (0.1\%)}$ 3-^{i}Pr-cyclohexanone

88%
1,4 to 1,2

I.A.7.b.2-10 R. Sustmann et al., *Tetrahedron Lett.*, 30, 689 (1989); K. Soai et al., *Chem. Commun.*, 516 (1989); Y. Tamaru, Z. Yoshida et al., *Angew. Chem., Int. Ed. Engl.*, 28, 351 (1989); P. Knochel et al., *J. Org. Chem.*, 54, 5200 and 5202 (1989).

$$\text{R-X} + \text{H}_2\text{C=CHCO}_2\text{Et} \xrightarrow[\text{THF, Zn, pyr}]{\text{NiCl}_2 \cdot 6\text{H}_2\text{O}} \text{RCH}_2\text{CH}_2\text{CO}_2\text{Et}$$

65-79%

other zinc nucleophiles used

I.A.7.b.2-11 B.H. Lipshutz (editor), *Tetrahedron*, 45, 349-578 (1989).

Tetrahedron Symposia in Print Number 35 "Recent Developments in Organocopper Chemistry".

I.A.7.b.2-12 A.E. Dorigo and K. Morokuma, *J. Am. Chem. Soc.*, 111, 4635 and 6524 (1989); S.H. Bertz and R.A.J. Smith, *ibid.*, 111, 8276 (1989); B.H. Lipshutz et al., *ibid.*, 111, 1351 (1989); N. Krause, *Tetrahedron Lett.*, 30, 5219 (1989).

Theoretical and experimental studies on the Michael additions of organocuprate species (regio- and stereo- selectivity, proof of intermediates' structures and the role of $BF_3 \cdot OEt_2$).

I.A.7.b.2-13 A.J. Pearson et al., *J. Org. Chem.*, 54, 3882 (1989); W. Oppolzer and A.J. Kingma, *Helv. Chim. Acta*, 72, 1337 (1989); D.R. Williams et al., *J. Am. Chem. Soc.*, 111, 1923 (1989); S.F. Martin et al., *ibid.*, 111, 7634 (1989); P.A. Zoretic et al., *Synth. Commun.*, 19, 2869 (1989); T. Takahashi et al., *Tetrahedron Lett.*, 30, 4999 (1989); R.T. Borchardt et al., *ibid.*, 30, 1453 (1989); P.W. Collins et al., *J. Med. Chem.*, 32, 1001 (1989); J. Bar-Tana et al., *ibid.*, 32, 2072 (1989); K. Sakai et al., *Chem. Pharm. Bull.*, 37, 1185 (1989).

<10-70%, 100:0 to 14:86

I.A.7.b.2-14 M.T. Reetz and D. Rohrig, *Angew. Chem., Int. Ed. Engl.*, **28**, 1706 (1989); Y. Honda et al., *Chem. Lett.*, 255 (1989); R.J. Linderman and J.R. McKenzie, *J. Organomet. Chem.*, **361**, 31 (1989); Y. Horiguchi, E. Nakamura and I. Kuwajima, *J. Am. Chem. Soc.*, **111**, 6257 (1989); J. Brendel and P. Weyerstahl, *Tetrahedron Lett.*, **30**, 2371 (1989).

41-87%, 92:8 to >95:<5

trimethylsilyl chloride used as a catalyst

I.A.7.b.2-15 R. Tamura et al., *Tetrahedron Lett.*, **30**, 3685 (1989); I. Kuwajia et al., *ibid.*, **30**, 3327 (1989); T. Olsson et al., *J. Organomet. Chem.*, **365**, C11 (1989); E. Piers and P.C. Marais, *Chem. Commun.*, 1222 (1989); G.A. Kraus and J. Thurston, *J. Am. Chem. Soc.*, **111**, 9203 (1989).

n = 1,2

51-96%

other organocopper species used similarly

I.A.7.b.2-16 S. Saito, T. Moriwake et al., *J. Am. Chem. Soc.*, 111, 4533 (1989); J. Tanaka, S. Kanemasa et al., *Chem. Lett.*, 1453 (1989).

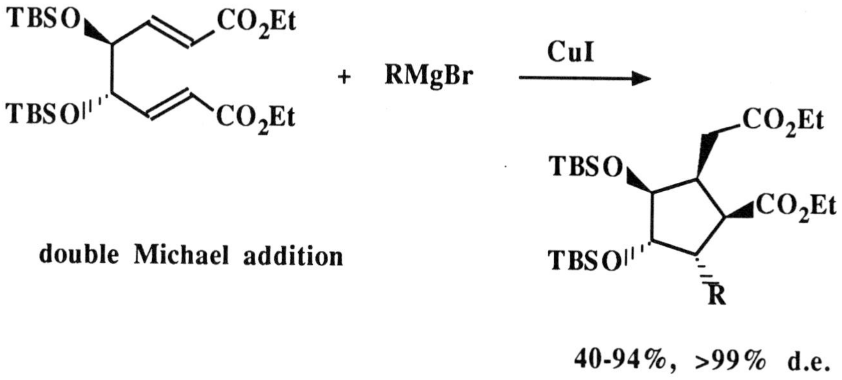
TBSO
CO2Et
TBSO
CO2Et
+ RMgBr
CuI
CO2Et
TBSO
CO2Et
TBSO
R
double Michael addition
40-94%, >99% d.e.

I.A.7.b.2-17 G. Cahiez and M. Alami, *Tetrahedron Lett.*, 30, 3541 and 3545 (1989) and *Tetrahedron*, 45, 4163 (1989).

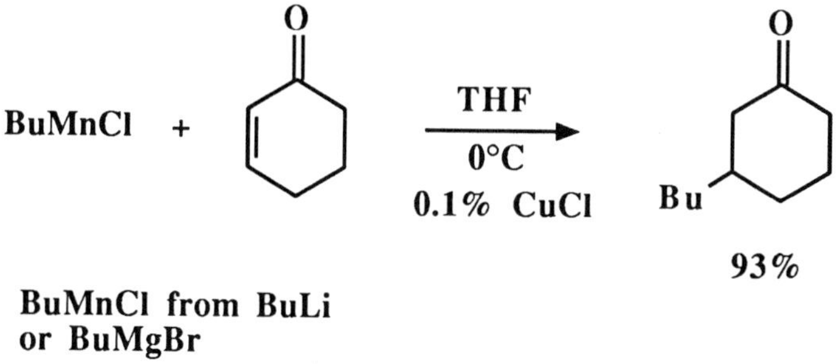
BuMnCl +
O
THF
0°C
0.1% CuCl
O
Bu
93%
BuMnCl from BuLi
or BuMgBr

I.A.7.b.2-18 H. Kunz and K.J. Pees, *J. Chem. Soc., Perkin Trans. 1*, 1168 (1989); A. Pecunioso and R. Menicagli, *J. Org. Chem.*, 54, 2391 (1989).

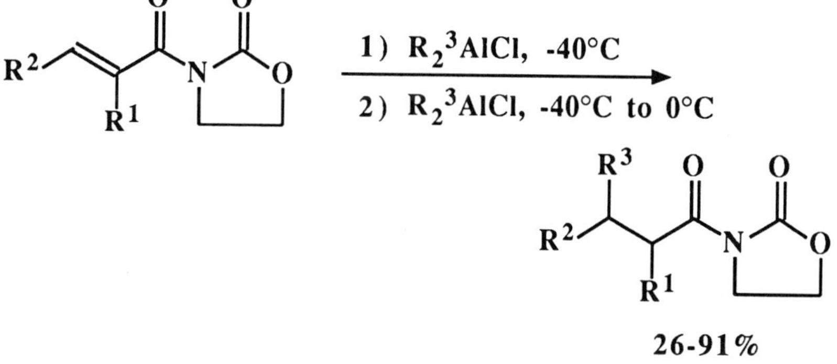
O
O
R2
N
O
R1
1) R23AlCl, -40°C
2) R23AlCl, -40°C to 0°C
R3
O
O
R2
N
O
R1
26-91%

I.A.7.b.2-19 T. Tokoroyama and L.-R. Pan, *Tetrahedron Lett.*, 30, 197 (1989) and *Chem. Commun.*, 1572 (1989).

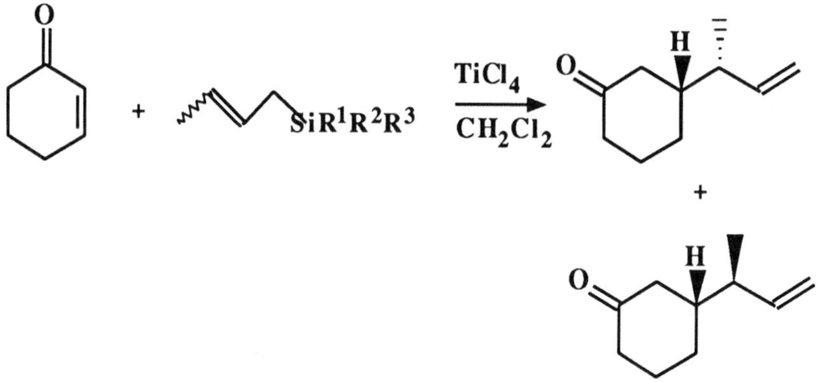

[Reaction: cyclohex-2-enone + CH₂=CH-CH₂-SiR¹R²R³ → TiCl₄/CH₂Cl₂ → 3-allyl cyclohexanone diastereomers]

61-68%

E olefin	1:5.3 to 1:15.6
Z olefin	2.7:1 to 11.2:1

I.A.7.b.2-20 J. Haruta, Y. Kita et al., *Chem. Commun.*, 1065 (1989); Y. Naruta, Y. Nishigaichi and K. Maruyama, *ibid.*, 1203 (1989).

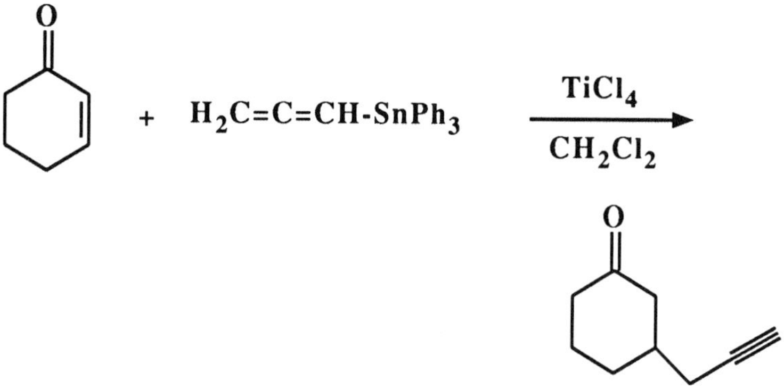

[Reaction: cyclohex-2-enone + H₂C=C=CH-SnPh₃ → TiCl₄/CH₂Cl₂ → 3-(propargyl)cyclohexanone]

78%

I.A.7.b.3. Other Conjugate Additions

I.A.7.b.3-1 S.-K. Kang and I.-H. Cho, *Tetrahedron Lett.*, 30, 743 (1989); N.A. Porter et al., *J. Am. Chem. Soc.*, 111, 8309 (1989); N.A. Porter, B. Giese, H.J. Lindner et al., *ibid.*, 111, 8311 (1989); P.G. Gassman and C. Lee, *Tetrahedron Lett.*, 30, 2175 (1989).

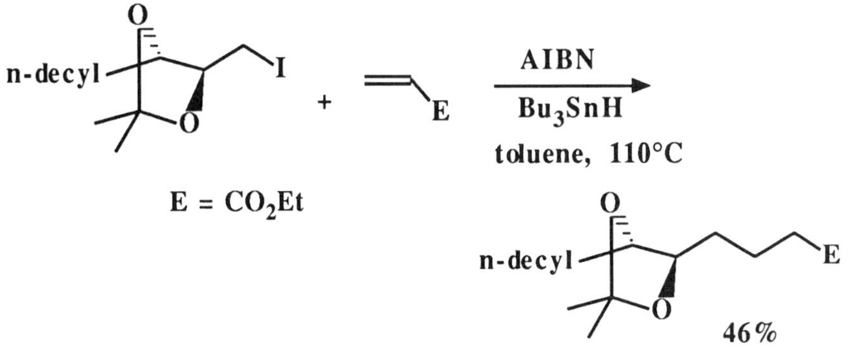

$E = CO_2Et$

similarly *via* cathodic reduction

I.A.7.b.3-2 E.J. Enholm et al., *Tetrahedron Lett.*, 30, 1063 (1989), *J. Org. Chem.*, 54, 5841 (1989) and *J. Am. Chem. Soc.*, 111, 6463 (1989).

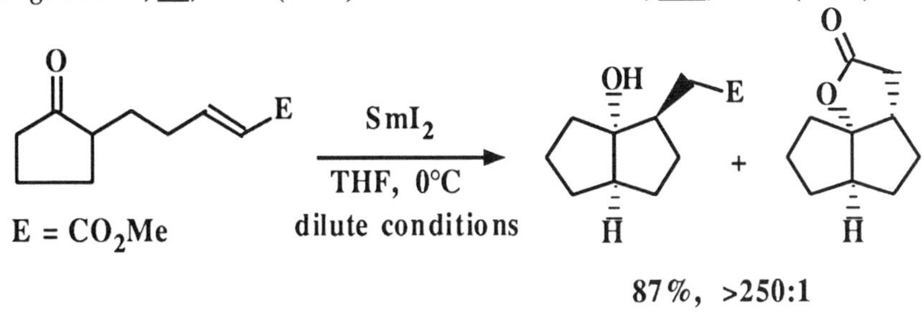

$E = CO_2Me$

87%, >250:1

I.A.7.b.3-3 T.V. RajanBabu and W.A. Nugent, *J. Am. Chem. Soc.*, 111, 4525 (1989).

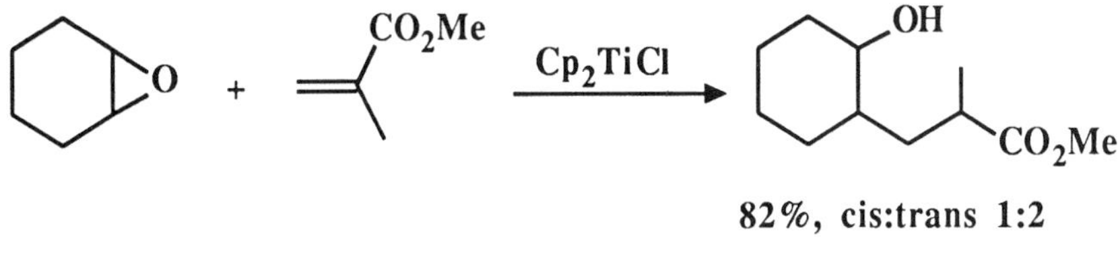

82%, cis:trans 1:2

I.A.7.b.3-4 E.V. Dehmlow and C. Sauerbier, *Liebigs Ann. Chem.*, 181 (1989); A.B. Smith, III and T.L. Leenay, *J. Am. Chem. Soc.*, 111, 5761 (1989).

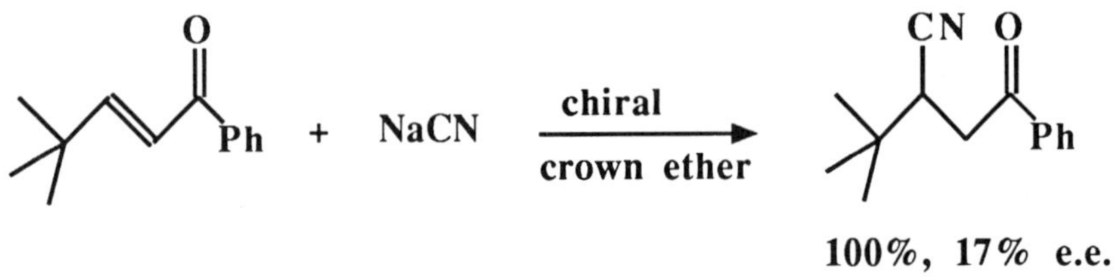

100%, 17% e.e.

Et$_2$AlCN / TMSCl used with a chiral enone

I.A.7.b.3-5 D. Helmlinger and G. Frater, *Helv. Chim. Acta*, 72, 1515 (1989).

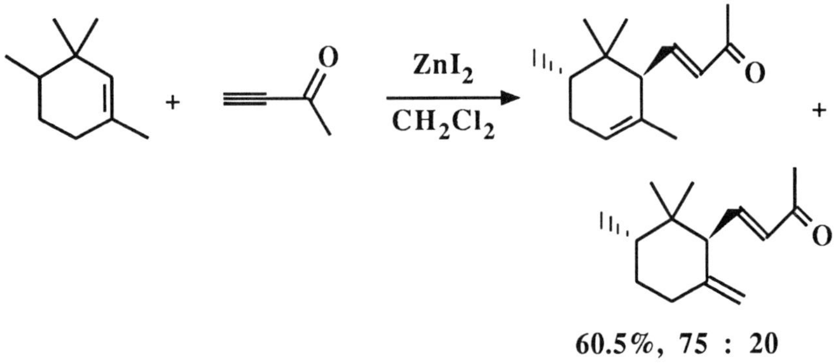

60.5%, 75 : 20

I.A.7.b.3-6 R.A. Haack and K.R. Beck, *Tetrahedron Lett.*, 30, 1605 (1989).

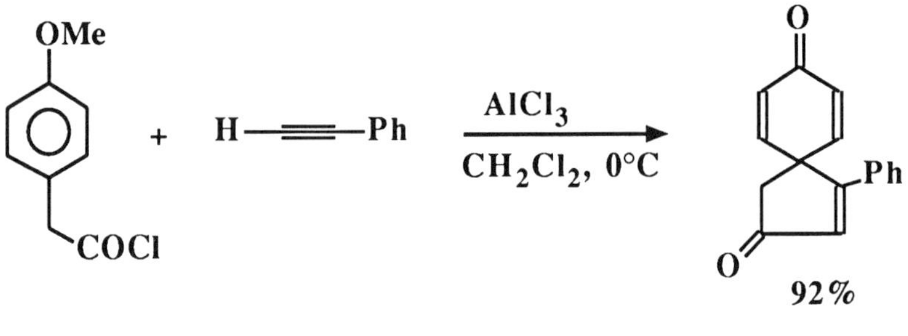

92%

I.A.7.b.3-7 T.A. Engler et al., *Tetrahedron Lett.*, 30, 1761 (1989); W.A. Slusarchyk et al., *ibid.*, 30, 6453 (1989); Y. Hayashi and K. Narasaka, *Chem. Lett.*, 793 (1989).

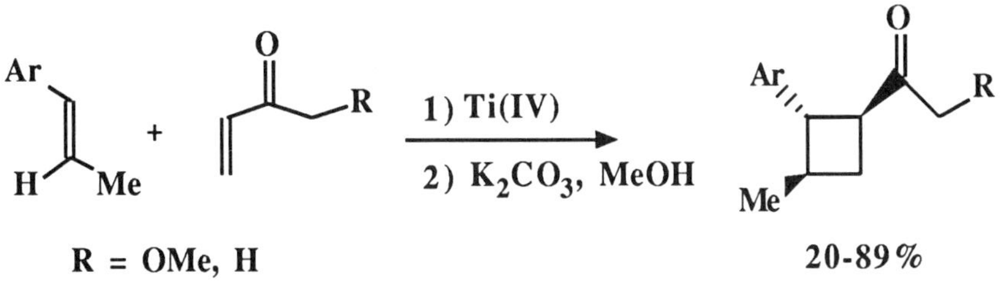

R = OMe, H   20-89%

I.A.7.b.3-8 A. Suzuki et al., *Chem. Lett.*, 1723 (1989).

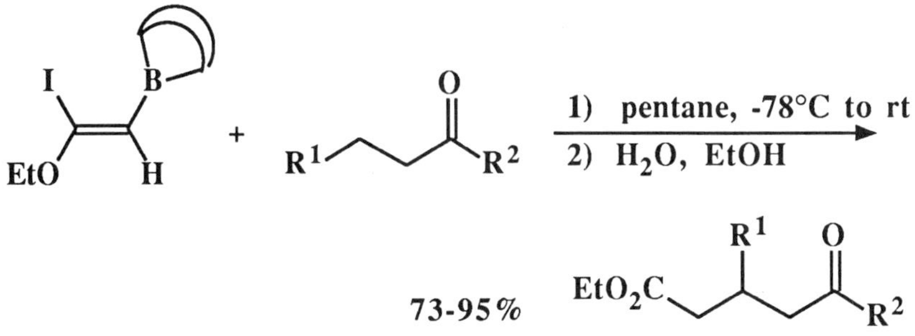

73-95%

I.A.7.b.3-9 S. Nishida et al., *J. Org. Chem.*, 54, 3859 and 3868 (1989).

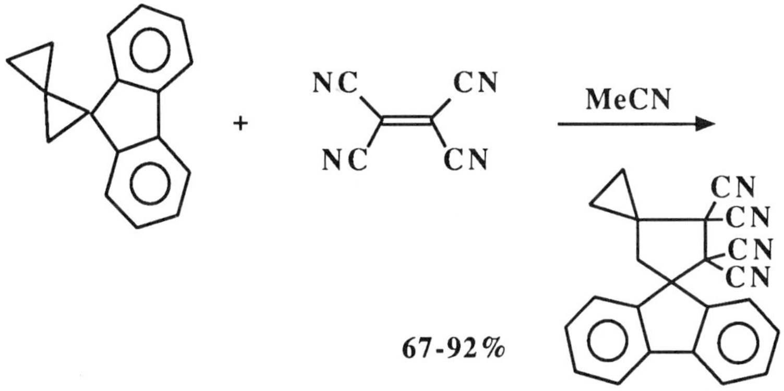

67-92%

I.A.8. Other Carbon - Carbon Single Bond Forming Reactions

I.A.8-1 J.E. McMurry et al., *Tetrahedron Lett.*, 30, 1169 and 1173 (1989) and *J. Am. Chem. Soc.*, 111, 8928 (1989); S.F. Pedersen et al., *ibid.*, 111, 8013 (1989); T. Mukaiyama et al., *Chem. Lett.*, 1401 (1989); P. Delair and J.-L. Luche, *Chem. Commun.*, 398 (1989); E. Dunach et al., *ibid.*, 276 (1989); D.C.C. Smith et al., *J. Chem. Soc., Perkin Trans. 1*, 215 (1989); A. Clerici and O. Porta, *J. Org. Chem.*, 54, 3872 (1989); P. Mangeney et al., *ibid.*, 54, 2420 (1989); G.A. Kraus and J.O. Sy, *ibid.*, 54, 77 (1989); A. Banerji and S.K. Nayak, *J. Chem. Res. (S)*, 314 (1989); J.R. Hanson et al., *ibid.*, 226 (1989).

$$\text{cyclohexane-1,2-dicarbaldehyde} \xrightarrow[\text{Zn-Cu}]{\text{TiCl}_3} \text{cyclohexane-1,2-diol} \quad 85\%$$

similarly with $[V_2Cl_3(THF)_6]_2$ $[ZnCl_6]$; $SmCl_3$ / electrolysis; Zn / AcOH; $TiCl_3$ / Mg(Hg); SmI_2 or Li / sonication

---

I.A.8-2 R. Karaman and J.L. Fry, *Tetrahedron Lett.*, 30, 4931, 4935 and 6267 (1989).

$$ArCO_2R \xrightarrow[\text{}^t Bu\text{-}\langle O \rangle\text{-}\langle O \rangle\text{-}^t Bu]{\text{Li, THF}} ArCH_2CH_2Ar \quad 49\text{-}95\%$$

benzil from benzoic acid under similar conditions

I.A.8-3 G. Pattenden, *Chem. Soc. Rev.*, 17, 361 (1989); B. Giese et al., *Angew. Chem., Int. Ed. Engl.*, 28, 325 (1989).

> Review : "Cobalt-mediated Radical Reactions in Organic Synthesis".

I.A.8-4 B. Giese, *Angew. Chem., Int. Ed. Engl.*, 28, 969 (1989).

Review : "The Stereoselectivity of Intermolecular Free Radical Reactions".

I.A.8-5 B. Giese et al., *Tetrahedron Lett.*, 30, 681 (1989); J. Fried et al., *ibid.*, 30, 3243 (1989); Y.-M. Tsai et al., *ibid.*, 30, 2121 (1989); Y. Kobayashi et al., *ibid.*, 30, 2407 (1989); G. Pattenden et al., *ibid.*, 30, 621 (1989); J.D. Winkler et al., *ibid.*, 30, 4943 (1989); D.J. Hart et al., *J. Am. Chem. Soc.*, 111, 7507 (1989); K. Tamao, Y. Ito et al., *ibid.*, 111, 4984 (1989); A.P. Neary and P.J. Parsons, *Chem. Commun.*, 1090 (1989); D. Crich et al., *ibid.*, 1366 (1989); H. Hemmerle and H.-J. Gais, *Angew. Chem., Int. Ed. Engl.*, 28, 349 (1989); F. MacCorquodale and J.C. Walton, *J. Chem. Soc., Perkin Trans. 1*, 347 (1989); P.E. Pigou, *J. Org. Chem.*, 54, 4943 (1989); D.L.J. Clive and T.L.B. Boivin, *ibid.*, 54, 1997 (1989); D.P. Curran and C.-T. Chang, *ibid.*, 54, 3140 (1989).

$$C_6H_{11}I \; + \; \underset{R^1}{\overset{R}{\diagdown}}C=C\underset{R^2}{\overset{R^3}{\diagup}} \;\; \xrightarrow[\text{AIBN, heat}]{(TMS)_3SiH} \;\; C_6H_{11}-\underset{R^1 \; R^2}{\overset{R \;\; R^3}{\overline{\underline{\;\;|\;\;\;|\;\;}}}}-H$$

40-90%

tributyl tin hydride used for many similar transformations

I.A.8-6 B. Fraser-Reid et al., *J. Org. Chem.*, 54, 5350 and 5357 (1989), *J. Am. Chem. Soc.*, 111, 3450 (1989) and *Chem. Commun.*, 1160 (1989); R.J. Ferrier et al., *ibid.*, 1247 (1989); Y. Chapleur and N. Moufid, *ibid.*, 39 (1989); A. De Mesmaeker et al., *Tetrahedron Lett.*, 30, 57 (1989).

radical cyclizations to carbohydrates and congeners

I.A.8-7 T.V. RajanBabu and T. Fukunaga, *J. Am. Chem. Soc.*, 111, 296 and 1759 (1989); Y. Kobayashi et al., *Chem. Lett.*, 623 (1989); A. Srikrishna and G. Sunderbabu, *Tetrahedron Lett.*, 30, 3561 (1989); D.H.R. Barton, M. Samadi et al., *ibid.*, 30, 4969 (1989); S. Corsano et al., *Gazz. Chim. Ital.*, 119, 597 (1989).

R = Ph, ^{t}Bu

29-37%
82:11 to 80:13

related reactions with N-(thionopyridino) esters

I.A.8-8 G. Thoma and B. Giese, *Tetrahedron Lett.*, 30, 2907 (1989); J.V. Comasseto et al., *ibid.*, 30, 1209 (1989); D.P. Curran and P.A. van Elburg, *ibid.*, 30, 2501 (1989); K.V. Bhaskar and G.S.R. Subba Rao, *ibid.*, 30, 225 (1989); A. Srikrishna and P. Hemamalini, *J. Chem. Soc., Perkin Trans. 1*, 2511 (1989); D.L. Boger and R.J. Mathvink, *J. Org. Chem.*, 54, 1777 (1989).

$$R\text{-}X + \text{CH}_2=\text{CHCN} \xrightarrow[\text{light}]{[CpFe(CO)_2]_2} RCH_2CH_2CN$$

60-90%

similar Michael-type additions with tributyl tin hydride and RTeAr, R-Br, R-I or ArCOSePh

---

I.A.8-9 D.P. Curran et al., *J. Am. Chem. Soc.*, 111, 8872 and 6265 (1989); C.-P. Chuang and T.H.J. Ngoi, *Tetrahedron Lett.*, 30, 6369 (1989).

E = CO_2Me

69%

I.A.8-10 P. Dowd and S.-C. Choi, *Tetrahedron*, 45, 77 (1989); G.E. Keck and A.M. Tafesh, *J. Org. Chem.*, 54, 5845 (1989).

[Cyclopentanone with CH2Br and CO2Me substituents] → (Bu3SnH / AIBN) → [cyclohexanone with CO2Me substituent] 75%

I.A.8-11 G.A. Molander and C. Kenny, *J. Am. Chem. Soc.*, 111, 8236 (1989); A.L.J. Beckwith and B.P. Hay, *ibid.*, 111, 2674 (1989); J. Inanaga et al., *Tetrahedron Lett.*, 30, 2837 (1989); E.J. Enholm and G. Prasad, *ibid.*, 30, 4939 (1989); V. Yadav and A.G. Fallis, *ibid.*, 30, 3283 (1989).

[R-CO-C(R^1)(COY)-CH2-CH2-CH=CH2] → 1) SmI_2 2) H_3O^+ → [cyclopentane with OH, R, COY, R^1, Me substituents]

51-75%, 20:1 to 200:1 d.s.

Y = OEt, OMe; R, R^1 = alkyl

similarly with tributyl tin hydride / AIBN

I.A.8-12 S. Takahashi and N. Mori, *Chem. Lett.*, 13 (1989); P.A. Zoretic et al., *Synth. Commun.*, 19, 1859 (1989).

[1,4-bis(bromomethyl)benzene] → SmI_2 → [[2.2]paracyclophane]

19.5% (major)

I.A.8-13 A. Padwa et al., *J. Org. Chem.*, 54, 299 (1989); J.-H. Sheu et al., *ibid.*, 54, 5126 (1989); F. Naf et al., *Helv. Chim. Acta*, 72, 756 (1989); A. Padwa et al., *Tetrahedron Lett.*, 30, 2633 (1989); J. Adams, R. Frenette et al., *ibid.*, 30, 1749 and 1753 (1989); C.J. Moody and R.J. Taylor, *J. Chem. Soc., Perkin Trans. 1*, 721 (1989).

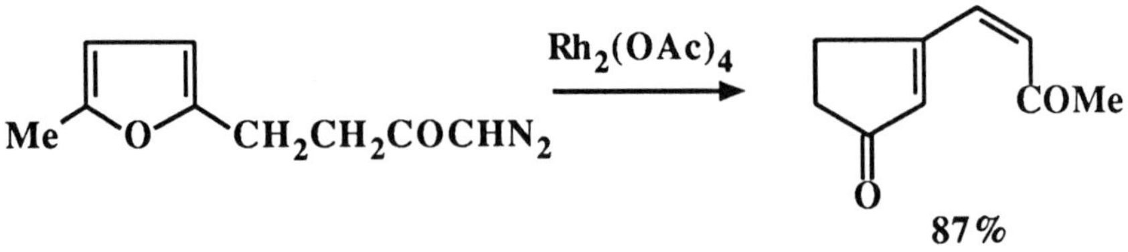

Me–furan–CH$_2$CH$_2$COCHN$_2$ $\xrightarrow{Rh_2(OAc)_4}$ cyclopentenone-CH=CH-COMe

87%

other rhodium acetate catalyzed reactions also reported

I.A.8-14 P. Helquist et al., *J. Am. Chem. Soc.*, 111, 8527 (1989).

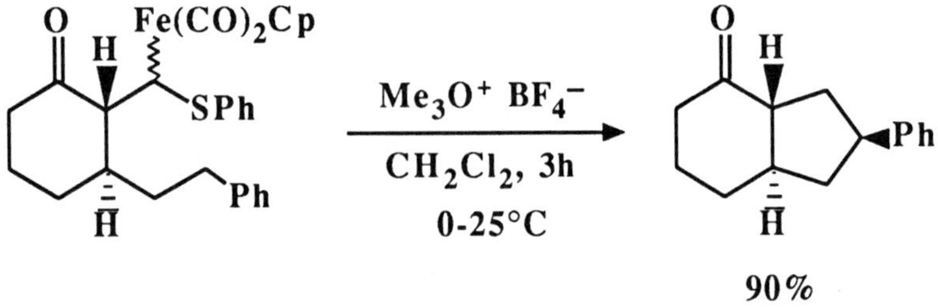

$\xrightarrow[CH_2Cl_2, 3h]{Me_3O^+ BF_4^-}$ 0-25°C

90%

I.A.8-15 R.H. Crabtree et al., *Tetrahedron Lett.*, 30, 3389 (1989).

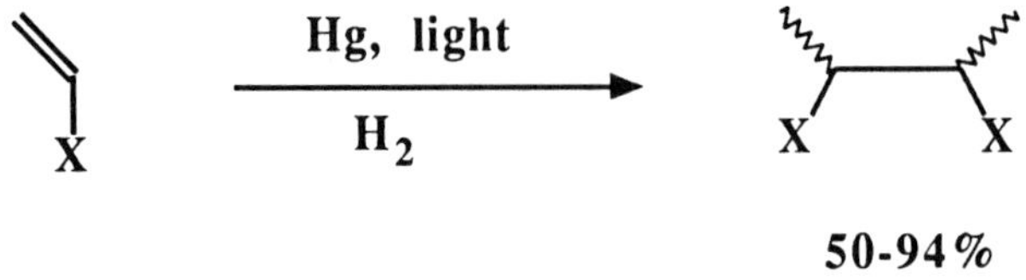

$\xrightarrow[H_2]{Hg, light}$

50-94%

I.A.8-16 P. Welzel et al., *Tetrahedron*, 45, 661 (1989); S.R. Harring and T. Livinghouse, *Tetrahedron Lett.*, 30, 1499 (1989); S. Yamamura et al., *ibid.*, 30, 3693 (1989); S. Takano et al., *ibid.*, 30, 4845 (1989); E.J. Corey and R.W. Hahl, *ibid.*, 30, 3023 (1989); M.Yu. Lebedev and E.S. Balenkova, *J. Org. Chem. (USSR)*, 25, 391 (1989); M. El Idrissi and M. Santelli, *Tetrahedron*, 45, 3755 (1989); W.S. Johnson et al., *J. Org. Chem.*, 54, 4731 (1989); P.B. Mackenzie et al., *J. Am. Chem. Soc.*, 111, 4508 (1989); K. Mori and M. Itou, *Liebigs Ann. Chem.*, 969 (1989); H. Ishibashi et al., *Synth. Commun.*, 19, 857 (1989).

+ alcohol epimer

other electrophilic species employed and subsequent capture by various nucleophiles reported

---

I.A.8-17 T. Mukaiyama et al., *Chem. Lett.*, 1277 (1989); P.G. Gassman and R.J. Riehle, *Tetrahedron Lett.*, 30, 3275 (1989) and *J. Am. Chem. Soc.*, 111, 2319 (1989); L.E. Overman et al., *ibid.*, 111, 1514 (1989).

82%, 72 : 10

other Lewis acids and leaving groups employed

I.A.8-18 R.M. Moriarty et al., *Org. Synth.*, 68, 175 (1989).

[cyclooctadiene] + PhI(OAc)₂ / AcOH → [bicyclic diacetate with AcO and OAc groups]

56-58%

I.A.8-19 D.E. Bergbreiter, S.M. Weinreb et al., *Tetrahedron Lett.*, 30, 3915 (1989).

[CCl₃-substituted pentenyl] —1)→ [chlorinated cyclopentane] + [chlorinated cyclohexane]

72% 8%

1) polyethylene bound $RuCl_2(PPh_3)_3$, PhH, 155-160°C, 59h

I.A.8-20 P.L. Fishbein and H.W. Moore, *Synth. Commun.*, 19, 3283 (1989); R.L. Danheiser et al., *Org. Synth.*, 68, 32 (1989); A.E. Greene et al., *Tetrahedron*, 45, 2989 (1989); B.B. Snider and M. Walner, *ibid.*, 45, 3171 (1989); W.T. Brady and Y.Q. Gu, *J. Org. Chem.*, 54, 2834 (1989); J. Kron and U. Schubert, *J. Organomet. Chem.*, 373, 203 (1989); H. Redlich et al., *Angew. Chem, Int. Ed. Engl.*, 28, 777 (1989).

[chloro-azido furanone with OR] + [cyclohexene] —toluene, heat→ [bicyclic ketone with Cl, CN]

73%

R = Me, ⁱPr

other ketene / alkene cycloadditons also reported

I.A.8-21 B.M. Trost, *Angew. Chem., Int. Ed. Engl.*, 28, 1173 (1989).

Review : "Cyclizations *via* Palladium-Catalyzed Allylic Alkylations".

I.A.8-22 B.M. Trost and M. Acemoglu, *Tetrahedron Lett.*, 30, 1495 (1989); M. Malacria et al., *ibid.*, 30, 1803 and 2541 (1989); A. Yamamoto, Y. Ito and T. Hayashi, *ibid.*, 30, 375 (1989); B.M. Trost et al., *J. Am. Chem. Soc.*, 111, 5902, 6482 and 7487 (1989) and *Angew. Chem., Int. Ed. Engl.*, 28, 213 (1989).

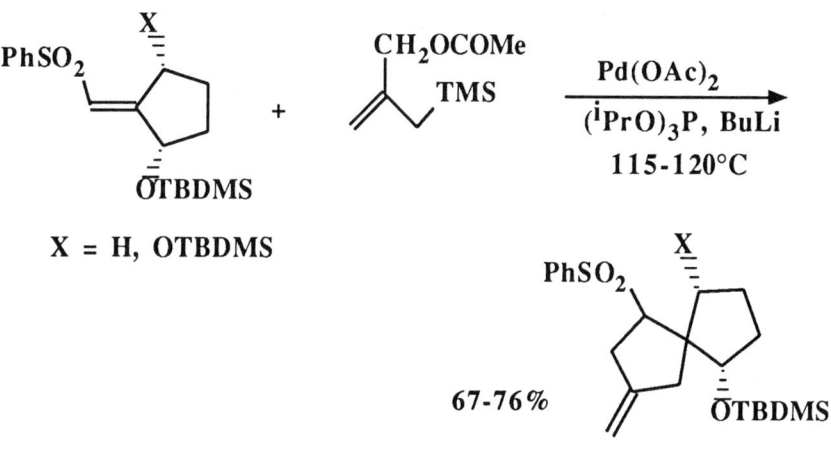

X = H, OTBDMS

I.A.8-23 E. Negishi et al., *Tetrahedron Lett.*, 30, 291 (1989); W. Oppolzer et al., *Helv. Chim. Acta*, 72, 14 (1989); K. Hiroi and Y. Kurihara, *Chem. Commun.*, 1778 (1989).

similar results with Pd(dba)$_2$

I.A.8-24 C. Moberg, A. Heumann et al., *J. Org. Chem.*, 54, 4914 (1989); J.M. Takacs and J. Zhu, *ibid.*, 54, 5193 (1989); G. Peiffer et al., *Bull. Soc. Chim. Belg.*, 98, 191 (1989).

$$\xrightarrow{\text{Pd(OAc)}_2, \text{MnO}_2, \text{BQ}, \text{AcOH, rt}}$$

70%, >99:1

similar results with nickel catalysts

I.A.8-25 R.C. Larock and P.L. Johnson, *Chem. Commun.*, 1368 (1989).

+ R-I $\xrightarrow{\text{KO}_2\text{CH}, \text{Bu}_4\text{NCl, Pd(OAc)}_2}$

R = Ar, vinyl

66-78%

I.A.8-26 S. Yamago and E. Nakamura, *Tetrahedron*, 45, 3081 (1989); P. Binger et al., *Liebigs Ann. Chem.*, 739 (1989); K.S. Feldman et al., *Tetrahedron Lett.*, 30, 5845 (1989).

$\xrightarrow{\text{Ni(COD)}_2, \text{Ph}_3\text{P}}$

CO$_2$Et   CO$_2$Et

74%

similarly with diphenyl disulfide / AIBN

I.A.8-27 W.A. Nugent and D.F. Taber, *J. Am. Chem. Soc.*, 111, 6435 (1989); E. Negishi et al., *Tetrahedron Lett.*, 30, 5105 (1989); E.C. Lund and T. Livinghouse, *J. Org. Chem.*, 54, 4487 (1989).

$$\text{CH}_2=\text{CH-CH}_2\text{-CH}_2\text{-CH=CH}_2 \begin{cases} \xrightarrow[\text{2) Br}_2]{\text{1) Cp}_2\text{ZrCl}_2,\ \text{BuLi}} & \text{cyclopentane-1,2-bis(CH}_2\text{Br)}\ (cis)\ 88\% \\ \xrightarrow[\text{2) Br}_2]{\text{1) Cp*ZrCl}_3,\ \text{Na/Hg}} & \text{cyclopentane-1,2-bis(CH}_2\text{Br)}\ (trans)\ 78\% \end{cases}$$

Cp* = pentamethylcyclopentadienyl

I.A.8-28 S. Sibille et al., *Synth. Commun.*, 19, 2449 (1989); J.C. Folest et al., *J. Chem. Res. (S)*, 394 (1989).

$$CF_3Br \xrightarrow[\substack{\text{sacrificial Al anode}\\ BF_3\cdot OEt_2}]{\text{DMF, + e}^-} \xrightarrow{Ac_2O} CF_3CH(OAc)_2 \quad 77.5\%$$

electrodimerization of alkyl halides in the presence of a sacrificial anode also reported

I.A.8-29 K. Uneyama et al., *Tetrahedron Lett.*, 30, 109 (1989).

$$\text{CH}_2=\text{CHCONH}_2 \xrightarrow[\text{electrolysis, 0°C}]{\text{TFA, NaOH, MeCN, H}_2\text{O}} (\text{CF}_3)_2\text{CHCONH}_2 \quad 35\%$$

I.B. Carbon-Carbon Double Bonds

(see also: I.E.1.)

I.B.1. Wittig-Type Olefination Reactions

I.B.1-1 C. Mioskowski et al., *Tetrahedron Lett.*, 30, 6023, 6031, 179 and 2545 (1989); J.D. Hsi and M. Koreeda, *J. Org. Chem.*, 54, 3229 (1989); L. Shi, Y.-Z. Huang et al., *ibid.*, 54, 2027 (1989); Y.-Z. Huang et al., *Synth. Commun.*, 19, 83, 501 and 2639 (1989); L. Zhengming et al., *ibid.*, 19, 91 (1989); Y. Shen et al., *Chem. Commun.*, 144 (1989), *J. Organomet. Chem.*, 375, 45 (1989) and *Synth. Commun.*, 19, 3069 (1989).

$$\text{Ph}_3\text{As=CHSPh} + \text{RCHO} \xrightarrow[\text{additive}]{\text{THF}} \underset{\text{SPh}}{\overset{\text{R}\quad\text{O}\quad\text{R}}{\triangle}} + \underset{\text{SPh}}{\text{R}\diagup\!\!=\!\!\diagdown}$$

additive = none, -10°C, 70-90%, 100:0
additive = HMPA, -78°C, 55-76%, 10:90 to 0:100

different bases employed (with or without epoxide formation)
stibonium ylides also used

I.B.1-2 O.I. Kolodiazhnyi, *Z. Chem.*, 396 (1989).

Review : "P Halogeno Phosphonium Ylides, $R_2P(X)=CR_2$[1] : Synthesis and Reactions".

I.B.1-3 R. Ideses and A. Shani, *Tetrahedron*, 45, 3523 (1989).

The Wittig Reaction : Comments on the Mechanism and Application as a Tool in the Synthesis of Conjugated Dienes

I.B.1-4 B.E. Maryanoff et al., *Tetrahedron Lett.*, 30, 1361 (1989).

NMR Rate Study on the Wittig Reaction of 2,2-Dimethyl Propanal and Tributylbutylidene Phosphorane

I.B.1-5 E. Vedejs et al., *J. Am. Chem. Soc.*, 111, 1519 and 5861 (1989).

Oxaphosphetane Pseudorotation : Rates and Mechanistic Significance in the Wittig Reaction

Kinetic (not Equilibrium) Factors are Dominant in Wittig Reactions of Conjugated Ylides

I.B.1-6 J.V. Sinisterra et al., *J. Org. Chem.*, 54, 3695 (1989); M. Delmas et al., *ibid.*, 54, 3936 (1989).

$Ba(OH)_2$ as Catalyst in Organic Reactions. 20. Structure-Catalytic Activity Relationship in the Wittig Reaction

The Wittig-Horner Reaction in Weakly Hydrated Solid/Liquid Media : Structure and Reactivity of Carbanionic Species Formed from Ethyl (Diethylphosphono) acetate by Adsorption on Solid Inorganic Bases

I.B.1-7 J.-C. Le Menn et al., *Can. J. Chem.*, 67, 1332 (1989).

Electrochemically Generated Phosphonate Carbanions for Wittig-Horner Reactions

I.B.1-8 K. Nakanishi et al., *J. Am. Chem. Soc.*, 111, 4997 (1989); J. Lugtenburg et al., *Rec. Trav. Chim.*, 108, 207 (1989); R. van der Steen et al., *ibid.*, 108, 83 (1989); W.J. de Grip et al., *ibid.*, 108, 20 (1989); M. Soukup et al., *Helv. Chim. Acta*, 72, 370 (1989).

Wittig / Horner-Emmons Routes to Retinals

I.B.1-9 B.G. Kovalev and A.M. Sorochinskaya, *J. Org. Chem. (USSR)*, 25, 1062 (1989); B. Ernst and B. Wagner, *Helv. Chim. Acta*, 72, 165 (1989).

Wittig (and Other) Routes to Pheromones

I.B.1-10 K. Steliou and M.-A. Poupart, *J. Org. Chem.*, 54, 5128 (1989); M.S. Miftakhov et al., *Synthesis*, 940 (1989); D.S. Watt, T.A. Fitz et al., *J. Med. Chem.*, 32, 256 (1989); S. Marczak and J. Wicha, *Synth. Commun.*, 19, 633 (1989).

Horner-Emmons / Wittig Routes to Prostaglandins

I.B.1-11 S. Warren et al., *Tetrahedron Lett.*, 30, 877 (1989); J.R. Falck, J. Capdevila et al., *ibid.*, 30, 429 (1989); J.P. Vidal et al., *ibid.*, 30, 5129 (1989); J.-P. Beaucourt, J.-P. Girard et al., *ibid.*, 30, 4947 (1989); J.S. Sabol and R.J. Cregge, *ibid.*, 30, 3377 (1989); J.-C. Depezay et al., *J. Org. Chem.*, 54, 2409 (1989); D. Delorme et al., *ibid.*, 54, 3635 (1989); M. Saniere et al., *Tetrahedron*, 45, 7317 (1989).

Wittig-Horner / Wittig Routes to Leukotrienes

I.B.1-12 K.C. Nicolaou et al., *J. Org. Chem.*, 54, 5527 (1989); I. Saito et al., *Tetrahedron Lett.*, 30, 2817 (1989); J.-C. Depezay et al., *Angew. Chem., Int. Ed. Engl.*, 28, 614 (1989); J. Ficini, *Pure Appl. Chem.*, 61, 381 (1989).

Wittig Routes to Eicosanoids and Steroids

I.B.1-13 H. Pfander et al., *Helv. Chim. Acta*, 72, 151 and 496 (1989); G.P. Moss et al., *J. Chem. Res. (S)*, 208 (1989); W. Kitching et al., *J. Org. Chem.*, 54, 2183 (1989); K.L. Rinehart et al., *Tetrahedron Lett.*, 30, 4349 (1989); M. Sutter, *ibid.*, 30, 5417 (1989); C.W. Spangler et al., *J. Chem. Soc., Perkin Trans. 1*, 151 (1989); M.V. Sargent et al., *ibid.*, 431 (1989); I. Tranchepain et al., *Tetrahedron*, 45, 2057 (1989); M. Nakagawa, T. Hino et al., *ibid.*, 45, 7247 (1989); S.E. Sen and G.D. Prestwich, *J. Med. Chem.*, 32, 2152 (1989); J.W. Tilley, Margaret O'Donnell et al., *ibid.*, 32, 1820 (1989); G.V.M. Sharma et al., *Synth. Commun.*, 19, 3181 (1989).

Wittig / Horner-Emmons Routes to Carotenes and Other Long Chain Multienes

I.B.1-14 T. Minami et al., *Bull. Chem. Soc. Jpn.*, 62, 3724 (1989); J.-P. Begue and D. Mesureur, *Synthesis*, 309 (1989); H.J. Bestmann and R. Schobert, *ibid.*, 419 (1989); J. Ullmann and M. Hanack, *ibid.*, 685 (1989); E. Boudjada and N.H. Dinh, *J. Organomet. Chem.*, 377, 171 (1989); K. Okuma et al., *Chem. Lett.*, 1953 (1989); M. Le Corre et al., *Tetrahedron Lett.*, 30, 3065 and 3069 (1989); C.W. Spangler and R.A. Rathunde, *Chem. Commun.*, 26 (1989); T. Minami et al., *J. Org. Chem.*, 54, 974 (1989).

base = BuLi,   76%, 1:1, Z:E   0%
base = LiN(TMS)$_2$, 0%,   70%, 3:4 Z:E

various other bases and substrates used for Wittig reactions

I.B.1-15 E.G. McKenna and B.J. Walker, *Chem. Commun.*, 568 (1989); C. Mioskowski et al., *Tetrahedron Lett.*, 30, 5263 (1989).

$$Ph_2P^+(CH_2CO_2Me)_2 \; Br^- \xrightarrow[\text{2) 2 Me}_2\text{C=O}]{\text{1) 2 BuLi}} Me_2C=CHCO_2Me$$

61%

higher yields via the ylide anion

I.B.1-16 I. Yamamoto et al., *J. Org. Chem.*, 54, 747 (1989).

[Reaction: cyclic phosphonium salt Ph₂P⁺(cyclopentane) ClO₄⁻ with 1) ᵗBuOK 2) C₆H₁₃CHO → Ph₂P(O)-CH₂-CH=CH-C₆H₁₃, 84%]

I.B.1-17 A. Jacot-Guillarmod et al., *Helv. Chim. Acta*, 72, 1284 (1989); A. Villalobos and S.J. Danishefsky, *J. Org. Chem.*, 54, 15 (1989); O. Yonemitsu et al., *Chem. Pharm. Bull.*, 37, 1155, 1160 and 1705 (1989).

[Reaction: acetonide-protected aldehyde + Ph₃P=CHCOMe → heat/MeCN → enone product, 57%]

other E selective Wittig reactions also reported

I.B.1-18 F. Bennett and D.W. Knight, *Heterocycles*, 29, 639 (1989); M. Shibuya et al., *ibid.*, 29, 1023 (1989); D. Wernic et al., *J. Org. Chem.*, 54, 4224 (1989); M. Vaultier et al., *Tetrahedron Lett.*, 30, 4953 (1989); H.J. Bestmann et al., *ibid.*, 30, 5261 (1989); G. Stork and K. Zhao, *ibid.*, 30, 2173 (1989); R.A. Aitken and G.L. Thom, *Synthesis*, 958 (1989).

[Reaction: TIPSO-protected aldehyde with CO₂Me group + 1) C₅H₁₁P⁺Ph₃ Br⁻, BuLi; 2) KOH, MeOH, 20°C → Z-alkene product with TIPSO, Bu, CO₂H, 67%]

other Z selective reactions reported

I.B.1-19 M.M. Kayser and L. Breau, *Can. J. Chem.*, <u>67</u>, 569 and 1401 (1989).

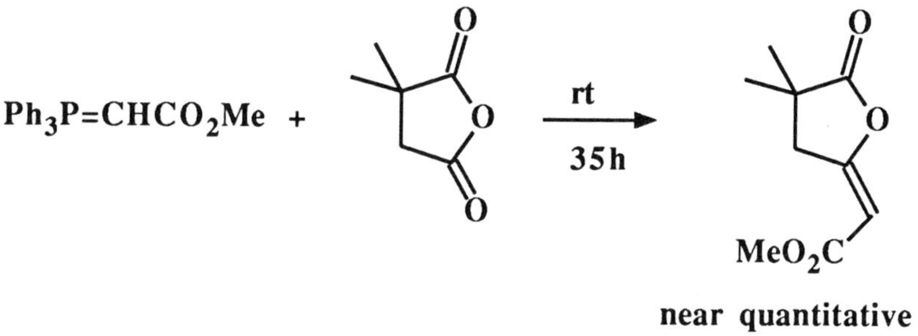

Ph$_3$P=CHCO$_2$Me + [2,2-dimethylsuccinic anhydride] $\xrightarrow[35h]{rt}$ [3,3-dimethyl-5-(methoxycarbonylmethylene)dihydrofuran-2-one]

near quantitative

I.B.1-20 J. Le Roux and M. Le Corre, *Chem. Commun.*, 1464 (1989).

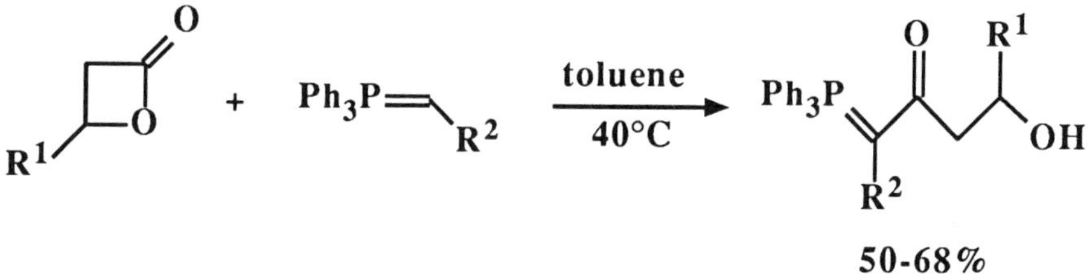

[β-lactone with R^1] + Ph$_3$P=CHR^2 $\xrightarrow[40°C]{toluene}$ Ph$_3$P=C(R^2)-C(O)-CH$_2$-CH(R^1)-OH

50-68%

I.B.1-21 V.N. Listvan et al., *J. Org. Chem. (USSR)*, <u>25</u>, 392 (1989).

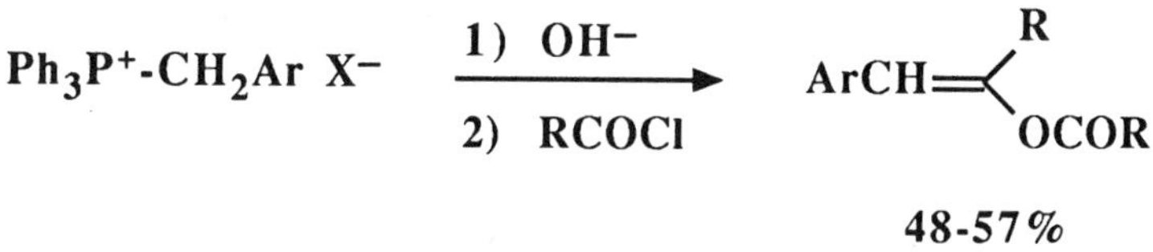

Ph$_3$P$^+$-CH$_2$Ar X$^-$ $\xrightarrow[\text{2) RCOCl}]{\text{1) OH}^-}$ ArCH=C(R)(OCOR)

48-57%

I.B.1-22 X. Lu et al., *J. Organomet. Chem.*, 373, 77 (1989).

$$RCHO + N_2CHCO_2Et + Ph_3P \xrightarrow{MoO_2(S_2CNEt_2)_2} RCH=CHCO_2Et$$

7-83%

I.B.1-23 J. Barluenga et al., *Tetrahedron Lett.*, 30, 5493 (1989).

$$Ph_3P=NPh + HC\equiv C\text{-}CH_2P^+Ph_3\ Br^- \xrightarrow{R^1CHO}$$

2+2, ring opening then Wittig reaction

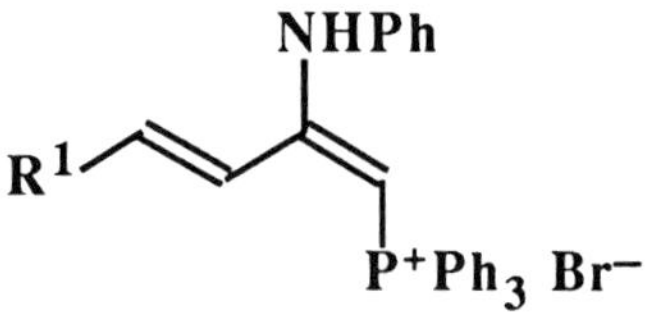

$$R^1\diagup\hspace{-0.3em}=\hspace{-0.3em}\diagdown\overset{NHPh}{\underset{P^+Ph_3\ Br^-}{C}}$$

I.B.1-24 C. Korhummel and M. Hanack, *Chem. Ber.*, 122, 2187 (1989).

$$(CF_3)_2CCl_2 + PPh_3 \xrightarrow{R^1R^2CO} (CF_3)_2C=CR^1R^2$$

8.6-77%

shown to be a Knoevenagel-type mechanism

I.B.1-25 A.R. Chamberlin et al., *J. Am. Chem. Soc.*, 111, 6247 (1989); E.J. Corey and P. Carpino, *ibid.*, 111, 5472 (1989); G.E. Keck et al., *J. Org. Chem.*, 54, 896 (1989); G. Beck et al., *Coll. Czech. Chem. Commun.*, 54, 189 (1989); M. Lopp et al., *J. Chem. Res. (S)*, 210 (1989); K. Seno and S. Hagishita, *Chem. Pharm. Bull.*, 37, 1524 (1989); S. Narita et al., *ibid.*, 37, 1647 (1989);J.R. Falck et al., *Tetrahedron Lett.*, 30, 3923 (1989); I.A. Blair et al., *Synth. Commun.*, 19, 245 (1989); S. Hanessian et al., *Tetrahedron*, 45, 6623 (1989); R. Bloch and M. Seck, *ibid.*, 45, 3731 (1989); M. Iman and J. Chemault, *Synthesis*, 124 (1989); S. Takano et al., *Heterocycles*, 29, 2101 (1989).

various other Wittig reactions with lactols reported

I.B.1-26 M.D. Ironside and A.W. Murray, *Tetrahedron Lett.*, 30, 1691 (1989); P.M. Ayrey and S. Warren, *ibid.*, 30, 4581 (1989); J.H. Rigby and M. Qabar, *J. Org. Chem.*, 54, 5852 (1989); T.K. Jones et al., *J. Am. Chem. Soc.*, 111, 1157 (1989).

I.B.1-27 A. Thenappan and D.J. Burton, *Tetrahedron Lett.*, 30, 5571 (1989); M.P. Teulade and P. Savignac, *Tetrahedron Lett.*, 30, 6327 (1989); M. Mikolajczyk et al., *ibid.*, 30, 1143 (1989); J.-M. Nuzillard et al., *ibid.*, 30, 3779 (1989); S. Masson et al., *ibid.*, 30, 3415 (1989); T. Janecki and R. Bodalski, *Synthesis*, 506 (1989); H. Fillion et al., *Synth. Commun.*, 19, 3343 (1989); R.A. Berglund and P.L. Fuchs, *ibid.*, 19, 1965 (1989); H.M.C. Ferraz et al., *ibid.*, 19, 2293 (1989); E. Napolitano and A. Ramacciotti, *Gazz. Chim. Ital.*, 119, 19 (1989); C.Y. Robinson, W.J. Brouillette and D.D. Muccio, *J. Org. Chem.*, 54, 1992 (1989); C. Papageorgiou et al., *Helv. Chim. Acta*, 72, 1463 (1989); S. Isoe et al., *Tetrahedron*, 45, 1337 (1989).

$$\text{RCHO} + [(\text{EtO})_2\text{P(O)}\bar{\text{C}}\text{FC(O)OEt}] \text{ Li}^+ \longrightarrow \text{RCH=CFCO}_2\text{Et}$$

44-76%

E : Z   100:0 to 5:95

I.B.1-28 C.A. Ibarra et al., *J. Chem. Soc., Perkin Trans. 1*, 503 (1989); T. Inazu et al., *Chem. Lett.*, 335 (1989); H. Yamaguchi et al., *Chem. Pharm. Bull.*, 37, 68 (1989); K. Hartke and O. Kunze, *Liebigs Ann. Chem.*, 321 (1989); S. Kanemasa, O. Tsuge et al., *Bull. Chem. Soc. Jpn.*, 62, 171 and 180 (1989); C.H. Heathcock et al., *J. Med. Chem.*, 32, 197 (1989); J.-P. Beaucourt, R. Gree et al., *J. Organomet. Chem.*, 371, 219 (1989); J. Otera et al., *Tetrahedron Lett.*, 30, 2821 (1989); S.E. de Laszlo et al., *ibid.*, 30, 415 (1989); F. Khuong-Huu et al., *ibid.*, 30, 553 (1989); G.M. Blackburn and A. Rashid, *Chem. Commun.*, 40 (1989); J.S. Nowick and R.L. Danheiser, *J. Org. Chem.*, 54, 2798 (1989); R.D. Connell, P. Helquist and B. Akermark, *ibid.*, 54, 3359 (1989); J.W. Lee and D.Y. Oh, *Synth. Commun.*, 19, 2209 (1989); G. Okay, *ibid.*, 19, 2125 (1989); M.-P. Teulade et al., *ibid.*, 19, 71 (1989).

$$\text{PhCH-CHO} + (\text{EtO})_2\text{P(O)CH}_2\text{COR}^2 \xrightarrow[\text{10-15 min}]{\text{C-200, 1,4-dioxane}}$$
$$\underset{R^1}{|}$$

C-200 = activated barium hydroxide

Ph–C*H, H, COR², R¹ (alkene product)

84-98%

various other bases and (E) selective Horner-Emmons reactions reported

I.B.1-29 R.K. Boeckman, Jr. et al., *J. Am. Chem. Soc.*, <u>111</u>, 8036 (1989); M. Daumas et al., *Tetrahedron Lett.*, <u>30</u>, 5121 (1989).

(Z) Selective Horner-Emmons Reactions

I.B.1-30 S. Ohira, *Synth. Commun.*, <u>19</u>, 561 (1989).

$$\underset{N_2}{\overset{O}{\underset{\|}{C}}}\!\!\!\!\!\!\!\!\!\overset{O}{\underset{\|}{P(OMe)_2}} \quad \xrightarrow[\text{cyclohexanone}]{0.2 \text{ eq. } K_2CO_3, \text{ MeOH, } 0°C} \quad \text{cyclohexylidene-CHOMe}$$

63%

I.B.1-31 S. Kanemasa, O. Tsuge et al., *Bull. Chem. Soc. Jpn.*, <u>62</u>, 1193 (1989); A.M. Moiseenkov et al., *Synthesis*, 591 (1989); M. Mikolajczyk and P. Balczewski, *ibid.*, 101 (1989); T.F. Bates and R.D. Thomas, *J. Org. Chem.*, <u>54</u>, 1784 (1989); P.F. Hudrlik et al., *ibid.*, <u>54</u>, 5613 (1989); C. Reichardt et al., *Tetrahedron lett.*, <u>30</u>, 3521 (1989); V. Snieckus et al., *ibid.*, <u>30</u>, 5841 (1989); G.L. Larson et al., *Synth. Commun.*, <u>19</u>, 2773 (1989); G.M. Scheide and R.H. Neilson, *Organometallics*, <u>8</u>, 1987 (1989); L. Duhamel et al., *J. Organomet. Chem.*, <u>363</u>, C4 (1989); C. Palomo et al., *Chem. Commun.*, 72 (1989).

$$\underset{COMe}{\overset{TMS}{=}} \quad \xrightarrow[\text{2) PhCHO}]{\text{1) RMgX}} \quad \underset{MeOC}{\overset{R}{=}}\!\!\!\!\!\!\!\!\!\overset{Ph}{}$$

40-77%

(E) major at rt in ether

(Z) major at -78°C in THF

regular Peterson olefinations also reported

I.B.1-32 Y.-Z. Huang et al., *J. Chem. Soc., Perkin Trans. 1*, 2397 (1989).

$$\text{RCHO} + \text{BrCH}_2\text{E} + (\text{PhO})_3\text{P} \xrightarrow[\substack{\text{K}_2\text{CO}_3 \text{ (solid)} \\ \text{THF, 50°C}}]{\text{Bu}_2\text{Te (cat.)}} \text{RCH=CHE}$$

72-98%

E = CO_2Me, Bz, CO^iPr

I.B.1-33 J.M. Tour et al., *Tetrahedron Lett.*, 30, 3927 (1989).

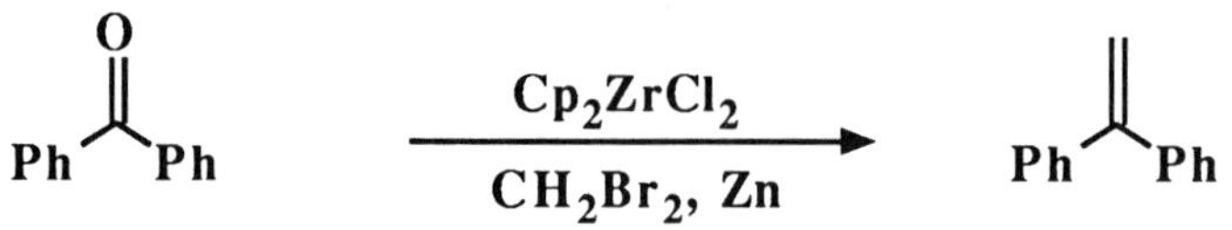

$$\underset{\text{Ph}}{\overset{\text{O}}{\underset{\|}{\text{C}}}}\text{Ph} \xrightarrow[\text{CH}_2\text{Br}_2,\ \text{Zn}]{\text{Cp}_2\text{ZrCl}_2} \underset{\text{Ph}}{\overset{\text{CH}_2}{\underset{\|}{\text{C}}}}\text{Ph}$$

75%

I.B.2.a. Elimination of Alcohols and Derivatives to Form Double Bonds

I.B.2.a-1 G.A. Olah et al., *J. Org. Chem.*, 54, 1375 (1989); C. Djerassi et al., *ibid.*, 54, 369 (1989); J.-P. Picard et al., *Synth. Commun.*, 19, 135 (1989); J.S. Yadav and S.V. Mysorekar, *ibid.*, 19, 1057 (1989); I. Kumadaki et al., *Chem. Pharm. Bull.*, 37, 177 (1989); T. Nishiguchi and C. Kamio, *J. Chem. Soc., Perkin Trans. 1*, 707 (1989); E.S. Turbanova et al., *J. Org. Chem. (USSR)*, 25, 191 (1989).

$$RR^1C=O + R^1R^2CHLi \xrightarrow{\text{"one pot"}} \xrightarrow{SOCl_2} \begin{array}{c} R \quad R^1 \\ \diagup\!\!\!\diagdown \\ R^1 \quad R^2 \end{array}$$

82-96%

similar dehydrations with $POCl_3$ / pyr, MsCl / NEt_3 / DMAP, metallic sulfates on silica gel or $BF_3 \cdot OEt_2$

I.B.2.a-2 M.P. Paradisi et al., *Synth. Commun.*, 19, 695 (1989); S.J. Danishefsky, S.L. Schreiber et al., *J. Org. Chem.*, 54, 17 (1989); H. Hopf et al., *Chem. Ber.*, 122, 1193 (1989).

$$\begin{array}{c} R \\ \diagdown \\ CH-OH \\ | \\ CH-NHCO_2R^1 \\ | \\ CO_2Me \end{array} \xrightarrow[NEt_3]{PhNTf_2} \begin{array}{c} R \\ \diagdown \\ CH \\ \| \\ C-NHCO_2R^1 \\ | \\ CO_2Me \end{array}$$

39-98%

similar results with $Et_3NSO_2NCO_2Et$ or heat / 5A sieves

I.B.2.a-3 M. Shimizu and H. Yoshioka, *Tetrahedron Lett.*, 30, 967 (1989); E. Negishi et al., *J. Org. Chem.*, 54, 2043 (1989).

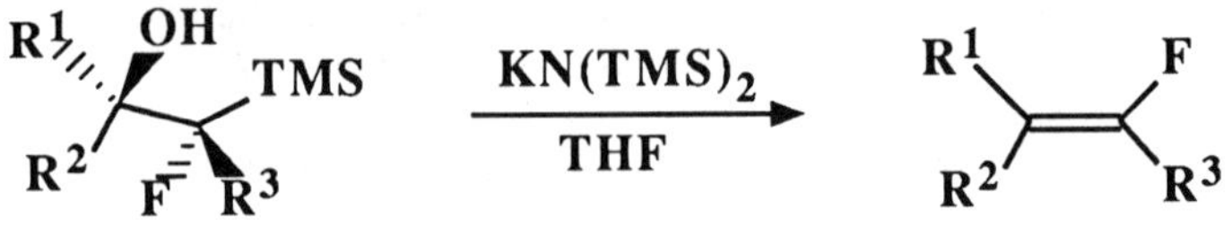

$$\underset{R^2 \quad F \quad R^3}{R^1 \diagdown \overset{OH}{\underset{}{C}} - \overset{}{\underset{}{C}} - TMS} \xrightarrow[\text{THF}]{\text{KN(TMS)}_2} \underset{R^2 \quad R^3}{\overset{R^1 \quad F}{C=C}}$$

63-72%

I.B.2.a-4 S. Torii et al., *Bull. Chem. Soc. Jpn.*, 62, 4061 (1989).

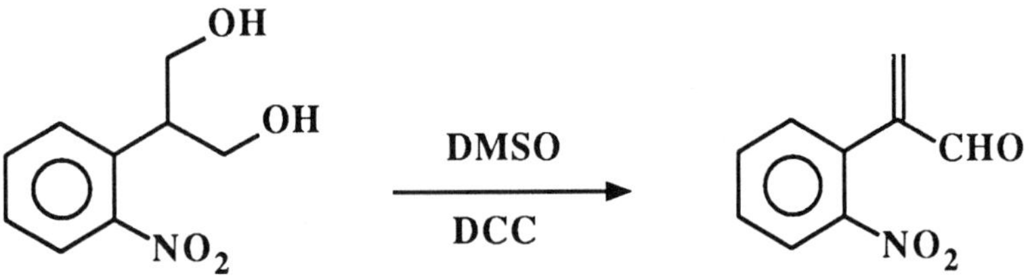

$$\xrightarrow[\text{DCC}]{\text{DMSO}}$$

97%

I.B.2.a-5 S. Kanemoto, M. Shimizu and H. Yoshioka, *Bull. Chem. Soc. Jpn.*, 62, 2024 (1989).

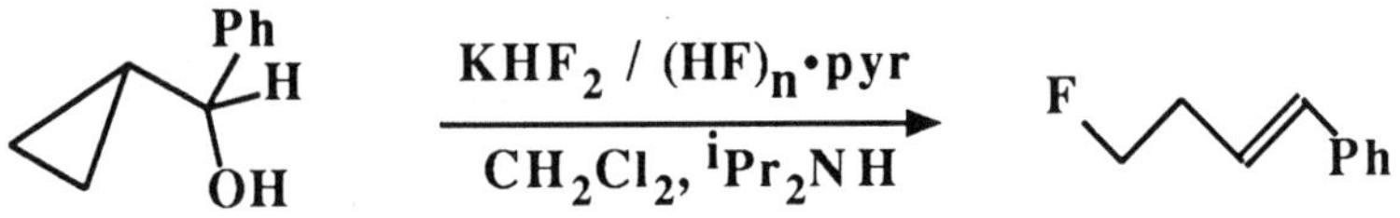

$$\xrightarrow[\text{CH}_2\text{Cl}_2, \,^{i}\text{Pr}_2\text{NH}]{\text{KHF}_2 \,/\, (\text{HF})_n \cdot \text{pyr}}$$

73%, 100% (E)

I.B.2.a-6 I.K. Meier and J. Schwartz, *J. Am. Chem. Soc.*, 111, 3069 (1989); Jack E. Baldwin et al., *Tetrahedron*, 45, 1465 (1989).

$$HO-C(CH_3)_2-CH(OH)(Ph) \xrightarrow[\text{proton sponge} \; ClC_6H_5]{Cl_3V=O} \xrightarrow{\text{heat}} Ph-CH=C(CH_3)_2 \quad 73\%$$

DMFDMA used similarly

I.B.2.a-7 J.S. Yadav et al., *Synth. Commun.*, 19, 705 (1989); P. Sarmah and N.C. Barua, *Tetrahedron*, 45, 3569 (1989); G. Solladie et al., *J. Org. Chem.*, 54, 2620 (1989).

$$MsO\text{-}CH_2\text{-}CH(OMs)\text{-}CH(OBn)\text{-}CH_2OMs \xrightarrow[\text{MEK}]{NaI} CH_2=CH\text{-}CH(OBn)\text{-}CH_2I \quad 74\%$$

alkenes also formed from 1,2-diols with AlI_3 and from 2-ene-1,4-diols with LAH / $TiCl_3$

I.B.2.a-8 F.M. Hauser et al., *J. Org. Chem.*, 54, 5110 (1989).

$$\text{[1,3-dioxane]-CH}_2\text{CH}_2\text{CH(OAc)-C(=CH}_2\text{)CH}_3 \xrightarrow[\text{Ph}_3\text{P, CaCO}_3 \; \text{dioxane, 110°C}]{\text{cat. Pd(OAc)}_2} \text{[1,3-dioxane]-CH}_2\text{-CH=CH-C(=CH}_2\text{)CH}_3 \quad 96\%$$

I.B.2.a-9 S.J. Danishefsky et al., *J. Org. Chem.*, 54, 3738 (1989).

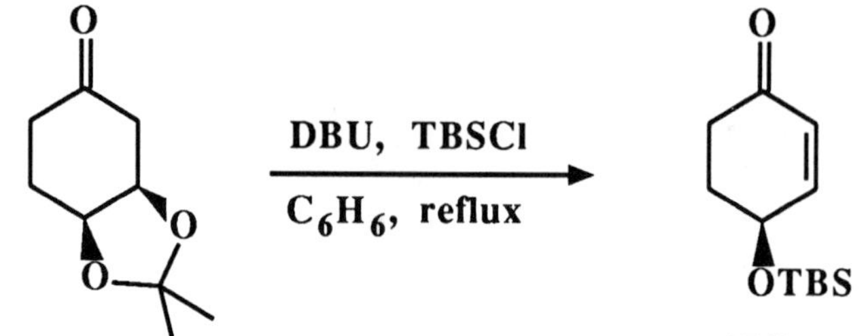

[Reaction: bicyclic cyclohexanone with fused acetonide] → (DBU, TBSCl / C_6H_6, reflux) → cyclohexenone with OTBS, 87%

I.B.2.a-10 T.H. Black and S.L. Maluleka, *Synth. Commun.*, 19, 2885 (1989) and *Tetrahedron Lett.*, 30, 531 (1989); A. Moyano, M.A. Pericas and E. Valenti, *J. Org. Chem.*, 54, 573 (1989).

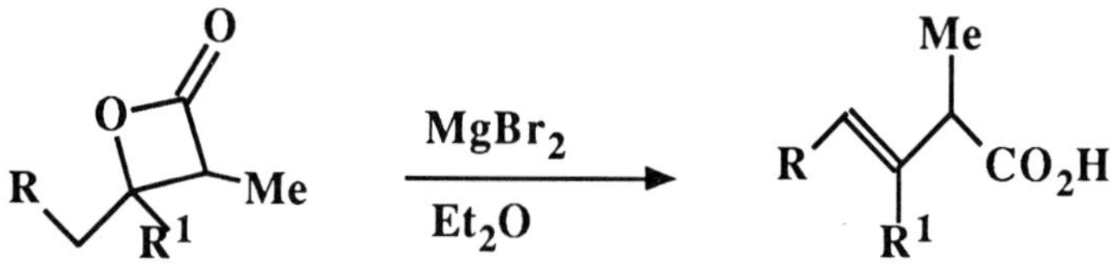

[β-lactone with R, R^1, Me substituents] → ($MgBr_2$ / Et_2O) → alkene with R, R^1, Me, CO_2H, 56-100%

I.B.2.b. Elimination of Halides to Form Double Bonds

I.B.2.b-1 S. Elsheimer et al., *J. Org. Chem.*, 54, 3992 (1989).

$Me(CH_2)_3CHBrCH_2CF_2Br$ $\xrightarrow{\text{KOH / } H_2O, \text{ heat}}$ $Me(CH_2)_3CH{=}CHCO_2H$

96%

I.B.2.b-2 A.R. Suarez et al., *J. Am. Chem. Soc.*, **111**, 763 (1989); M.E. Jones and G.B. Ellison, *ibid.*, **111**, 1645 (1989); H. Bock and H.P. Wolf, *Z. Naturforsch.*, **44b**, 699 (1989); J.H. Rigby and A.-R. Bellemin, *Synthesis*, 188 (1989); D.S. Middleton and N.S. Simpkins, *Synth. Commun.*, **19**, 21 (1989); Z.A. Talaikite et al., *J. Org. Chem. (USSR)*, **25**, 254 (1989); G. Aksnes and P. Stensland, *Acta Chem. Scand.*, **43**, 893 (1989); M. Olwegard and P. Ahlberg, *Chem. Commun.*, 1279 (1989).

$$Ph_2C(Br)-CH_2Br \xrightarrow{Fe°\ (2\text{-}7\mu\ \text{particle diameter})} Ph_2C=CHBr$$

similar results with various bases or Raney nickel

I.B.2.b-3 T. Abe et al., *Chem. Lett.*, 905 (1989).

$$R_fCF_2CF_2COF \xrightarrow[\text{2) evaporate to dryness}]{\text{1) aq. KOH}} \xrightarrow{\text{heat}} R_f\text{-}CF=CF_2$$

I.B.2.b-4 G. Szeimies et al., *Chem. Ber.*, **122**, 2399 (1989).

I.B.2.b-5 E.H. Smith et al., *J. Org. Chem.*, **54**, 3015 (1989).

100%, 78 : 22

I.B.2.b-6 Y.-Z. Huang et al., *J. Organomet. Chem.*, 378, 147 (1989); A. Sugawara, R. Sato et al., *Bull. Chem. Soc. Jpn.*, 62, 2739 (1989); J.D. Prugh et al., *Synthesis*, 554 (1989); G. Meazza et al., *ibid.*, 331 (1989).

$$\text{Ph-CHBr-CH}_2\text{Br} + \text{Bu}_3\text{Sb} \xrightarrow[4\text{h}]{100°\text{C}} \text{PhCH=CH}_2$$
$$70\%$$

similar results with Na_2CS_3 or activated zinc

I.B.2.b-7 H. Uno, H. Suzuki et al., *Chem. Lett.*, 309 (1989).

$$\text{RCH}_2\text{CClFSPh} \xrightarrow[\text{CuI (0.3 eq.)}]{\text{PhMgBr}} \begin{array}{c} \text{H} \quad \text{H} \\ \diagdown \diagup \\ \text{C=C} \\ \diagup \diagdown \\ \text{R} \quad \text{F} \end{array}$$

R = 4-Ph-C_6H_4 54% (major)

I.B.2.c. Other Eliminations to Form Double Bonds

I.B.2.c-1 Y. Takeuchi et al., *J. Org. Chem.*, 54, 5453 (1989).

$$\text{PhSO}_2\text{-C(CH}_2\text{CO}_2\text{Et)(NO}_2\text{)(F)} \xrightarrow{\text{SiO}_2} \begin{array}{c} \text{F} \quad \text{CO}_2\text{Et} \\ \diagdown \diagup \\ \text{C=C} \\ \diagup \diagdown \\ \text{PhSO}_2 \quad \text{H} \end{array}$$

$$65\%$$

I.B.2.c-2 A. Lechevallier et al., *Synth. Commun.*, <u>19</u>, 1631 (1989).

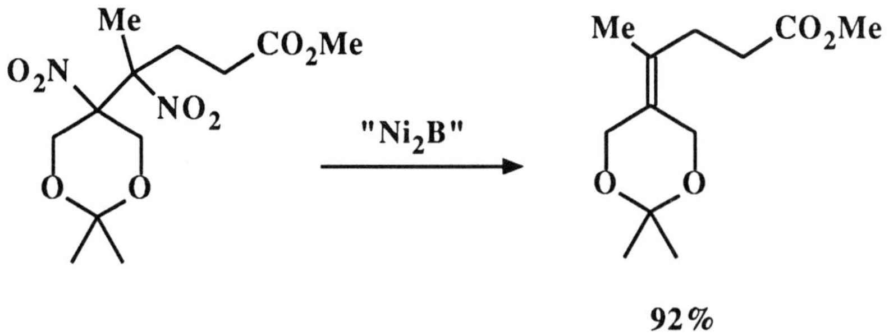

I.B.2.c-3 D.L.J. Clive and S. Daigneault, *Chem. Commun.*, 332 (1989).

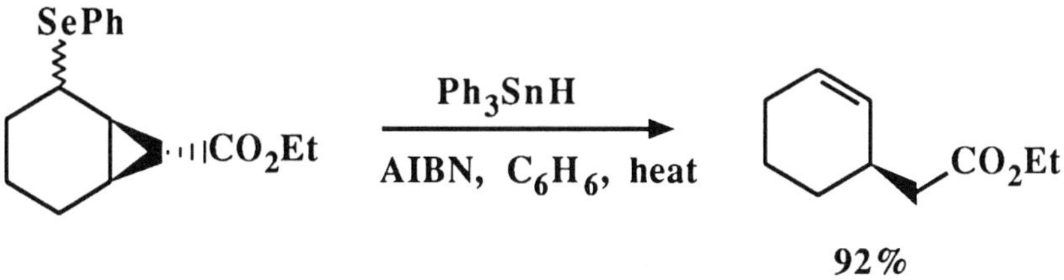

I.B.2.c-4 L. Engman, *J. Org. Chem.*, <u>54</u>, 884 (1989).

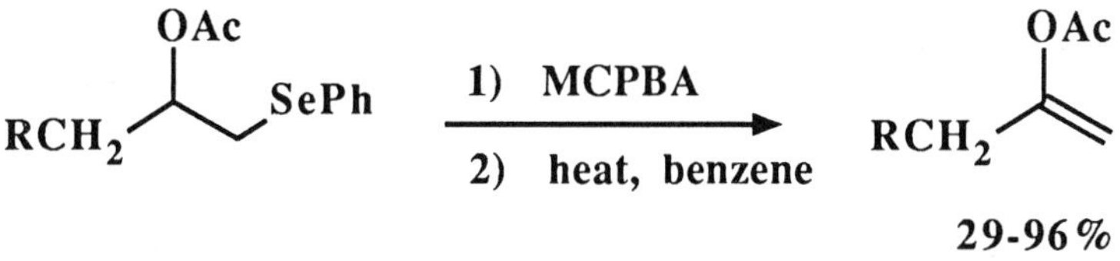

I.B.2.c-5 K. Saigo et al., *Chem. Lett.*, 1203 (1989).

R–[tetrahydrothiophene-SO$_2$ ring with CO$_2$Et and SPh substituents] →
1) MCPBA
2) heat, toluene, Bu$_3$N
→ R–CH=CH–CH=CH–CO$_2$Et

20-67%

I.B.2.c-6 A.G. Sutherland and R.J.K. Taylor, *Tetrahedron Lett.*, 30, 3267 (1989); H. Matsuyama et al., *Heterocycles*, 29, 449 (1989).

[dioxolane-spiro-thiane SO$_2$ with I and Bn substituents] → KO^{t}Bu, THF, -20°C to rt → [dioxolane-spiro-cyclopentene with Bn]

85%

I.B.2.c-7 E.J. Corey, G.H. Posner, R.F. Atkinson et al., *J. Org. Chem.*, 54, 389 (1989).

Formation of Olefins *via* Pyrolysis of Sulfonate Esters

I.B.2.c-8 T. Takeda et al., *Bull. Chem. Soc. Jpn.*, 62, 1524 (1989).

[cyclobutane with PhO$_2$S, EtO$_2$C, OH, R substituents] → KH, THF-HMPA → R–C(O)–CH$_2$–C(=CH$_2$)–C(O)OEt

67-85%

I.B.2.c-9 C.M. Thompson and J.A. Frick, *J. Org. Chem.*, 54, 890 (1989).

$$\underset{\underset{SO_2Ph}{\overset{R}{\diagdown}}}{\text{lactone}} \xrightarrow[\text{MeOH}]{\text{Na / Hg}} R\diagup\diagdown\diagup CO_2Me$$

56-85%, 4:1 to 97:3
E : Z

I.B.2.c-10 K. Lal and R.G. Salomon, *J. Org. Chem.*, 54, 2628 (1989).

$$\text{diol-ketone} \xrightarrow[\text{NEt}_3, \text{ pyr-H}_2\text{O}]{+e^-, \text{ Pt anode}} \text{enone}$$

24%

I.B.3. Other Carbon - Carbon Double Bond Forming Reactions

I.B.3-1 K. Oshima, K. Utimoto et al., *Tetrahedron Lett.*, 30, 3155 and 3159 (1989).

$$R^1C\equiv CH \;+\; R^2\text{-I} \xrightarrow[\text{hexane}]{\text{Et}_3B} \underset{IH}{\overset{R^1R^2}{\diagup\!\diagdown}} \;+\; \underset{IR^2}{\overset{R^1H}{\diagup\!\diagdown}}$$

34-90%, 0:100 to 92:8

I.B.3-2 A.B. Smith, III and K.J. Hale, *Tetrahedron Lett.*, 30, 1037 (1989); A. Takle and P. Kocienski, *ibid.*, 30, 1675 (1989); A. Alexakis and D. Jachiet, *Tetrahedron*, 45, 6197 and 6203 (1989); J.A. Miller, *J. Org. Chem.*, 54, 998 (1989).

similarly with DIBAH or trialkylaluminum hydrides in place of Me$_3$Al

---

I.B.3-3 S.L. Buchwald et al., *J. Am. Chem. Soc.*, 111, 2870 and 4486 (1989); T. Livinghouse et al., *ibid.*, 111, 4495 (1989) and *Tetrahedron Lett.*, 30, 3495 (1989).

I.B.3-4 S.-S.P. Chou et al., *J. Org. Chem.*, 54, 868 (1989); G. Reginato, A. Ricci et al., *ibid.*, 54, 1473 (1989); F. Naso et al., *Tetrahedron Lett.*, 30, 243 (1989); W.F. Bailey et al., *ibid.*, 30, 3901 (1989).

$$R^1C\equiv C\text{-}H \xrightarrow[\text{2) TMSCl}]{\text{1) }R^2MgX\cdot CuI\cdot LiBr} \underset{R^2}{\overset{R^1}{>}}=\underset{TMS}{\overset{H}{<}}$$

35-85%

similar results with lithio nucleophiles or different electrophiles

---

I.B.3-5 S. Cacchi et al., *Tetrahedron Lett.*, 30, 3465 (1989); R. Grigg et al., *ibid.*, 30, 1135 and 1139 (1989); Y. Zhang and E. Negishi, *J. Am. Chem. Soc.*, 111, 3454 (1989).

$$R^2\diagup\!\!\!\diagdown X \xrightarrow[\substack{NEt_3\text{ or }Bu_3N\\Ph_3P}]{Pd(OAc)_2(PPh_3)_2} R^1\!\!-\!\!\equiv\!\!-\!\!R^1 \xrightarrow{HCO_2H}$$

X = Br, I

40-81%

$$\underset{R^1}{\overset{R^2}{\diagup}}\!\!=\!\!\underset{R^1}{\diagdown}$$

I.B.3-6 H. Alper and M. Saldana-Maldonado, *Organometallics*, 8, 1124 (1989).

$$ArC\equiv CH + (CO_2R)_2 \xrightarrow[\text{4-methyl-2-pentanone}]{Pd(dba)_2 / dppb}$$

$$Ar\diagup\!\!\!\diagdown CO_2R \quad + \quad (ArC\equiv C)_2\text{-}$$

30-57% 18-24%

I.B.3-7 B.M. Trost et al., *Tetrahedron Lett.*, 30, 651 (1989), *J. Org. Chem.*, 54, 2271 (1989), *Angew. Chem., Int. Ed. Engl.*, 28, 1502 (1989) and *J. Am. Chem. Soc.*, 111, 8745 (1989).

$$\text{E} = CO_2Me$$

I.B.3-8 K. Tamao, K. Kobayashi and Y. Ito, *J. Am. Chem. Soc.*, 111, 6478 (1989) and *J. Org. Chem.*, 54, 3517 (1989).

52-68%

Z/E : 94/6

similarly with Ni(cod)$_2$ and ArNC (instead of HSiX$_3$)

I.B.3-9 C.E. Harding and G.R. Stanford, Jr., *J. Org. Chem.*, 54, 3054 (1989); T.H. Chan and P. Arya, *Tetrahedron Lett.*, 30, 4065 (1989).

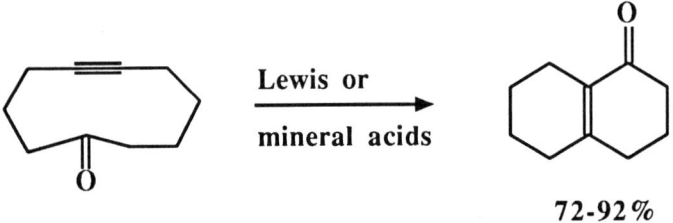

72-92%

I.B.3-10 D. Ma and X. Lu, *Tetrahedron Lett.*, 30, 843 and 2109 (1989); X. Lu et al., *J. Org. Chem.*, 54, 1105 (1989).

$$R^1-CH_2-C\equiv C-CO-OR^2 \xrightarrow{\text{Bu}_3\text{P, toluene}}_{\text{IrH}_5(^i\text{Pr}_3\text{P})_2 \text{ or RuH}_2(\text{PPh}_3)_4} R^1-CH=CH-CH=CH-CO-OR^2$$

58-92%

I.B.3-11 J.E. McMurry, *Chem. Rev.*, 89, 1513 (1989); D. Lenoir, *Synthesis*, 883 (1989).

    Review : "Carbonyl-Coupling Reactions Using Low-Valent Titanium".

    Review : "The Application of Low-Valent Titanium Reagents in Organic Synthesis".

I.B.3-12 J.E. McMurry et al., *J. Org. Chem.*, 54, 3748 (1989); J.-M. Pons and M. Santelli, *ibid.*, 54, 877 (1989); D.A. Schultz and M.A. Fox, *J. Am. Chem. Soc.*, 111, 6311 (1989); H.-F. Grutzmacher et al., *Chem. Ber.*, 122, 2291 (1989); J. Feng et al., *Synthesis*, 182 (1989); P.C. Ruenitz et al., *J. Med. Chem.*, 32, 192 (1989); K. Maruyama et al., *Bull. Chem. Soc. Jpn.*, 62, 1626 (1989).

$$(^i\text{Pr})_2\text{C}=O \xrightarrow[\text{Zn-Cu}]{\text{TiCl}_3(\text{DME})_{1\cdot 5}} (^i\text{Pr})_2\text{C}=\text{C}(^i\text{Pr})_2$$

an improved method   87%

Mg, Zn or LAH also used in conjunction with TiCl$_4$

I.B.3-13 M.H. Chisolm and J.A. Klang, *J. Am. Chem. Soc.*, **111**, 2324 (1989).

$$\text{4-MeC}_6\text{H}_4\text{-COMe} \xrightarrow{\text{W}_2(\text{OCH}_2{}^t\text{Bu})_6\text{pyr}_2} \text{(4-MeC}_6\text{H}_4)(\text{Me})\text{C=C(Me)(4-MeC}_6\text{H}_4)$$

51%

I.B.3-14 X.-j. Wang and T.-Y. Luh, *J. Org. Chem.*, **54**, 263 (1989).

$$\text{(fluorene-dithiolane)-CO}_2)_2\text{-A} \xrightarrow[\text{PhCl, reflux}]{4\ \text{W(CO)}_6}$$

$$A = \begin{matrix} H_2C_{\text{\tiny{II}}}\diagdown O \\ \diagup\diagup \\ H_2C\diagup O \end{matrix}$$

40%

I.B.3-15 A. Ohta et al., *Heterocycles*, **29**, 1199 (1989); M. Julia et al., *J. Organomet. Chem.*, **379**, 201 (1989); N.A. Sasaki et al., *Tetrahedron Lett.*, **30**, 1943 (1989).

$$\text{Pyz-S(=O)-CH}_2\text{R}^1 \xrightarrow{\text{KDA}} \xrightarrow{\text{R}^2\text{CH}_2\text{X}} \text{R}^1\text{CH=CHR}^2$$

Pyz = 3,6-diisopropyl-2-pyrazinyl

other leaving groups used

I.B.3-16 T.V. Lee et al., *Tetrahedron*, **45**, 5877 and 5887 (1989); D. Mesnard and L. Miginiac, *J. Organomet. Chem.*, **373**, 1 (1989).

$$\text{(MeO)}_2\text{CHCH}_2\text{CO}_2\text{Me} + \text{TMSCH}_2\text{MgCl} \xrightarrow{\text{CeCl}_3} \text{TMS-CH=CH-CO}_2\text{Me}$$

48%

I.B.3-17 K. Takai et al., *Tetrahedron Lett.*, **30**, 211 (1989); J. Barluenga et al., *J. Chem. Soc., Perkin Trans. 1*, 77 (1989).

$$R^1\text{C(=O)SMe} + R^2\text{CHBr}_2 \xrightarrow[\text{TMEDA, THF, rt}]{\text{Zn, TiCl}_4} R^1\text{C(SMe)=CHR}^2$$

56-97%
Z:E = 68:32 to 100:0

I.B.3-18 J. Ichikawa et al., *Tetrahedron Lett.*, **30**, 6379, 1641 and 5437 (1989).

$$\text{CF}_3\text{CH}_2\text{OTs} \xrightarrow[\substack{\text{1) 2 LDA} \\ \text{2) BR}_3 \\ \text{3) NaOMe} \\ \text{4) Br}_2}]{} \text{CF}_2=\text{CR}_2$$

48-68%

I.B.3-19 D.K.P. Ng and T.-Y. Luh, *J. Am. Chem. Soc.*, 111, 9119 (1989).

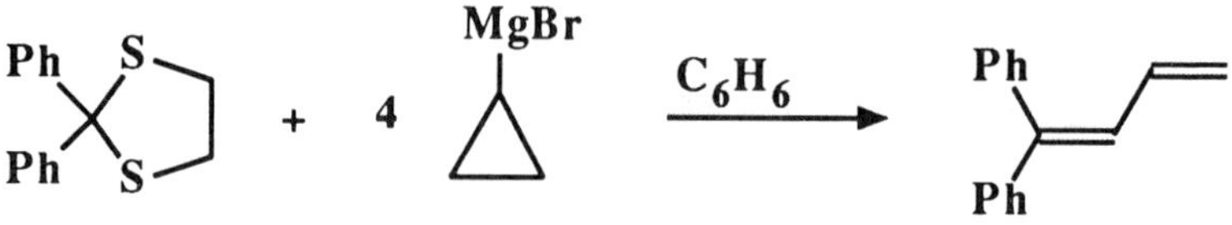

$$\text{Ph}_2\text{C(SCH}_2\text{CH}_2\text{S)} + 4 \, \text{cyclopropyl-MgBr} \xrightarrow{\text{C}_6\text{H}_6} \text{Ph}_2\text{C=CH-CH=CH}_2 \quad 88\%$$

I.B.3-20 R.E. Mewshaw, *Tetrahedron Lett.*, 30, 3753 (1989); J. Barluenga et al., *J. Chem. Soc., Perkin Trans. 1*, 691 (1989).

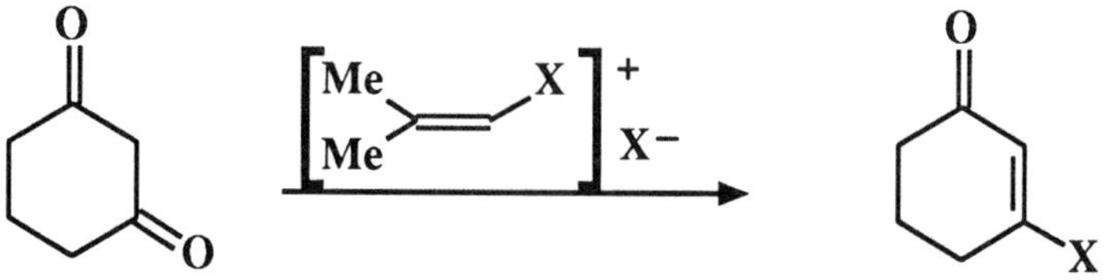

$$\text{1,3-cyclohexanedione} + [\text{Me}_2\text{C=CHX}]^+ \text{X}^- \longrightarrow \text{3-X-cyclohex-2-enone} \quad 89\text{-}93\%$$

I.B.3-21 G.A. Russell et al., *J. Org. Chem.*, 54, 1836 and 3768 (1989).

$$^t\text{BuHgCl} + \text{Ph}_2\text{C=CHHgBr} \xrightarrow{\text{light}} {}^t\text{BuCH=CPh}_2 \quad 100\%$$

I.B.3-22 T. Hayashi, Y. Ito et al., *Chem. Commun.*, 495 (1989); M. Oda et al., *ibid.*, 1145 (1989); E. Piers and F. Fleming, *ibid.*, 756 (1989); I. Erdelmeier and H.-J. Gais, *J. Am. Chem. Soc.*, 111, 1125 (1989); M.G. Saulnier et al., *ibid.*, 111, 8320 (1989); R.M. Kellogg et al., *J. Organomet. Chem.*, 370, 357 (1989); K.V. Baker et al., *ibid.*, 370, 397 (1989); R. Rossi et al., *Tetrahedron Lett.*, 30, 2699 (1989); D.F. Wiemer et al., *J. Org. Chem.*, 54, 743 (1989); P. Harter et al., *Angew. Chem., Int. Ed. Engl.*, 28, 1008 (1989).

$$\text{Ph(Me)CHMgCl} \xrightarrow[\text{THF, 0°C}]{\text{ZnCl}_2} \xrightarrow[\substack{\text{chiral catalyst} \\ \text{THF, Et}_2\text{O}}]{\text{CH}_2=\text{CHBr}} \text{Ph(Me)}\overset{*}{\text{C}}\text{HCH}=\text{CH}_2$$

100%, 93% e.e.

chiral catalyst = a ferrocenyl diphosphine / $PdCl_2$ species

various other nucleophiles, leaving groups and catalysts used

---

I.B.3-23 P.J. Kocienski et al., *Tetrahedron*, 45, 3839 (1989), *J. Am. Chem. Soc.*, 111, 2363 (1989) and *J. Org. Chem.*, 54, 1215 (1989); T.L. Davis and D.A. Carlson, *Synthesis*, 936 (1989); C.W. Holzapfel et al., *Synth. Commun.*, 19, 1449 (1989); R.J.K. Taylor et al., *J. Chem. Soc., Perkin Trans. 1*, 683 (1989).

$$\text{[dihydrofuranyl]-R} + \text{MeMgBr} \xrightarrow[\substack{\text{Et}_2\text{O / C}_6\text{H}_6 \\ 60°\text{C}}]{(\text{Ph}_3\text{P})_2\text{NiCl}_2} \text{R}-\text{C(Me)}=\text{CH}-\text{CH}_2\text{CH}_2\text{OH}$$

92-96%

I.B.3-24 M.G. Ranasinghe and P.L. Fuchs, *J. Am. Chem. Soc.*, 111, 779 (1989); G. Opitz et al., *Tetrahedron Lett.*, 30, 3131 (1989).

PhO$_2$S SO$_2$CH$_2$CH$_2$TMS

$\xrightarrow[-78°C]{\text{BuLi, THF}}$ $\xrightarrow[-78° \text{ to } -20°C]{\text{R X}}$ $\xrightarrow{\text{rt}}$

62-80%

I.B.3-25 J.D. White et al., *Tetrahedron*, 45, 6631 (1989); C. Najera and M. Yus, *J. Chem. Soc., Perkin Trans. 1*, 1387 (1989) and *J. Org. Chem.*, 54, 1491 (1989); M. Yamamoto et al., *ibid.*, 54, 1757 (1989); E. Nakamura et al., *ibid.*, 54, 4727 (1989); J. Barluenga et al., *J. Chem. Res. (S)*, 200 (1989); J.-B. Baudin et al., *Tetrahedron Lett.*, 30, 4965 (1989); R.K. Boeckman, Jr. et al., *ibid.*, 30, 4787 (1989); R.R. Schmidt et al., *Helv. Chim. Acta*, 72, 213 (1989) and *Liebigs Ann. Chem.*, 69 (1989).

59%

various other substrates, bases and electrophiles utilized for similar transformations

I.B.3-26 J. Barluenga et al., *J. Chem. Soc., Perkin Trans. 1*, 553 (1989); M. Braum et al., *Angew. Chem., Int. Ed. Engl.*, 28, 896 (1989) and *Chem. Ber.*, 122, 1215 (1989); B.E. Marron and K.C. Nicolaou, *Synthesis*, 537 (1989); R. Baker and J.L. Castro, *Chem. Commun.*, 378 (1989).

$$X\text{-C(NHPh)=CH}_2 \xrightarrow[\text{3) RR}^1\text{CO}]{\text{1) PhLi, 2) LiNp}} RR^1C(OH)\text{-C(NHPh)=CH}_2 \quad 75\text{-}78\%$$

similarly with a variety of vinyl halides, bases and electrophiles

---

I.B.3-27 K. Tamao, K. Kobayashi and Y. Ito, *Tetrahedron Lett.*, 30, 6051 (1989); Y. Hatanaka and T. Hiyama, *J. Org. Chem.*, 54, 268 (1989); E. Schaumann and B. Mergardt, *J. Chem. Soc., Perkin Trans. 1*, 1361 (1989); A.G.M. Barrett et al., *J. Org. Chem.*, 54, 4246 (1989).

$$R^2R^3C=CR^1(\text{SiMe}_x(\text{OR})_{3-x}) + R^4X \xrightarrow[\text{POEt}_3, \text{THF}, 50°C]{\text{Bu}_4\text{NF}, [\text{PdC}(\eta^3\text{-C}_3\text{H}_5)]_2} R^2R^3C=CR^1R^4 \quad 31\text{-}96\%$$

other vinyl silanes and stannanes used

I.B.3-28 D. Basavaiah and V.V.L. Gowriswari, *Synth. Commun.*, 19, 2461 (1989); S.E. Drewes et al., *ibid.*, 19, 959 (1989); J.M. Brown et al., *Org. Synth.*, 68, 64 (1989); S. Bertenshaw and M. Kahn, *Tetrahedron Lett.*, 30, 2731 (1989).

$$CH_2=CH-Z + EtO_2C-CO-CO_2Et \xrightarrow{DABCO} \underset{67-80\%}{Z-C(=CH_2)-C(OH)(CO_2Et)_2}$$

Z = CO$_2$R, CN, COMe

similarly with other bases

I.B.3-29 A.K. Banerjee et al., *Rec. Trav. Chim.*, 108, 94 (1989); R.K. Boeckman, Jr. et al., *J. Am. Chem. Soc.*, 111, 2737 (1989).

$$\text{octahydronaphthalenone} \xrightarrow[\text{AcOH, 60°C, 3h}]{Tl(OCOCH_3)_3} \text{dienone} \quad 54\%$$

similar results with LDA, Pd(OAc)$_2$

I.B.3-30 R.K. Boeckman, Jr. and K.J. O'Connor, *Tetrahedron Lett.*, 30, 3271 (1989).

$$(RO)_3Ti-CH_2-C(=CH_2)-CH_2-CH(OMe)_2 + R^1CHO \longrightarrow$$

$$\underset{65-75\%}{R^1-CH(OH)-C(=CH_2)-CH_2-CH(OMe)_2}$$

I.B.3-31 N. Miyaura and A. Suzuki, *Org. Synth.*, 68, 130 (1989); A. Suzuki et al., *Bull. Chem. Soc. Jpn.*, 62, 3892 (1989); K.C. Nicolaou et al., *Synthesis*, 898 (1989), *Angew. Chem., Int. Ed. Engl.*, 28, 587 (1989) and *J. Chem. Soc., Perkin Trans. 1*, 2131 (1989); G. Linstrumelle et al., *Tetrahedron Lett.*, 30, 6335 (1989).

$$\text{Bu-CH=CH-B(catecholate)} + \text{Br-CH=CH-Ph} \xrightarrow[\text{NaOEt}]{\text{PdCl}_2(\text{PPh}_3)_2} \text{Bu-CH=CH-CH=CH-Ph}$$

82%

I.B.3-32 A. Suzuki et al., *J. Am. Chem. Soc.*, 111, 314 (1989) and *Chem. Lett.*, 1405 (1989).

$$\text{9-BBN} + \text{1-octene} \longrightarrow \xrightarrow[\text{NaOH, THF, 65°C}]{\text{Ph-CH=CH-Br}, \text{PdCl}_2(\text{dppf})} \text{Ph-CH=CH-(CH}_2)_7\text{CH}_3$$

85%

I.B.3-33 A. Suzuki et al., *Tetrahedron Lett.*, 30, 5153 (1989).

$$\text{RCHO} + \text{EtO-C(I)=CH-B(9-BBN)} \xrightarrow{\text{H}_2\text{O}} \text{EtO}_2\text{C-CH=CH-R}$$

96-99% (E)

I.B.3-34 R. Sauvetre et al., *J. Organomet. Chem.*, 364, 17 (1989); F. Orsini et al., *ibid.*, 367, 375 (1989); M.I. Al-Hassan, *Synth. Commun.*, 19, 463 (1989); F. Ramiandrasoa and C. Descoins, *ibid.*, 19, 2703 (1989); J.G. Millar, *Tetrahedron Lett.*, 30, 4913 (1989); I. Paterson et al., *Tetrahedron*, 45, 5283 (1989); A. Suzuki et al., *Chem. Lett.*, 1959 (1989).

R = ^{t}BuO(CH$_2$)$_7$

83%

I.B.3-35 W.J. Scott, G.T. Crisp and J.K. Stille, *Org. Synth.*, 68, 116 (1989); E. Piers and M. Llinas-Brunet, *J. Org. Chem.*, 54, 1483 (1989); S.W. Djuric et al., *J. Chem. Soc., Perkin Trans. 1*, 2133 (1989); M.S. Miftakhov et al., *J. Org. Chem. (USSR)*, 24, 1674 (1988); M. Sisti et al., *Org. Prep. Proced. Int.*, 21, 629 (1989); N.A. Danilova et al., *Synthesis*, 625 (1989); J.K. Stille et al., *J. Am. Chem. Soc.*, 111, 5417 (1989) and *Tetrahedron Lett.*, 30, 3645 (1989); H.J. Bestmann et al., *ibid.*, 30, 2911 (1989); L. Crombie et al., *ibid.*, 30, 4299 (1989); M. Franck-Neumann et al., *ibid.*, 30, 2393 (1989); C. Fukaya et al., *ibid.*, 30, 723 (1989); M.G. Banwell et al., *Chem. Commun.*, 616 (1989).

78-79%

I.B.3-36 N.A. Danilova et al., *Synthesis*, 633 (1989).

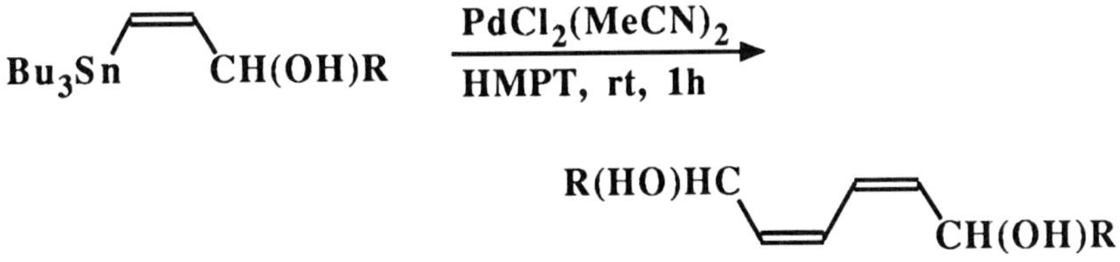

$$Bu_3Sn-CH=CH-CH(OH)R \xrightarrow[\text{HMPT, rt, 1h}]{PdCl_2(MeCN)_2} R(HO)HC-CH=CH-CH=CH-CH(OH)R$$

85-90%

I.B.3-37 P. Quayle et al., *Tetrahedron Lett.*, **30**, 2689 and 2693 (1989).

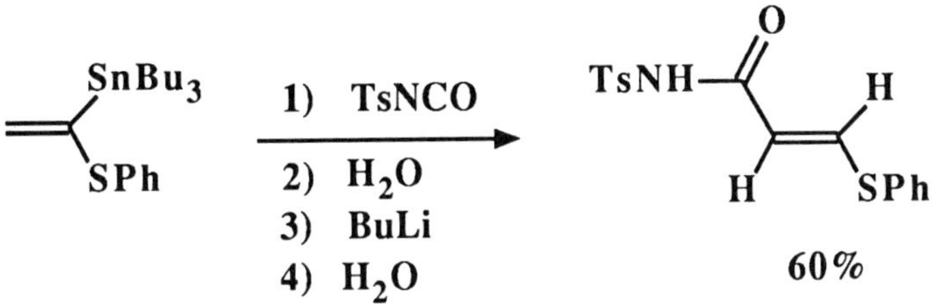

$$CH_2=C(SnBu_3)(SPh) \xrightarrow[\substack{1)\ TsNCO \\ 2)\ H_2O \\ 3)\ BuLi \\ 4)\ H_2O}]{} TsNH-C(=O)-CH=CH-SPh$$

60%

I.B.3-38 S. Torii et al., *Tetrahedron Lett.*, **30**, 1261 (1989); Y. Kishi et al., *Pure App. Chem.*, **61**, 313 (1989) and *J. Am. Chem. Soc.*, **111**, 7525 and 7530 (1989).

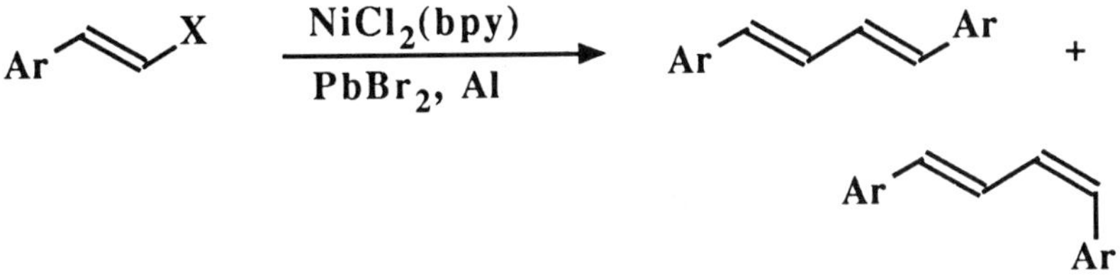

$$Ar-CH=CH-X \xrightarrow[PbBr_2,\ Al]{NiCl_2(bpy)} Ar-CH=CH-CH=CH-Ar\ +\ Ar-CH=CH-CH=CH-Ar$$

70-91%, 97:3 to >99:1

coupling of vinyl iodides to aldehydes with NiCl$_2$ / CrCl$_2$ also reported

I.B.3-39 R.C. Larock et al., *Tetrahedron Lett.*, 30, 5737 (1989); S. Torii et al., *J. Am. Chem. Soc.*, 111, 8932 (1989).

I.B.3-40 E. Negishi et al., *J. Org. Chem.*, 54, 2507 (1989); L.E. Overman et al., *ibid.*, 54, 5846 (1989); C.-M. Andersson and A. Hallberg, *ibid.*, 54, 1502 (1989).

similarly with vinyl triflates and Pd(OAc)$_2$

I.B.3-41 S. Torii et al., *Chem. Lett.*, 1971 (1989); M. Shibasaki et al., *J. Org. Chem.*, 54, 4738 (1989); R.C. Larock and W.H. Gong, *ibid.*, 54, 2047 (1989).

I.B.3-42 M. Kamata et al., *Tetrahedron Lett.*, 30, 4129 (1989).

$$\underset{R^2}{\overset{R^1}{>}}\underset{R^4}{\overset{S}{\triangle}}\overset{R^3}{<} + (p\text{-}BrC_6H_4)_3N^{+\bullet}SbCl_6^- \xrightarrow[CH_2Cl_2]{0°C}$$

$$\underset{R^2}{\overset{R^1}{>}}=\underset{R^4}{\overset{R^3}{<}} \quad 90\text{-}98\%$$

I.B.3-43 D.R. Arnold and S.A. Mines, *Can. J. Chem.*, 67, 689 (1989); A.S. Goldman et al., *J. Am. Chem. Soc.*, 111, 7088 (1989).

$$\underset{Ph}{\overset{H}{>}}=\underset{CH_3}{\overset{CH_3}{<}} \xrightarrow[\text{light}]{1)} \underset{CH_3}{\overset{PhCH_2}{>}}=CH_2 \quad 90\%$$

1) MeCN, 2,4,6-Me$_3$pyr, 1,4-(CN)$_2$C$_6$H$_4$, Ph-Ph, 10°C

I.B.3-44 D.J. Pasto and S.-H. Yang, *J. Org. Chem.*, 54, 3544 (1989); M. Iyoda et al., *J. Am. Chem. Soc.*, 111, 3761 (1989) and *Chem. Commun.*, 1690 (1989).

$$\xrightarrow[65°C]{CuCl}$$

100%, 34.4 : 65.6

I.B.3-45 R. Aumann and P. Hinterding, *Chem. Ber.*, **122**, 365 (1989).

$$(OC)_5Cr{=}C(OEt)(Ph) + O{=}C(NMe_2)(CH_2R) \longrightarrow$$

$$(OC)_5Cr{=}C(OEt){-}C(R){=}C(OEt)(Ph) \; + \; (OC)_5Cr{=}C(OEt){-}C(R){=}C(Ph)(OEt)$$

43-68%, <1:20 to 1.5:1

I.B.3-46 S. Murahashi et al., *J. Am. Chem. Soc.*, **111**, 5954 (1989).

$$EtO_2C{-}CH_2{-}CN \;+\; CH_3CH_2CH_2CHO \xrightarrow[\text{THF}]{RuH_2(PPh_3)_4}$$

$$CH_3CH_2CH_2CH{=}C(CO_2Et)(CN) \quad 83\%$$

I.B.3-47 S. Komiya et al., *Bull. Chem. Soc. Jpn.*, **62**, 4078 (1989); I. Matsuda et al., *J. Organomet. Chem.*, **377**, 347 (1989).

$$CH_3CH{=}CH{-}CO_2R \xrightarrow[\text{or } FeH_2(dmpe)_2 / \text{light}]{FeHNp(dmpe)_2} RO_2C{-}CH_2{-}CH(CH_3){-}C(CO_2R){=}CH_2$$

84-99% conversion
83-95% yield

I.B.3-48 G.P. Chiusoli et al., *J. Organomet. Chem.*, **373**, 377 and 385 (1989).

$$\text{Ph}_2\text{C=C(cyclopropylidene)} + \text{CH}_2=\text{CH-CH}_2-\text{NHCOR} \xrightarrow{\text{RhCl(PPh}_3)_3}$$

the product consisted of 3 alkene isomers, the one shown being the major

Ph,Ph-C=C(Me)-C(Me)=CH-NHCOR

22-56%

I.B.3-49 R.R. Schrock et al., *J. Am. Chem. Soc.*, **111**, 7989 and 8004 (1989).

bis-CF$_3$ norbornadiene dimer + W(CH^{t}Bu)(NAr)(O^{t}Bu)$_2$ $\xrightarrow{\text{RCHO}}$

$\xrightarrow[\text{3 min}]{120°\text{C}}$ R–[CH=CH–CH=CH]$_x$–^{t}Bu

Ar = 2,6-C$_6$H$_3{}^i$Pr$_2$

>90%

I.B.3-50 T. Aoyama and T. Shioiri, *Chem. Pharm. Bull.*, **37**, 2261 (1989).

$$\text{RCH}_2\text{-C(N}_2\text{)-TMS} \xrightarrow{\text{Rh}_2(\text{OCO}^t\text{Bu})_4} \text{R-CH=CH-TMS}$$

78-95%

I.B.3-51 H.K. Hall, Jr. et al., *J. Org. Chem.*, <u>54</u>, 2848 (1989).

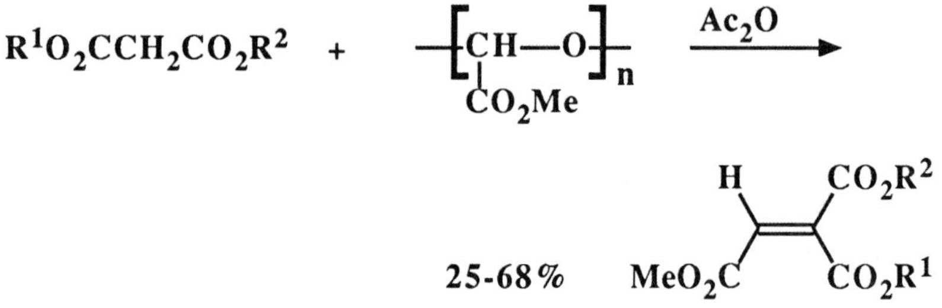

$R^1O_2CCH_2CO_2R^2$ + $-[CH-O]_n-$ (with CO_2Me substituent) $\xrightarrow{Ac_2O}$

25-68%

$$\underset{MeO_2C}{\overset{H}{>}}C=C\underset{CO_2R^1}{\overset{CO_2R^2}{<}}$$

I.B.3-52 K. Sakai et al., *Chem. Commun.*, 1535 (1989).

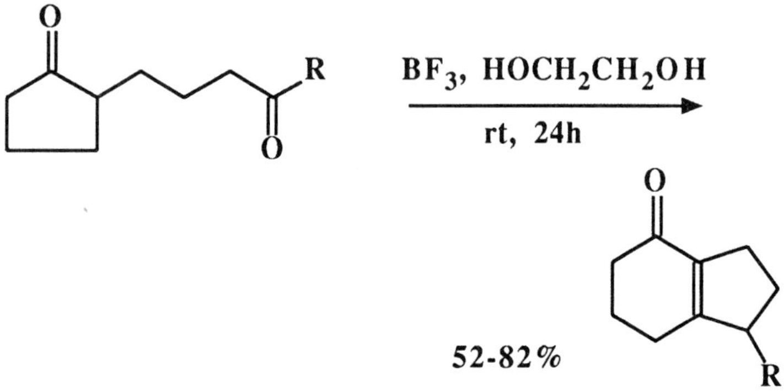

2-(cyclopentanon-2-yl)alkyl ketone (R-C(=O)-) $\xrightarrow[\text{rt, 24h}]{BF_3,\ HOCH_2CH_2OH}$ bicyclic enone product with R substituent

52-82%

I.B.4. Allene Forming Reactions

I.B.4-1 A. Alexakis et al., *Tetrahedron Lett.*, 30, 2387 (1989); W.H. Okamura et al., *J. Org. Chem.*, 54, 4072 (1989); C.J. Elsevier and P. Vermeer, *ibid.*, 54, 3726 (1989); A. Burger et al., *Tetrahedron*, 45, 155 (1989) and *Synthesis*, 93 (1989).

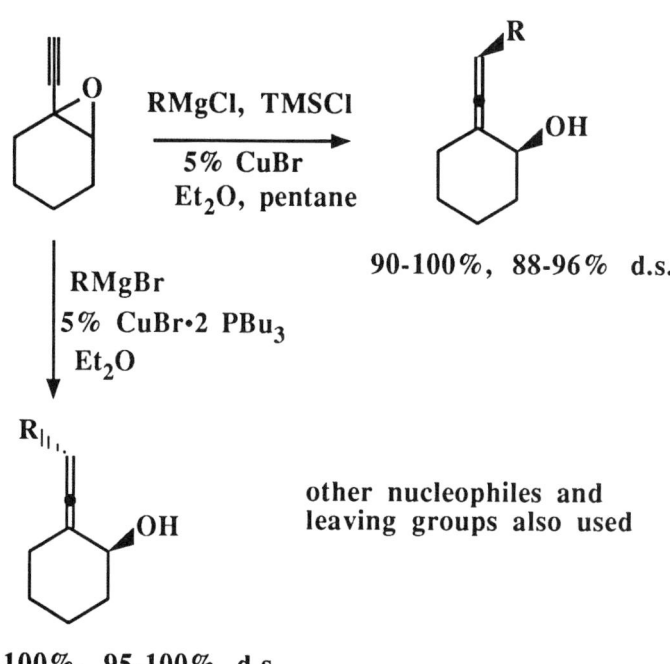

90-100%, 88-96% d.s.

60-100%, 95-100% d.s.

other nucleophiles and leaving groups also used

I.B.4-2 M.J. Sleeman and G.V. Meehan, *Tetrahedron Lett.*, 30, 3345 (1989); P.J. Stang and A.E. Learned, *J. Org. Chem.*, 54, 1779 (1989).

I.B.4-3 M. Iyoda et al., *Bull. Chem. Soc. Jpn.*, 62, 3380 (1989).

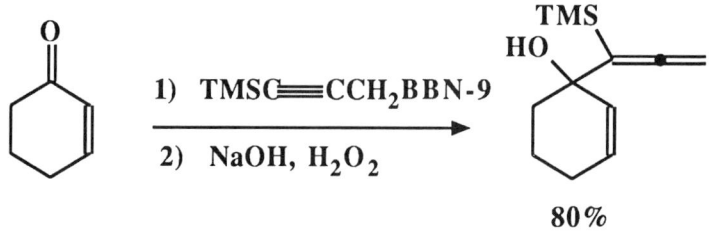

54-96%, 3.1:1 to 12:1

I.B.4-4 K.K. Wang et al., *Tetrahedron Lett.*, 30, 1311 (1989).

80%

I.B.4-5 A.G. Myers et al., *Tetrahedron Lett.*, 30, 5747 (1989).

>62%

I.B.4-6 T.G. Back et al., *J. Org. Chem.*, 54, 4146 (1989), *Tetrahedron Lett.*, 30, 6481 (1989) and *Can. J. Chem.*, 67, 1032 (1989).

$$\underset{R^1}{\overset{R}{>}}C=C(SePh)-CH_2SO_2Ar \quad \xrightarrow[\text{with or without DABCO}]{\text{MCPBA}} \quad \underset{R^1}{\overset{R}{>}}C=C=CH-SO_2Ar \quad 50\text{-}98\%$$

I.C. Carbon - Carbon Triple Bonds

I.C-1 J.S. Yadav et al., *Tetrahedron Lett.*, 30, 5455 (1989) and *Tetrahedron*, 45, 6263 (1989); S. Takano et al., *Chem. Commun.*, 1344 (1989); J. Pielichowski and D. Bogdal, *J. Prakt. Chem.*, 331, 145 (1989); T. Hiyama et al., *Bull. Chem. Soc. Jpn.*, 62, 1352 (1989); G. Ortaggi et al., *Gazz. Chim. Ital.*, 119, 319 (1989).

[acetonide-protected diol-epoxide with CH₂Cl] $\xrightarrow[\text{LDA / THF, -78°C}]{\text{LiNH}_2, \text{ NH}_3 \text{ (liq.) or}}$ [acetonide propargyl alcohol] 92%

similar results by dehydrohalogenation of dihalogeno alkenes

I.C-2 T.A. Engler et al., *Synth. Commun.*, 19, 1735 (1989); L. Van Hijfte et al., *Tetrahedron Lett.*, 30, 3655 (1989); G. Nagendrappa, *ibid.*, 30, 121 (1989).

$$\underset{Cl}{\overset{Cl}{>}}C=C\underset{R}{\overset{}{<}} \quad \xrightarrow[\text{THF, reflux}]{\text{Mg}} \quad Ar-\!\!\equiv\!\!-R \quad 77\text{-}96\%$$

I.C-3 A.L. Braga and J.V. Comasseto, *Synth. Commun.*, **19**, 2877 (1989).

$$Ph_3P=C(X)COR \xrightarrow{heat} R\equiv\!\!\!\equiv\!\!\!\equiv X$$

X = Br (Cl), R = Ar, ^tBu \qquad 37-55%

I.C-4 J.B. Hendrickson and M.S. Hussoin, *Synthesis*, 217 (1989).

$$R^1\text{-CO-CH}_2\text{-}R^2 + (Ph_3P^+)_2O\ 2\ TfO^- \xrightarrow[\text{ClCH}_2\text{CH}_2\text{Cl, heat}]{NEt_3}$$

$$R^1\!\equiv\!\!\!\equiv\!\!\!\equiv R^2$$

53-98%

I.C-5 A.R. Katritzky et al., *Synthesis*, 31 and 66 (1989); J. Barluenga et al., *ibid.*, 33 (1989); A.G. Tolstikov et al., *J. Org. Chem. (USSR)*, **25**, 1201 (1989); J. Prandi and J.-M. Beau, *Tetrahedron Lett.*, **30**, 4517 (1989); T. Katsuki et al., *Chem. Lett.*, 117 (1989).

[benzotriazole-CH(R^1)NR^2_2] + $R^3\!\!-\!\!\equiv\!\!-Li$ ⟶ $R^3\!-\!\equiv\!-CH(R^1)NR^2_2$

33-97%

similar reactions with ArNHCH$_2$OMe or epoxides

I.C-6 R. Bloch and G. Gasparini, *J. Org. Chem.*, **54**, 3370 (1989); M.T. Crimmins and R. O'Mahony, *Tetrahedron Lett.*, **30**, 5993 (1989); M.A. Tius and J.M. Cullingham, *ibid.*, **30**, 3749 (1989); L. Larsen and J.K. Sutherland, *Chem. Commun.*, 784 (1989); M. Soukup et al., *Helv. Chim. Acta*, **72**, 361 (1989).

$$\text{[epoxy bicyclic lactol]} + C_5H_{11}C \equiv C\text{-M} \xrightarrow{\text{THF}} \text{[diol product A]} + \text{[diol product B]}$$

excess

M = MgBr   87%, 86 : 14
M = Ti(O^{i}Pr)$_3$ 60%, 9 : 91

other metallo acetylenes and carbonyl species used

I.C-7 Y. Ito et al., *Chem. Lett.*, 1261 (1989); M. Hirama et al., *J. Am. Chem. Soc.*, **111**, 4120 (1989); T. Hiyama et al., *Tetrahedron Lett.*, **30**, 2403 (1989); M.C.P. Yeh and P. Knochel, *ibid.*, **30**, 4799 (1989); R. Rossi et al., *Tetrahedron*, **45**, 5621 (1989).

$$\text{Ph-N=C}(\text{SPh})\text{-C} \equiv \text{C-R} + Bu_3SnC \equiv CR^1 \xrightarrow[\text{toluene, 90°C}]{Pd(PPh_3)_4} \text{Ph-N=C(C} \equiv \text{C-R)(C} \equiv \text{C-R}^1)$$

coupling with vinyl halides also reported

75-87%

I.C-8 A.G. Myers and P.S. Dragovich, *J. Am. Chem. Soc.*, 111, 9130 (1989); P.J. Stang et al., *ibid.*, 111, 3356 and 3347 (1989); K.C. Nicolaou et al., *J. Org. Chem.*, 54, 5527 (1989); J.F. Kadow et al., *Tetrahedron Lett.*, 30, 3499 (1989); I. Saito et al., *ibid.*, 30, 4995 (1989); K. Tomioka et al., *ibid.*, 30, 851 (1989); T. Jeffery, *ibid.*, 30, 2225 (1989); K. Hartke et al., *ibid.*, 30, 1073 (1989); T. Ogawa, H. Suzuki et al., *Synth. Commun.*, 19, 2199 (1989); F. Camps et al., *ibid.*, 19, 3211 (1989).

different catalysts and leaving groups used

I.C-9 B.R. Reddy, *J. Organomet. Chem.*, 375, C51 (1989); W.A. Donaldson and M. Ramaswamy, *Tetrahedron Lett.*, 30, 1339 and 1343 (1989).

I.C-10 Y. Ohshiro et al., *Chem. Lett.*, 773 (1989).

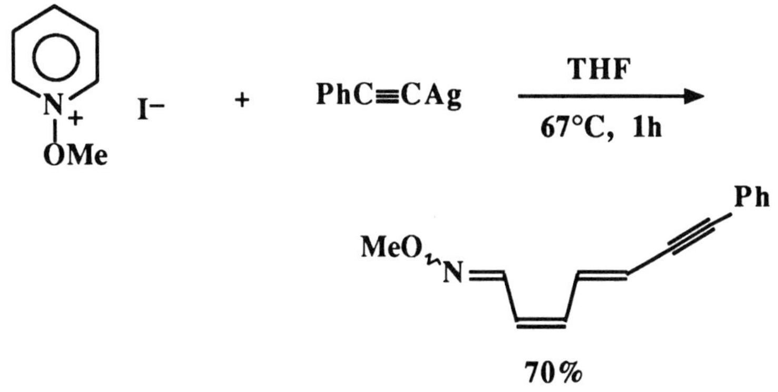

[N-methoxypyridinium iodide] + PhC≡CAg $\xrightarrow{\text{THF}, 67°C, 1h}$ MeO-N=CH-CH=CH-CH=CH-C≡C-Ph

70%

I.C-11 J.T. Pinhey et al., *J. Chem. Soc., Perkin Trans. 1*, 333 (1989).

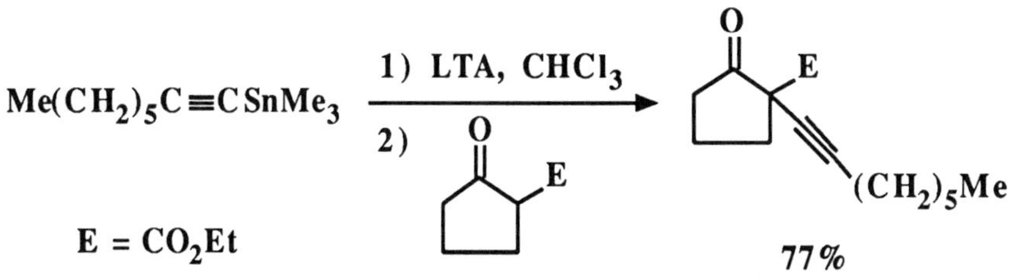

Me(CH$_2$)$_5$C≡CSnMe$_3$ $\xrightarrow{\text{1) LTA, CHCl}_3 \quad \text{2) 2-(CO}_2\text{Et)cyclopentanone}}$ 2-(CO$_2$Et)-2-[C≡C(CH$_2$)$_5$Me]cyclopentanone

E = CO$_2$Et

77%

I.C-12 M. Ishikawa et al., *Organometallics*, **8**, 2084 (1989).

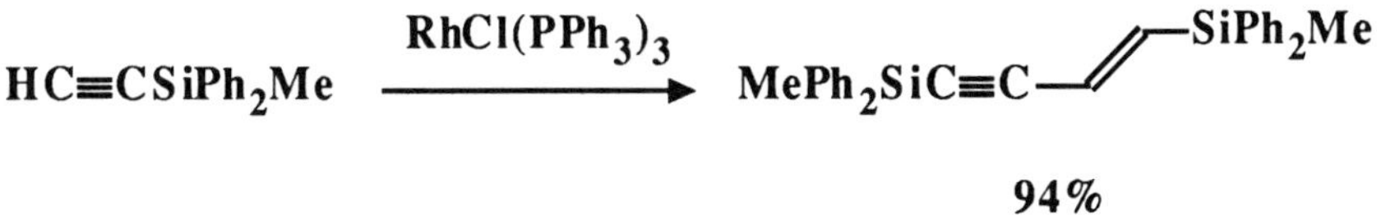

HC≡CSiPh$_2$Me $\xrightarrow{\text{RhCl(PPh}_3)_3}$ MePh$_2$SiC≡C–CH=CH–SiPh$_2$Me

94%

I.D. Cyclopropanations

I.D.1. Carbene or Carbenoid Additions to a Multiple Bond

I.D.1-1 S. Kondo et al., *Synthesis*, 862 (1989); K.B. Wiberg and A. Cheves, *J. Am. Chem. Soc.*, 111, 8052 (1989); L.A. Paquette et al, *J. Org. Chem.*, 54, 2921 (1989); G. Szeimies et al., *Chem. Ber.*, 122, 1509 and 397 (1989); M.Yu. Kiselev et al., *J. Org. Chem. (USSR)*, 25, 781 (1989); A.P. Molchanov et al., *ibid.*, 25, 1076 (1989).

$$\text{cyclohexene} + CHCl_3 \xrightarrow[\substack{Ph_3S^+ \ X^- \\ 50°C, \ 2h}]{NaOH, \ H_2O} \text{7,7-dichloronorcarane}$$

83%

other halides and bases used

I.D.1-2 A. Jonczyk and P. Balcerzak, *Tetrahedron Lett.*, 30, 4697 (1989).

$$CH_2X_2 + CCl_4 + R^1R^3C=CR^2R^4 \xrightarrow[\text{cat. } Bu_4NHSO_4]{60\% \text{ aq. KOH}}$$

cyclopropane with R^1, R^2, R^3, R^4 and two Cl substituents

29-98%

I.D.1-3 E. Schaumann et al., *Tetrahedron*, 45, 3163 (1989); K. Schank et al., *ibid.*, 45, 6667 (1989); H. Tomioka and K. Hirai, *Chem. Commun.*, 362 (1989); M.S. Baird et al., *Tetrahedron Lett.*, 30, 2009 (1989).

$$R^1_3Si\text{-}CR^2\text{=}CR^3R^4 \ + \ :C(Cl)(SPh) \ \longrightarrow \ \text{cyclopropane}(R^1_3Si, R^2, R^3, R^4, Cl, SPh) \ + \ \text{cyclopropane}(R^1_3Si, R^2, R^3, R^4, SPh, Cl)$$

moderate to good yield

I.D.1-4 G.H. Kulkarni et al., *Chem. Ind.*, 424 (1989); T. Kunz and H.-U. Reissig, *Tetrahedron Lett.*, 30, 2079 (1989); J.-S. Yadav et al., *Tetrahedron*, 45, 7353 (1989); H. Brunner and J. Goldbrunner, *Chem. Ber.*, 122, 2005 (1989).

[Reaction of methyl-OAc-substituted alkene + $MeO_2CCH=N_2$ with Cu bronze at 110°C gives cyclopropane product, 48%]

other copper catalysts also used

I.D.1-5 B. Carboni et al., *Tetrahedron Lett.*, 30, 4815 (1989); K. Shimamoto and Y. Ohfune, *ibid.*, 30, 3803 (1989); T. Shioiri et al., *Chem. Pharm. Bull.*, 37, 253 (1989).

$$\underset{R^2}{\overset{R^1}{\diagdown}}=\underset{B(OR)_2}{\overset{R^3}{\diagup}} + R^1CHN_2 \xrightarrow{Pd(OAc)_2} \text{cyclopropane product}$$

0-92%

I.D.1-6 H.M.L. Davies et al., *Tetrahedron Lett.*, 30, 5057 (1989); I.D. Reingold and J. Drake, *ibid.*, 30, 1921 (1989); P.E. O'Bannon and W.P. Dailey, *ibid.*, 30, 4197 (1989) and *J. Org. Chem.*, 54, 3096 (1989); A. Padwa et al., *ibid.*, 54, 817 (1989); H. Brunner et al., *Bull. Soc. Chim. Belg.*, 98, 63 (1989).

$R^2 = CO_2Et, Ph, CH=CHPh$

35-96%, 3.1:1 to >20:1

I.D.1-7 T. Inamoto et al., *Tetrahedron Lett.*, 30, 5149 (1989).

$$RCO_2R^1 \xrightarrow[\text{THF}]{\text{excess } CH_2I_2 \,/\, Sm} \underset{R}{\overset{HO}{\diagup}}\triangleleft$$

9-71%

I.D.1-8 A. Tai et al., *Tetrahedron Lett.*, 30, 3807 (1989); S.L. Schreiber et al., *J. Org. Chem.*, 54, 5994 (1989); E.A. Mash et al., *ibid.*, 54, 250 and 4951 (1989); E.C. Friedrich et al., *ibid.*, 54, 2388 (1989); G.A. Molander and L.S. Harring, *ibid.*, 54, 3525 (1989); R.A. Moss, K. Krogh-Jespersen et al., *J. Am. Chem. Soc.*, 111, 6729 (1989); P.G. Gassman et al., *ibid.*, 111, 2652 (1989).

86.4%, >99.5% d.e.

Zn/Cu with $TiCl_4$ or ultrasound or Sm(Hg) used similarly

I.D.1-9 S. Araki and Y. Butsugan, *Chem. Commun.*, 1286 (1989); Y.-Z. Huang et al., *Tetrahedron*, 45, 3011 (1989); F. Ogura et al., *Bull. Chem. Soc. Jpn.*, 62, 2105 (1989).

Bu_3Sb or Bu_3Te used similarly   94%

I.D.1-10 J.W. Herndon and S.U. Turner, *Tetrahedron Lett.*, 30, 4771 (1989); T.R. Hoye and G.M. Rehberg, *Organometallics*, 8, 2070 (1989).

41-79%, E:Z 21:79 to >95% Z

I.D.2. Other Cyclopropanations

I.D.2-1 J. Salaun, *Chem. Rev.*, 89, 1247 (1989).

Review : "Optically Active Cyclopropanes".

I.D.2-2 K.B. Wiberg, *Chem. Rev.*, 89, 975 (1989).

Review : "Small-Ring Propellanes".

I.D.2-3 P. Dowd and H. Irngartinger, *Chem. Rev.*, 89, 985 (1989).

Review : "Tricyclo[2.1.0.0^{2,5}]pentane and its Derivatives".

I.D.2-4 C.H. Stammer et al., *J. Org. Chem.*, 54, 5866 (1989); T. Nagai et al., *ibid.*, 54, 1135 and 5912 (1989); D.S. Iyengar et al., *ibid.*, 54, 1771 (1989); M. Sato, H. Hisamichi and C. Kaneko, *Tetrahedron Lett.*, 30, 5281 (1989); M. Bernabe et al., *ibid.*, 30, 3101 (1989).

$$\underset{CO_2\text{-p-NB}}{\overset{NHCO_2R^2}{\diagup\!\!\!\diagdown}} \xrightarrow{RR^1CN_2} \xrightarrow{\text{heat}} \underset{R^1\diagdown\!\!\!\diagup\text{''}CO_2\text{-p-NB}}{\overset{R\diagdown\!\!\!\diagup NHCO_2R^2}{\triangle}}$$

55-61%

NB = nitrobenzyl

light or base also used to rearrange the initial triazoline

I.D.2.-5 F. Gaudemar-Bardone et al., *Synth. Commun.*, 19, 141 (1989); N. DeKimpe et al., *Tetrahedron Lett.*, 30, 1863 and 5029 (1989); A.F. Thomas and F. Rey, *J. Org. Chem.*, 54, 3504 (1989); T. Cohen et al., *ibid.*, 54, 4404 (1989).

$$CCl_3CH_2CH\underset{CN}{\overset{CO_2Et}{\diagup}} \xrightarrow[\text{EtOH}]{\text{NaOEt}} \underset{Cl\quad CN}{\overset{Cl\diagup\!\!\diagdown CO_2Et}{\triangle}}$$

70%

PhS also used instead of Cl

I.D.2-6 W. von der Saal, H. Quast et al., *Liebigs Ann. Chem.*, 703 (1989); U.M. Nagele and M. Hanack, *ibid.*, 847 (1989); T. Hudlicky et al., *J. Am. Chem. Soc.*, 111, 6691 (1989); V. Reutrakul et al., *Chem. Lett.*, 163 (1989; D.B. Reddy et al., *Ind. J. Chem.*, 27B, 658 (1989); E. Vilsmaier et al., *Tetrahedron*, 45, 3683 and 3189 (1989); R.B. Mitra and L. Muthusubramanian, *Synth. Commun.*, 19, 2515 (1989).

$$R^2-CH=\underset{R^1}{C}\cdot CO_2Me + R-\underset{Cl}{CH}\cdot CO_2Me \xrightarrow{NaH}$$ [cyclopropane product with R^2, H, R^1, R, MeO_2C, CO_2Me]

43-84%

cis:trans 29:19 to 8:49

other leaving groups also used

I.D.2-7 A. Krief et al., *Tetrahedron*, 45, 3039 (1989); C. Scolastico et al., *Tetrahedron Lett.*, 30, 3733 (1989); Y. Shen and Q. Liao, *J. Organomet. Chem.*, 371, 31 (1989); C.H. Stammer et al., *J. Org. Chem.*, 54, 145 (1989); T. Takahashi et al., *ibid.*, 54, 4273 (1989); G.A. Tolstikov et al., *J. Org. Chem. (USSR)*, 25, 1090 (1989); H. Mack and M. Hanack, *Liebigs Ann. Chem.*, 833 (1989); D.B. Reddy et al., *Synthesis*, 289 (1989).

[dioxolane-substituted acrylate] $\xrightarrow[\text{LiI, THF, 0°C to 20°C}]{Ph_3P=CMe_2}$ [cyclopropane product]

61%, >92% d.e.

$\xrightarrow[\text{DME, -78°C to 20°C}]{Ph_2S=CMe_2}$ [diastereomeric cyclopropane product]

84%, >96% d.e.

other ylides used similarly

I.D.2-8 J.-J. Zhang and G.B. Schuster, *J. Am. Chem. Soc.*, 111, 7149 (1989).

$$PhC(O)-CH-\overset{+}{S}Me_2 \xrightarrow[\text{DCA}]{h\nu} \text{(tri-Bz cyclopropane)}$$

90%, 30% conversion

I.D.2-9 P.G. Gassman and C. Lee, *J. Am. Chem. Soc.*, 111, 739 (1989).

$$\text{(enol phosphate with pendant alkene)} \xrightarrow{\text{electrochemical reduction}} \text{(bicyclic product, } EtO_2C, Me, H\text{)}$$

58%

I.D.2-10 R.M. Moriarty et al., *J. Am. Chem. Soc.*, 111, 6443 (1989).

$$\text{(cyclopentenyl } \beta\text{-ketoester, } CO_2Me) \xrightarrow[\text{KOH, MeOH, 0°C}]{PhI(OAc)_2} \text{(iodonium ylide, Ph-I=, } CO_2Me\text{)}$$

80%

$$\xrightarrow[\text{CH}_2\text{Cl}_2,\ 0°C]{CuCl}$$

90%

(tricyclic ketone with CO_2Me)

a replacement for the diazo transfer process

probably does not involve a carbenoid species

I.D.2-11 B.M. Trost and S. Schneider, *J. Am. Chem. Soc.*, 111, 4430 (1989).

norbornene + TMS–CH₂–C(=O)–CH₂–OAc →[(Ph₃P)₄Pd] acetyl-tricyclic product, 61%

I.D.2-12 K.M. Nicholas et al., *Organometallics*, 8, 2474 (1989).

butadiene·Co(CO)₃⁺ BF₄⁻ + MeO–C(=O)–CH=C(ONa)–OMe →[LDA, HMPA] vinylcyclopropane with gem-diester (E = CO₂Me), 75%

dihydrofurans with other enolates

I.D.2-13 M. Brookhart et al., *Organometallics*, 8, 1572 (1989) and *J. Organomet. Chem.*, 370, 111 (1989); J.P. Bays, P. Helquist et al., *J. Org. Chem.*, 54, 2467 (1989).

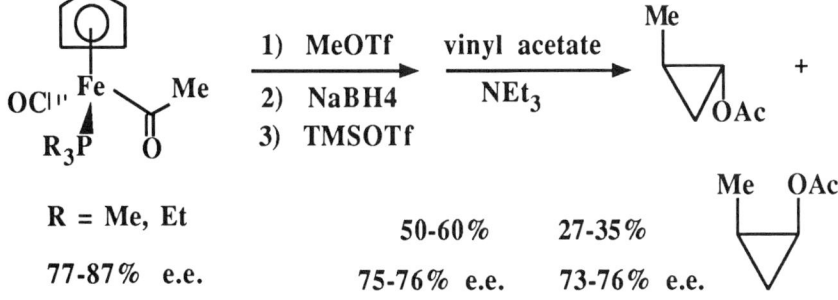

R = Me, Et

77-87% e.e.

1) MeOTf
2) NaBH₄
3) TMSOTf

50-60%
75-76% e.e.

vinyl acetate, NEt₃

27-35%
73-76% e.e.

I.E. Thermal and Photochemical Reactions

I.E.1. Cycloadditions

I.E.1-1 V.D. Kiselev and A.I. Konovalov, *Russ. Chem. Rev.*, 58, 230 (1989).

>Review: "Factors that Determine the Reactivity of Reactants in Normal and Catalysed Diels-Alder Reactions".

I.E.1-2 N.L. Bauld, *Tetrahedron*, 45, 5307 (1989); R.M. Wilson et al., *J. Am. Chem. Soc.*, 111, 1749 (1989); R. Sustmann et al., *Angew. Chem., Int. Ed. Engl.*, 28, 1713 (1989).

>Review: "Cation Radical Cycloadditions and Related Sigmatropic Reactions".

I.E.1-3 J.C. Scaiano, J.A. Berson et al., *J. Am. Chem. Soc.*, 111, 8732 (1989).

>Parallel Reactivity Sequences in Cycloadditions of Singlet Biradicals and Diels-Alder Reactions. A Common Physical Basis Manifested as Entropy Control or Enthalpy Control

I.E.1-4 W.H. Hersh et al., *J. Am. Chem. Soc.*, 111, 6070 (1989).

>Catalysis of Diels-Alder Reactions by Low Oxidation State Transition-Metal Lewis Acids: Fact and Fiction

I.D.2-14 J.R. Al Dulayymi and M.S. Baird, *Tetrahedron*, 45, 7601 (1989).

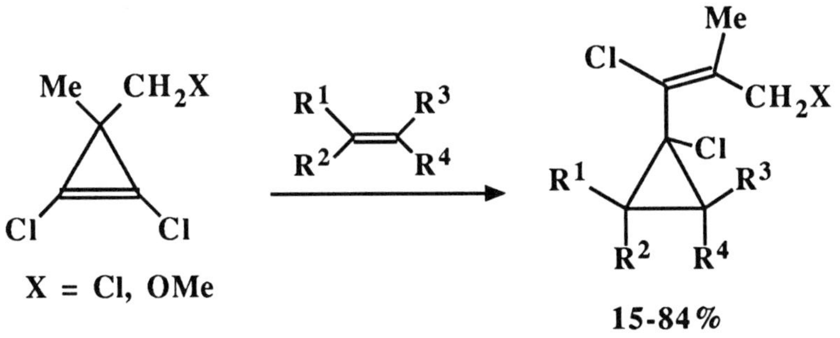

X = Cl, OMe

15-84%

I.D.2-15 M. Yamazaki et al., *Heterocycles*, 29, 5 (1989).

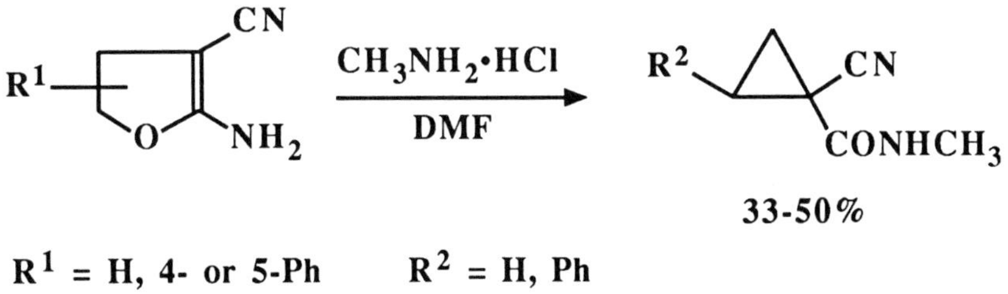

33-50%

R^1 = H, 4- or 5-Ph R^2 = H, Ph

I.D.2-16 T. Kumagai et al., *Chem. Lett.*, 475 (1989).

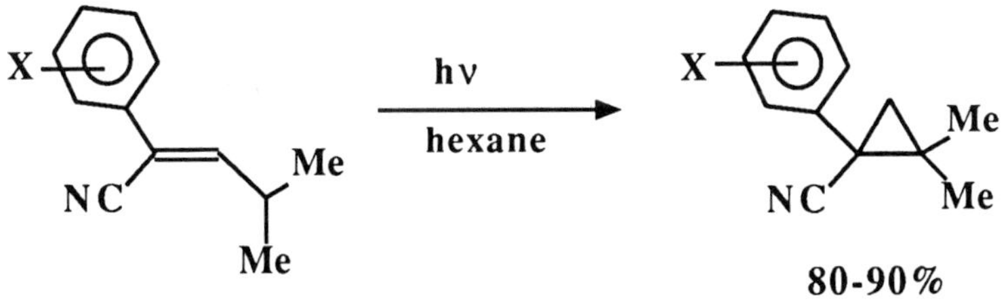

80-90%

I.E.1-5 R.A. Firestone and G.M. Smith, *Chem. Ber.*, 122, 1089 (1989); A.P. Marchand, W.J. le Noble et al., *J. Org. Chem.*, 54, 247 (1989).

The Roles of Changing in Bonding versus Packing Fraction in the Pressure-Induced Acceleration of the Diels-Alder Reaction

I.E.1-6 J. Elguero et al., *Synth. Commun.*, 19, 473 (1989).

Study of the Influence of Ultrasound and Aqueous Solvent on the Diels-Alder Reaction: the Case of Cyclopentadiene and Acetamidoacrylates

I.E.1-7 M. Casetta et al., *Gazz. Chim. Ital.*, 119, 533 (1989).

Hydrophobic Control of Organic Stereochemical Changes of Regioselectivity in Diels-Alder Reactions by Salt Effects

I.E.1-8 John E. Baldwin and V.P. Reddy, *J. Org. Chem.*, 54, 5264 (1989).

Stereochemistry of the Diels-Alder Reaction of Butadiene with Cyclopropene

I.E.1-9 M. Bertrand and J.P. Zahra, *Tetrahedron Lett.*, 30, 4117 (1989).

A Rapid Method for Determination of the Diastereomeric Purity of the Adducts from Cyclopentadiene and Chiral Allenic Esters

I.E.1-10 J.J. Dannenberg et al., *J. Org. Chem.*, 54, 4206 (1989); G. Desimoni et al., *J. Chem. Soc., Perkin Trans. 2*, 437 (1989).

Molecular Orbital Studies of Diastereofacial Selectivity and Solvent Effects in Diels-Alder Reactions

I.E.1-11 K.N. Houk et al., *J. Org. Chem.*, 54, 1129 (1989); K.N. Houk, W.L. Jorgensen et al., *J. Am. Chem. Soc.*, 111, 9172 (1989); J.J. Gajewski et al., *ibid.*, 111, 9078 (1989).

Transition State Structures in the Diels-Alder Reaction

I.E.1-12 D. Hilvert et al., *J. Am. Chem. Soc.*, 111, 9261 (1989).

Antibody Catalysis of the Diels-Alder Reaction

I.E.1-13 H. Oikawa, S. Sakamura et al., *Chem. Commun.*, 1284 (1989).

Structure and Absolute Configuration of Solanapyrone D: A New Clue to the Occurrence of Biological Diels-Alder Reactions

I.E.1-14 G.B. Schuster et al., *J. Org. Chem.*, 54, 2549 (1989).

The Triplex Diels-Alder Reaction of 1,3-Dienes with Enol, Alkene and Acetylenic Dienophiles: Scope and Utility

I.E.1-15 M. Koerner and B. Rickborn, *J. Org. Chem.*, 54, 9 (1989).

Anthrones as Reactive Dienes in Diels-Alder Reactions

I.E.1-16 T.R. Kelly et al., *Tetrahedron Lett.*, 30, 1357 (1989).

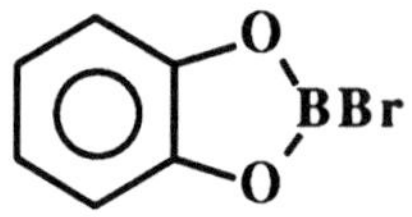

[benzodioxaborole-BBr structure] $Cp_2Fe^+ \ PF_6^-$

new Lewis Acid catalysts for Diels-Alder reactions

I.E.1-17 A.-D. Schluter et al., *Chem. Ber.*, 122, 1351 (1989) and *J. Org. Chem.*, 54, 2396 (1989).

Model Studies for the Synthesis of Ribbon-Shaped Structures by Repetitive Diels-Alder Reactions

---

I.E.1-18 P. Jutzi and U. Siemeling, *Chem. Ber.*, 122, 993 (1989).

Diels-Alder Reactions of a Double-Layered, Cyclophanoid Cyclopentadienone: A Novel Approach to [n.n] Paracyclophanes

---

I.E.1-19 T. Kawamata et al., *Chem. Pharm. Bull.*, 37, 2307 (1989).

The Diels-Alder Reaction of 3-Acetoxy-1-Vinylcyclohexene with Methylvinyl Ketone

I.E.1-20 G.A. Kraus and S. Liras, *Tetrahedron Lett.*, 30, 1907 (1989); S.N. Suryawanshi, D.S. Bhakuni et al., *ibid.*, 30, 1853 (1989); M.C. Carreno, J.L. Garcia Ruano and A. Urbano, *ibid.*, 30, 4003 (1989); D.W. Cameron et al., *ibid.*, 30, 5173 (1989); J. d'Angelo et al., *ibid.*, 30, 83 (1989); J.L. Bloomer and J.A. Gazzillo, *ibid.*, 30, 1201 (1989); G. Mehta, P.K. Das, M.V. George et al., *J. Org. Chem.*, 54, 1342 (1989); T.A. Engler et al., *ibid.*, 54, 5712 (1989); T.C. McKenzie and W.-B. Choi, *Synth. Commun.*, 19, 1523 (1989); J.A. Valderrama et al., *ibid.*, 19, 3301 (1989); D.J. Brecknell et al., *Aust. J. Chem.*, 42, 511 (1989); G.A. Tolstikov et al., *J. Org. Chem. (USSR)*, 25, 1109 (1989); F. Farina et al., *J. Chem. Soc., Perkin Trans. 1*, 1597 (1989).

other quinone (and congeneric) systems also employed

I.E.1-21 E.J. Corey et al., *J. Am. Chem. Soc.*, 111, 5493 (1989); K. Narasaka et al., *ibid.*, 111, 5340 (1989); N. Iwasawa et al., *Chem. Lett.*, 1581 and 1947 (1989); Y. Ichikawa et al., *Chem. Commun.*, 1919 (1989).

R = H, Me; Y = H, CH$_2$OBn

88-94%, 94-95% e.e.

similar results with chiral diols and TiCl$_2$(O^{i}Pr)$_2$

I.E.1-22 H. Yamamoto et al., *J. Org. Chem.*, **54**, 1481 (1989) and *Pure Appl. Chem.*, **61**, 419 (1989).

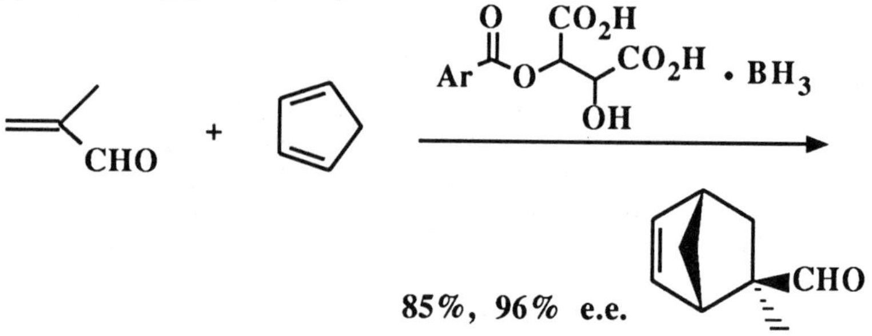

85%, 96% e.e.

I.E.1-23 J.A. Serrano et al., *Tetrahedron Lett.*, **30**, 3179 (1989); R.J. Stoodley et al., *J. Chem. Soc., Perkin Trans. 1*, 739 and 1841 (1989); R.W. Franck et al., *Tetrahedron Lett.*, **30**, 4921 (1989).

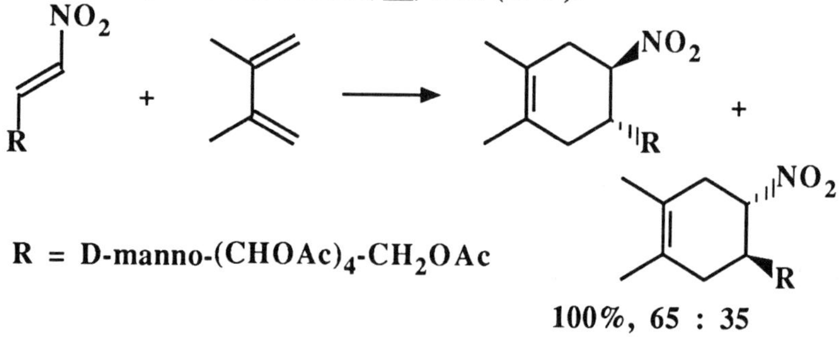

R = D-manno-$(CHOAc)_4$-CH_2OAc

100%, 65 : 35

sugar auxiliaries attached to dienes also reported

I.E.1-24 J.E. Backvall and F. Rise, *Tetrahedron Lett.*, **30**, 5347 (1989); M.B. Smith et al., *ibid.*, **30**, 3295 (1989).

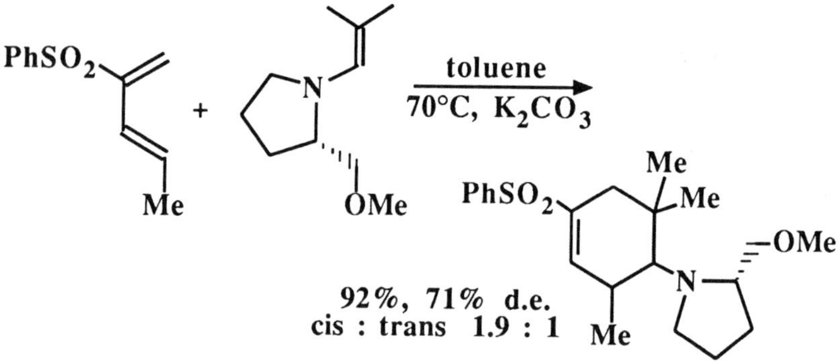

92%, 71% d.e.
cis : trans 1.9 : 1

I.E.1-25 C. Maignan and F. Belkasmioui, *Bull. Soc. Chim. Fr.*, 695 (1989); I. Alonso, J.C. Carretero and J.L. Garcia Ruano, *Tetrahedron Lett.*, 30, 3853 (1989).

I.E.1-26 M.E. Jung et al., *Tetrahedron Lett.*, 30, 1893 (1989); H. Waldmann and M. Drager, *ibid.*, 30, 4227 (1989); N. Hamanaka et al., *ibid.*, 30, 2399 (1989); G. Helmchen et al., *ibid.*, 30, 5595 and 5599 (1989) and *Pure Appl. Chem.*, 61, 409 (1989); W. Oppolzer et al., *Helv. Chim. Acta*, 72, 123 (1989); K. Yamada et al., *J. Org. Chem.*, 54, 2428 (1989); N. Ikota, *Chem. Pharm. Bull.*, 37, 2219 (1989); J. Mattay et al., *Chem. Ber.*, 122, 327 (1989).

other chiral amide and ester auxiliaries used similarly

I.E.1-27 J.L. Charlton et al., *Tetrahedron Lett.*, <u>30</u>, 3279 (1989) and *Can. J. Chem.*, <u>67</u>, 574 and 1010 (1989); S.V. Kessar et al., *Chem. Commun.*, 1692 (1989).

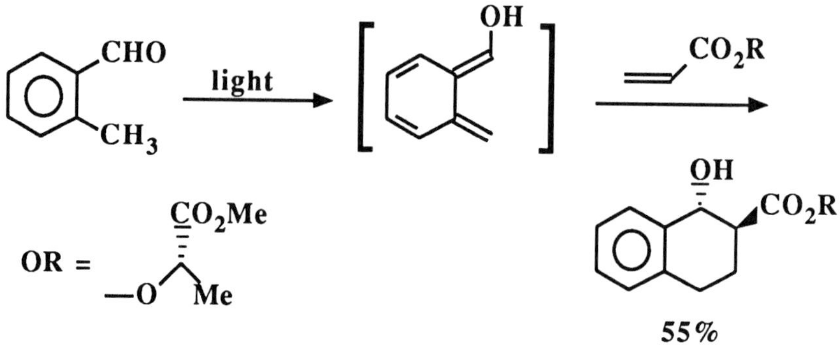

OR = −O−CH(CO₂Me)(Me)

I.E.1-28 B. Harirchian and N.L. Bauld, *J. Am. Chem. Soc.*, <u>111</u>, 1826 (1989); D. Hartsough and G.B. Schuster, *J. Org. Chem.*, <u>54</u>, 3 (1989); N.J. Turro, J. Mattay et al., *ibid.*, <u>54</u>, 4881 (1989).

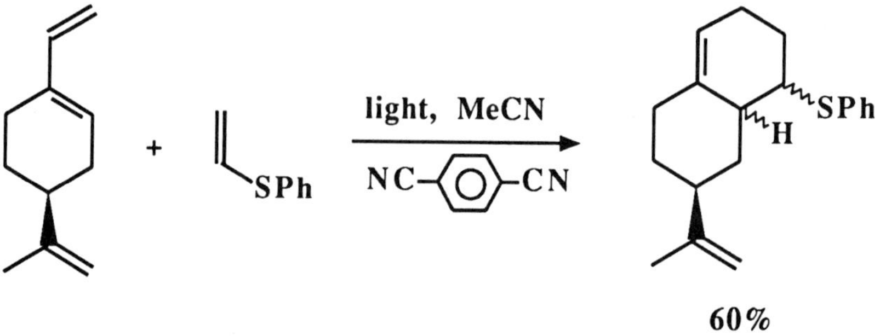

I.E.1-29 J.H. Rigby and P.Ch. Kierkus, *J. Am. Chem. Soc.*, <u>111</u>, 4125 (1989).

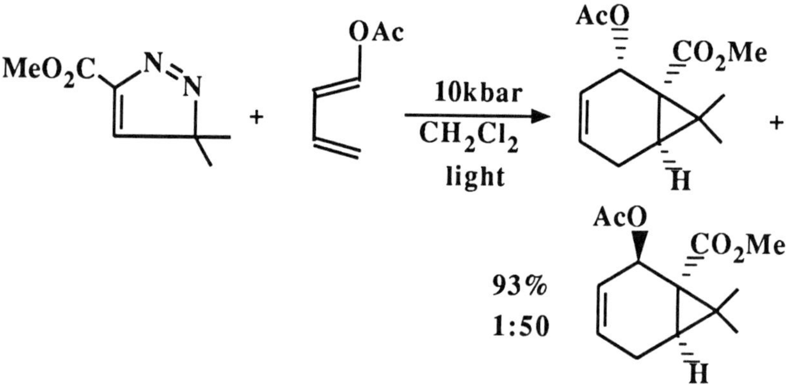

93%
1:50

I.E.1-30 L.A. Paquette et al., *J. Am. Chem. Soc.*, 111, 2351 and 5792 (1989) and *J. Org. Chem.*, 54, 3329 and 3324 (1989); J.H. Rigby et al., *Tetrahedron Lett.*, 30, 5073 (1989).

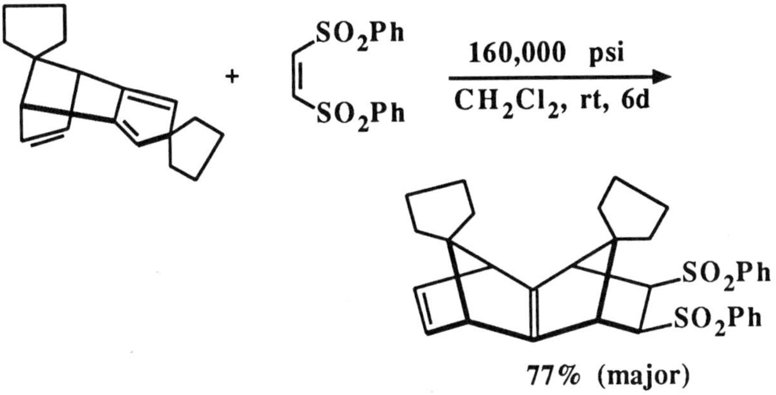

77% (major)

I.E.1-31 R.V. Williams and X. Lin, *Chem. Commun.*, 1872 (1989); Y. Kobayashi et al., *Tetrahedron Lett.*, 30, 571 (1989); K. Banert, *Chem. Ber.*, 122, 123 (1989); H. Meier et al., *ibid.*, 122, 101 (1989); W. Grimme, J. Wirz et al., *Angew. Chem., Int. Ed.*, 28, 1353 (1989); G. Buchbauer et al., *Monatsh. Chem.*, 120, 299 (1989); O. De Lucchi et al., *Gazz. Chim. Ital.*, 119, 519 (1989); B. Pandey et al., *Synth. Commun.*, 19, 585 (1989).

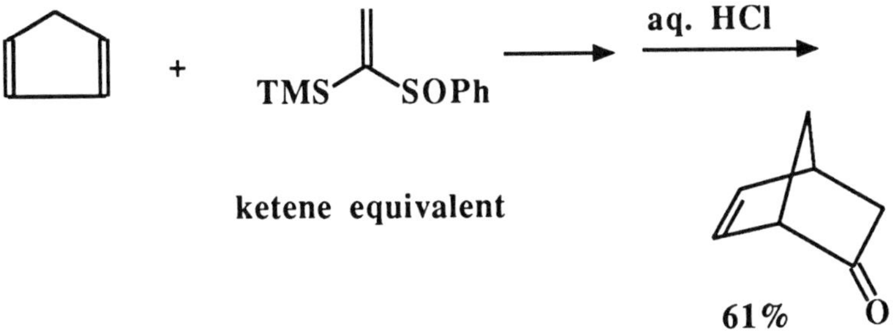

ketene equivalent

61%

other reactants used for thermal Diels-Alder reactions

I.E.1-32 R.L. Snowden et al., *Helv. Chim. Acta*, **72**, 892 (1989).

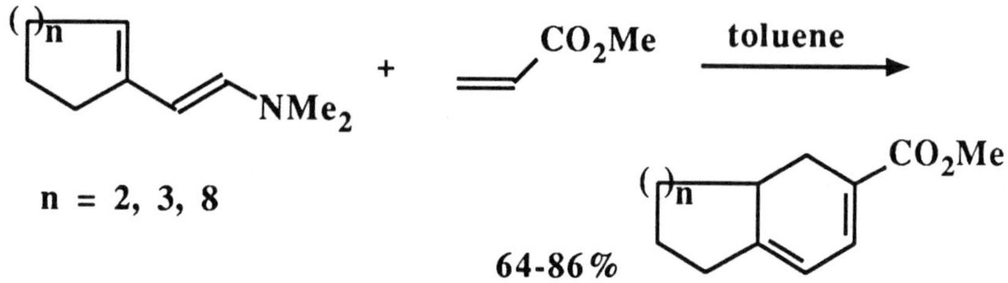

n = 2, 3, 8

64-86%

I.E.1-33 R.T. Taylor, M.W. Pelter and L.A. Paquette, *Org. Synth.*, **68**, 198 (1989); H. Prinzbach et al., *Angew. Chem., Int. Ed. Engl.*, **28**, 300 (1989).

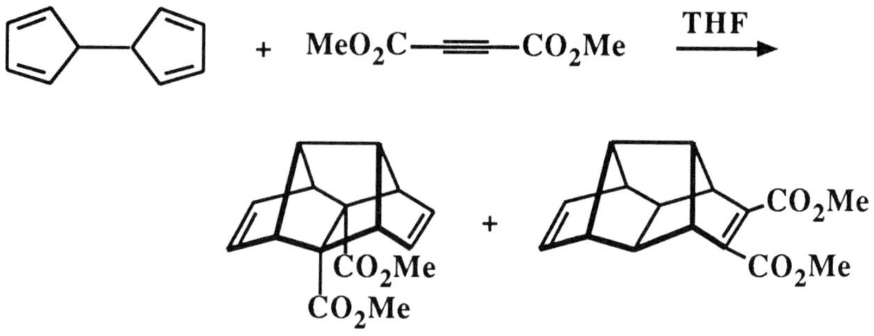

Domino Diels-Alder reaction

I.E.1-34 K. Saito et al., *Chem. Lett.*, 1541 (1989) and *Heterocycles*, **29**, 2135 (1989).

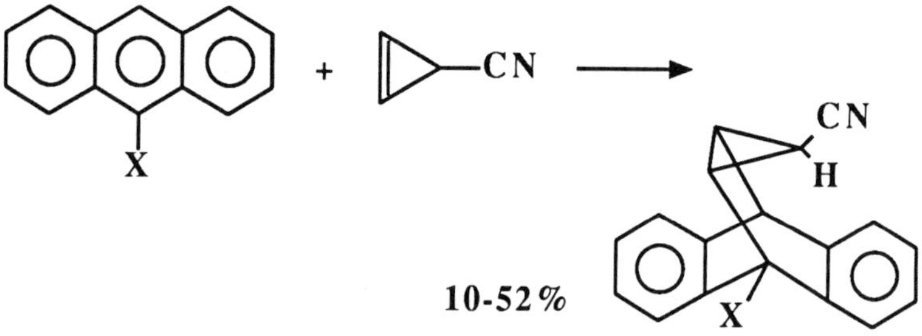

10-52%

I.E.1-35 S. Yamago and E. Nakamura, *J. Am. Chem. Soc.*, 111, 7285 (1989).

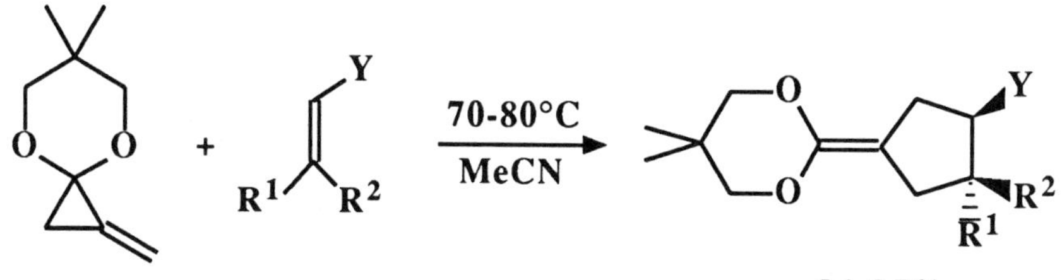

Y = electron-withdrawing group

84-95%

I.E.1-36 M. Bourhis et al., *Tetrahedron Lett.*, 30, 4665 (1989).

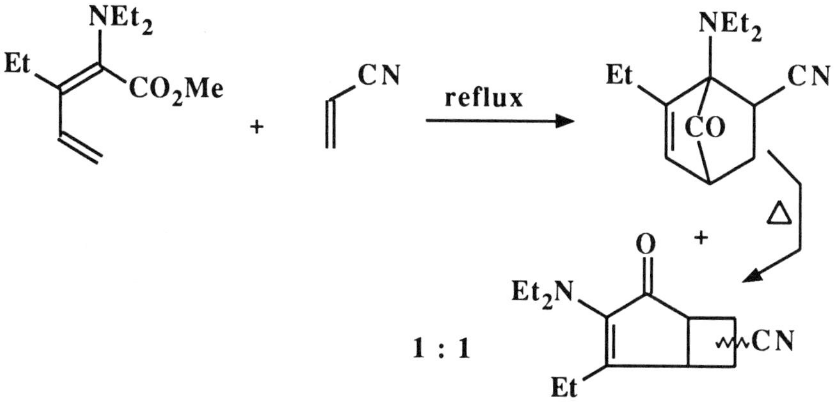

1 : 1

I.E.1-37 D.A. Jaeger and C.E. Tucker, *Tetrahedron Lett.*, 30, 1785 (1989).

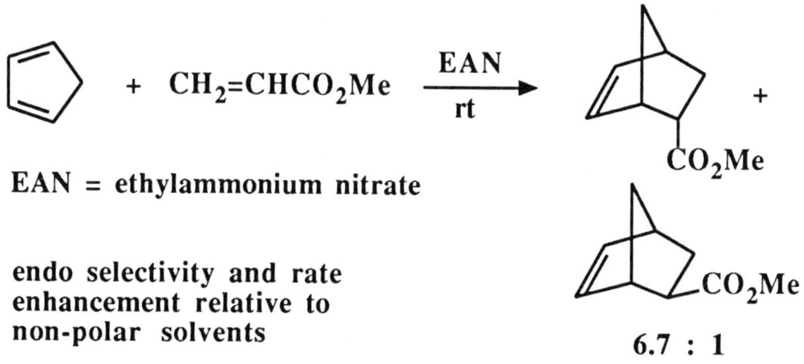

EAN = ethylammonium nitrate

endo selectivity and rate
enhancement relative to
non-polar solvents

6.7 : 1

I.E.1-38 F. Fringuelli, A. Taticchi, E. Wenkert et al., *J. Org. Chem.*, 54, 710, 1217 and 6138 (1989); P. Laszlo and H. Moison, *Chem. Lett.*, 1031 (1989); P.G. Gassman and S.P. Chavan, *Chem. Commun.*, 837 (1989).

85%, >96% endo

other Lewis acids used similarly

I.E.1-39 C.-C. Liao and C.-P. Wei, *Tetrahedron Lett.*, 30, 2255 (1989).

65%

I.E.1-39 P.A. Wender and T.E. Jenkins, *J. Am. Chem. Soc.*, 111, 6432 (1989); K.A. Parker and S.M. Ruder, *ibid.*, 111, 5948 (1989); M. Toyota and S. Terashima, *Tetrahedron Lett.*, 30, 829 (1989); K. Mach et al., *Coll. Czech. Chem. Commun.*, 54, 3088 (1989); E. Winterfeldt et al., *Synthesis*, 814 (1989); J.-E. Nystrom and P. Helquist, *J. Org. Chem.*, 54, 4695 (1989); L.S. Kobrina and V.D. Shteingarts, *J. Org. Chem. (USSR)*, 24, 1211 (1988).

>99%, 2 : 1

other Lewis acids used for intramolecular Diels-Alder

I.E.1-40 M. Lautens and C.M. Crudden, *Organometallics*, **8**, 2733 (1989).

[Scheme: norbornadiene + Ph-C≡CH → (tricyclic product with Ph), Co(acac)$_3$, 10 Et$_2$AlCl, dppe, benzene; 75-80%]

I.E.1-41 G. Himbert et al., *Chem. Ber.*, **122**, 577, 1161, 1691 and 2331 (1989); W.H. Okamura et al., *J. Am. Chem. Soc.*, **111**, 3717 (1989); K. Kanematsu et al., *ibid.*, **111**, 5312 (1989) and *Tetrahedron Lett.*, **30**, 6559 (1989); R.P. Gandhi and M.P.S. Ishar, *Chem. Lett.*, 101 (1989); R. Gleiter et al., *Angew. Chem., Int. Ed. Engl.*, **28**, 1525 (1989).

Diels-Alder reactions of allenes with arenes, heteroarenes, dienes or alkenes

---

I.E.1-42 A. Padwa et al., *J. Org. Chem.*, **54**, 4232 (1989); R. Gree et al., *Tetrahedron*, **45**, 4213 (1989); F. Kienzle et al., *Helv. Chim. Acta*, **72**, 348 (1989).

[Structures: PhO$_2$S-substituted diene with SO$_2$Ph; PhO$_2$S-allene; R^1-diene with HO-Me; R-allene with cyclopropyl]

Diels-Alder dienes

I.E.1-43 A.K. Gupta, H. Ila and H. Junjappa, *Tetrahedron*, 45, 1509 (1989); V. Singh and A.V. Bedekar, *Synth. Commun.*, 19, 107 (1989); A.P. Marchand et al., *Chem. Commun.*, 281 (1989).

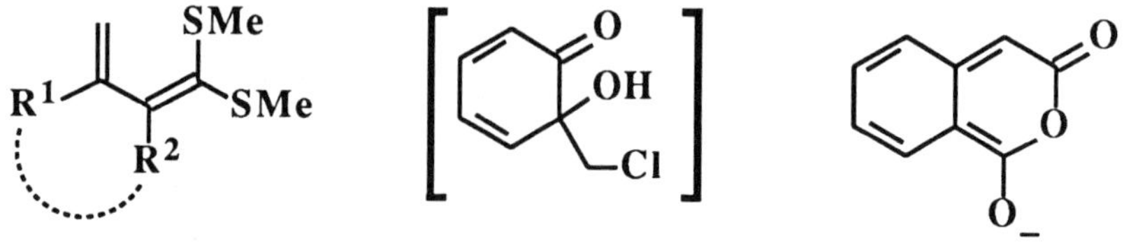

Diels-Alder dienes

I.E.1-44 L. Ghosez et al., *Tetrahedron Lett.*, 30, 5887 and 5891 (1989); C.W. Bird et al., *ibid.*, 30, 6223 and 6227 (1989); B. Jousseaume et al., *ibid.*, 30, 2207 (1989).

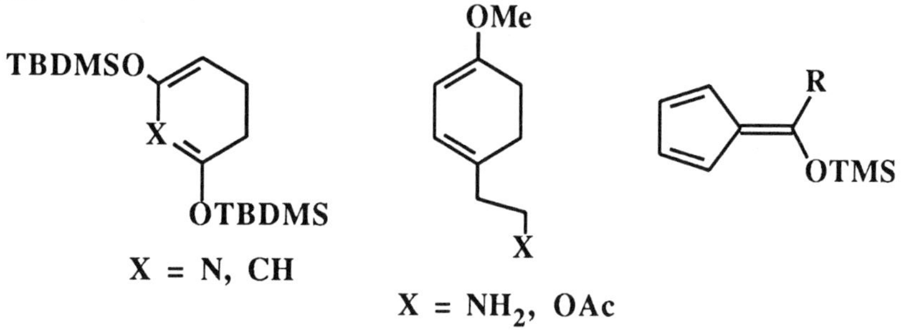

X = N, CH

X = NH_2, OAc

Diels-Alder dienes

I.E.1-45 S.M. Roberts et al., *J. Chem. Soc., Perkin Trans. 1*, 1160 (1989); G.S.R. Subba Rao et al., *ibid.*, 1907 (1989); H.D. Banks et al., *Synth. Commun.*, 19, 423 (1989).

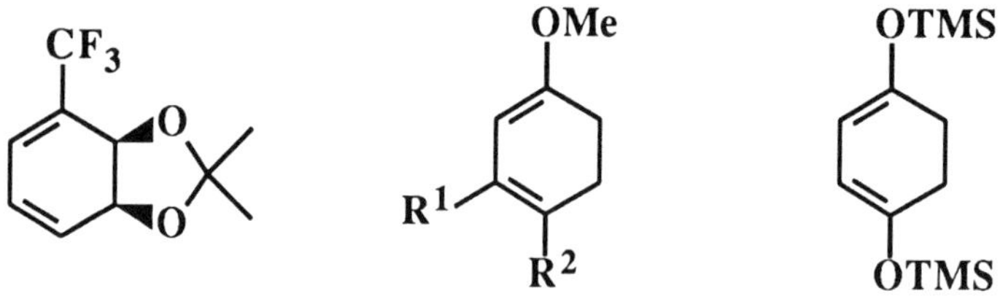

Diels-Alder dienes

I.E.1-46 J. Baran and H. Mayr, *Tetrahedron*, <u>45</u>, 3347 (1989); A. Barco et al., *ibid.*, <u>45</u>, 3935 (1989); S.-J. Lee, T. Chou et al., *Chem. Commun.*, 1020 (1989).

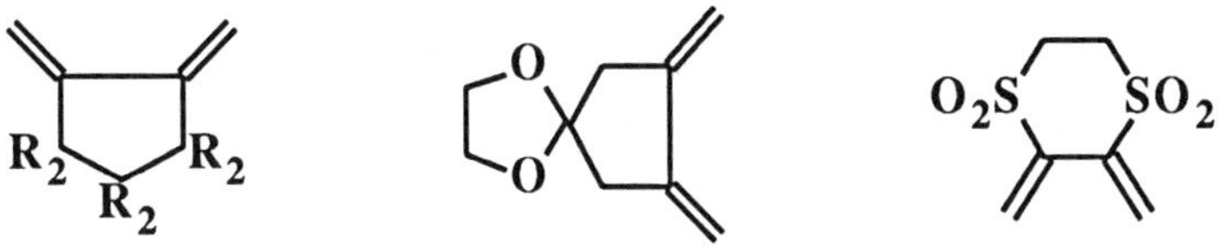

I.E.1-47 R. Sustmann et al., *Chem. Ber.*, <u>122</u>, 1551 (1989); H.-F. Grutzmacher and K. Albrecht, *ibid.*, <u>122</u>, 2299 (1989); S. Kato et al., *Chem. Lett.*, 663 (1989).

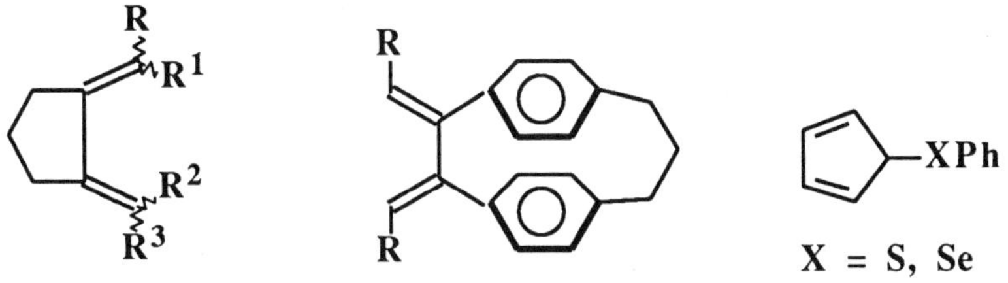

X = S, Se

Diels-Alder dienes

I.E.1-48 J.P. Konopelski and M.A. Boehler, *J. Am. Chem. Soc.*, <u>111</u>, 4515 (1989); E. Breitmaier et al., *Synthesis*, 836 (1989); P.G. McDougal et al., *Tetrahedron Lett.*, <u>30</u>, 3897 (1989).

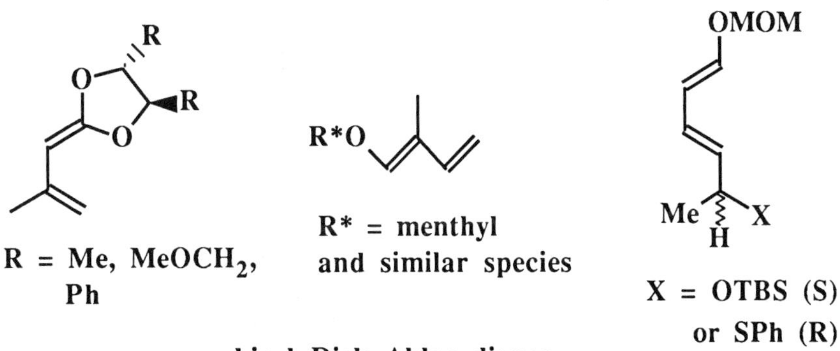

R = Me, MeOCH$_2$, Ph

R* = menthyl and similar species

X = OTBS (S) or SPh (R)

chiral Diels-Alder dienes

I.E.1-49 J.P. Michael and N.F. Blom, *J. Chem. Soc., Perkin Trans. 1*, 623 (1989); C. Cativiela et al., *Tetrahedron*, 45, 3923 (1989); J.-L. Boucher and L. Stella, *Chem. Commun.*, 187 (1989); P. Martinez-Fresneda and M. Vaultier, *Tetrahedron Lett.*, 30, 2929 (1989).

Diels-Alder dienophiles

I.E.1-50 M. Sato, K. Takayama and C. Kaneko, *Chem. Pharm. Bull.*, 37, 2615 (1989); J. Lee and J.K. Snyder, *J. Am. Chem. Soc.*, 111, 1522 (1989); D. de Oliveira Imbroisi and N.S. Simpkins, *Tetrahedron Lett.*, 30, 4309 (1989).

Diels-Alder dienophiles

I.E.1-51 O. De Lucchi et al., *Angew. Chem., Int. Ed. Engl.*, 28, 766 (1989), *Tetrahedron Lett.*, 30, 1845 (1989) and *Gazz. Chim. Ital.*, 119, 357 (1989); H.K. Hall, Jr. et al., *J. Org. Chem.*, 54, 2852 (1989).

atropisomeric dienophile
for highly diasteroselective
Diels-Alder

I.E.1-52 J. Font, R.M. Ortuno et al., *Tetrahedron*, **45**, 1833 (1989); S. Terashima et al., *Pure Appl. Chem.*, **61**, 385 (1989).

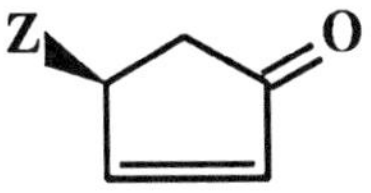

Z = Me, BnOCH$_2$, MeOCH$_2$, HOCH$_2$

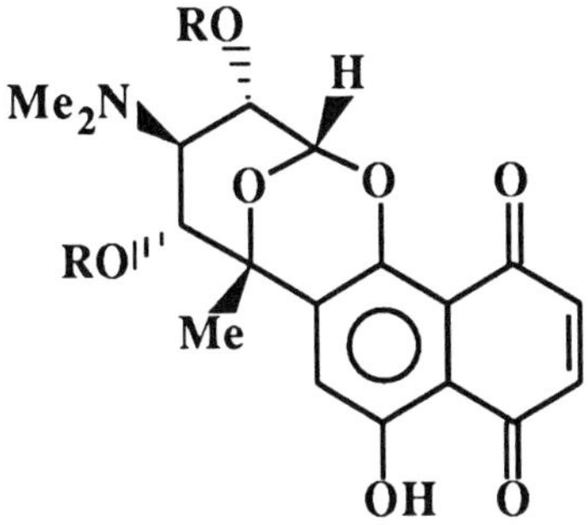

chiral Diels-Alder dienophiles

I.E.1-53 Y. Langlois et al., *Tetrahedron Lett.*, **30**, 1395 (1989); M. Sato, C. Kaneko et al., *Chem. Commun.*, 1435 (1989).

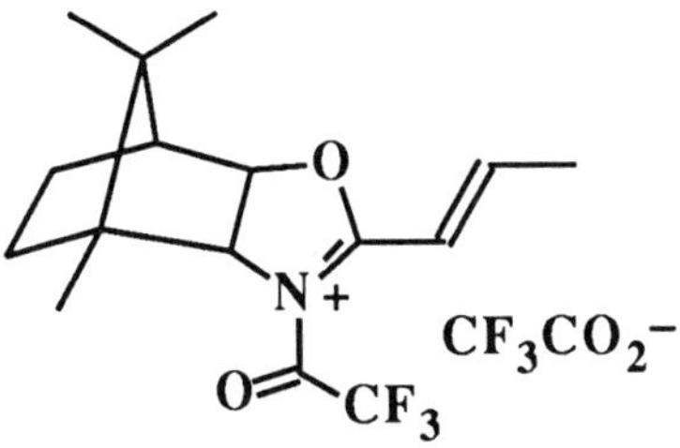

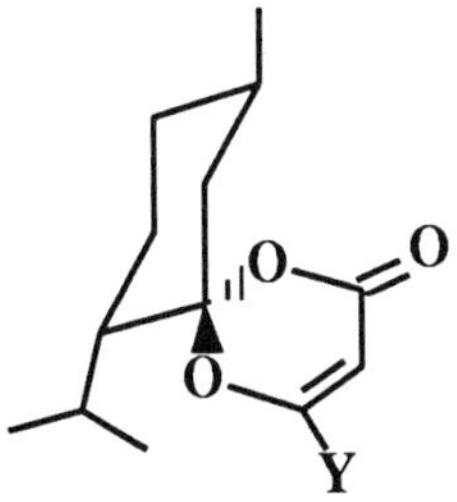

chiral Diels-Alder dienophiles

I.E.1-54 E. Vilsmaier et al., *Chem. Ber.*, **122**, 1277 and 1285 (1989); P. Binger et al., *Tetrahedron*, **45**, 2887 (1989); W.E. Billups and M.M. Haley, *Angew. Chem., Int. Ed. Engl.*, **28**, 1711 (1989).

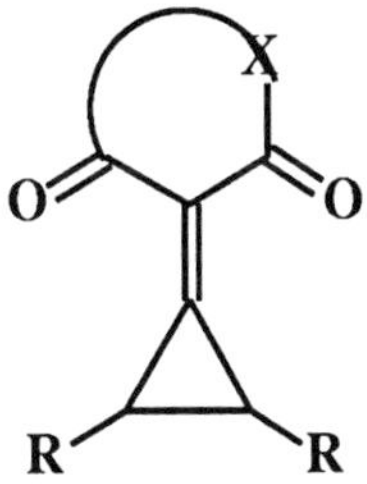

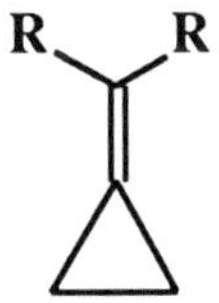

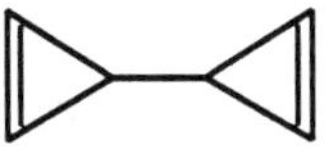

Diels-Alder dienophiles

I.E.1-55 K. Fukumoto et al., *J. Chem. Soc., Perkin Trans. 1*, 1443 and 1639 (1989) and *Tetrahedron*, 45, 5791 (1989).

I.E.1-56 T. Chou et al., *Tetrahedron*, 45, 4113 (1989); H. Hopf et al., *Chem. Ber.*, 122, 383 (1989); S.-S.P. Chou et al., *Synth. Commun.*, 19, 1593 (1989); P.R. Kumar, *Chem. Commun.*, 509 (1989); A.G. Fallis et al., *Tetrahedron Lett.*, 30, 5077 (1989).

I.E.1-57 D.W. Jones and A.M. Thompson, *Chem. Commun.*, 1370 (1989); G. Hoornaert et al., *Tetrahedron*, 45, 6761 (1989).

I.E.1-58 P. Herczegh, R. Bognar et al., *Tetrahedron*, 45, 5995 (1989); S.V. Ley et al., *ibid.*, 45, 2143 (1989); J.R. Stille and R.H. Grubbs, *J. Org. Chem.*, 54, 434 (1989); J.W. Coe and W.R. Roush, *ibid.*, 54, 915 (1989); G.A. Kraus et al., *ibid.*, 54, 3137 (1989); H. Venkataraman and J.K. Cha, *ibid.*, 54, 2505 (1989); S.L. Schreiber, J. Clardy et al., *Tetrahedron Lett.*, 30, 3765 (1989); A. Ichihara, S. Sakamura et al., *ibid.*, 30, 4551 (1989); S.L. Schreiber and L.L. Kiessling, *ibid.*, 30, 433 (1989); M. Leclaire and J.Y. Lallemand, *ibid.*, 30, 6331 (1989); K. Yamada et al., *Bull. Chem. Soc. Jpn.*, 62, 1639 (1989); P. Deslongchamps et al., *Can. J. Chem.*, 67, 1609 (1989).

other thermal, intramolecular Diels-Alder reactions reported

I.E.1-59 S. Takano et al., *Tetrahedron Lett.*, 30, 1821 (1989); G. Berube and A.G. Fallis, *ibid.*, 30, 4045 (1989); R.V. Bonnert and P.R. Jenkins, *J. Chem. Soc., Perkin Trans. 1*, 413 (1989).

other Lewis acids used for similar transformations

I.E.1-60 E.J. Thomas et al., *J. Chem. Soc., Perkin Trans. 1*, 489, 499, 507, 519 and 525 (1989); J.M. Mellor et al., *ibid.*, 985 and 997 (1989); I. Fleming et al., *ibid.*, 2023 (1989); T. Moriwake et al., *J. Org. Chem.*, 54, 4114 (1989); S.F. Martin and W. Li, *ibid.*, 54, 265 (1989); A.H. Davidson and B.A. Maloney, *Chem. Commun.*, 445 (1989); Y. Shimoji et al., *Heterocycles*, 29, 1871 (1989).

Diels-Alder routes to the carbocyclic rings of heterocycles

I.E.1-61 R. Neidlein et al., *Helv. Chim. Acta*, 72, 1311 (1989).

I.E.1-62 P.A. Grieco and N. Abood, *J. Org. Chem.*, 54, 6008 (1989); A.W. Czarnik et al., *ibid.*, 54, 1018 (1989); L.S. Trifonov and A.S. Orahovats, *Helv. Chim. Acta*, 72, 648 (1989).

other studies of the retro-Diels-Alder reaction reported

I.E.2. Other Thermal Reactions

I.E.2-1 E.A. Mash et al., *Tetrahedron*, 45, 4945 (1989).

I.E.2-2 H. Meier and M. Schmitt, *Tetrahedron Lett.*, 30, 5873 (1989).

I.E.2-3 M. Franck-Neumann et al., *Synthesis*, 820 (1989).

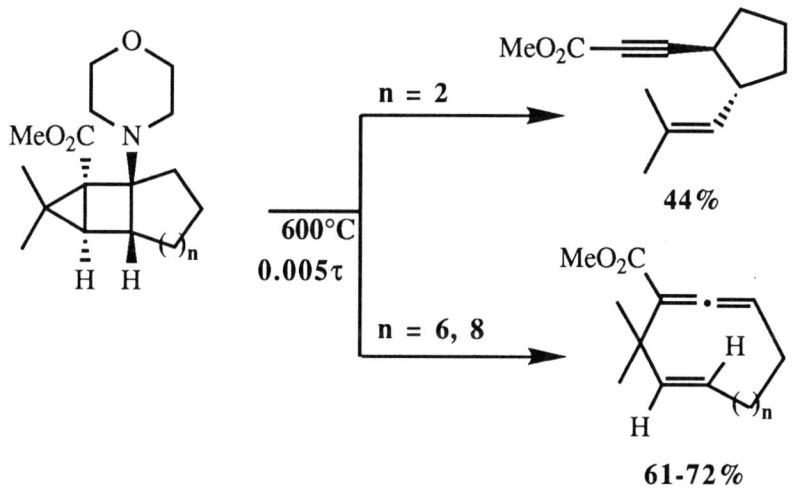

I.E.2-4 A. Padwa et al., *J. Org. Chem.*, **54**, 1635 (1989).

I.E.2-5 D.L. Cheney and L.A. Paquette, *J. Org. Chem.*, **54**, 3334 (1989).

I.E.2-6 L.A. Paquette and G. Ladouceur, *J. Org. Chem.*, **54**, 4278 (1989).

I.E.2-7 J.-L. Luche et al., *Synthesis*, 787 (1989).

> Review: "Sonochemistry - The Use of Ultrasonic Waves in Synthetic Organic Chemistry".

I.E.2-8 H.W. Moore et al., *J. Am. Chem. Soc.*, 111, 989 and 975 (1989) and *J. Org.Chem.*, 54, 4024 (1989); L.S. Liebeskind, *Tetrahedron*, 45, 3053 (1989); K. Fukumoto et al., *ibid.*, 45, 5791 (1989); M. Sakamoto et al., *Chem. Commun.*, 43 (1989).

I.E.2-9 B. Fraser-Reid et al., *J. Org. Chem.*, 54, 2268 (1989); E. Nakamura et al., *J. Am. Chem. Soc.*, 111, 6849 (1989); G. Agnel and M. Malacria, *Synthesis*, 687 (1989). D.E. Bergbreiter et al., *Tetrahedron Lett.*, 30, 3915 (1989).

I.E.3 Photochemical Reactions

I.E.3-1 B. Zhou and P.J. Wagner, *J. Am. Chem. Soc.*, 111, 6797 (1989); Y. Araki et al., *Chem. Lett.*, 1 (1989); V. Ramamurthy et al., *Tetrahedron Lett.*, 30, 5829 and 5833 (1989).

I.E.3-2 T. Uyehara et al., *J. Org. Chem.*, 54, 5411 (1989).

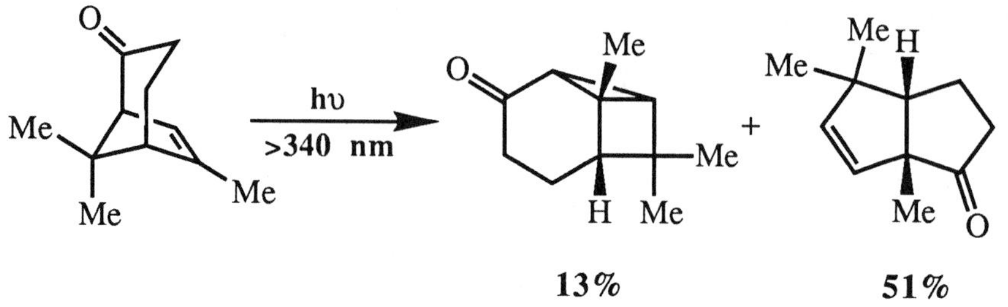

13%   51%

I.E.3-3 J. Bar-Tana et al., *J. Med. Chem.*, 32, 2072 (1989); Z. Majerski and V. Vinkovic, *Synthesis*, 559 (1989).

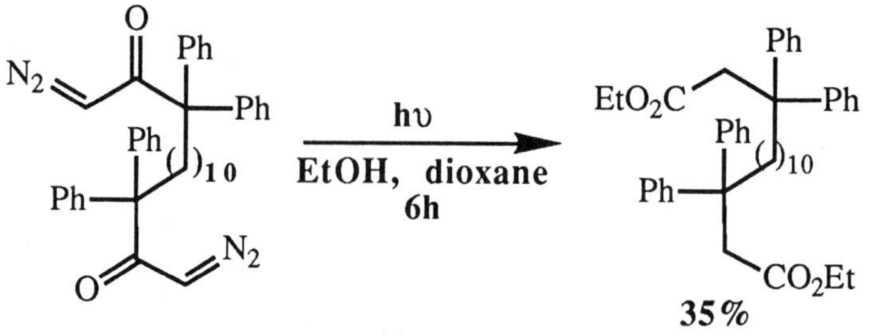

35%

I.E.3-4 A.G. Schultz and M. Plummer, *J. Org. Chem.*, 54, 2113 (1989); H.E. Zimmerman and A.M. Weber, *J. Am. Chem. Soc.*, 111, 995 (1989); H.E. Zimmerman et al., *ibid.*, 111, 1007 (1989); H.E. Zimmerman and M.J. Zuraw, *ibid.*, 111, 2358 (1989).

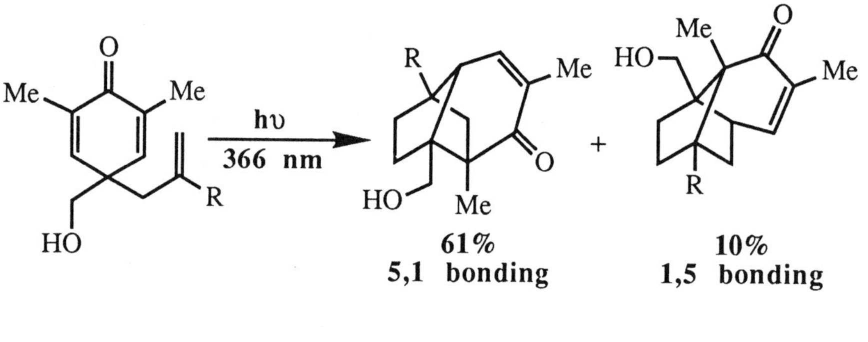

61%   10%
5,1 bonding   1,5 bonding

I.E.3-5 J.-P. Desvergne et al., *J. Chem. Res. (S)*, 146 (1989); H.D. Becker et al., *Tetrahedron Lett.*, 30, 2137 (1989).

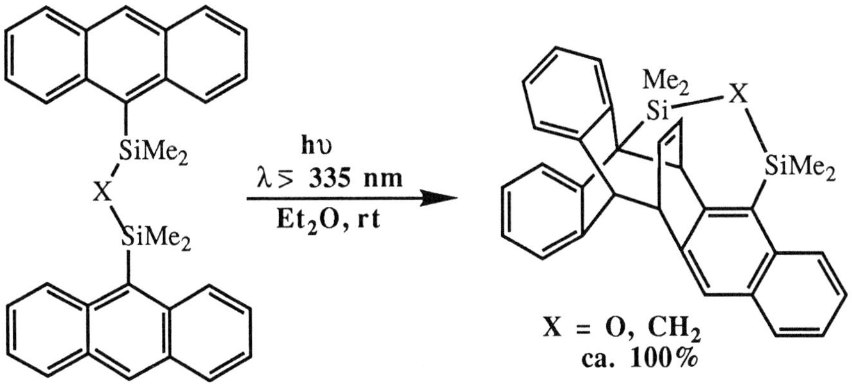

X = O, CH$_2$
ca. 100%

I.E.3-6 M.A. Sierra and L.S. Hegedus, *J. Am. Chem. Soc.*, 111, 2335 (1989)

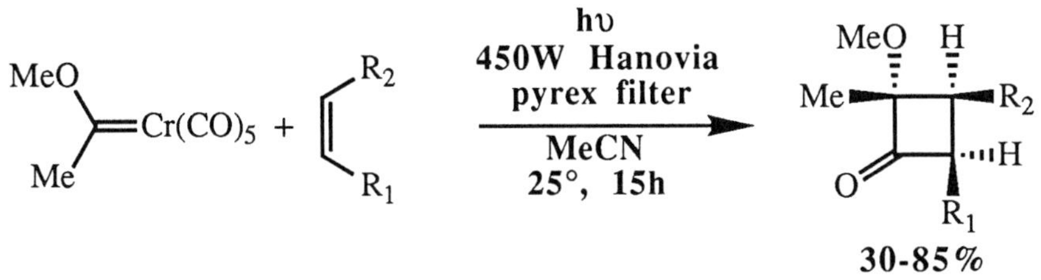

30-85%

I.E.3-7 S. Lahiri and R. Singh, *Indian J. Chem.*, 28b, 860 (1989); D.R. Arnold and X. Du, *J. Am. Chem. Soc.*, 111, 7666 (1989); R.M. Moriarty et al., *ibid.*, 111, 8943 (1989); S. Ghosh et al., *Tetrahedron*, 45, 3775 (1989); S. Gupta and D.S. Bhakoni, *Synth. Commun.*, 19, 393 (1989); M. D'Auria et al., *Heterocycles*, 29, 1331 (1989); R.A. Rossi et al., *J. Org. Chem.*, 54, 5983 (1989); J.A. Postigo and R. Erra-Balsells, *ibid.*, 54, 3174 (1989); G. Piancatelli et al., *Gazz. Chim. Ital.*, 119, 381 (1989).

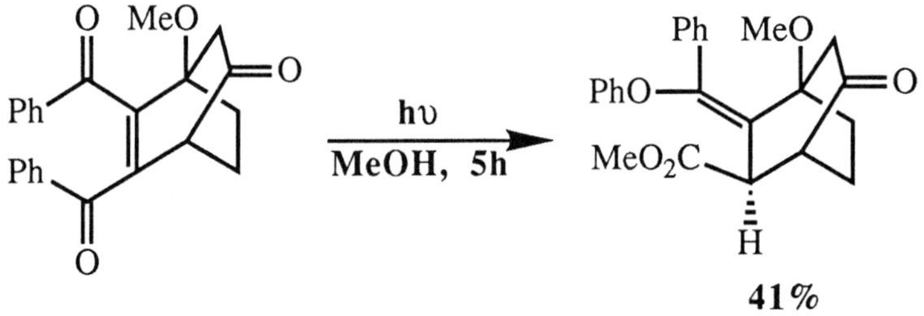

41%

I.E.3-8 C.O. Bender and D. Dolman, *Can. J. Chem.*, 67, 82 (1989); J.R. Schaeffer et al., *Chem. Commun.*, 600 (1989); J.R. Schaeffer et al., *Tetrahedron Lett.*, 30, 6125 (1989).

The first diene to semibullvalene conversion that does not involve a [Zimmerman] di-π-methane rearrangement

---

I.E.3-9 E.K. Fields et al., *J. Org. Chem.*, 54, 2244 (1989); A.G. Schultz et al., *ibid.*, 54, 3158 (1989); M.T. Crimmins and J.B. Thomas, *Tetrahedron Lett.*, 30, 5997 (1989); D. Becker et al., *ibid.*, 30, 2661 (1989); D. Becker et al., *ibid.*, 30 4429 (1989); J. Nishimura et al., *ibid.*, 30, 5439 (1989); H. Meier et al., *Angew. Chem., Int. Ed. Engl.*, 28, 2139(1989); P.J. Wagner and M. Sakamoto, *J. Am. Chem. Soc.*, 111, 9254(1989); H.E. Zimmerman and M.J. Zuraw., *ibid.*, 111, 7975 (1989); R. Keese et al., *Helv. Chim. Acta*, 72, 487 (1989).

I.E.3-10 K. Koga et al., *Chem. Pharm. Bull.*, 37, 1201 (1989); M. Okamoto, *ibid.*, 37, 1452 (1989); P. Guerry and R. Neier, *Chem. Commun.*, 1727 (1989); N.A. Al-Jalal, *Gazz. Chim. Ital.*, 119, 569 (1989); K.S. Peters et al., *Pure Appl. Chem.*, 61, 629 (1989); K. Kakiuchi et al., *Tetrahedron Lett.*, 30, 6193 (1989).

$R_1 = H$, $R_2 = O(CH_2)_2O$; 25% : 10%
$R_1 = O(CH_2)_2O$, $R_2 = H$; 27*% : 9.7%
*as mixture

I.E.3-11 J.M. Rao et al., *Synth Commun.*, 19, 2345 (1989).

I.E.3-12 H.D. Roth, *Angew. Chem., Int. Ed. Engl.*, 28, 1193 (1989).

Review: "The Beginnings of Organic Photochemistry".

I.E.3-13 S. Arai, M. Hida et al., *Tetrahedron Lett.*, 30, 7217 (1989); J.P. Soumillion et al., *ibid.*, 30, 4509 (1989); G. Karminski-Zamola and M. Bajic, *Synth. Commun.*, 19, 1325 (1989).

I.E.3-14 J. Cossy et al., *Tetrahedron Lett.*, 30, 7361 (1989); V.P. Rao and N.J. Turro, *ibid.*, 30, 4641 (1989); R.H. Crabtree et al., *ibid.*, 30, 5583 (1989).

I.E.3-15 Y. Kubo et al., *Chem. Lett.*, 1639 (1989); D.R. Anderson and C.N. Eley, *Tetrahedron Lett.*, 30, 4059 (1989); R.W. Kavash and P.S. Mariano, *ibid.*, 30, 4185 (1989); J.-J. Zhang and G.B. Schuster, *J. Am. Chem. Soc.*, 111, 7149 (1989); A. Takuwa and M. Sumikawa, *Chem. Lett.*, 9 (1989).

I.E.3-16 D.P. Curran et al., *J. Am. Chem. Soc.*, 111, 8872 (1989).

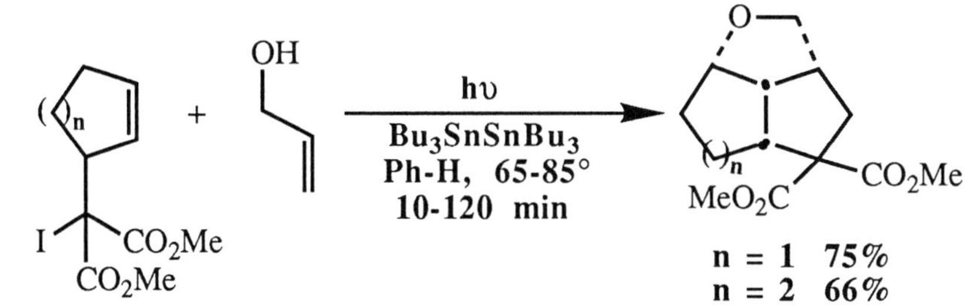

n = 1 75%
n = 2 66%

I.E.3-17 A.C. Chan and P.R. Hilliard, Jr., *Tetrahedron Lett.*, 30, 6483 (1989).

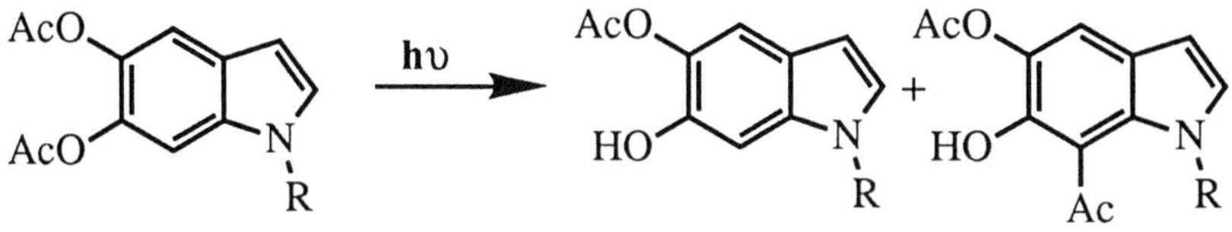

R = H   30%   60%
R = Me   -   >83%

I.E.3-18 A.R. Matlin and K. Jin, *Tetrahedron Lett.*, 30, 637 (1989); K.S. Feldman et al., *J. Org. Chem.*, 54, 592 (1989).

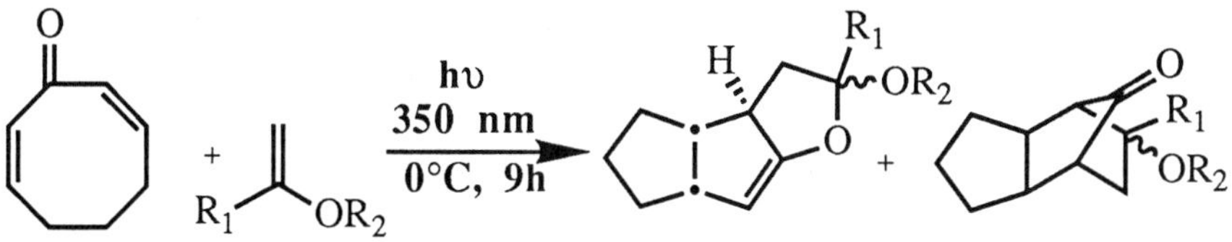

R_1 = H R_2 = Et   54% (73:27)
R_1 = R_2 = Me   62% (53:47)

I.E.3-19 M. Demuth and G. Mikhail, *Synthesis*, 145 (1989).

Review: "New Developments in the Field of Photochemical Studies".

A review of 2 + 2 cycloadditions

I.E.3-20 P.J. Wagner, *Acc. Chem. Res.*, 22, 83 (1989).

Review: "5-Membered Rings by δ-Hydrogen Abstraction in Photoexcited Ketones".

I.E.3-21 J. Mattay, *Synthesis*, 233 (1989).

Review: "Photoinduced Electron Transfer in Organic Synthesis".

PET reactions between donor and acceptor molecules is presented.

I.F. Aromatic Substitutions Forming a New Carbon-Carbon Bond

I.F.1. Friedel-Crafts Type Aromatic Substitution Reactions

I.F.1-1 S. Takano et al., *Chem. Commun.*, 1591 (1989); H. Ishibashi et al., *Chem. Pharm. Bull.*, 37, 939 (1989); H. Ishibasi et al., *ibid.*, 37, 3396 (1989); K. Uneyama and M. Momota, *Tetrahedron Lett.*, 30, 2265 (1989).

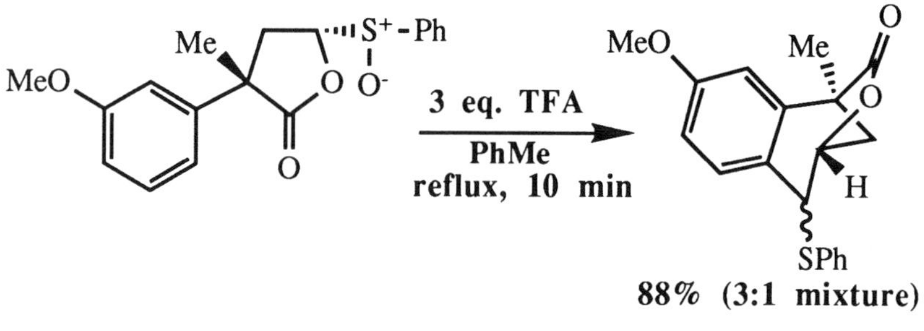

Me
MeO
S+ - Ph
O-
O
O
3 eq. TFA
PhMe
reflux, 10 min
MeO
Me
O
O
H
SPh
88% (3:1 mixture)

1.F.1-2 D. Kuck et al., *Ang. Chem., Int. Ed. Engl.*, 28, 595 (1989); H.F. Kung et al., *J. Med. Chem.*, 32, 1431 (1989); J.G. Berger et al., *ibid.*, 32, 1913 (1989); S.G. Davies et al., *Tetrahedron Lett.*, 30, 3581 (1989); R. Hanson et al., *Chem. Commun.*, 1330 (1989).

I.F.1-3 P. Magnus et al., *Chem. Commun.*, 518 (1989).

I.F.1-4 R.A. Haack and K.R. Beck, *Tetrahedron Lett.*, 30, 1605 (1989); H.K. Neudeck, *Monatsh. Chem.*, 120, 623 (1989); A. Jaxa-Chamiec et al., *J. Chem. Soc., Perkin Trans I*, 1705 (1989).

I.F.1-5 G. Casiraghi et al., *Gazz. Chim. Ital.*, <u>119</u>, 329 (1989); J.P. Beque et al., *J. Chem. Soc., Perkin Trans. I*, 395 (1989); D. Seebach et al., *Angew. Chem., Int. Ed. Engl.*, <u>28</u>, 472 (1989).

(+)-citronellal + resorcinol derivative → 69% (−)-isomer
Reagents: 0.5 Et$_2$AlCl, PhMe, rt, 1h; reflux, 20 hr

Convenient, highly diastereoselective route to hexahydrocannabinol derivatives

---

I.F.1-6 S. Ohta et al., *Heterocycles*, <u>29</u>, 1455 (1989); U. Hacksell et al., *J. Med. Chem.*, <u>32</u>, 863 (1989); A. Kamimura et al., *J. Org. Chem.*, <u>54</u>, 4998 (1989).

Reagents: rt, TFA, TFAA

34-43%

I.F.1-7 N. DeKimpe et al., *Bull. Soc. Chim. Belg.*, <u>98</u>, 481 (1989).

1. AlCl$_3$, 0°C → rt, rt → reflux, 1-18h
2. H$_3$O$^+$

27-82%

+

1-aza-1,3-dienes which lower yields

I.F.2 Coupling Reactions to Form an Aromatic Carbon-Carbon Bond

I.F.2-1 S. Cacchi et al., *Tetrahedron*, 45, 813 (1989); G.T. Crisp and A.I. O'Donoghue, *Synth. Commun.*, 19, 1745 (1989); K. Karabelas and A. Hallberg, *J. Org. Chem.*, 54, 1773 (1989).

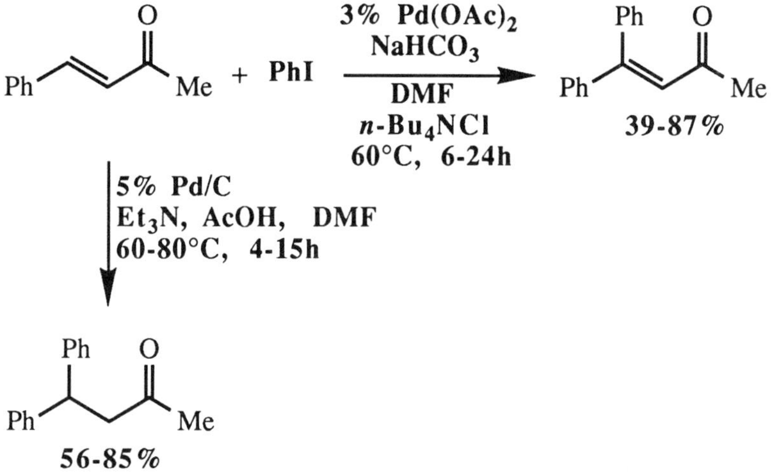

Ph-CH=CH-C(O)-Me + PhI

3% Pd(OAc)$_2$
NaHCO$_3$
―――――→
DMF
n-Bu$_4$NCl
60°C, 6-24h

Ph(Ph)C=CH-C(O)-Me   39-87%

5% Pd/C
Et$_3$N, AcOH, DMF
60-80°C, 4-15h
↓

Ph(Ph)CH-CH$_2$-C(O)-Me   56-85%

I.F.2-2 D.StC. Black et al., *Tetrahedron Lett.*, 30, 5807 (1989); D. Hellwinkel and T. Kistenmacher, *Liebig's Ann. Chem.*, 945 (1989).

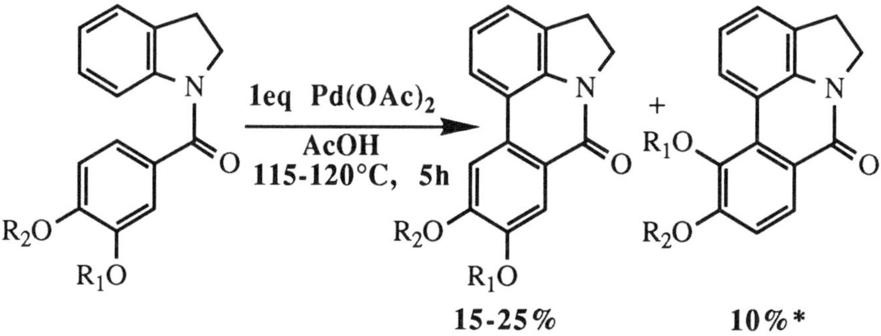

1eq Pd(OAc)$_2$
―――――→
AcOH
115-120°C, 5h

15-25%   10%*

* Isolated in one example where R$_1$, R$_2$ = CH$_2$

I.F.2-3 M. Rosenblum et al., *Tetrahedron Lett.*, 30, 2881 (1989).

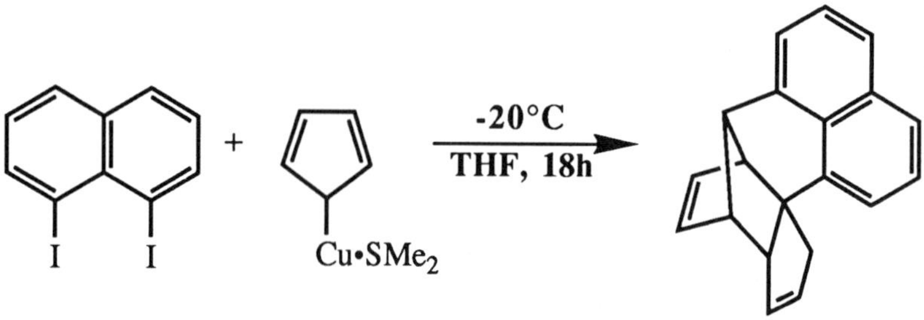

I.F.2-4 A. deMeijere et al., *Ang. Chem., Int. Ed. Engl.*, 28, 1037 (1989).

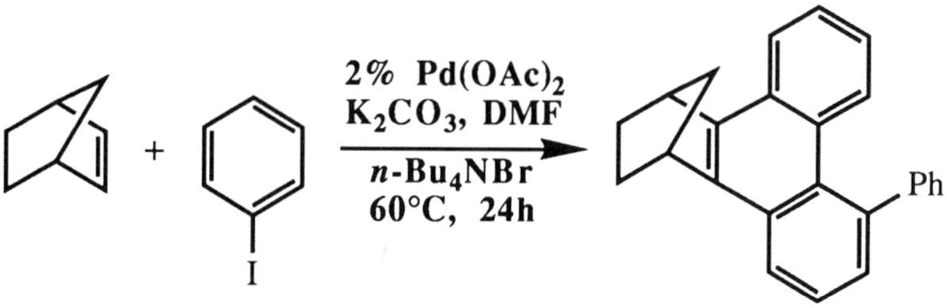

Product forms regardless of ratio of starting materials

I.F.2-5 M. Prashad et al., *Tetrahedron Lett.*, 30, 2877 (1989); R.C. Larock et al., *ibid.*, 30, 2603 (1989); R.C. Larock and P.L. Johnson, *Chem. Commun.*, 1368 (1989).

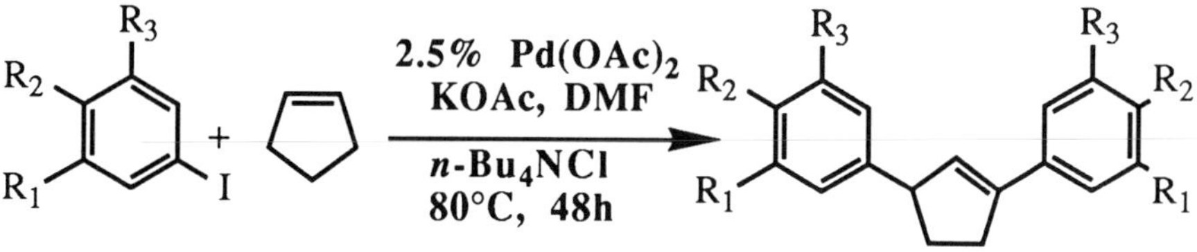

Bromide does not work

82-85%

I.F.2-6 M. Kihara et al., *Chem. Pharm. Bull.*, **37**, 870 (1989); C.C. Leznoff et al., *Can. J. Chem.*, **67**, 1087 (1989); H.E. Katz, *J. Org. Chem.*, **54**, 2179 (1989).

Reagents: 1. $(Ph_3P)_2NiCl_2$, Ph_3P, Zn, KI, DMF, 55°C, 30 min; 2. then iodide in DMF, 55°C, 10h. Yield: 60-80%.

I.F.2-7 R.W. Guthrie et al., *J. Med. Chem.*, **32**, 1820 (1989); D. Villemin and D. Goussu, *Heterocycles*, **29**, 1255 (1989).

Reagents: $PdCl_2(PPh_3)_2$, CuI, Et_3N, CH_2Cl_2, rt, 2h, reflux, 5h. Yield: 80%.

I.F.2-8 L.S. Hegedus et al., *J. Org. Chem.*, **54**, 4141 (1989); A. Kasahara et al., *J. Heterocycl. Chem.*, **26**, 1405 (1989); R.C. Larock et al., *Tetrahedron Lett.*, **30**, 6629 (1989).

Reagents: 5% $Pd(OAc)_2$, 13% $(2MePh)_3P$, Et_3N, MeCN.

R = H   50%
R = CO_2Et 64%

I.F.2-9 M. Miura et al., *Tetrahedron Lett.*, 30, 975 (1989); A. Kasahara et al., *Chem. Ind.*, 192 (1989); A. Kasahara et al., *J. Heterocyl. Chem.*, 26, 597 (1989).

$$ArSO_2Cl + CH_2=CHCO_2R \xrightarrow[\substack{BnOct_3NCl \\ 140°C, \ 4h}]{\substack{2.5\% \ PdCl_2(PhCN)_2 \\ xylene, \ K_2CO_3}} Ar-CH=CH-CO_2R \quad 63\text{-}95\%$$

I.F.2-10 T. Hiyama et al., *Chem. Lett.*, 1711 (1989).

$$R_2\text{-}Ar\text{-}I + R_1\text{-}Ar\text{-}SiF_2R \xrightarrow[\substack{DMF, \ 2 \ eq \ KF \\ 70\text{-}100°C, \ 6\text{-}49h}]{5\% \ (\eta^3\text{-}C_3H_5PdCl)_2} R_1\text{-}Ar\text{-}Ar\text{-}R_2 \quad 45\text{-}89\%$$

I.F.2-11 J.W. Tilley et al., *J. Med. Chem.*, 32, 1814 (1989); E. Nakamura et al., *J. Org. Chem.*, 54, 4727 (1989); J.B. Cambell, Jr. et al., *Synth. Commun.*, 19, 2265 (1989); M.I. Al-Hassan, *ibid.*, 19, 1619 (1989).

$$Br\text{-}Ar(R_1)\text{-}CO_2Me + R_3\text{-}Ar(R_2)\text{-}ZnCl \xrightarrow[\substack{DIBAL/hexane \\ THF, \ rt, \ 2h}]{PdCl_2(PPh_3)_2} R_2R_3\text{-}Ar\text{-}Ar(R_1)\text{-}CO_2Me \quad 42\text{-}70\%$$

I.F.2-12 G.T. Crisp, *Synth. Commun.*, 19, 307 (1989).

[Reaction: 2-thienyl-SnBu₃ + 5-iodo-thiophene-R → bithiophene-R, 5% PdCl₂(PPh₃)₂, THF, reflux, 16h, 58-80%]

I.F.2-13 I. Stary and P. Kocovsky, *J. Am. Chem. Soc.*, 111, 4981 (1989).

[Reaction: PhZnCl + norbornene-fused cyclopentene with OCH₂C(O)OCH₂PPh₂ group, Pd(0) → phenylated product. No yield given]

I.F.2-14 M.R.I. Chambers and D.A. Widdowson, *J. Chem. Soc., Perkin Trans. I*, 1365 (1989); K. Takagi and Y. Sakakibara, *Chem. Lett.*, 1957 (1989).

[Reaction: Ar-OSO₂CF₃ → Ar-CN, 5% Ni(PPh₃)₄, MeCN, KCN, 60°C, 0.5-4h, 10-86%]

I.F.2-15 J. Butera et al., *J. Med. Chem.*, 32, 757 (1989).

[Reaction: phenalenone with Me and OSO₂CF₃ substituents + allyl-SnBu₃, 5% Pd(PPh₃)₄, THF, LiCl, reflux, 20h → allyl-substituted phenalenone, 82%]

I.F.2-16 E.R. Biehl and S.P. Khanapure, *Acc. Chem. Res.*, **22**, 275 (1989).

Review: "Synthesis of Polycyclics via Arene Arylation Reactions".

I.F.3. Other Aromatic Substitutions

I.F.3-1 V. Snieckus et al., *Synthesis*, 184 (1989).

$$\text{PhB(OH)}_2 + \text{Ar-Br} \xrightarrow[\text{reflux, 20h}]{5\% \text{ Pd(PPh}_3)_4, \text{ DME, Na}_2\text{CO}_3} \text{Ar-Ph}$$

(2-bromo-4-nitrotoluene → 2-phenyl-4-nitrotoluene)

93-99%

I.F.3-2 T. Nozoe, K. Takase, K. Imafuku, H. Yamamoto et al., *Bull. Chem. Soc. Jpn.*, **62**, 128 (1989); R.A. Abramovitch et al., *Chem. Commun.*, 3 (1989).

tropone-NHNH-aryl $\xrightarrow[\text{reflux, 1-35h}]{\text{EtOH, 2M HCl}}$ aminotropone-aryl-NH$_2$

30-91%

I.F.3-3 M. Troupel et al., *Chem. Commun.*, 895 (1989).

$$\text{ArX} + \text{DMF} \xrightarrow[\text{Mg Anode, Cd coated Cathode}]{n\text{-Bu}_4\text{NBr}} \text{ArCHO}$$

30-80%

I.F.3-4 R. Martin and P. Demerseman, *Synthesis*, 25 (1989); R.M. Patonet al., *Tetrahedron Lett.*, 30, 2281 (1989); M.A. Maranda et al., *Monatsh. Chem.*, 120, 863 (1989); S. Danishefsky and J.Y. Lee, *J. Am. Chem. Soc.*, 111, 4829 (1989).

$$\text{R-aryl-OC(O)Et (Me substituted)} \xrightarrow[120°C, 1h]{TiCl_4} \text{R-aryl(OH)(C(O)Et)(Me)}$$

76-79%

I.F.3-5 D.S. Crumrie et al., *Chem. Commun.*, 1906 (1989).

$$\xrightarrow[CCl_4]{Br_2}$$

Plus five additional products

32%

I.F.3-6 N.S. Narasimhan et al., *Tetrahedron Lett.*, 30, 5323 (1989); A. Citterio et al., *ibid.*, 30, 1289 (1989).

$$\xrightarrow[\substack{AcOH \\ 95\text{-}100°C,\ 2h}]{2\ Mn(OAc)_3}$$

R = Me 32%
R = Bn 25%

Considerable amounts of intractable material also formed

I.F.3-7 F. Minisci et al., *J. Org. Chem.*, 54, 5224 (1989); M.B. Mitchell et al., *Synth. Commun.*, 19, 317 (1989).

$$\text{R}_1\text{-pyridine} + \text{RI} \xrightarrow[\text{more FeSO}_4,\ 15\ \text{min}]{\substack{30\%\ \text{H}_2\text{O}_2 \\ \text{H}_2\text{SO}_4,\ \text{FeSO}_4\cdot 7\text{H}_2\text{O} \\ \text{DMSO, rt}}} \text{R}_1\text{-pyridine-R}$$

77-99% based on converted starting material

I.F.3-8 V. Kumar and M.R. Bell, *Heterocycles*, 29, 1773 (1989).

$$\text{ketone-isoxazole steroid} \xrightarrow[\text{CH}_2\text{Cl}_2,\ \text{rt},\ 18\text{h}]{\text{ArZn(OBu)}_3} \text{Ar, OH-isoxazole steroid}$$

27-87%

I.F.3-9 L.S. Liebeskind et al., *J. Org. Chem.*, 54, 669 (1989).

$$\text{(CO)}_4\text{Mn} \xrightarrow[\text{2. Et}-\!\!\equiv\!\!-\text{Et}]{\text{1. Me}_3\text{N}\rightarrow\text{O},\ \text{MeCN}}$$

n = 2   65%

I.F.3-10 T. Tezuka et al., *Tetrahedron Lett.*, 30, 963 (1989); G. Petrillo et al., *ibid.*, 30, 6911 (1980).

$$\text{Ph-CR(OOH)-N=N-C}_6\text{H}_4\text{-X} \xrightarrow[\text{Ph-H, 20-23h}]{\text{reflux}} \text{Ph-C}_6\text{H}_4\text{-X}$$

70-90%

I.F.3-11 K.C. Majumdar et al., *J. Chem. Soc., Perkin Trans. I*, 1285 (1989).

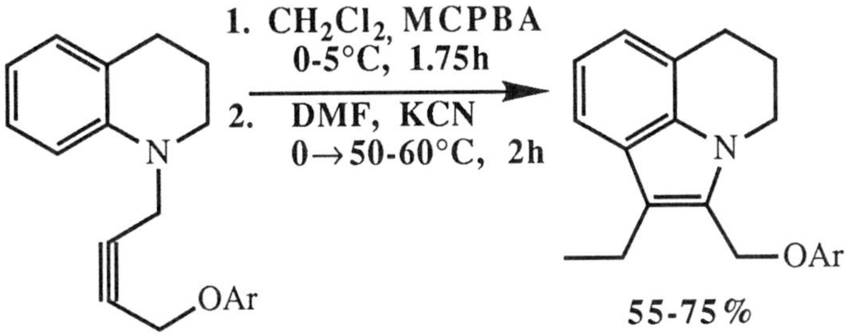
1. CH2Cl2, MCPBA
0-5°C, 1.75h
2. DMF, KCN
0→50-60°C, 2h
N
OAr
N
OAr
55-75%

I.F.3-12 U. Schollkopf and J. Mittendorf, *Angew. Chem., Int. Ed. Engl.*, 28, 613 (1989).

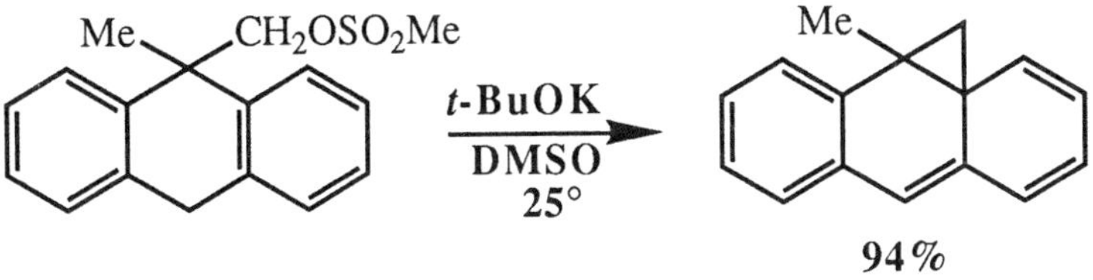
Me
CH2OSO2Me
t-BuOK
DMSO
25°
Me
94%

I.F.3-13 D.J. Pert and D.D. Ridley, *Aust. J. Chem.*, 42, 405 (1989); D.L. Comins and J.D. Brown, *J. Org. Chem.*, 54, 3730 (1989); D.A. Widdowson et al., *Tetrahedron*, 45, 5955 (1989).

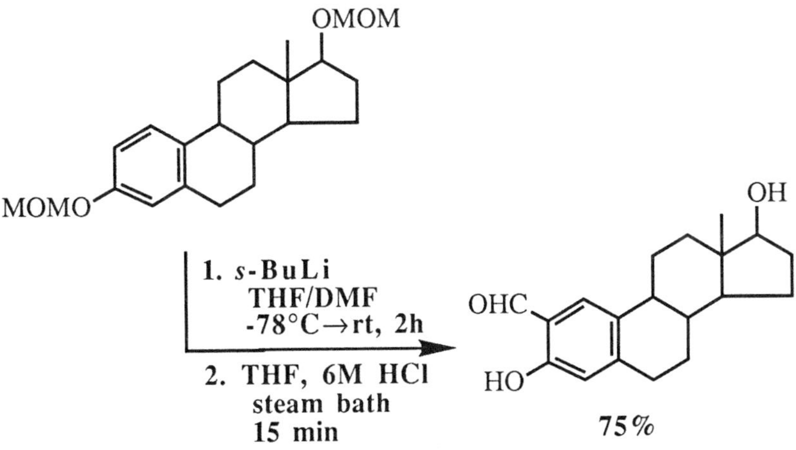
OMOM
MOMO
1. s-BuLi
THF/DMF
-78°C→rt, 2h
2. THF, 6M HCl
steam bath
15 min
OH
OHC
HO
75%

I.F.3-14 P. Caubere, C. Advenier et al., *J. Med. Chem.*, **32**, 315 (1989).

I.F.3-15 T.L. Underiner and H.L. Goering, *J. Org. Chem.*, **54**, 3239 (1989); R.B. Silverman and J.S. Oliver, *J. Med. Chem.*, **32**, 2138 (1989).

Complete regio- and stereospecificity

I.F.3-16 M.J. O'Donnell et al., *Tetrahedron Lett.*, **30**, 3909 and 3913 (1989); J. Gore et al., *ibid.*, **30**, 3963 (1989); L.S. Liebeskind et al., ibid., **30**, 4085 (1989); S.J. Tremont et al., *ibid.*, **30**, 4085 (1989); A.L. Rheingold, R.F. Heck et al., *Organometallics*, **8**, 2550 (1989).

Exclusively monoarylation

I.F.3-17 Y. Zhang and E. Negishi, *J. Am. Chem. Soc.*, **111**, 3454 (1989).

I.F.3-18 J.B. Hartung, Jr. and S.F. Pedersen, *J. Am. Chem. Soc.*, **111**, 5468 (1989).

I.F.3-19 D. Nicolaides et al., *Liebig's Ann. Chem.*, 397 (1989).

I.F.3-20 M. Kihara et al., *Heterocycles*, **29**, 957 (1989).

I.F.3-21 J.F. Wolfe et al., *Tetrahedron Lett.*, 30, 275 (1989).

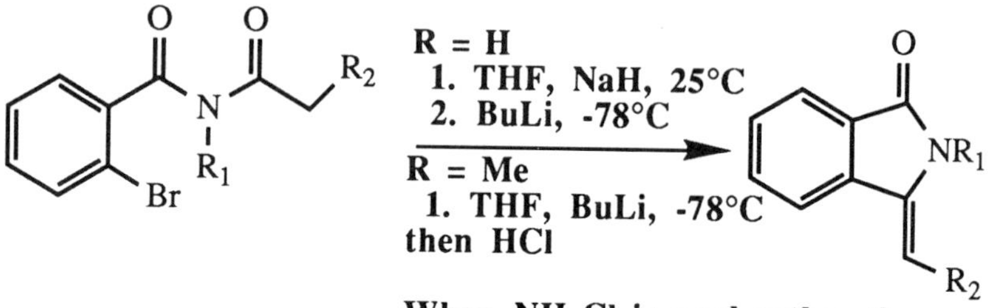
O
O
N
R1
Br
R2
R = H
1. THF, NaH, 25°C
2. BuLi, -78°C
R = Me
1. THF, BuLi, -78°C
then HCl
O
NR1
R2

When NH_4Cl is used rather than HCl the aminal is obtained

I.F.3-22 A.J Pearson et al., *J. Am. Chem. Soc.*, 111, 1499 (1989); A.J. Pearson and R. Mortezaei, *Tetrahedron Lett.*, 30, 5049 (1989); W.H. Miles et al., *Chem. Commun.*, 1987 (1989).

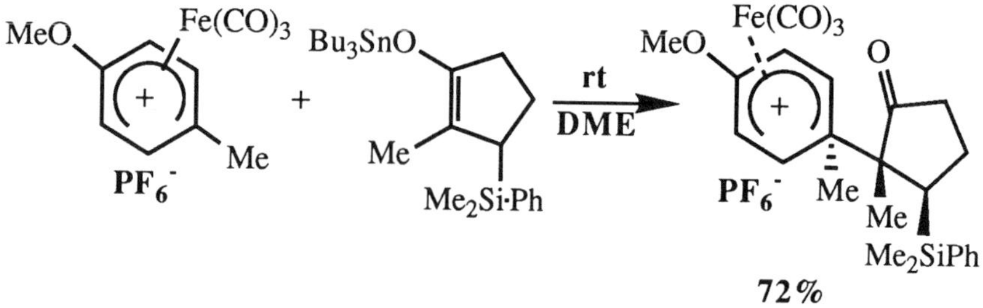
MeO
Fe(CO)3
Me
PF6-
Bu3SnO
Me
Me2Si·Ph
rt
DME
MeO
Fe(CO)3
O
PF6-
Me
Me
Me2SiPh
72%

I.F.3-23 H. Uno et al., *Synthesis*, 381 (1989).

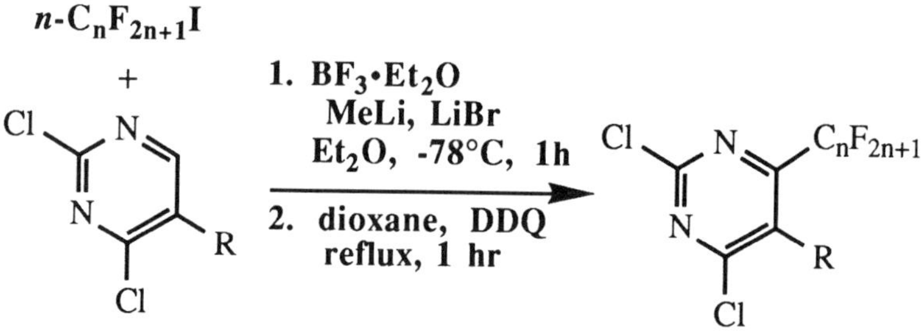
n-CnF2n+1I
Cl
N
N
R
Cl
1. BF3•Et2O
MeLi, LiBr
Et2O, -78°C, 1h
2. dioxane, DDQ
reflux, 1 hr
Cl
N
CnF2n+1
N
R
Cl

I.G. Synthesis via Organometallics

I.G.1 Synthesis via Organoboranes

I.G.1 D.S. Matteson, *Chem. Rev.*, **89**, 1535 (1989).

Review: "α-Halo Boronic Esters: Intermediates for Stereodirected Synthesis".

I.G.1-2 I. Yokoe et al., *Chem. Pharm. Bull.*, **37**, 529 (1989); Y. Tang, *Synth. Commun.*, **19**, 1001 (1989); V. Snieckus et al., *Synthesis*, 184 (1989; S. Gronowitz et al., *J. Heterocycl. Chem.*, **26**, 865 (1989).

[Reaction: 3-iodochromone + R_2,R_1-aryl-$B(OH)_2$ → with 10% $Pd(PPh_3)_4$, Ph-H, Na_2CO_3, reflux, 15h, then H_2O_2 → 3-aryl chromone, 92-98%]

I.G.1-3 A. Suzuki et al., *Bull. Chem. Soc. Jpn.*, **62**, 3893 (1989); A. Suzuki et al., *Chem. Lett.*, 1959 (1989); N. Miyaura and A. Suzuki, *Org. Synth.*, **68**, 130 (1989); K.C. Nicolaou et al., *Angew. Chem., Int. Ed. Engl.*, **28**, 587 (1989); C.K. Lau et al., *Can. J. Chem.*, **67**, 1384 (1989); J.R. Pougny, G. Linstrumelle et al., *Tetrahedron Lett.*, **30**, 6335 (1989).

[Reaction: α-bromo-acrylate (R_4, R_3, CO_2Et, Br) + vinyl catecholborane (R_1, R_2) → with 3% $Pd(OAc)_2$, 6% Ph_3P, EtOH, Na_2CO_3, reflux, 4h → diene product, 53-89%]

I.G.1-4 R.W. Hoffman and S. Dresely, *Chem. Ber.*, 122, 903 (1989); R. Hunter and G.D. Tomlinson, *Tetrahedron Lett.*, 30, 2013 (1989).

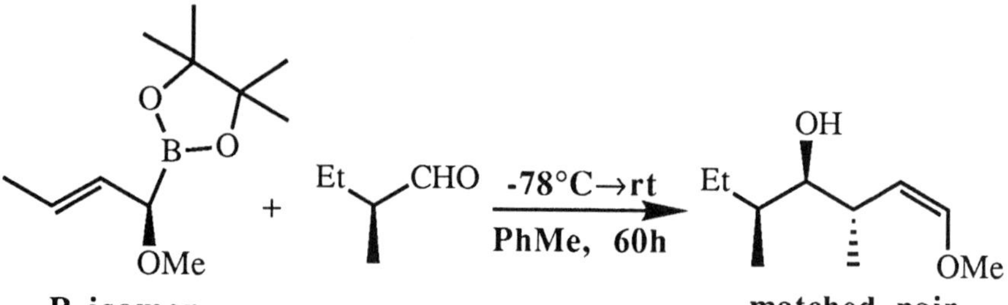

R-isomer + Et-CH(CH₃)-CHO → matched pair, 59%
(-78°C→rt, PhMe, 60h)

S-isomer gives mismatched pair

I.G.1-5 M. Srebnik, H.C. Brown et al., *Tetrahedron Lett.*, 30, 5551 (1989).

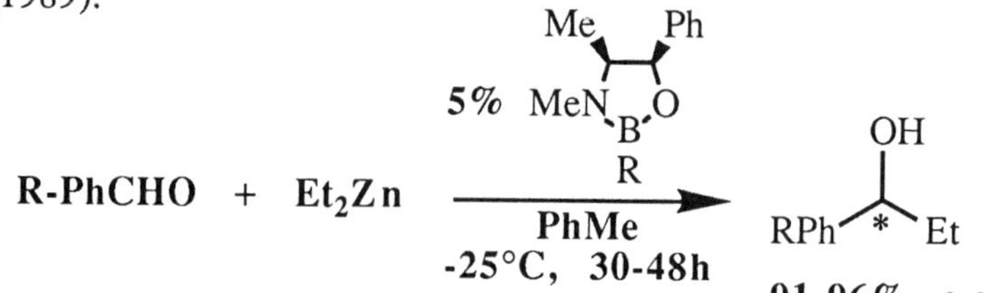

R-PhCHO + Et$_2$Zn →(5% catalyst, PhMe, -25°C, 30-48h)→ RPh-*CH(OH)-Et

91-96% e.e.

I.G.1-6 J.A. Akers and T.A. Bryson, *Tetrahedron Lett.*, 30, 2187 (1989); H.C. Brown et al., *J. Org. Chem.*, 54, 6085 (1989).

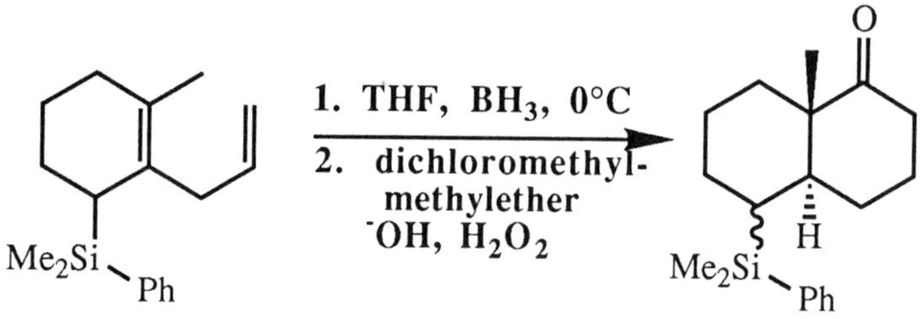

1. THF, BH$_3$, 0°C
2. dichloromethyl-methylether, ⁻OH, H$_2$O$_2$

1:1.2 : β:α silyl group
37%

Silyl group activates and regiochemically controls hydroboration and boron annulation

I.G.1-7 A. Pelter, K. Smith et al., *Tetrahedron Lett.*, 30, 5647 (1989); A. Pelter, K. Smith et al., *ibid.*, 30, 5643 (1989).

$$\text{Mes}_2 B\bar{C}HR_1 + R_2CHO \xrightarrow[\substack{2.\ \text{TFAA} \\ -127°,\ 1\ \text{hr} \\ \text{R.T.,}\ 18\ \text{hr}}]{\substack{1.\ \text{THF} \\ -127°,\ 1\ \text{hr}}} R_1CH_2\overset{O}{\underset{\|}{C}}R_2$$

$$\text{Li}\qquad\qquad\qquad\qquad\qquad\qquad\qquad 41\text{-}92\%$$

I.G.1-8 J. Ichikawa et al., *Tetrahedron Lett.*, 30, 1641 and 6379 (1989); A. Suzuki et al., *ibid.*, 30, 6555 (1989).

$$CF_3CH_2OTos \xrightarrow[\substack{2.\ 1\ R_3B,\ \text{THF} \\ -78°C,\ 1h \\ \text{rt, 10h} \\ 3.\ \text{remove THF} \\ \text{AcOH} \\ \text{reflux, 3h}}]{\substack{1.\ \text{THF, 2 LDA} \\ -78°C,\ 30\ \text{min}}} CF_2=CHR$$

$$41\text{-}90\%$$

I.G.1-9 A. Suzuki et al., *Chem. Lett.*, 1723 (1989); A. Suzuki et al., *Tetrahedron Lett.*, 30, 5153 (1989).

No 1,2-addition with ketones

73-95%

I.G.1-10 K. Utimoto et al., *Tetrahedron Lett.*, 30, 3159 (1989); K. Oshima et al., *ibid.*, 30, 3155 (1989).

$$n\text{-}C_{10}H_{21}C\equiv CH + C_6F_{13}I \xrightarrow[25°C, 5h]{hexane, Et_3B}$$

with product (Z)-alkene bearing $C_{10}H_{21}$ and I on one carbon, C_6F_{13} and H on the other, 94%

I.G.1-11 A. Suzuki et al., *Chem. Lett.*, 1959 and 1723 (1989).

$$\underset{MeO}{\overset{}{\diagup\!\!\diagdown}}ZnCl + \underset{Br}{\overset{B(O^iPr)_2}{\diagup\!\!\diagdown}} \xrightarrow[\substack{\text{1. 2\% PdCl}_2(PPh_3)_2 \\ \text{THF, 0°C}\to\text{rt, 3h} \\ \text{2. aq LiOMe, RX} \\ \text{reflux, 15h} \\ \text{3. aq HCl} \\ \text{rt, 30 min}}]{}$$

product: MeC(O)CH=CH-R, 62-87%

Stepwise, one pot cross-coupling reaction

I.G.1-12 H.C. Brown et al., *J. Am. Chem. Soc.*, 111, 1754 (1989); A. Suzuki et al., *ibid.*, 111, 314 (1989).

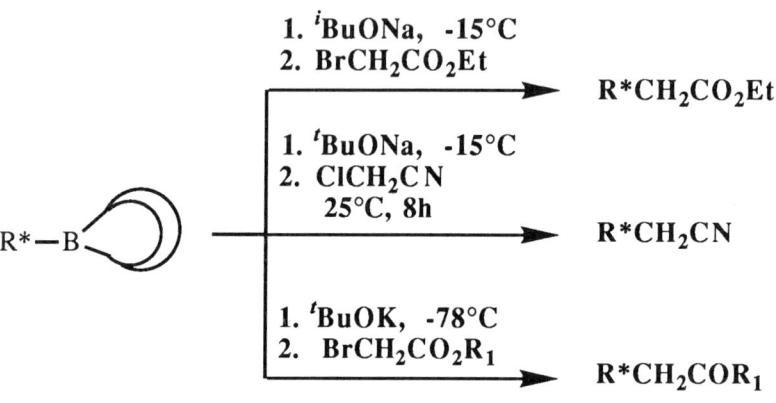

R*—B⟨ ⟩

1. ^{t}BuONa, -15°C
2. BrCH$_2$CO$_2$Et
→ R*CH$_2$CO$_2$Et

1. ^{t}BuONa, -15°C
2. ClCH$_2$CN
   25°C, 8h
→ R*CH$_2$CN

1. ^{t}BuOK, -78°C
2. BrCH$_2$CO$_2$R$_1$
→ R*CH$_2$COR$_1$

50-70%

I.G.1-13 Y. Masuda et al., *Chem. Commun.*, 266 (1989).

$$RCH=CH_2 \; + \; [\text{Cy}_2BH] \xrightarrow[\substack{3.\; Cu(OAc)_2 \\ Cu(acac)_2}]{\substack{1.\; 0°C,\; 2h \\ 2.\; CuCN}} RCH_2CH_2CN$$

63-92%

I.G.2 Carbonylation Reactions

I.G.2-1 A.L. Lapidus and S.D. Pirozhkov, *Russ. Chem. Rev.*, **58**, 117 (1989).

Review: "Catalytic Synthesis of Organic Compounds by the Carbonylation of Unsaturated Hydrocarbons and Alcohols".

I.G.2-2 S. Murai et al., *J. Am. Chem. Soc.*, **111**, 7938 (1989).

$$\text{(CH}_2\text{)}_n\text{O} \; + \; R_3SiH \xrightarrow[25°C,\; 3\text{-}20\; days]{\substack{CO\; (1\; atm) \\ Co_2(CO)_8}} R_3SiOCH_2(CH_2)_{n+1}OSiR_3$$

14-96%

I.G.2-3 T. Fuchikami et al., *Tetrahedron Lett.*, **30**, 4407 (1989).

$$n\text{-}C_8F_{17}CH_2CH_2I \; + \; 100\; H_2O \xrightarrow[t\text{-BuOH},\; 48h]{\substack{50\; atm\; CO \\ 10\%\; Co_2(CO)_8}} \begin{array}{c} n\text{-}C_8F_{17}CH_2CH_2COCO_2H \\ 16\text{-}29\% \\ + \\ n\text{-}C_8F_{17}CH_2CH_2CO_2H \\ 42\text{-}25\% \end{array}$$

I.G.2-4 P. Magnus et al., *J. Org. Chem.*, 54, 5148 (1989); W.A. Smit, R. Caple et al., *Synthesis*, 472 (1989); W. Oppolzer et al., *Tetrahedron Lett.*, 30, 5883 (1989).

$$\text{reactant} \xrightarrow[\substack{\text{Heptane} \\ \text{4-Me-2,6-di-} \\ (t\text{-Bu})\text{pyridine} \\ 85°\text{C, 50h}}]{\substack{\text{CO} \\ \text{Co}_2(\text{CO})_8}} \text{product}$$

64%

I.G.2-5 P. Muller et al., *Helv. Chim. Acta*, 72, 1618 (1989); J.W. Herndon et al., *J. Am. Chem. Soc.*, 111, 6854 (1989) and *Tetrahedron Lett.*, 30, 295 (1989).

$$\text{reactant} \xrightarrow[\text{Bu}_2\text{O, rt, 23h}]{\text{Cr(CO)}_3(\text{MeCN})_3} \text{product}$$

57%

I.G.2-6 A. Pouilhes and S.E. Thomas, *Tetrahedron Lett.*, 30, 2285 (1989); M. Brookhart et al., *J. Am. Chem. Soc.*, 111, 4117 (1989).

$$\text{reactant} \xrightarrow[\substack{\text{1. Et}_2\text{O, Fe}_2(\text{CO})_9 \\ 35°\text{C, 0.5-1.5h} \\ \text{2. RLi or RMgX} \\ \text{Et}_2\text{O, -78°C, 1.5h} \\ \text{3. } t\text{-BuBr}}]{} \text{product with NR}_1\text{R}_2$$

52-82%

I.G.2-7 M. Akita, Y. Moro-oka et al., *Chem. Commun.*, 1790 (1989).

$$\text{PhCH}_2\text{CH}_2(\text{CO})_2\text{Fe(cp)}$$

$$+ \quad \xrightarrow[\text{Ph-H, 6-13h}]{60\text{-}120°\text{C}} \quad \text{Ph(CH}_2)_3\text{OH}$$

3 HMMe$_3$

53-98%

M = Si, Sn

I.G.2-8 M. Brookhart, *J. Am. Chem. Soc.*, **111**, 4117 (1989); S.E. Thomas et al., *Chem. Commun.*, 21 (1989).

Ph–CH=CH–C(O)–R → (1. 2 Fe$_2$(CO)$_9$, Et$_2$O, 35°C, 15-18h; 2. CO, THF, MeLi; 3. *t*-BuBr) → Ph–CH=CH–C(O)–R·Fe(CO)$_3$

35-83%

I.G.2-9 J.J. Brunet, D. Neibecker et al., *Synth. Commun.*, **19**, 1923 (1989).

norbornene + CO (1 atm), KHFe(CO)$_4$, EtOH, 65°C → norbornane-CHO

72% (95:5 endo:exo)

I.G.2-10 H. Alper and G. Vasapollo, *Tetrahedron Lett.*, **30**, 2617 (1989); T. Tsuda et al., *Chem. Commun.*, 9 (1989).

Ph–CH=C(Br)–CH=CH$_2$ → (1. CO, Ni(CN)$_2$·4H$_2$O, cetyl(Me)$_3$NBr, PhMe, 80°C, 4h; 2. the diene, 80°C, 4h) → butenolide product (with =CHPh and Me substituents) + Ph–C(CO$_2$H)=CH–CH=CH$_2$

60%   15%

I.G.2-11 M. Hidai et al., *Tetrahedron Lett.*, **30**, 94 (1989).

2-furyl-CH=CH–CH$_2$–OAc → (CO (70 kg/cm^2), 5% PdCl$_2$(PPh$_3$)$_2$, Ph-H, Et$_3$N, Ac$_2$O, 170°C, 1.5h) → 4-acetoxybenzofuran

85%

I.G.2-12 E. Negishi et al., *J. Am. Chem. Soc.*, <u>111</u>, 8018 (1989); J.K. Stille et al., *Org. Synth.*, <u>68</u>, 116 (1989).

$$\text{o-I-C}_6\text{H}_4\text{-CH}_2\text{-CH(CO}_2\text{Et)}_2 \xrightarrow[\substack{\text{MeCN, Et}_3\text{N} \\ 90\text{-}100°\text{C, 16h}}]{\substack{\text{CO (600 psi)} \\ 3\% \text{ Pd(PPh}_3)_4}} \text{2-oxo-tetralin-3,3-(CO}_2\text{Et)}_2$$

90%

I.G.2-13 T. Fuchikami et al., *Tetrahedron Lett.*, <u>30</u>, 4403 (1989); D. Milstein et al., *J. Am. Chem. Soc.*, <u>111</u>, 8742 (1989); J. Kiji et al., *Chem. Lett.*, 1873 (1989); T. Sakakibara et al., *Chem. Pharm. Bull.*, <u>37</u>, 1694 (1989); Y. Watanabe et al., *J. Org. Chem.*, <u>54</u>, 1831 (1989).

$$n\text{-C}_8\text{F}_{17}\text{CH}_2\text{CH}(R_1)(I) \xrightarrow[\substack{\text{R}_2\text{OH, Et}_3\text{N} \\ 80\text{-}100°\text{C, 12-24h}}]{\substack{\text{CO (50 atm)} \\ 5\% \text{ PdCl}_2(\text{PPh}_3)_2}} n\text{-C}_8\text{F}_{17}\text{CH}_2\text{CH}(R_1)(\text{CO}_2\text{R}_2)$$

44-73%

I.G.2-14 Y. Hatanaka and T. Hiyama, *Chem. Lett.*, 2049 (1989).

$$\text{Ar}_1\text{Si}(\text{Et})\text{F}_2 + \text{Ar}_2\text{I} \xrightarrow[\text{DMI, KF, 100°C}]{\substack{\text{CO (1 atm)} \\ 2.5\% \text{ (}\eta^3\text{-C}_3\text{H}_5\text{PdCl)}_2}} \text{Ar}_1\text{-CO-Ar}_2$$

38-91%

I.G.2-15 M. Miura et al., *Chem. Lett.*, 77 (1989).

$$\text{ArSO}_2\text{Cl} + \text{Ti(OR)}_4 \xrightarrow[\text{MeCN, 150-160°C}]{\substack{\text{CO} \\ 1\text{-}5\% \text{ Pd(PPh}_3)_4}} \text{ArCO}_2\text{R} + (\text{ArS})_2$$

38-70%   **14-28%**

I.G.2-16 F. Ozawa, A. Yamamoto et al., *Chem. Commun.*, 1067 (1989).

[Reaction: allyl-C(O)-Pd(PPh$_3$)$_2$Br + CO (50 atm), C$_5$H$_{10}$NH, PhMe, 50°C → allyl-CH$_2$-C(O)-N(piperidine) (32%) + allyl-CH$_2$-C(O)-C(O)-N(piperidine) (21%)]

I.G.2-17 I. Pri-Bar and H. Alper, *J. Org. Chem.*, **54**, 36 (1989).

$$\text{Ar}_1\text{I} + \text{Ar}_2\text{CO}_2\text{M} \xrightarrow[\text{DMF, 95°, 18h}]{\substack{\text{CO (2.7 atm)} \\ 10\% \text{ Pd(OAc)}_2 \\ 11\% \text{ Ph}_3\text{P}}} \text{Ar}_1\text{C(O)OC(O)Ar}_2$$

M = Na, K, Ca   36-77%

I.G.2-18 Y. Fujiwara et al., *New J. Chem.*, **13**, 649 (1989); Y. Fujiwara et al., *Chem. Lett.*, 1687 (1989).

[Benzene + CO (1 atm), Pd(OAc)$_2$, TFA, reflux → PhCO$_2$H (0.3%) + cyclohexyl-CO$_2$H (0.1%)]

No irradiation of transition metal complex required.

I.G.2-19 K.G. Moloy and R.W. Wegman, *Organometallics*, **8**, 2883 (1989).

$$\text{MeOH} \xrightarrow[\substack{\text{CHO, H}_2 \\ 1000 \text{ psi, } 130\text{-}150°}]{\text{Rh[Ph}_2\text{P(CH}_2\text{)}_3\text{PPh}_2\text{]} \\ (\text{COMe})(\text{I}_2)} \text{MeCHO} + \text{MeCO}_2\text{H}$$

9 parts   1 part

I.G.2-20 I. Matsuda et al., *J. Am. Chem. Soc.*, **111**, 2332 (1989); P. Perlmutter et al., *Tetrahedron Lett.*, **30**, 233 (1989).

$$\text{HC}{\equiv}\text{C-R}_1 + \text{Me}_2\text{PhSiH} \xrightarrow[\text{Ph-H, 100°C, 2h}]{\text{CO (30 kg/cm}^2\text{)} \atop \text{1\% Rh(CO)}_{12}} \underset{\text{OHC}}{\overset{R_1}{\diagdown}}\text{C}{=}\text{C}\underset{\text{SiMe}_2\text{Ph}}{\overset{H}{\diagup}}$$

73-99%
(Z:E 0:100 to 95:5)

I.G.2-21 E.M. Campi and W.R. Jackson, *Aust. J. Chem.*, **42**, 471 (1989); C.K. Ghosh and W.A.G. Graham, *J. Am. Chem. Soc.*, **111**, 375 (1989).

$$\text{Et-C}{\equiv}\text{C-C(Me)}{=}\text{CH}_2 \xrightarrow[\text{Me Ph-H, Ph}_3\text{P, 80°C}]{\text{CO, H}_2 \text{ (400 psi)} \atop \text{HRh(PPh}_3)_3(\text{CO})} \text{cyclopentenone} + \text{diene-CHO}$$

40%   20%

I.G.2-22 S.L. Buchwald et al., *J. Am.Chem. Soc.*, **111**, 9113 (1989).

[alkene with OSiMe$_2$tBu + Cp$_2$Zr-cyclopentene complex with Me groups] $\xrightarrow{\text{CO}}$ [bicyclic ketone product with OSiMe$_2$tBu]

47%

I.G.2-23 I.R. Butler et al., *Can. J. Chem.*, **67**, 1308 (1989).

[Ph$_2$C=C(R)Fe(CO)$_2$Cp] $\xrightarrow[\text{decalin}]{\text{reflux}}$ [indanone with Ph and R substituents]

54-86%

I.G.2-24 W.D. Wulff et al., *J. Am. Chem. Soc.*, **111**, 7269 (1989).

I.G.3 Other Syntheses via Organometallics

I.G.3-1 E. Negishi and S.R. Miller, *J. Org. Chem.*, **54**, 6014 (1989); W. Kaminsky et al., *Angew. Chem., Int. Ed. Engl.*, **28**, 1216 (1989); J.R. Briggs, *Chem. Commun.*, 674 (1989).

I.G.3-2 B.B. Snider and B.O. Buckman, *Tetrahedron*, **45**, 6969 (1989).

I.G.3-3 M. Tasi et al., *Chem. Commun.*, 426 (1989).

[Reaction: R-substituted furanone with $Co_2(CO)_6$-alkyne complex + R_1R_2N-CH$_2$-C≡CH, CO (10^{-5} Pa), Ph-H, 2h → alkylidene furanone product, 50-80%]

I.G.3-4 C. Moberg, A. Heumann et al., *J. Org. Chem.*, 54, 4914 (1989).

[1,5-hexadiene + 5% Pd(OAc)$_2$, MnO$_2$, benzoquinone, AcOH, rt, 24h → three OAc-cyclopentene isomers, 72% (65:25:10)]

I.G.3-5 H.B. Kagan et al., *Tetrahedron Lett.*, 30, 7407 (1989).

[Cyclohexyl-COCl + 4 SmI$_2$, THF, rt, 30 min → dicyclohexyl ketone product, 80%]

I.G.3-6 S. Isayama and T. Mukaiyama, *Chem. Lett.*, 2005 (1989).

[PhCHO + 4 equiv of R_2-CH=C(CN)R$_1$, 2PhSiH$_3$, 5% Co(acac)$_2$, (ClCH$_2$)$_2$, 70°C, 3-5h → Ph-CH(OH)-C(R$_1$)(CN)-CH$_2$R$_2$, 42-93%]

I.G.3-7 R.C. Larock and D.E. Stinn, *Tetrahedron Lett.*, **30**, 2767 (1989); G.A. Kraus and J. Thurston, *J. Am. Chem. Soc.*, **111**, 9203 (1989).

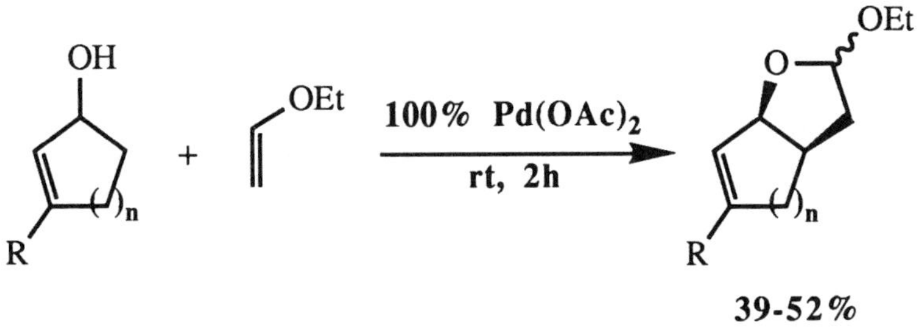

39-52%

I.G.3-8 W. Qiu and Z. Wang, *Chem. Commun.*, 356 (1989).

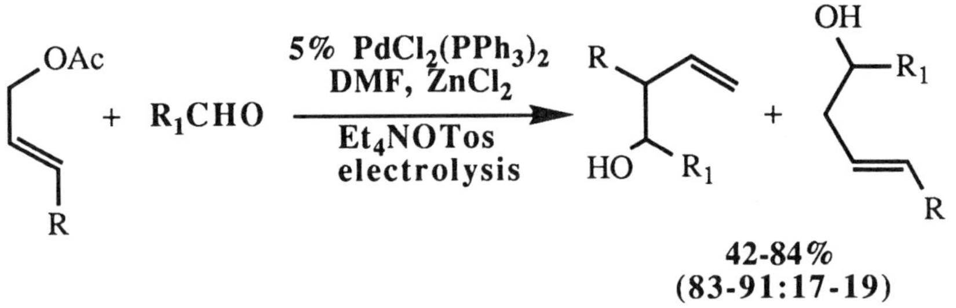

42-84%
(83-91:17-19)

I.G.4 Organometallic Reviews

I.G.4-1 H. Yamamoto et al., *Pure Appl. Chem.*, **61**, 419 (1989).

Review: "New Approaches for Natural Product Synthesis Using Main Group Organometallic Reagents".

I.G.4-2 J.P. Finet, *Chem. Rev.*, **89**, 1487 (1989).

Review: "Arylation Reactions with Organobismuth Reagents".

I.G.4-3 E.V. Slivinskii and Y.P. Voitsekhovskii, *Russ. Chem. Rev.*, **58**, 57 (1989).

Review: "Development of Ideas Concerning the Mechanism of the Fischer-Tropsch Synthesis".

I.G.4-4 B.H. Lipshutz, ed., *Tetrahedron*, 45, 349-578 (1989).

Tetrahedron Symposia-in-Print (No. 35):

"Recent Developments in Organocopper Chemistry".

I.G.4-5 J.A. Marshall, *Chem. Rev.*, 89, 1503 (1989).

Review: "S_N2' Additions of Organocopper Reagents to Vinyloxiranes".

I.G.4-6 R. Gree, *Synthesis*, 341 (1989).

Review: "Acyclic Butadiene-Iron Tricarbonyl Complexes in Organic Synthesis".

I.G.4-7 J. Rodriguez et al., *Bull. Soc. Chim. Fr.*, 799 (1989).

Review: "Iron Pentacarbonyl and its Derivatives: Isomerization of Olefins and of Diene Complexes of Iron Tricarbonyl".

I.G.4-8 G.A. Russell Acc. *Chem. Res.*, 22, 1 (1989).

Review: "Free Radical Chain Reactions Involving Alkyl- and Alkenylmercurials".

I.G.4-9 S.O. Badanyan et al., *Russ. Chem. Rev.*, 58, 286 (1989).

Review: "The Introduction of Functional Groups into Unsaturated Systems by Carbonyl Compounds in the Presence of Manganese (III) Acetate".

I.G.4-10 Y. Yamamoto, ed., *Tetrahedron*, 45, 923-1229 (1989).

Tetrahedron Symposia-in-Print (No. 36):

"Organotin Compounds in Organic Synthesis".

I.G.4-11 B.M. Trost, *Angew. Chem., Int. Ed. Engl.*, 28, 1173 (1989).

Review: "Cyclizations via Palladium-catalyzed Allylic Alkylations".

I.G.4-12 G.D. Daves, Jr and A. Hallberg, *Chem. Rev.*, 89, 1433 (1989).

Review: "1,2-Additions to Heteroatom-Substituted Olefins by Organopalladium Reagents".

I.G.4-13 I. Ojima et al., *Tetrahedron*, 45, 6901 (1989).

Review: "Recent Advances in Catalytic Asymmetric Reactions Promoted by Transition Metal Complexes".

I.G.4-14 A. Furster, *Synthesis*, 571 (1989).

Review: "Recent Advances in the Reformatsky Reaction".

I.H. Rearrangements

I.H.1 Claisen, Cope and Similar Processes

I.H.1-1 R.S. Subramanian and K.K. Balasubramanian, *Tetrahedron Lett.*, 30, 2297 (1989); K.C. Majumdar and R. De, *J. Chem. Soc., Perkin Trans. I*, 1901 (1989).

I.H.1-2 P.A. Grieco et al., *J. Org. Chem.*, 54, 5849 (1989); T. Hayashi, Y. Ito et al., *Synth. Commun.*, 19, 2109 (1989); S.E. Denmark et al., *J. Am. Chem. Soc.*, 111, 8878 (1989); B. Roth et al., *J. Med. Chem.*, 32, 1949 (1989); J. Barluenga et al., *Tetrahedron Lett.*, 30, 5919 (1989); H. Yamamoto et al., *ibid.*, 30, 1265 (1989); M.J. Sleeman and G.V. Meehan, *ibid.*, 30, 3345 (1989);

I.H.1-3 P.M. Wovkulich et al., *J. Am. Chem. Soc.*, 111, 2596 (1989); M.L. Trudell and J.M. Cook, *ibid.*, 111, 7504 (1989); B.M. Trost et al., *ibid.*, 111, 8281 (1989); K. Tadano et al., *Bull. Chem. Soc. Jpn.*, 62, 3978 (1989); D.S. Watt et al., *Synth. Commun.*, 19, 359 (1989); J.C. Gilbert and T.A. Kelly, *Tetrahedron Lett.*, 30, 4193 (1989).

I.H.1-4 J.F. Normant et al., *Tetrahedron Lett.*, 30, 3959 and 3955 (1989).

I.H.1-5 S.J. Danishefsky and B. Simoneau, *J. Am. Chem. Soc.*, 111, 2599 (1989); P. Breslin and S. Perrio, *Chem. Commun.*, 414 (1989).

[Reaction scheme: bicyclic lactone with $^tBuMe_2SiO$ and propenyl substituents → 1. LDA/TMSCl, -78°C, 30 min; 2. PhMe, 105°C, 4h → decalin product with $^tBuMe_2SiO$, CO_2TMS, Me, TMSO groups, ≥76%]

I.H.1-6 S. Blechert, *Synthesis*, 71 (1989).

Review: "The Hetero-Cope Rearrangement in Organic Synthesis".

I.H.1-7 P.D. Bailey and M.J. Harrison, *Tetrahedron Lett.*, 30, 5341 (1989).

[Reaction scheme: chiral allylic amine + OHC-CHR₁ → 1. PhMe, reflux, 3h; 2. TiCl₄, 55°C; 3. 2M HCl, 10 min → aldehyde product, 46% (70% de, 90% ee)]

I.H.1-8 N. Kato, H. Takeshita et al., *J. Chem. Soc., Perkin Trans. I*, 1833 and 165 (1989).

[Reaction scheme: bicyclic compound with OTMS and OBn groups → 180°C, Ph-H, 24h → rearranged product
α-anomer→81% (2:1:α:β)
β-anomer→73% (1:4:α:β)]

I.H.1-9 L.A. Paquette et al., *J. Am. Chem. Soc.*, 111, 2331 (1989) and *J. Org. Chem.* 54, 4576 and 5205 (1989) and *Tetrahedron*, 45, 107 (1989); R.K. Boeckman, Jr. et al., *J. Am. Chem. Soc.*, 111, 8284 (1989); M. Sworkin et al., *ibid.*, 111, 1815 (1989); M. Lin and W.J. le Noble, *J. Org. Chem.*, 54, 997 (1989); M.E. Jung and S.M. Kaas, *Tetrahedron Lett.*, 30, 641 (1989); J. Salaun et al., *ibid.*, 30, 2525 (1989); V.T. Ramakrishnan et al., *ibid.*, 30, 3833 (1989); G. Berube and A.G. Fallis, *ibid.*, 30, 4045 (1989); S. Swaminathan et al., *ibid.*, 30, 4427 (1989); K. Rajagopalan et al., *Synth. Commun.*, 19, 1341 (1989).

I.H.1-10 R. Bruckner et al, *Chem. Ber.*, 122, 2023, 193 and 703 (1989); T. Nakai et al., *Chem. Lett.*, 1693 (1989); M. Yamaguchi, *Pure Appl. Chem.*, 61, 413 (1989); M. Schlosser and S. Strunk. *Tetrahedron*, 45, 2649 (1989); J. Brocard et al., *Tetrahedron Lett.*, 30, 2549 (1989); K. Kakinuma and H.-Y. Li, *ibid.*, 30, 4157 (1989); J.I. Luengo and M. Koreeda, *J. Org. Chem.*, 54, 5415 (1989).

I.H.2 Other Rearrangements

I.H.2-1 W. Oppolzer, *Angew. Chem., Int. Ed. Engl.*, **28**, 38 (1989).
Review: "Intramolecular Metallo-ene Reactions".

I.H.2-2 K. Sakai et al., *Chem. Pharm. Bull.*, **37**, 1776 (1989) and *Tetrahedron Lett.*, **30**, 1095 and 4849 (1989); M. Shibasaki et al., *Chem. Pharm. Bull.*, **37**, 586 (1989); T. Nakai et al., *J. Am. Chem. Soc.*, **111**, 1941 (1989) and *Chem. Lett.*, 247 (1989); J.-P. Begue et al., *ibid.*, 1835 (1989); A.E. Greene et al., *Tetrahedron*, **45**, 2989 (1989).

60% (>99% de)

I.H.2-3 T.K. Sarkar and P.S.V. Subba Rao, *Synth. Commun.*, **19**, 1281 (1989); G. H. Kulkarni et al., *ibid.*, **19**, 597 (1989); L.F. Tietze et al., *J. Org. Chem.*, **54**, 3120 (1989); N. Kato, H. Takeshita et al., *Chem. Lett.*, 91 (1989); A.S. Kende and R.C. Newbold. *Tetrahedron Lett.*, **30**, 4329 (1989).

79-93%

I.H.2-4 D.J. Burnell and Y.J. Yu, *Can. J. Chem.*, **67**, 816 (1989) and *Tetrahedron Lett.*, **30**, 1021 (1989); K. Suzuki et al., *ibid.*, **30**, 5443 (1989); P.N. Rao et al., *Synth. Commun.*, **19**, 373 (1989); D.J. Pollart and H.W. Moore, *J. Org. Chem.*, **54**, 5444, (1989); Y. Yamamoto et al., *J. Am. Chem. Soc.*, **111**, 7264 (1989); L.E. Overman et al., *ibid.*, **111**, 1514 (1989); K. Ito et al., *Chem. Pharm. Bull.*, **37**, 1441 (1989).

I.H.2-5 I. Kuwajima et al., *Tetrahedron Lett.*, **30**, 4267 and 6551 (1989); V. Reydellet and P. Helquist, *ibid.*, **30**, 6837 (1989); S. Kim and J.H. Park, *ibid.*, **30**, 6181 (1989); T. Cohen and L. Brockunier, *Tetrahedron*, **45**, 2917 (1989); T.W. Kwon and M.B. Smith, *Chem. Lett.*, 2027 (1989); O. Muraoka et al., *Chem. Pharm. Bull.*, **37**, 1645 (1989).

I.H.2-6 H. Yamamoto et al., *Tetrahedron Lett.*, **30**, 5607 (1989).

I.H.2-7 L. Fitjer and U. Quabeck, *Angew. Chem., Int. Ed. Engl.*, 28, 94 (1989).

I.H.2-8 K. Kakiuchi et al., *J. Am. Chem. Soc.*, 111, 3707 (1989); D. Farcasiu et al., *ibid.*, 111, 8467 (1989); R. Bishop et al., *J. Chem. Soc., Perkin Trans. I*, 733 (1989); E. Haslinger and S. Rudolph, *Monatsh. Chem.*, 120, 759 (1989).

I.H.2-9 H.W. Moore et al., *J. Org. Chem.*, 54, 1379 (1989).

I.H.2-10 P.S. Vankar and S. Chandrasekaran, *Bull. Chem. Soc. Jpn.*, 62, 1388 (1989); F. Kazmierczak and P. Helquist. *J. Org. Chem.*, 54, 3988 (1989).

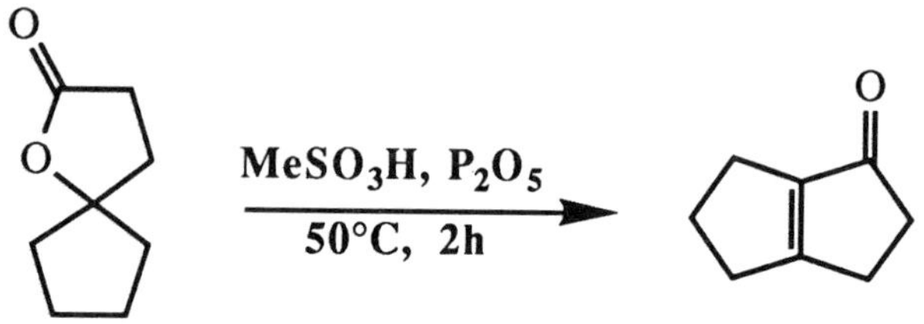

[Reaction: spirolactone + MeSO$_3$H, P$_2$O$_5$, 50°C, 2h → bicyclic enone]

I.H.2-11 H. Takeshita et al., *Bull. Chem. Soc. Jpn.*, 62, 451 (1989).

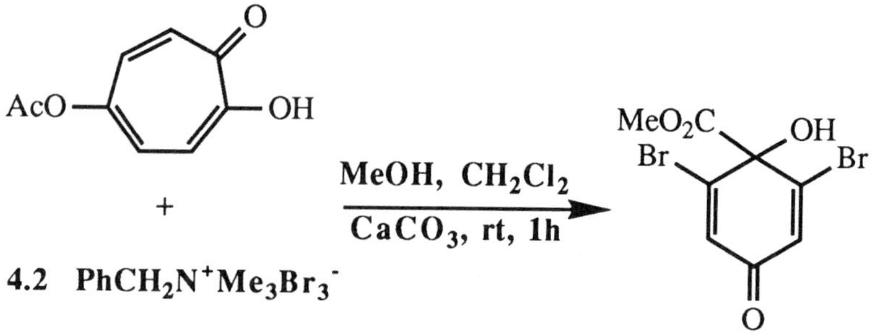

[Reaction: AcO-tropone-OH + 4.2 PhCH$_2$N$^+$Me$_3$Br$_3^-$, MeOH, CH$_2$Cl$_2$, CaCO$_3$, rt, 1h → dibromo hydroxy MeO$_2$C cyclohexadienone]

I.H.2-12 D.W. Jones and R.J. Martin, *Tetrahedron Lett.*, 30, 5467 (1989).

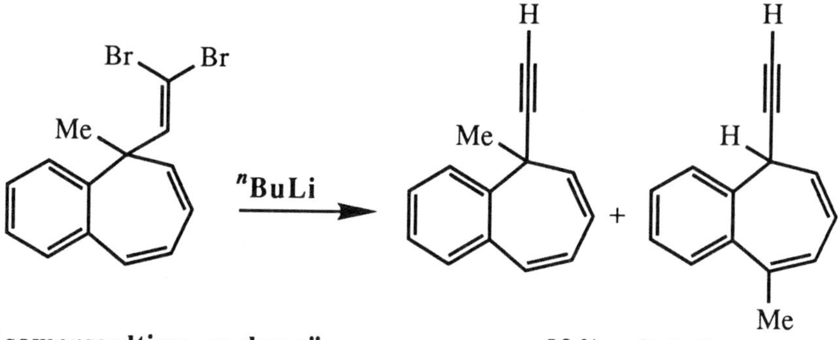

[Reaction: vinyl dibromide + ^{n}BuLi → two alkynyl benzocycloheptene products]

"somersaulting carbene"   80%   (4.2:1)

I.H.2-13 E.J. Corey and P. Carpino, *J. Am. Chem. Soc.*, **111**, 5472 (1989).

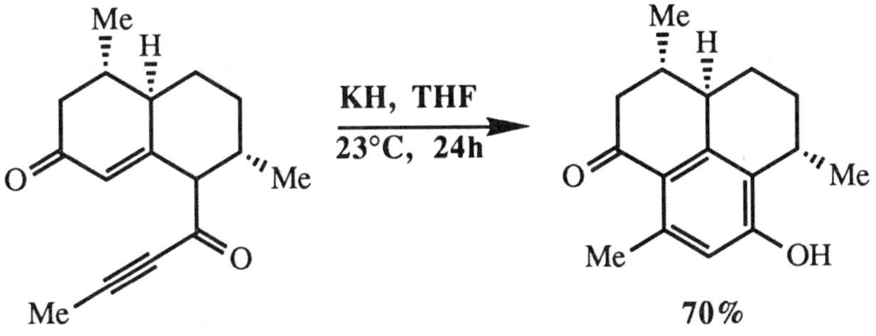

I.H.2-14 W. Tochtermann et al., *Tetrahedron Lett.*, **30**, 6855 (1989).

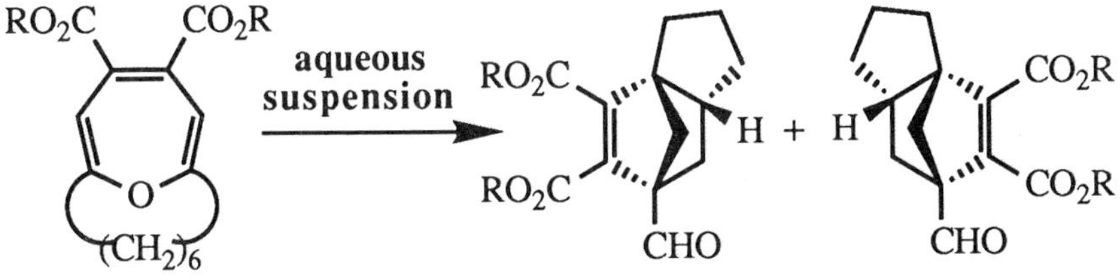

R = (-)-menthol
(-)-(s)-methylacetate

45% (83% de)

I.H.2-15 K. Sakai et al., *J. Chem. Soc., Perkin Trans. I*, 2137 (1989).

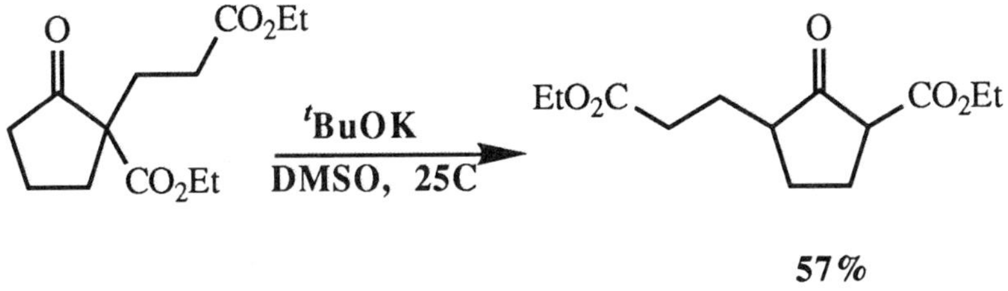

57%

I.H.2-16 K.L. Erickson et al., *J. Am. Chem. Soc.*, <u>111</u>, 1429 (1989).

I.H.2-17 W.S. Murphy et al., *J. Chem. Soc., Perkin Trans. I*, 2123 (1989).

II
OXIDATIONS

II.A. C-O Oxidations

II.A.1. Alcohol → Ketone, Aldehyde

II.A.1-1 J.-D. Lou, *Chem. Ind.*, 312 (1989) and *Synth. Commun.*, 19, 1841 (1989); S. Yamazaki and Y. Yamazaki, *Chem. Lett.*, 1361 (1989).

$$RCH_2OH \xrightarrow{1)} RCHO \quad 77\text{-}94\%$$

1) chromic acid, ether / H_2O

II.A.1-2 N. Iranpoor et al., *Synth. Commun.*, 19, 2955 (1989).

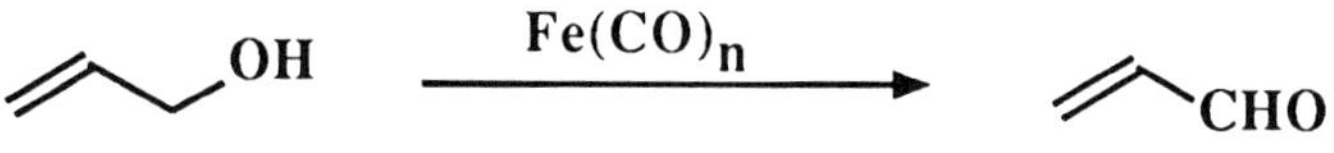

$$\diagup\!\!\!\diagdown\!\!OH \xrightarrow{Fe(CO)_n} \diagup\!\!\!\diagdown\!\!CHO$$

II.A.1-3 R. Schmeider and H.-J. Schafer, *Synthesis*, 742 (1989).

$$RCH_2OH \xrightarrow[\substack{\text{biphasic system} \\ -e^-}]{\text{Ni anode / OH}^-} RCHO + RCO_2H$$
$$\quad\quad\quad\quad\quad\quad\quad\quad\quad 15\text{-}86\% \quad <1\text{-}39\%$$

II.A.1-4 M.A. Fox et al., *J. Org. Chem.*, 54, 3847 (1989).

Photoxidation of 1,4-Pentanediol mediated by platinized TiO_2

II.A.1-5 V.M. Thuy and P. Maitte, *Bull. Soc. Chim. Belg.*, 98, 877 (1989); K.S. Kim et al., *Tetrahedron Lett.*, 30, 2559 (1989).

$$RR^1CHOH \xrightarrow[Et_2O,\ 35°C]{KMnO_4\ -\ Alumina} R\underset{}{\overset{O}{-}}R^1$$

50-91%

II.A.1-6 H. Firouzabadi et al., *Synthesis*, 378 (1989); M. Singh and R.A. Misra, *ibid.*, 403 (1989); C. Gallina and C. Giordano, *ibid.*, 466 (1989); T. Yamada and T. Mukaiyama, *Chem. Lett.*, 519 (1989); Y. Uemuchi, T. Sakai and T. Kanazuka, *ibid.*, 777 (1989); T. Nishiguchi and F. Asano, *J. Org. Chem.*, 54, 1531 (1989); R.J. Lindermann and D.M. Graves, *ibid.*, 54, 661 (1989); J.P. Genet et al., *Synth. Commun.*, 19, 1721 (1989).

$$R\underset{}{\overset{OH}{-}}R^1 \xrightarrow{oxidant} R\underset{}{\overset{O}{-}}R^1$$

oxidant = $Ba(MnO_4)_2$; $M(NO_3)_n$; O_2, Ni, Co; $RuCl_3\ /\ H_2O$ and $Ca(OCl)_2$ or $NaIO_4$

II.A.1-7 P.L. Anelli et al., *J. Org. Chem.*, 54, 2970 (1989).

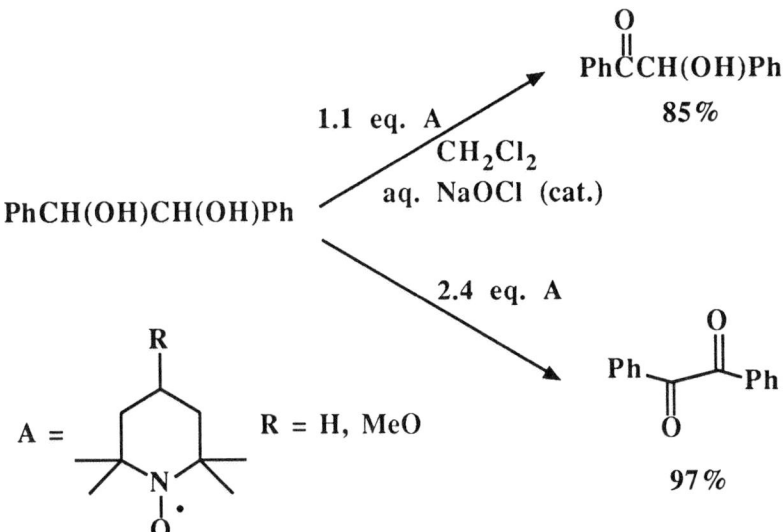

II.B. C-H Oxidations

II.B.1. C-H → C-O

II.B.1-1 R. Curci et al., *J. Am. Chem. Soc.*, 111, 6749 (1989).

Oxidations by Methyl(trifluoromethyl)dioxirane. 2. Oxyfunctionalization of Saturated Hydrocarbons

II.B.1-2 A. Tenaglia et al., *Tetrahedron Lett.*, 30, 5271 (1989); S. Rozen et al., *J. Am. Chem. Soc.*, 111, 8325 (1989); W.-D. Woggon et al., *Helv. Chim. Acta*, 72, 391 (1989).

norbornane-Me (endo/exo 3/1) $\xrightarrow[55°C]{RuCl_3 / NaIO_4 \atop CCl_4, MeCN, H_2O}$ norbornane-Me-OH (exo-, 90%)

10% F_2-N_2, MeCN, H_2O or P-450$_{cath.}$ used similarly (the latter for allylic oxidation)

II.B.1-3 J. Santamaria et al., *Tetrahedron Lett.*, 30, 4677 (1989).

$ArCH_2R \xrightarrow[DCA, MV]{O_2, \text{ visible light}} ArCH\text{-}R \underset{OOH}{|}$

57-100%

DCA = 9,10-dicyanoanthracene, MV = methyl viologen

II.B.1-4 Y. Horiguchi et al., *Tetrahedron Lett.*, 30, 3322 (1989).

$\xrightarrow[\substack{10 \text{ KHCO}_3 \\ CH_2Cl_2, 0°C \\ Na_2S_2O_4, H_2O}]{2.5 \text{ MCPBA}}$

72-94%

II.B.1-5 T. Funabiki et al., *Chem. Lett.*, 1267 (1989); G.A. Olah and T.D. Ernst, *J. Org. Chem.*, 54, 1204 (1989); F. Di Furia, G. Modena et al., *ibid.*, 54, 4368 (1989); M.K. Eberhardt et al., *ibid.*, 54, 5922 (1989); H.E. Ensley et al., *Tetrahedron Lett.*, 30, 1625 (1989).

$$\text{PhOMe} \xrightarrow[\text{MeCN, catechol, hydroquinone}]{O_2,\ FeCl_3,\ pyr} \text{2-OH-anisole}$$

55%
ortho / para 3 / 1

similar results with TMSOOTMS / TfOH; VO(O$_2$)(picolinic acid)(H$_2$O)$_2$; Cu$^+$ / H$_2$O$_2$ or ^{1}O$_2$ / light

---

II.B.1-6 M. Reglier et al., *Chem. Commun.*, 447 (1989); S. Rozen and D. Webel, *Heterocycles*, 28, 249 (1989).

$$\text{BnN(CH}_2\text{CH}_2\text{-2-pyridyl)}_2 \xrightarrow[\text{MeCN}]{Cu(I),\ PhIO} \text{product}$$

69%

2-acetates with MeCO$_2$F

II.B.1-7 R.H. Crabtree et al., *Tetrahedron Lett.*, 30, 5689 (1989).

cyclooctane $\xrightarrow{\text{TBHP, 3h} \atop [\text{Mn}^{III}{}_4\text{O}_2(\text{O}_2\text{CCMe}_3)_6(\text{OH})_2]}$ cyclooctanone

20.7 turnovers

II.B.1-8 W.-S. Li and K. Liu, *Synthesis*, 293 (1989).

$$\text{ArCHR}^1\text{R}^2 \xrightarrow[\text{6M aq. H}_2\text{SO}_4]{\text{KMnO}_4,\ \text{TEA} \atop \text{H}_2\text{O, solvent}} \text{ArCHO or ArCR(=O) or ArCR}^1\text{R}^2\text{OH}$$

45-96%

II.B.1-9 Y.H. Kim et al., *Tetrahedron Lett.*, 30, 6357 (1989).

$$\text{ArCH}_2\text{R} + \text{2-O}_2\text{N-C}_6\text{H}_4\text{-SO}_2\text{Cl} + \text{KO}_2 \xrightarrow[-35°\text{C}, 4-8\text{h}]{\text{MeCN}} \text{ArCR(=O)}$$

41-98%

II.B.1-10 K.S. Feldman and R.E. Simpson, *J. Am. Chem. Soc.*, 111, 4878 (1989).

vinylcyclopropane-R $\xrightarrow[\text{O}_2,\ \text{low temp.}]{\text{Ph}_2\text{X}_2,\ \text{AIBN}}$ 1,2-dioxolane → **1,3-diols**

R = phenyl, vinyl, ester

OXIDATIONS

II.B.1-11 S. Chandrasekaran et al., *Tetrahedron Lett.*, 30, 2429 (1989); A. Bhattacharya, L.M. DiMichele et al., *J. Org. Chem.*, 54, 6118 (1989).

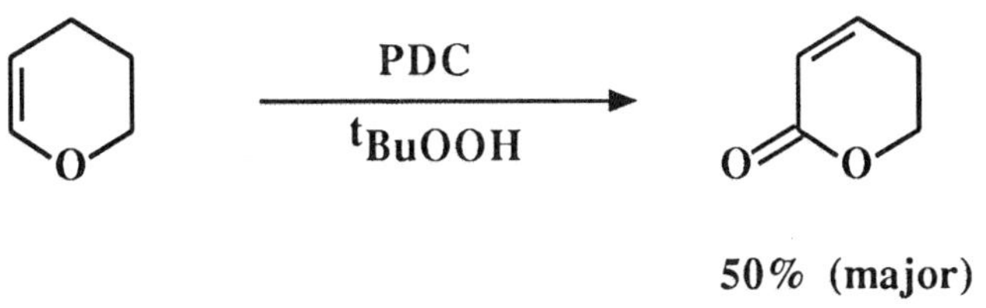

$$\text{dihydropyran} \xrightarrow[\text{tBuOOH}]{\text{PDC}} \text{lactone}$$

50% (major)

II.B.1-12 S.V. Ley and F. Sternfeld, *Tetrahedron*, 45, 3463 (1989); T. Hudlicky et al., *ibid.*, 30, 4053 (1989).

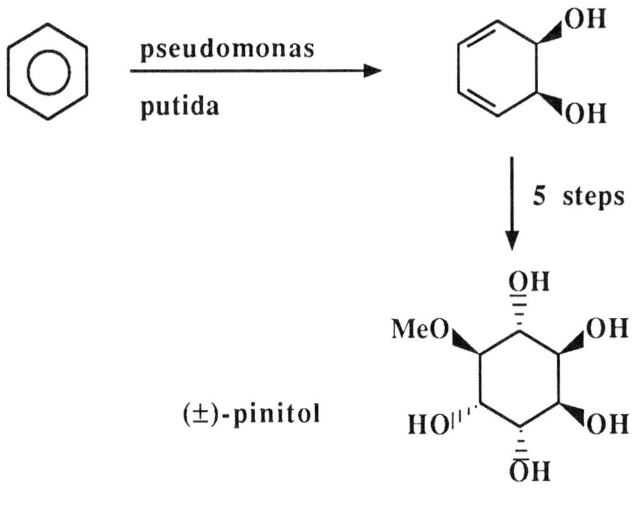

benzene →(pseudomonas putida)→ cis-diol →(5 steps)→ (±)-pinitol

II.B.1-13 A.T. Hewson, *Synth. Commun.*, 19, 2095 (1989).

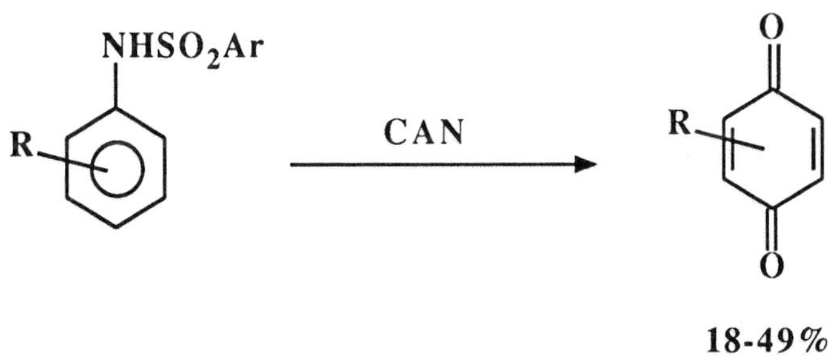

$$\text{R–C}_6\text{H}_4\text{–NHSO}_2\text{Ar} \xrightarrow{\text{CAN}} \text{R-benzoquinone}$$

18-49%

II.B.1-14 F. Rodriguez, *Tetrahedron Lett.*, 30, 2417 (1989).

anthracene $\xrightarrow{\text{AcOH}, \text{HNO}_3 / \text{air}}$ anthraquinone   80%

II.B.2. C-H → C-Hal

II.B.2-1 F. Minisci et al., *J. Chem. Soc., Perkin Trans. 2*, 123 (1989); J.R. Lindsay Smith et al., *ibid.*, 1529 and 1537 (1989); S. Kajigaeshi et al., *Chem. Lett.*, 415 (1989).

R–C$_6$H$_4$–OH + R$_2$$\overset{+}{\text{N}}$H-Cl ⟶ R–C$_6H_3$(OH)(Cl)   90-94%

II.B.2-2 W.-W. Sy and B.A. Lodge, *Tetrahedron Lett.*, 30, 3769 (1989); T. Shono et al., *ibid.*, 30, 1649 (1989).

R–C$_6$H$_5$ $\xrightarrow{\text{I}_2, \text{AgNO}_2}{\text{CH}_2\text{Cl}_2}$ R–C$_6$H$_4$–I   13-95%

II.B.2-3 W.R. Dolbier, Jr. et al., *Tetrahedron Lett.*, 30, 4929 (1989).

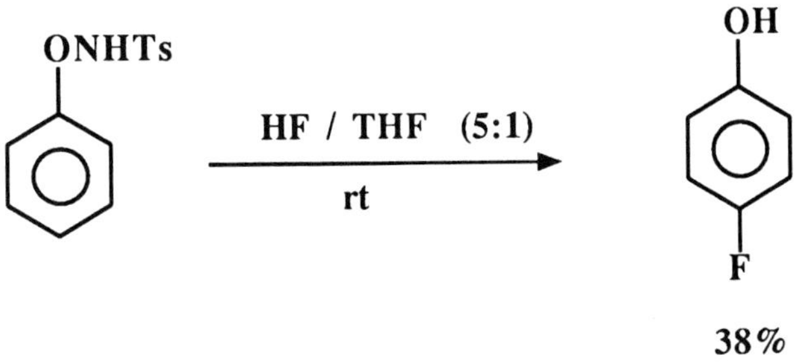

C₆H₅ONHTs $\xrightarrow{\text{HF / THF (5:1)}}$ 4-F-C₆H₄-OH

p-fluorophenol, 38%

II.B.2-4 T. Umemoto and G. Tomizawa, *J. Org. Chem.*, 54, 1726 (1989).

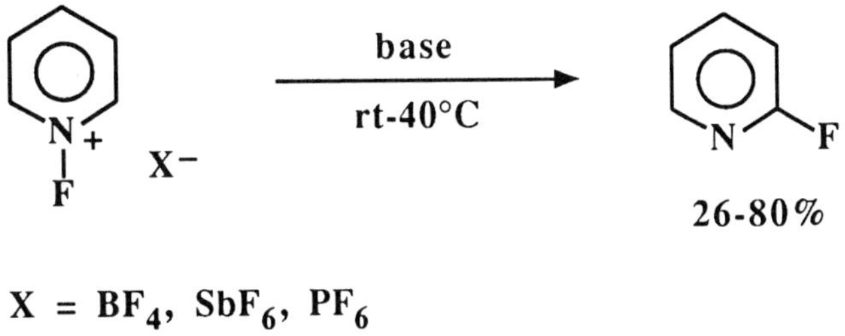

N-fluoropyridinium X⁻ $\xrightarrow[\text{rt-40°C}]{\text{base}}$ 2-fluoropyridine

26-80%

$X = BF_4$, SbF_6, PF_6

II.B.2-5 R.J. Lagow et al., *J. Org. Chem.*, 54, 1990 (1989); S. Stauber and M. Zupan, *Tetrahedron*, 45, 2737 (1989).

$(CH_3O)_4C \xrightarrow{F_2 / He} (CF_3O)_4C$

49%

cesium fluoroxysulfate used similarly

II.B.2-6 E. Differding and R.W. Lang, *Helv. Chim. Acta*, 72, 1248 (1989); M. Zupan et al., *Tetrahedron*, 45, 6003 (1989).

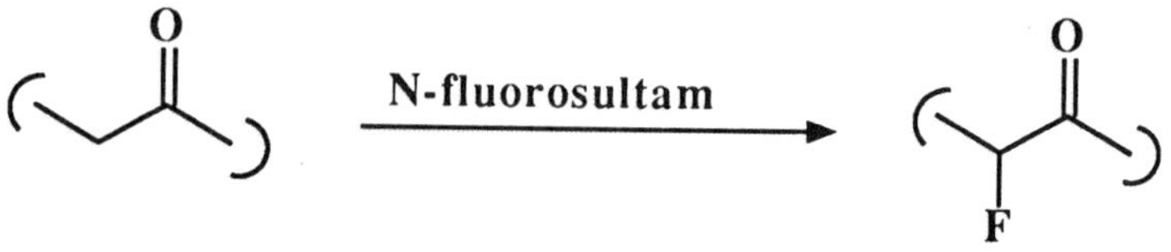

RCH₂C(O)R' →(N-fluorosultam)→ RCHFC(O)R'

similar conversions with XeF_2, $CsSO_4F$

II.B.2-7 A. Ricci et al., *Synthesis*, 461 (1989).

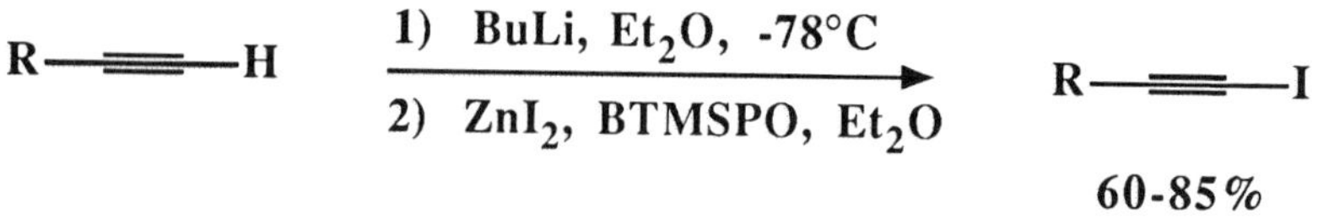

$$R-\equiv-H \xrightarrow[\text{2) ZnI}_2\text{, BTMSPO, Et}_2\text{O}]{\text{1) BuLi, Et}_2\text{O, -78°C}} R-\equiv-I$$

60-85%

II.B.2-8 B. Sket and M. Zupan, *Synth. Commun.*, 19, 2481 (1989).

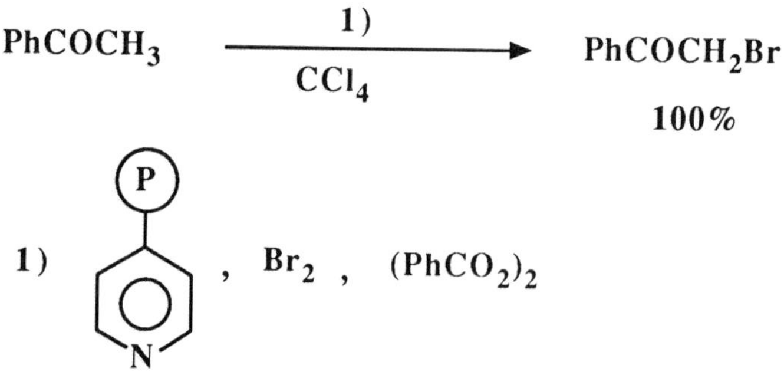

$$PhCOCH_3 \xrightarrow[CCl_4]{1)} PhCOCH_2Br \quad 100\%$$

1) 4-(pyridyl)phosphine , Br_2 , $(PhCO_2)_2$

II.B.2-9 O.S. Tee et al., *J. Am. Chem. Soc.*, **111**, 2233 (1989).

$$\text{R-C}_6\text{H}_3(\text{OH}) \xrightarrow{\text{Br}_2, \text{H}_2\text{O}} \text{R-C}_6\text{H}_2(\text{OH})(\text{Br})$$

II.C. C-N Oxidations

II.C-1 H.-J. Liu and J.M. Nyangulu, *Synth. Commun.*, **19**, 3407 (1989); Y. Ohshiro et al., *Chem. Lett.*, 1491 (1989).

$$\text{ArCH(R)-NHR} \xrightarrow[\substack{2)\ \text{TEA, -10 to 20°C} \\ 3)\ \text{aq. (CO}_2\text{H)}_2,\ 20°\text{C}}]{1)\ \text{PhOPOCl}_2,\ \text{DMSO},\ \text{CH}_2\text{Cl}_2} \text{Ar-CO-R}$$

similar results with coenzyme PQQ / CTAB

II.C-2 T. Keumi et al., *J. Org. Chem.*, **54**, 4034 (1989).

$$\text{(tetrahydronaphthalenone with NO}_2\text{)} \xrightarrow{\text{KMnO}_4, \text{KOH, MeOH}} \text{(naphthoquinone derivative)}$$

99%

II.D. Amine Oxidations

II.D-1 C. Barak and Y. Sasson, *J. Org. Chem.*, 54, 3484 (1989); R.W. Murray et al., *ibid.*, 54, 5783 (1989).

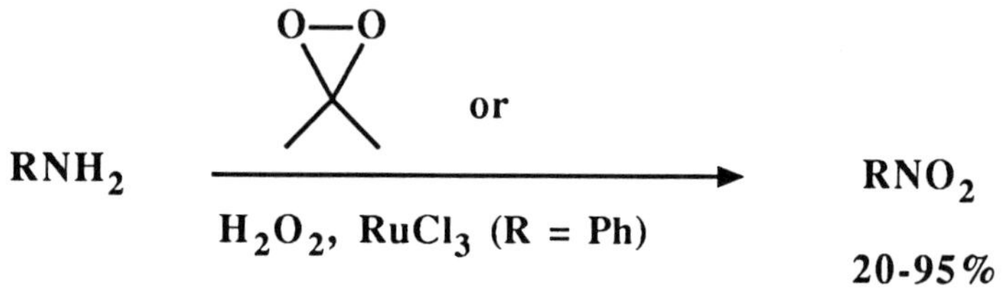

$$RNH_2 \xrightarrow[H_2O_2,\ RuCl_3\ (R\ =\ Ph)]{\text{dimethyldioxirane or}} RNO_2$$

20-95%

II.D-2 R.W. Murray and M. Singh, *Synth. Commun.*, 19, 3509 (1989).

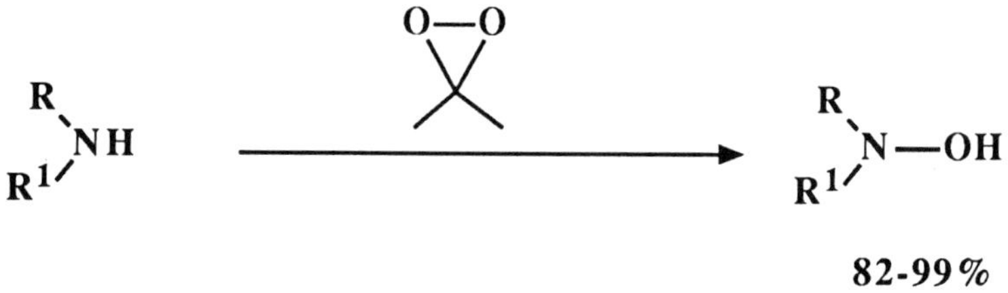

$$\underset{R^1}{\overset{R}{>}}NH \xrightarrow{\text{dimethyldioxirane}} \underset{R^1}{\overset{R}{>}}N-OH$$

82-99%

II.D-3 D. Christensen and K.A. Jorgensen, *J. Org. Chem.*, 54, 126 (1989).

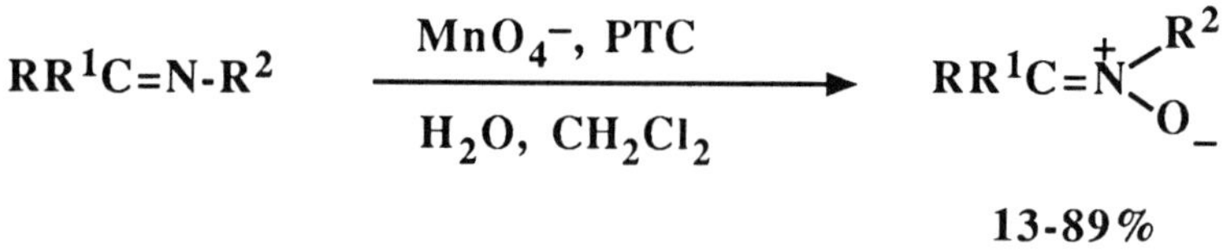

$$RR^1C=N-R^2 \xrightarrow[H_2O,\ CH_2Cl_2]{MnO_4^-,\ PTC} RR^1C=\overset{+}{N}\underset{O_-}{\overset{R^2}{<}}$$

13-89%

II.E. Sulfur Oxidations

II.E-1 Y.H. Kim and D.C. Yoon, *Synth. Commun.*, 19, 1569 (1989); M. Hirobe et al., *Tetrahedron Lett.*, 30, 4133 (1989); S.R. Herchen, *ibid.*, 30, 425 (1989).

$$R^1SR^2 \xrightarrow[\text{with or without 18-C-6}]{\text{1)} \atop \text{MeCN, DMF or } CH_2Cl_2} \underset{6\text{-}85\%}{R^1S(O)R^2}$$

1) p-Tol—S(O)(=NR)—Cl / KO_2

KO_2 / CO_2 or MCPBA used similarly

II.E-2 S. Colonna and N. Gaggero, *Tetrahedron Lett.*, 30, 6233 (1989); F.D. Furia, G. Modena et al., *ibid.*, 30, 4859 (1989).

$$R^1SR^2 \xrightarrow[\text{BSA}]{R^2\text{-oxirane-}R^3} R^1\overset{O}{\underset{\|}{S}}R^2$$

37-98%, 8-89% e.e.

similar results with $^tBuO_2H$, $Ti(O^iPr)_4$, (+) DET

II.E-3 S.-I. Murahashi et al., *J. Am. Chem. Soc.*, 111, 5002 (1989).

$$R_2S \xrightarrow[\text{MeOH, rt}]{Fl^+Et\ ClO_4^- / H_2O_2} \underset{96\text{-}99\%}{R_2S=O} \longrightarrow \underset{96\text{-}98\%}{R_2SO_2}$$

II.E-4 F.A. Davis et al., *J. Am. Chem. Soc.*, 111, 5964 (1989).

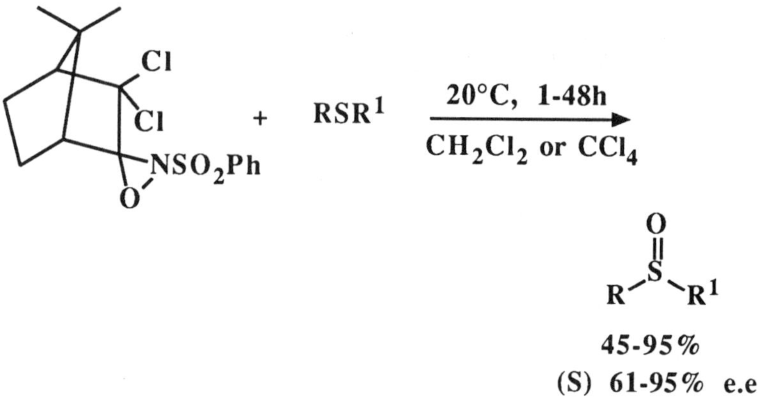

$$\text{(camphor-derived oxaziridine with Cl, Cl, NSO}_2\text{Ph)} + RSR^1 \xrightarrow[\text{CH}_2\text{Cl}_2 \text{ or CCl}_4]{20°\text{C, 1-48h}} R-\overset{\overset{O}{\|}}{S}-R^1$$

45-95%
(S) 61-95% e.e

II.F. Oxidative Additions to C-C Multiple Bonds

II.F.1. Epoxidations

II.F.1-1 F. Mohamadi and M.M. Spees, *Tetrahedron Lett.*, 30, 1309 (1989); J.A. Soderquist and B. Santiago, *ibid.*, 30, 5693 (1989); F. Fringuelli et al., *ibid.*, 30, 1427 (1989); G.A. Berchtold et al., *J. Org. Chem.*, 54, 2787 (1989); J.T. Gupton et al., *Synth. Commun.*, 19, 3579 (1989).

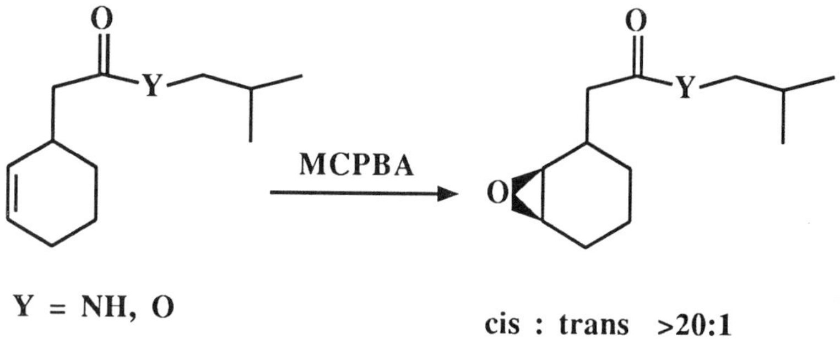

Y = NH, O

cis : trans >20:1

aqueous $NaBO_3$ used for epoxidation of α, β–unsaturated ketones

II.F.1-2 G. Frater and U. Muller, *Helv. Chim. Acta*, 72, 653 (1989); W. Boland et al., *ibid.*, 72, 917 (1989); B. Frei et al., *ibid.*, 72, 264 (1989); K.B. Sharpless et al., *J. Org. Chem.*, 54, 1295, 2826 and 4016 (1989); F. Sato et al., *ibid.*, 54, 2085 (1989); Z.M. Wang and W.S. Zhou, *Synth. Commun.*, 19, 2627 (1989); M.E. Jung and Y.H. Jung, *Tetrahedron Lett.*, 30, 6637 (1989).

$$\text{substrate} \xrightarrow[\text{tBuOOH}]{\text{diisopropyl D-tartrate} \atop \text{Ti(O}^i\text{PrO)}_4} \text{product}$$

45%

II.F.1-3 Y. Ishii et al., *Chem. Lett.*, 2053 (1989).

$$\underset{R^3}{\overset{R^2}{\underset{|}{C}}}=\underset{|}{C}-COOH + 1.2\ H_2O_2 \xrightarrow[60\text{-}65°C]{\text{HPA (0.4 mol \%)} \atop H_2O\ (pH\ 6\text{-}7)}$$

HPA = heteropoly acids

8-90%

$$R^1-\underset{O}{\overset{R^2}{C}}-\underset{R^3}{C}-COOH$$

II.F.1-4 C.J. Burrows et al., *J. Org. Chem.*, 54, 1584 (1989); S. Banfi, F. Montanari and S. Quici, *ibid.*, 54, 1850 (1989); D. Ostovic and T.C. Bruice, *J. Am. Chem. Soc.*, 111, 6511 (1989); T.G. Traylor and A.R. Miksztal, *ibid.*, 111, 7443 (1989); C. Querci and M. Ricci, *Chem. Commun.*, 889 (1989); M. Hirobe et al., *Tetrahedron Lett.*, 30, 6545 (1989).

$$\text{Ph}\diagdown R \xrightarrow[\text{NaOCl}]{\underset{L}{\overset{L}{\underset{|}{N}i}}\underset{L}{\overset{L}{|}}} \text{Ph}\diagdown\overset{O}{\diagup}R + \text{PhCHO}$$

L = difunctionalized dioxocyclam macrocycles

similar epoxidations *via* metal porphyrin complexes

II.F.1-5 W. Adam et al., *J. Am. Chem. Soc.*, 111, 203 (1989); M. Nakata and H. Frei, *ibid.*, 111, 5240 (1989).

$$R^3R^4R^4'C=CR^1R^2 \xrightarrow[Ti(O^iPr)_4]{^1O_2} \text{epoxy alcohol}$$

a similar photochemical approach using NO_2 also reported

II.F.1-6 W. Adam et al., *Tetrahedron Lett.*, 30, 6497 and 4223 (1989); R. Curci et al., *ibid.*, 30, 257 (1989); S.J. Danishefsky et al., *J. Am. Chem. Soc.*, 111, 6661 (1989) and *J. Org. Chem.*, 54, 4249 (1989); J. Yoshida, S. Nakatani and S. Isoe, *ibid.*, 54, 5655 (1989).

cyclohexenyl-OTMS + Me₂C(O)(O) (dioxirane) $\xrightarrow{-40°C}$ epoxide-OTMS   99%

II.F.1-7 O. Takahashi et al., *Tetrahedron Lett.*, 30, 1583 (1989).

$CH_2=C(Me)-C_nH_{2n+1}$ $\xrightarrow{\text{Nocardia corallina}}$ epoxide-C_nH_{2n+1}

n = 3-5

32-56%

76-90% e.e. (R)

II.F.2. Hydroxylation

II.F.2-1 G.W. Kabalka et al., *Tetrahedron Lett.*, 30, 1482 and 5103 (1989) and *J. Org. Chem.*, 54, 5930 (1989); A. Oku et al., *Chem. Commun.*, 1429 (1989).

$$\underset{R^1}{\overset{R}{\diagdown}}C=CH_2 \quad \xrightarrow[\text{2) } NaBO_3 \cdot 4\ H_2O\ (3\ eq.)]{\text{1) Hydroboration}} \quad RR^1CHCH_2OH$$

81-92%

$Na_2CO_3 \cdot 3/2\ H_2O_2$ also used

II.F.2-2 T. Hayashi, Y. Matsumoto and Y. Ito, *J. Am. Chem. Soc.*, 111, 3426 (1989); K. Burgess and M.J. Ohlmeyer, *Tetrahedron Lett.*, 30, 5857 and 5861 (1989).

Ar–CH=CH$_2$ + catecholborane $\xrightarrow[\text{(+)-BINAP (cat.)}]{[Rh(COD)_2]BF_4}$ $\xrightarrow[\text{NaOH}]{H_2O_2}$ Ar–CH(OH)–Me

54-99%, 57-96% e.e.

II.F.2-3 F. Freeman and J.C. Kappos, *J. Org. Chem.*, 54, 2730 (1989).

Hexadecyltrimethylammonium Permanganate Oxidation of Cycloalkenes

II.F.2-4 G. Cainelli et al., *Synthesis*, 45 (1989).

Catalytic Hydroxylation of Olefins by Polymer-Bound Osmium Tetroxide

---

II.F.2-5 K.B. Sharpless et al., *Tetrahedron Lett.*, 30, 2041 (1989).

Documenting the Scope of the Catalytic Asymmetric Dihydroxylation

---

II.F.2-6 T. Oishi and M. Hirama, *J. Org. Chem.*, 54, 5834 (1989); E. Erdik and D.S. Matteson, *ibid.*, 54, 2742 (1989); K.B. Sharpless et al., *J. Am. Chem. Soc.*, 111, 1123 (1989); E.J. Corey et al., *ibid.*, 111, 9243 (1989); C.W. Jefford et al., *Chem. Commun.*, 1916 (1989).

$$R^1\text{-CH=CH-}R^2 \xrightarrow[\text{2) NaHSO}_3]{\text{1) OsO}_4,\ X^*,\ -78°C} R^1\text{(HO)(H)C-C(H)(OH)}R^2$$

79-97%, 56-100% e.e.

X* = (bis-pyrrolidine with N-R groups)

R = pentyl, neohexyl

other chiral catalysts and oxidants employed

II.F.2-7 R. Furstoss et al., *J. Org. Chem.*, 54, 4687 (1989).

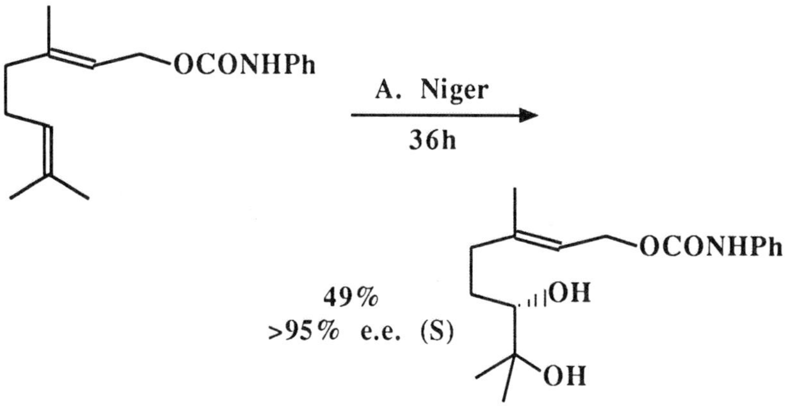

$$\text{[geranyl OCONHPh]} \xrightarrow[36h]{A.\ Niger} \text{[diol OCONHPh]}$$

49%
>95% e.e. (S)

II.F.2-8 G. Cainelli et al., *Synthesis*, 47 (1989).

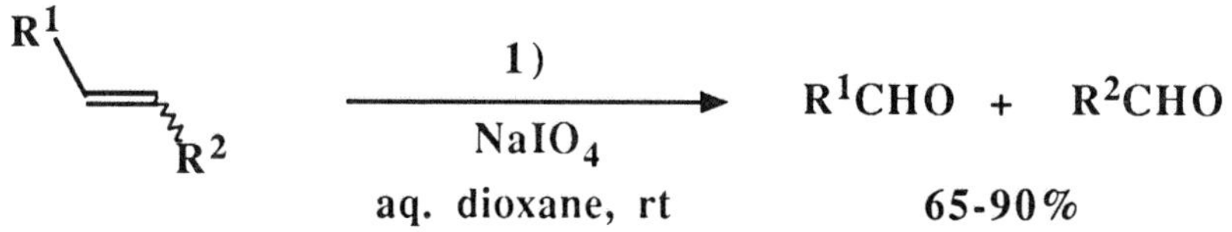

$$R^1\text{CH=CH}R^2 \xrightarrow[\substack{\text{NaIO}_4 \\ \text{aq. dioxane, rt}}]{1)} R^1\text{CHO} + R^2\text{CHO}$$

65-90%

1) polymer-supported osmium tetroxide

II.F.3. Other Oxidative Additions to C-C Multiple Bonds

II.F.3-1 I. Nishiguchi et al., *Chem. Lett.*, 2033 (1989).

$$\text{RCH=CH}_2 \xrightarrow[\text{NaBH}_4]{\text{electrolysis}} \xrightarrow[\text{NaOH}]{\text{H}_2\text{O}_2} \text{RCH}_2\text{CH}_2\text{OH}$$

72-82%

II.F.3-2 T. Mukaiyama et al., *Chem. Lett.*, 449, 515 and 1071 (1989).

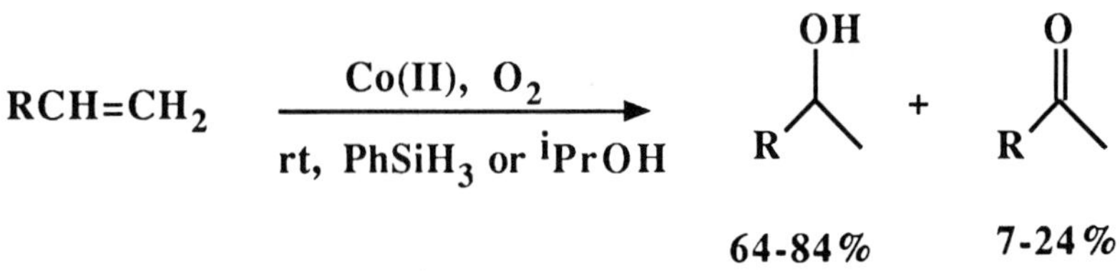

$$RCH=CH_2 \xrightarrow[\text{rt, PhSiH}_3 \text{ or }^i\text{PrOH}]{\text{Co(II), O}_2} \underset{64\text{-}84\%}{R-CH(OH)-CH_3} + \underset{7\text{-}24\%}{R-CO-CH_3}$$

II.F.3-3 T. Shono et al., *Tetrahedron Lett.*, 30, 5309 (1989).

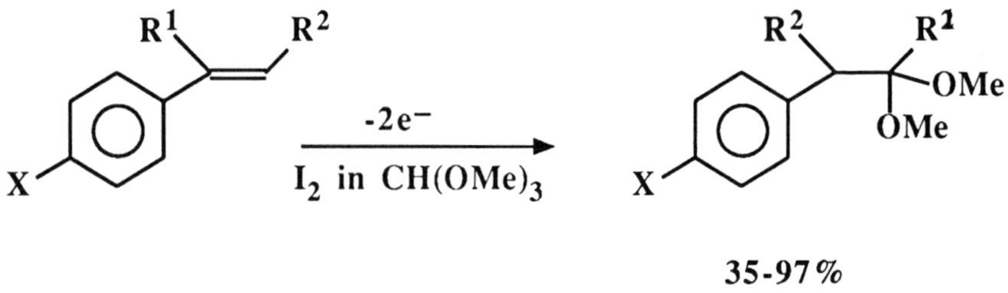

Ar–C(R^1)=CHR^2 $\xrightarrow[\text{I}_2 \text{ in CH(OMe)}_3]{-2e^-}$ Ar–CHR^2–CR^1(OMe)$_2$

35-97%

(Ar = 4-X-C$_6$H$_4$)

II.F.3-4 G.H. Posner, H.H. Seliger et al., *J. Org. Chem.*, 54, 3252 (1989); B.-M. Kwon and C.S. Foote, *ibid.*, 54, 3878 (1989).

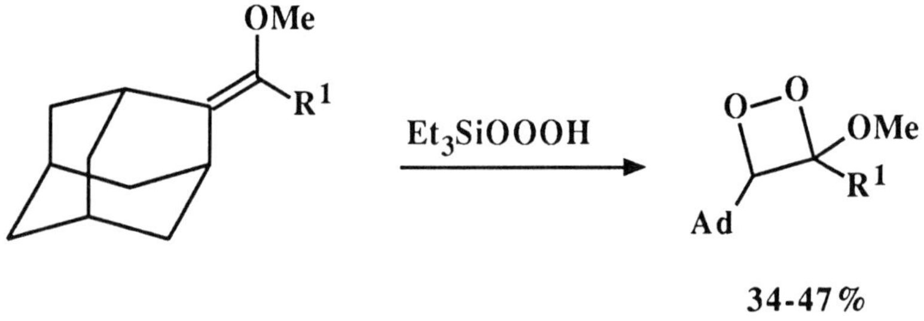

Ad=C(OMe)R^1 $\xrightarrow{\text{Et}_3\text{SiOOOH}}$ dioxetane [Ad–C(H)–C(OMe)(R^1) with O–O bridge]

34-47%

II.G. Phenol-Quinone Oxidation

II.G-1 F. Minisci et al., *J. Org. Chem.*, 54, 728 (1989); M. Daumas et al., *Synthesis*, 64 (1989); Y. Tamura et al., *ibid.*, 126 (1989); K. Takehira et al., *Tetrahedron Lett.*, 30, 6691 (1989); E.C. McGoran and M. Wyborney, *ibid.*, 30, 783 (1989); S. Ito et al., *ibid.*, 30, 205 (1989); M. Shimizu, K. Takehira et al., *ibid.*, 30, 471 (1989).

R—C$_6$H$_4$—OH $\xrightarrow[\text{I}_2 \text{ or HI (cat.)}]{\text{H}_2\text{O}_2}$ R-substituted 1,4-benzoquinone

similar conversions with $NaIO_4$; Fremy's salt; $PhI(OCOCF_3)_2$; O_2 / $CuCl_2$; MoO_4^{2-} / H_2O_2

II.H. Dehydrogenation

II.H-1 R. Neumann and M. Lissel, *J. Org. Chem.*, 54, 4607 (1989).

cyclohexadiene $\xrightarrow[\substack{O_2,\ 1,2\text{-DCE} \\ 70°C,\ 6h}]{H_5PMo_{10}V_2O_{40}}$ benzene

>98%

II.H-2 Y. Watanabe and Y. Ishimura, *J. Am. Chem. Soc.*, 111, 410 (1989).

1-OTMS-2-R-3,4-dihydronaphthalene $\xrightarrow[\text{NADH, O}_2]{\text{P450}_{cam}}$ 1-OTMS-2-R-naphthalene + 1-OTMS-1,2-epoxy-2-R-tetralin

65:35

II.I. Reviews

II.I-1 A. McKillop and D. Kemp, *Tetrahedron*, 45, 3299 (1989).

Review: "Further Functional Group Oxidations Using Sodium Perborate".

II.I-2 W. Adam et al., *Acc. Chem. Res.*, 22, 205 (1989).

Review: "Dioxiranes: A New Class of Powerful Oxidants".

II.I-3 R.W. Murray, *Chem. Rev.*, 89, 1187 (1989).

Review: "Dioxiranes".

II.I-4 F.A. Davis and A.C. Sheppard, *Tetrahedron*, 45, 5703 (1989).

Review: "Applications of Oxaziridines in Organic Synthesis".

II.I-5 K.A. Jorgensen, *Chem. Rev.*, 89, 431 (1989).

Review: "Transition-Metal-Catalyzed Epoxidations".

II.I-6 C.S. Pande and N. Jain, *Synth. Commun.*, 19, 1271 (1989).

Polymer-Supported Persulfonic Acid as an Oxidizing Agent

II.I-7 G.D. Paderes and W.L. Jorgensen, *J. Org. Chem.*, 54, 2058 (1989).

Computer-Assisted Evaluation of Oxidation Reactions

II.I-8 G.J. Hutchings et al., *Chem. Soc. Rev.*, 18, 251 (1989).

Review: "Oxidative Coupling of Methane using Oxide Catalysts".

III
REDUCTIONS

III.A. C=O Reductions

III.A-1 A.R. Harris and T.J. Mason, *Synth. Commun.*, 19, 529 (1989); V. Satagopan and S.B. Chandalia, *ibid.*, 19, 1217 (1989); I. Shibata et al., *Chem. Lett.*, 619 (1989).

$$\text{ArCHO} \xrightarrow[60 - 77\%]{HOCH_2SO_2Na} \text{ArCH}_2\text{OH}$$

Similar results with Na_2S or $Bu_3SnH \cdot HMPA$

III.A-2 A. Sarkar et al., *Synth. Commun.*, 19, 2313 (1989); D.E. Ward and C. K. Rhee, *Can. J. Chem.*, 67, 1206 (1989); F. Toda et al., *Angew. Chem., Int. Ed. Engl.*, 28, 320 (1989).

Montmorillonite supported borohydride, 96%

Similar reductions of ketones with $NaBH_4$

III.A-3 B. B. Singh et al., *Org. Prep. Proced. Int.*, 21, 373 (1989).

$$\text{ArCOR} \xrightarrow[\substack{10\% \text{ Pd/C} \\ 85 - 91\%}]{HCOONH_4} \text{ArCH}-\text{R} \atop \text{OH}$$

III.A-4 M. Falorni, L. Lardicci and G. Giacomelli, *J. Org. Chem.*, 54, 2383 (1989).

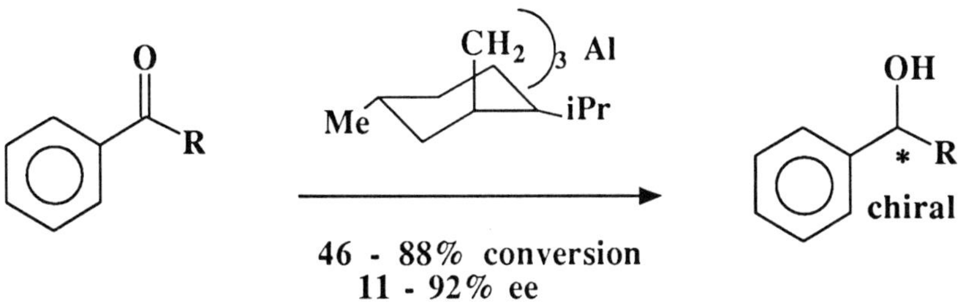

PhC(O)R + Me-cyclohexyl-(CH₂)₃-Al-iPr → PhCH(OH)R* (chiral)

46 - 88% conversion
11 - 92% ee

III.A-5 P. Caubere et al., *Chem. Commun.*, 225 (1989).

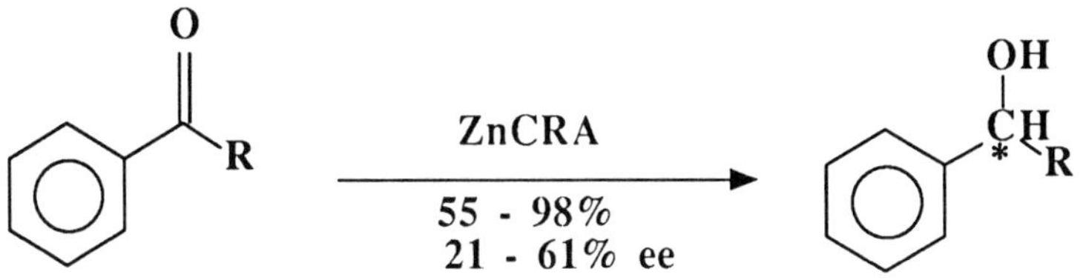

PhC(O)R —ZnCRA→ PhCH(OH)R*

55 - 98%
21 - 61% ee

ZnCRA = Zinc containing complex reducing agents

III.A-6 H. Sakuraba, N. Inomata and Y. Tanaka, *J. Org. Chem.*, 54, 3482 (1989); F. Toda and K. Mori, *Chem. Commun.*, 1245 (1989).

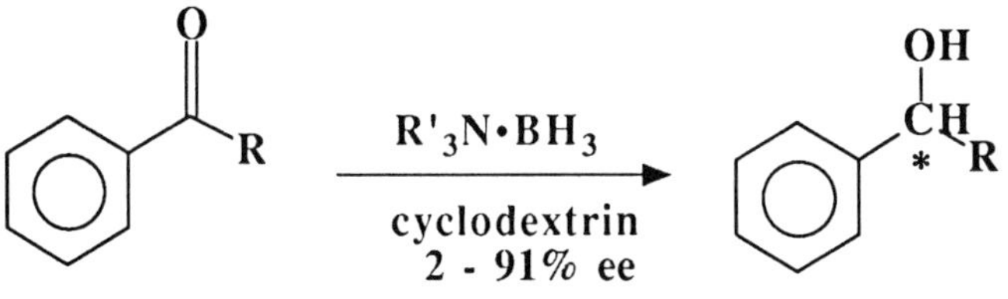

PhC(O)R —R'₃N·BH₃, cyclodextrin→ PhCH(OH)R*

2 - 91% ee

III.A-7 E. J. Corey et al., *Tetrahedron Lett.*, 30, 6275 and 5207 (1989); M. M. Midland et al., *J. Org. Chem.*, 54, 159 (1989); H. C. Brown and P. V. Ramachandran, *ibid.*, 54, 4504 (1989).

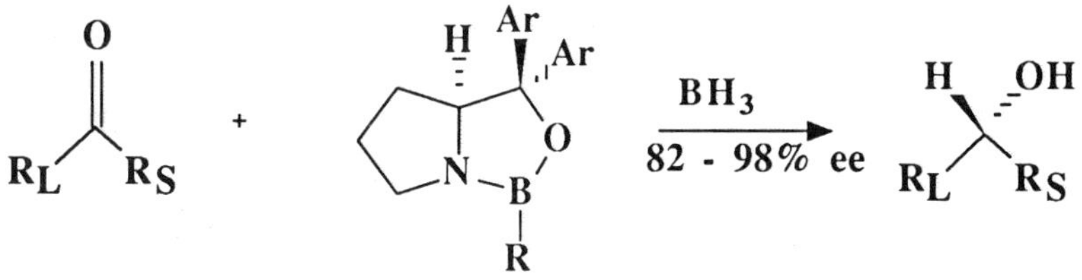

Opposite stereochemistry with Alpine Borane

III.A-8 G. Balavoine, J. C. Clinet and I. Lellouche, *Tetrahedron Lett.*, 30, 5141 (1989); S.Terashima et al., *Bull. Chem. Soc. Jpn.*, 62, 3041 (1989); E. Lukevics et al., *J. Organomet. Chem.*, 372, C9 (1989).

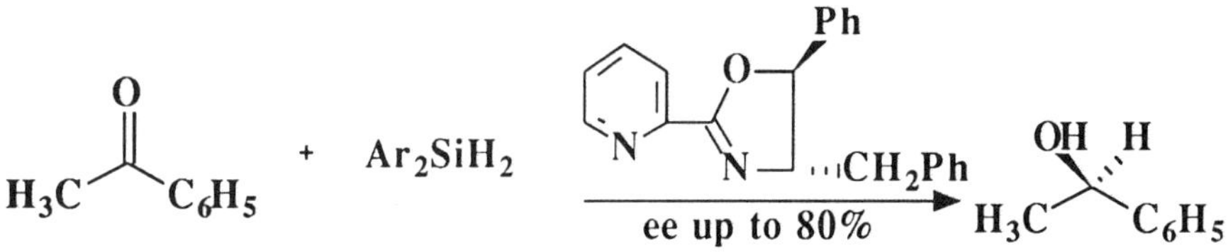

III.A-9 G. Gelbard et al., *Tetrahedron*, 45, 733 (1989); J. Borguignon et al., *ibid.*, 45, 2579 (1989); J. A. J. M. Vekemans et al., *J. Org. Chem.*, 54, 1313 (1989); S. Fukuzumi et al., *Chem. Lett.*, 31 (1989).

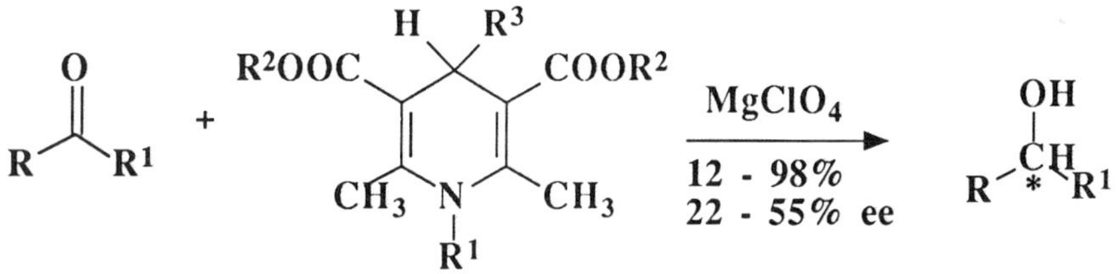

Similar results with other NADH mimics

III.A-10 K. Yamakawa et al., *Chem. Pharm. Bull.*, 37, 184 (1989).

$$\underset{R}{\overset{O}{\underset{\|}{Ph\text{-}S}}}\text{-}\overset{Cl}{\underset{O}{\overset{|}{C}}}\text{-}R' \quad \xrightarrow[85\text{-}95\%]{\text{DIBAL-H}}{\text{THF}} \quad \underset{R}{\overset{O}{\underset{\|}{Ph\text{-}S}}}\text{-}\overset{Cl}{\underset{HO\;\;H}{\overset{|}{C}}}\text{-}R'$$

III.A-11 Y. Naoshima et al., *J. Org. Chem.*, 54, 4237 (1989) and *Chem. Lett.*, 1023 and 1517 (1989); M. Utaka et al., *ibid.*, 2183 (1989); T. Kometani et al., *ibid.*, 1465 (1989); K. Nakamura et al., *Bull. Chem. Soc. Jpn.*, 62, 875 and 1179 (1989) and *Tetrahedron Lett.*, 30, 2245 (1989); T. Fujisawa et al., *ibid.*, 30, 3701 (1989); A. S. Gopalan and H. K. Jacobs, *ibid.*, 30, 5705 (1989).

$$\underset{}{\overset{O\quad O}{\underset{}{\|\quad\|}}}\text{OR} \quad \xrightarrow[\substack{11\text{-}46\% \\ 67\text{-}99\%\,ee}]{\text{Baker's yeast}} \quad \underset{S}{\overset{OH\quad O}{\underset{}{|\quad\|}}}\text{OR}$$

III.A-12 R. Noyori et al., *J. Am. Chem. Soc.*, 111, 9134 (1989); B. T. Khai and A. Arcelli, *J. Org. Chem.*, 54, 949 (1989); H. Takeda et al., *Tetrahedron Lett.*, 30, 363 and 367 (1989); M. Bartok et al., *J. Organomet. Chem.*, 373, 365 (1989).

$$\xrightarrow{[\text{RuCl}(C_6H_6)(R)\text{-BINAP}]Cl}_{H_2,\;CH_2Cl_2}$$

Similar reductions with rhodium compounds

III.A-13 Y. Kawanami et al., *Bull. Chem. Soc. Jpn.*, 62, 3598 (1989).

III.A-14 H. Veschambre et al., *J. Org Chem.*, 54, 3221 (1989); S. Ramaswamy and A. C. Oehlschlager, *ibid.*, 54, 255 (1989); M. Takeshito and T. Sato, *Chem. Pharm. Bull.*, 37, 1085 (1989); T. Hafner and H. U. Reissig, *Liebigs Ann. Chem.*, 937 (1989); J. P. Rasor and C. Ruchardt, *Chem. Ber.*, 122, 1375 (1989).

III.A-15 G. B. Jones et al., *Can. J. Chem.*, 67, 1065 (1989) and *J. Org. Chem.*, 54, 1795 (1989).

Preparative scale reductions of alpha-ketoacids to (S)alpha-hydroxyacids with alcohol dehydrogenases.

III.A-16 Y. Kunugi, T. Fuchigami and T. Nonaka, *Chem. Lett.*, 1467 (1989).

Cathodic reductions of ketones at nickel-poly(tetrafluoroethylene) composite plated electrodes.

III.A-17 A. Giannis and K. Sandhoff, *Angew. Chem., Int. Ed. Engl.*, 28, 218 (1989); Y. M. Choi et al., *J. Org. Chem.*, 54, 1194 (1989); A. Fadel et al., *Tetrahedron Lett.*, 30, 6687 (1989).

$$\text{(CH}_3\text{)}_2\text{CH-CH(NH}_2\text{)-COOH} \xrightarrow[\text{THF} \atop 91\%]{\text{LiBH}_4 \atop \text{Me}_3\text{SiCl}} \text{(CH}_3\text{)}_2\text{CH-CH(NH}_2\text{)-CH}_2\text{OH}$$

Similar reductions with borane

III.A-18 P. F. Keusenkothen and M. B. Smith, *Synth. Commun.*, 19, 2859 (1989); J. P. Candy et al., *Angew. Chem., Int. Ed. Engl.*, 28, 347 (1989).

Selective reductions of esters with $\text{LiAlH}_4/\text{SiO}_2$ or $\text{Rh}_2\text{O}_3/n\text{Bu}_4\text{Sn}/\text{SiO}_2$

III.A-19 E. W. Thomas et al., *J. Org. Chem.*, 54, 4535 (1989); T. Goto et al., *Bull. Chem. Soc. Jpn.*, 62, 1205 (1989).

$$\text{pyrrolizidine-dione} \xrightarrow[\text{32 - 71\%}]{i\text{Bu}_2\text{AlH} \atop \text{or LiBHEt}_3} \text{hydroxy pyrrolizidinone}$$

III.A-20 C. F. Nutaitis and J. E. Bernardo, *J. Org. Chem.*, 54, 5629 (1989); J. Kaspar et al., *Tetrahedron Lett.*, 30, 2705 (1989).

cyclohex-2-enone $\xrightarrow[32\%]{NaBH_3(OAc)}$ cyclohex-2-enol

97/3
1,2 / 1,4 reduction

Similar results with iPrOH/MgO

III.B. C-N Multiple Bond Reductions

III.B.1 Imine Reduction

III.B.1-1 M. Periasamy et al., *Synth. Commun.* 19, 565 (1989).

$$R-\underset{\|}{C}(N-Ph)-R' \xrightarrow[\substack{CoCl_2 \\ 64-82\%}]{NaBH_4} R-\underset{|}{C}H(NHPh)-R'$$

III.B.1-2 S. Itsune et al., *J. Chem Soc., Perkin Trans. 1*, 1548 (1989); H. Spreitzer et al., *Tetrahedron*, 45, 6999 (1989); M.J. Miller et al., *J. Org. Chem.*, 54, 3750 (1989).

$$\underset{R \quad R^1}{\overset{N-OCH_2Ph}{\|}} \xrightarrow[\text{Lewis Acid}]{NaBH_4} \underset{R \quad R^1}{\overset{NH_2}{\underset{H}{|}}}$$

$$\underset{H_2N \quad OH}{R^2 \overset{R^3 \quad R^4}{\diagdown}}$$

53-95%, 17-95%

III.B.2 Reduction of Heterocycles

III.B.2-1 R. P. Polniaszek and C. R. Kaufman, *J. Am. Chem. Soc.*, 111, 4859 (1989).

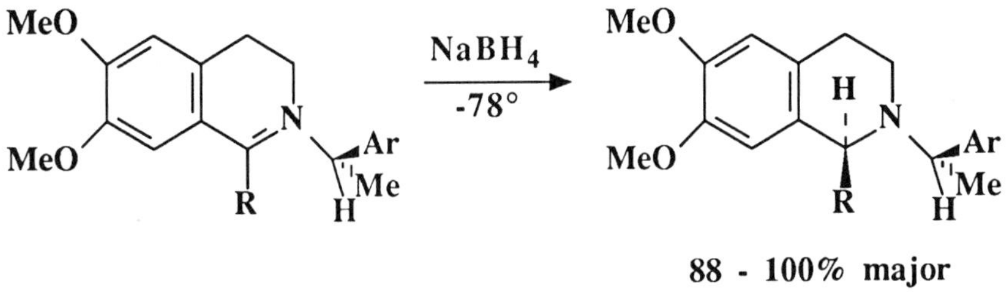

$$\text{Dihydroisoquinoline} \xrightarrow[-78°]{\text{NaBH}_4} \text{Tetrahydroisoquinoline}$$

88 - 100% major

III.B.2-2 S. I. Murahashi et al., *Bull. Chem. Soc. Jpn.*, 62, 2968 (1989); B. Roth et al., *J. Med. Chem.*, 32, 1927 (1989).

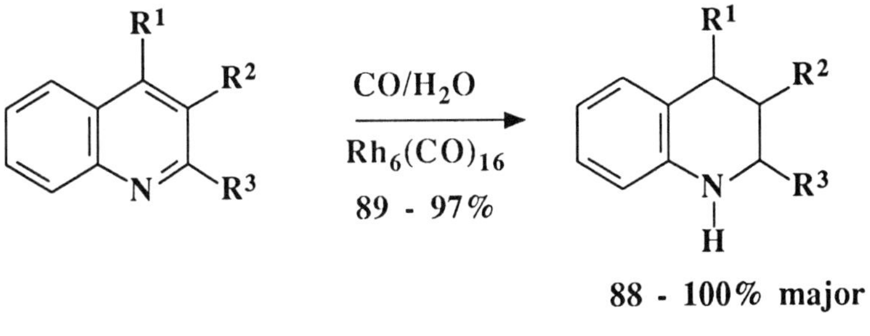

$$\text{Quinoline} \xrightarrow[\text{Rh}_6(\text{CO})_{16}]{\text{CO/H}_2\text{O}} \text{Tetrahydroquinoline}$$

89 - 97%

88 - 100% major

Similar results with NaCNBH$_3$ / HCl

III.B.2-3 G. Lhommet et al., *Tetrahedron Lett.*, 30, 1081 (1989); M. Vaultier et al., *ibid.*, 30, 1947 (1989).

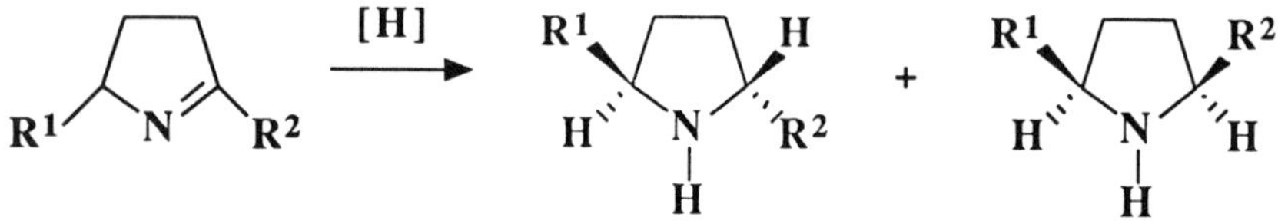

	cis	:	trans
DIBAH	0	:	100
LiAlH$_4$	95	:	5

III.B.2-4 D. M. Ketcha and B. A. Lieurance, *Tetrahedron Lett.*, 30, 6833 (1989).

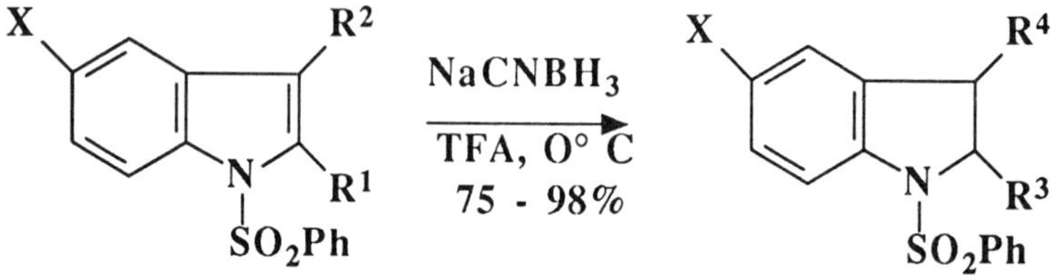

Reagents: NaCNBH$_3$, TFA, 0° C, 75 - 98%

R^1, R^2 = alkyl, acyl

R^3, R^4 = alkyl

III.C. Reduction of Sulfur Compounds

III.C-1 F. Kong and X. Zhou, *Synth. Commun.*, 19, 3143 (1989).

$$R-S-S-R \xrightarrow[\substack{0 - 40° \text{ C} \\ 65 - 97\%}]{\text{NaTeH/EtOH}} 2RSH$$

R = alkyl, aryl, benzyl

REDUCTIONS

III.C-2 S. Kagabu, *Org. Prep. Proced. Int.*, 21, 388 (1989).

$$Ar-SO_2Cl \xrightarrow[45-84\%]{NaBH_3CN} Ar-S-S-Ar$$

III.C-3 S. Oae et al., *J, Chem. Soc., Perkin Trans. 1*, 1431 (1989); K. Kitagawa et al., *Tetrahedron Lett.*, 30, 4411 (1989); H. C. J. Ottenheijm et al., *Synth. Commun.*, 19, 3397 (1989).

$$R-\overset{O}{\underset{\uparrow}{S}}-R' \ + \ \underset{\underset{CH_2Ph}{|}}{\text{(dihydropyridine-CONH}_2\text{)}} \xrightarrow[\text{Trace - 98\%}]{TPPFe(III)Cl} R-S-R'$$

TPPFe(III)Cl = meso-Tetraphenylporphinatoiron chloride

Similar reductions of sulfoxides using SO$_3$/DMF or 2-phenylene-phosphochloridite.

III.D. N-O Reductions

III.D-1 B. M. Choudary et al., *Tetrahedron Lett.*, 30, 251 (1989).

$$\underset{NO_2}{\underset{|}{\text{Ar}(R)(NO_2)}} \xrightarrow[\substack{3H_2, \text{ ethanol} \\ 95-98\%}]{\text{catalyst}} \underset{NH_2}{\underset{|}{\text{Ar}(R)(NO_2)}}$$

Catalyst = interlamellar montmorillonite Pd(II) complex

For selective reductions of nitroaromatics

III.D-2 Y. He et al., *Synth. Commun.*, 19, 3047 (1989); M. Takeshita et al., *Chem. Pharm. Bull.*, 37, 615 (1989); A. Nose and T. Kudo, *ibid.*, 37, 816 (1989); V. F. Schner et al., *J. Org. Chem. (USSR)*, 25, 790 (1989); M. Miura et al., *J. Chem. Soc., Perkin Trans. 2*, 617 (1989).

$$Ar-NO_2 \xrightarrow[82 - 100\%]{KBH_4/CuCl_2} Ar-NH_2$$

Similar reductions of aromatic nitro compounds with Baker's yeast, Ni_2B, Na_2S and various Fe complexes.

III.D-3 S. Uemura et al., *J. Org. Chem.*, 54, 4169 (1989); R. Sanchez et al., *ibid.*, 54, 4026 (1989); P. Caubere et al., *J. Chem. Soc., Perkin Trans. 1*, 2069 (1989).

PhC₆H₄-NO₂ $\xrightarrow[(PhTe)_2 \text{ cat}]{NaBH_4}$ Ph-N⁺(O⁻)=N-Ph + PhNH₂

66% 12%

Similar results with magnesium diisopropylamide, and metal complex reducing agents.

III.D-4 M. D. Mizhiritskii et al., *J.Org. Chem. (USSR)*, 25, 596 (1989); G. Stumm and H. J. Niclas, *Z. Chem.*, 29, 208 (1989); R. Balick, *Synthesis*, 645 (1989); M. F. Reich et al., *J. Med. Chem.*, 32, 2474 (1989); R. Balicki et al., *Synth. Commun.*, 19, 897 (1989)

Pyridine-N-oxide $\xrightarrow[96\%]{TiCl_3/\ H_2O}$ Pyridine

Similar deoxygenations with $Na_2S_2O_4$, NH_4CO_2H/Pd-C, or H_2/PtO_2.

III.E. C-C Multiple Bond Reductions

III.E.1. C=C Reductions

III.E.1-1 R. M. Bullock and B. J. Rappoli, *Chem. Commun.*, 1447 (1989).

$$\underset{R^2}{\overset{R^1}{>}}=\underset{R^4}{\overset{R^3}{<}} \quad \xrightarrow[\substack{\text{or } CF_3SO_3H/\ HSiEt_3 \\ -75^\circ C \\ 85-100\%}]{CF_3SO_3H/\ HMo(CO)_3\ (C_5H_5)} \quad \underset{R^2}{\overset{R^1}{>}}\underset{H}{\overset{H}{\underset{|}{C}-\overset{|}{C}}}\underset{R^4}{\overset{R^3}{<}}$$

III.E.1-2 M. J. Hazarika and N. C. Barua, *Tetrahedron Lett.*, 30, 6567 (1989): C. Petrier et al., *J. Org. Chem.*, 54, 5313 (1989).

$$\underset{R^2}{\overset{R^1}{>}}\underset{R^4}{\overset{R^3}{\underset{||}{C}=\underset{||}{C}-\overset{O}{C}}} \quad \xrightarrow{AlNiCl_2 \cdot 6H_2O} \quad \underset{R^2}{\overset{R^1}{>}}\underset{R^4}{\overset{R^3}{\underset{|}{C}-\underset{|}{C}-\overset{O}{C}}}$$

68 - 95%

Similar results with Zn-NiCl$_2$·H$_2$O

III.E.1-3 J. M. Stryker et al., *Tetrahedron Lett.*, 30, 5677 (1989) and *J. Am. Chem. Soc.*, 111, 8818 (1989).

$$\underset{R^2}{\overset{R^1}{>}}=\underset{R^3}{\overset{CHO}{<}} \quad \xrightarrow[\substack{TMSCl \\ 2.\ H^+ \text{ or } F^- \\ 74 - 93\%}]{1.\ [Ph_3PCuH]_6} \quad \underset{R^2}{\overset{R^1}{>}}\underset{R^3}{\overset{CHO}{<}}$$

III.E.1-4 Y. Nishiyama, N. Sonoda et al., *Bull. Chem. Soc. Jpn.*, 62, 1682 (1989).

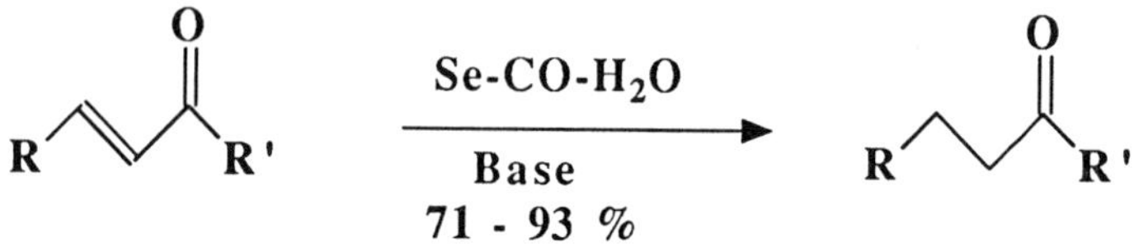

R–CH=CH–C(O)–R' →[Se-CO-H$_2$O, Base, 71 - 93 %]→ R–CH$_2$–CH$_2$–C(O)–R'

III.E.1-5 G. W. Kabalka et al., *Synth. Commun.*, 19, 805 (1989); H. Ohta et al., *J. Org. Chem.*, 54, 1802 (1989).

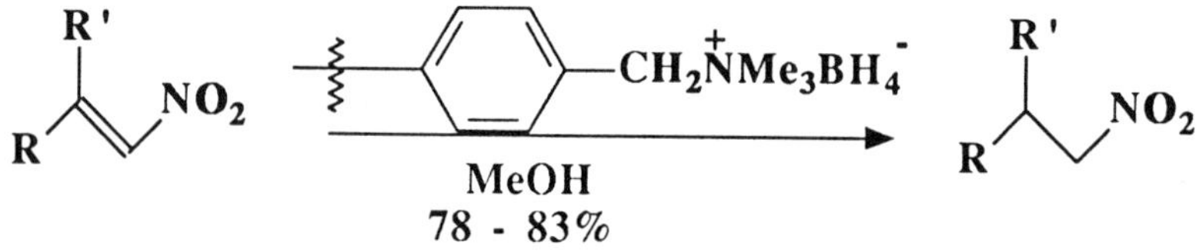

R(R')C=CH–NO$_2$ →[polymer-CH$_2$N$^+$Me$_3$BH$_4^-$, MeOH, 78 - 83%]→ R–CH(R')–CH$_2$–NO$_2$

Similar results with Baker's yeast

III.E.1-6 A. Pfaltz et al., *Angew. Chem., Int. Ed. Engl.*, 28, 60 (1989).

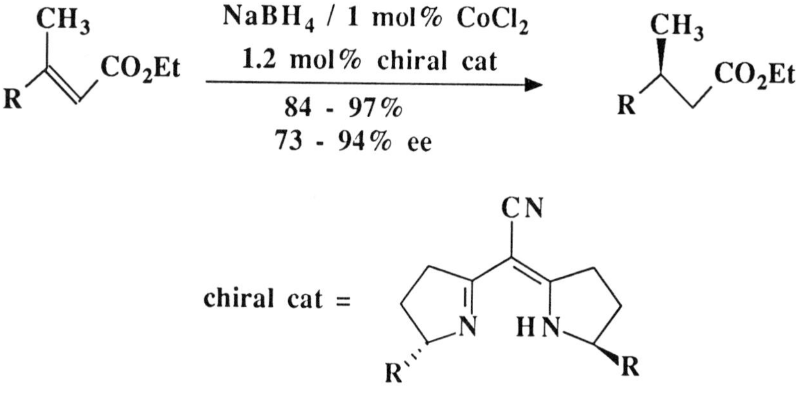

R–C(CH$_3$)=CH–CO$_2$Et →[NaBH$_4$ / 1 mol% CoCl$_2$, 1.2 mol% chiral cat, 84 - 97%, 73 - 94% ee]→ R–*CH(CH$_3$)–CH$_2$–CO$_2$Et

chiral cat = [bis-pyrrolidine with C(CN)= bridge, NH, substituents R', R]

III.E.1-7 M. Saburi et al., *J. Chem. Soc., Perkin Trans. 1*, 1571 (1989); K. Achiwa et al., *Tetrahedron Lett.*, 30, 735 (1989) and *Chem Lett.*, 305 and 559 (1989); H. Brunner et al., *Synthesis*, 743 (1989).

$$\underset{\text{optical purity}}{\xrightarrow{\text{H}_2/\text{ chiral catalyst}}49\text{ - }95\%}$$

catalyst = Ru or Rh - (R) BINAP
Similar results with DIOP, BPPM complexes

III.E.1-8 S. I. Keda, T. Yamagishi et al., *Bull. Chem. Soc. Jpn.*, 62, 3508 (1989); V. Sunjic et al., *Gazz. Chim. Ital.*, 119, 229 (1989); B. Fahrang and D. Sinou, *Bull. Soc. Chim. Belg.*, 98, 387 (1989).

$$\xrightarrow[\substack{71\text{ - }96\% \\ (0.5\text{-}48\text{ de})}]{\substack{\text{H}_2 \\ \text{Rh (I) catalyst}}}$$

III.E.1-9 Y. Yamamoto et al., *J. Chem. Soc., Perkin Trans. 1*, 1703 (1989); J. H. Markgraf et al., *Synth. Commun.*, 19, 1471 (1989); S. Lee et al., *Bull. Chem. Soc. Jpn.*, 62, 2315 (1989); Y. Senda etal., *ibid.*, 62, 953 (1989); D. M. Spyriounis et al., *Org. Prep. Proced. Int.*, 21, 515 (1989).

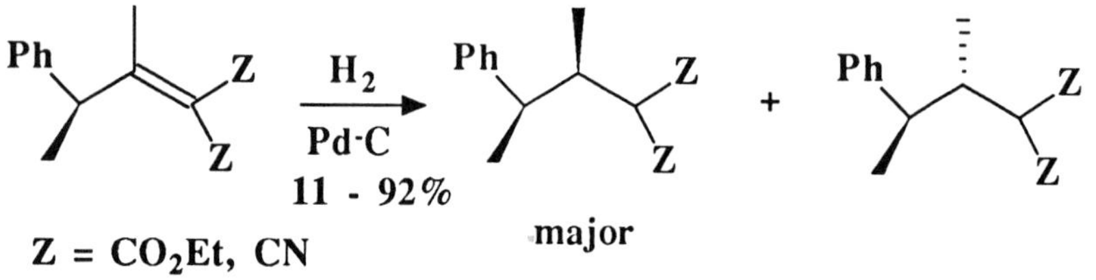

Z = CO$_2$Et, CN

Similar examples of catalytic hydrogenations

III.E.1-10 P. W. Rabideau et al., *Tetrahedron*, 45, 5441 (1989); D. J. Collins et al., *Aust. J. Chem.*, 42, 1235 (1989).

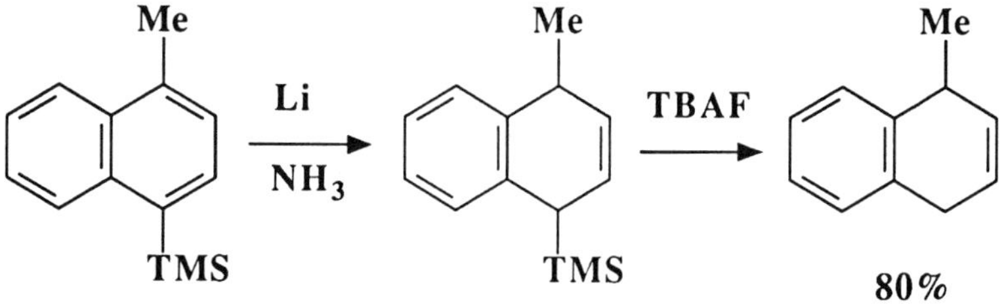

Me$_3$Si - prevents overreduction and controls regiochemistry

---

III.E.1-11 M. D. Crenshaw and C. C. Cheng, *Org. Prep. Proced. Int.*, 21, 655 (1989).

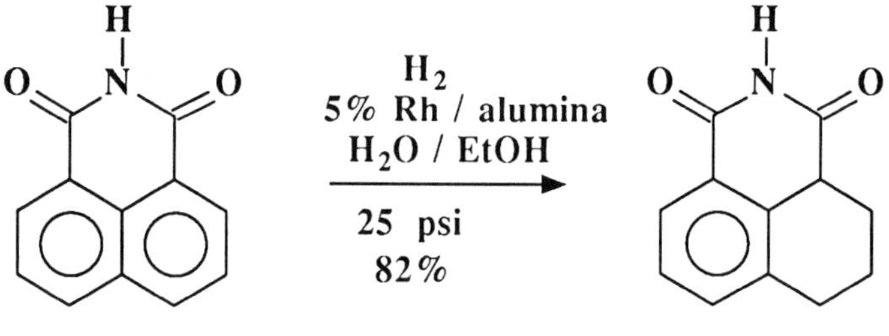

III.E.2. C≡C Reductions

III.E.2-1 R.O. Hutchins et al., *Tetrahedron Lett.*, 30, 55 (1989).

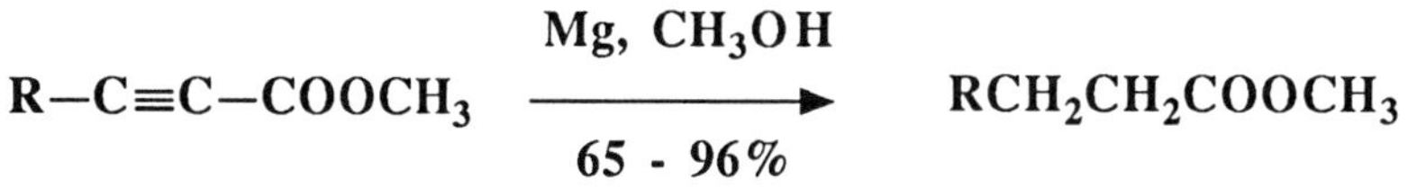

$$R-C\equiv C-COOCH_3 \xrightarrow[65-96\%]{Mg,\ CH_3OH} RCH_2CH_2COOCH_3$$

III.E.2-2 I. Ryu, N. Sonoda et al., *Organometallics*, 8, 2279 (1989).

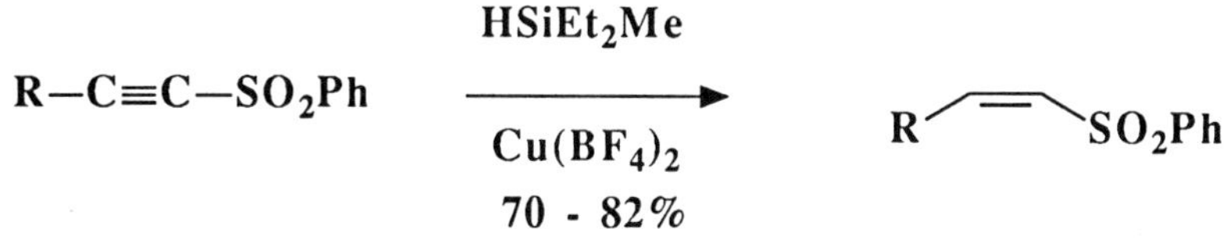

$$R-C\equiv C-SO_2Ph \xrightarrow[\substack{Cu(BF_4)_2 \\ 70-82\%}]{HSiEt_2Me} \underset{SO_2Ph}{\overset{R}{\diagup\!=\!\diagdown}}$$

III.E.2-3 B.M. Choudary et al., *J. Org. Chem.*, 54, 2997 (1989) and *Angew. Chem., Int. Ed. Engl.*, 28, 465 (1989).

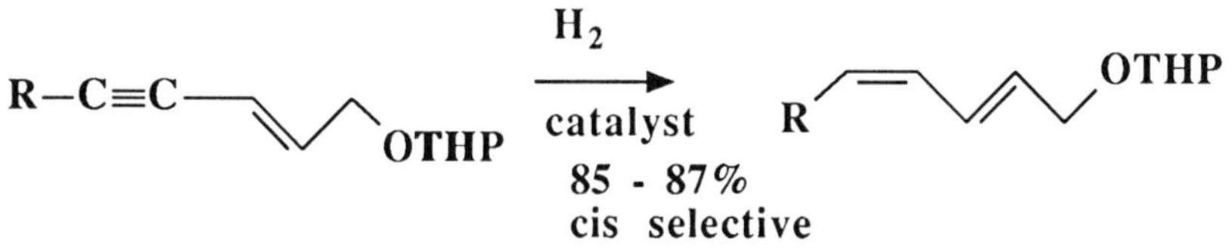

$$R-C\equiv C-CH_2-OTHP \xrightarrow[\substack{\text{catalyst} \\ 85-87\% \\ \text{cis selective}}]{H_2} R-CH=CH-CH_2-OTHP$$

catalyst = PPh$_2$·PdCl$_2$ (between Montmorillonite interlayers)

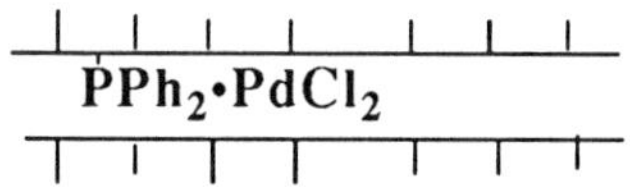

horizontal lines indicate Montmorillonite interlayers

III.E.2-4 B.M. Trost and R. Braslau, *Tetrahedron Lett.*, 30, 4657 (1989).

$$CH_3-C\equiv C-CH_2-C\equiv C-\diagup\!\!\diagdown\!\!\diagup\!\!\diagdown\text{ODMPS} \xrightarrow[\substack{Ar_3P \\ (Me_2HSi)_2O}]{(dba)_3Pd_2\cdot CHCl_3}$$

$$\diagdown\!\!=\!\!\diagdown\!\!\diagup\!\!\diagdown\!\!\diagup\!\!\diagdown\text{ODMPS}$$

59%

III.F. Hetero-Bond Reductions

III.F.1. C-O → C-H

III.F.1-1 C.K. Lau et al., *J. Org. Chem.*, 54, 491 (1989) and *J. Med. Chem.*, 32, 1170 (1989).

$$Ar-\overset{O}{\overset{\|}{C}}-R \xrightarrow[\text{2. }H_3O^+]{\substack{1.\ ^tBuNH_2\cdot BH_3/AlCl_3 \\ CH_2Cl_2}} ArCH_2R$$

Similar reductions with ZnI_2/ $NaCNBH_3$

III.F.1-2 A. Jaxa-Chamiec et al., *J. Chem. Soc., Perkin Trans. 1*, 1705 (1989).

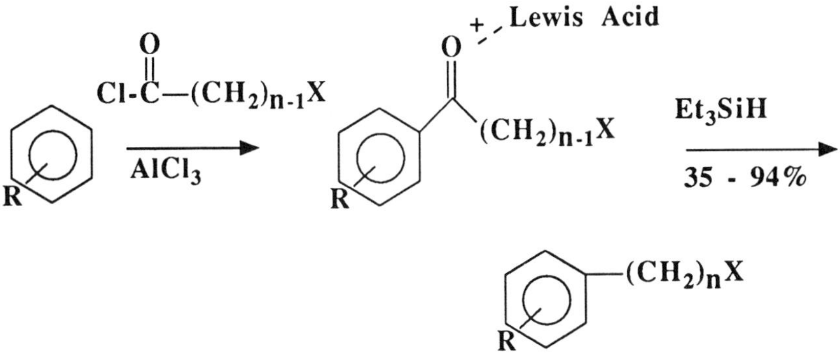

[Ar-H + Cl-C(O)-(CH$_2$)$_{n-1}$X] →(AlCl$_3$)→ [Ar-C(O···Lewis Acid)-(CH$_2$)$_{n-1}$X] →(Et$_3$SiH, 35 - 94%)→ Ar-(CH$_2$)$_n$X

in situ reduction of carbonyl - Lewis acid complex

III.F.1-3 D.M. Ketcha, G.W. Gribble et al., *J. Org. Chem.*, **54**, 4350 (1989).

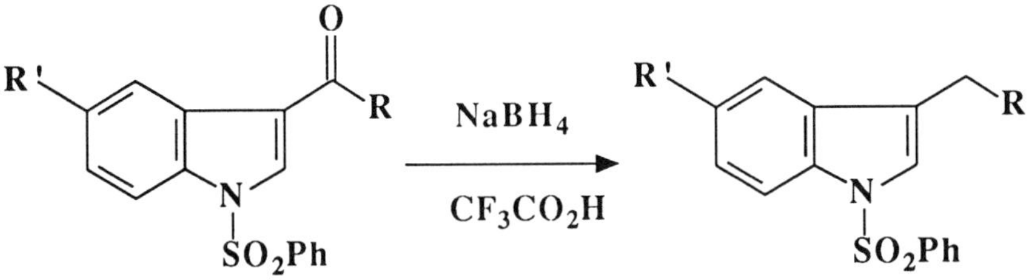

3-acyl-1-(phenylsulfonyl)indole →(NaBH$_4$, CF$_3$CO$_2$H)→ 3-alkyl-1-(phenylsulfonyl)indole

Similar results with tBuNH$_2$·BH$_3$/AlCl$_3$

III.F.1-4 G.A. Olah et al., *J. Org. Chem.*, **54**, 1450 and 1452 (1989).

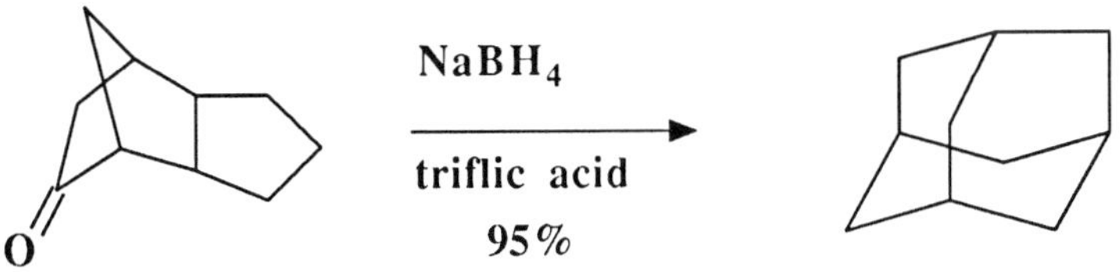

endo-tricyclo[5.2.1.0^{2,6}]decan-one →(NaBH$_4$, triflic acid, 95%)→ adamantane

Other examples of reductive isomerization of unsaturated polycyclic compounds

III.F.1-5 Y. He et al., *Synth. Commun.*, 19, 3051 (1989); A. Bianco et al., *Tetrahedron Lett.*, 30, 1405 (1989).

$$Ar-CH_2OAc \xrightarrow[NiCl_2]{NaBH_4} Ar-CH_3$$
$$74 - 95\%$$

Similarly for allylic acetates using catalytic transfer hydrogenation

---

III.F.1-6 T. Sakai, M. Utaka et al., *Bull. Chem. Soc. Jpn.*, 62, 3537 (1989).

$$\underset{Ar}{\overset{R}{\diagdown}}\underset{Y}{\overset{OH}{\diagup}} \xrightarrow[30 - 91\%]{Me_3SiCl \ / \ NaI} \underset{Ar}{\overset{R}{\diagdown}}\underset{Y}{\diagup}$$

Y = alkyl, CO_2R, CN

III.F.1-7 J. Inanaga et al., *Tetrahedron Lett.*, 30, 2945 (1989).

$$\underset{R^1}{\overset{XO}{\diagdown}}\underset{R^2}{\overset{CO_2R^3}{\diagup}} \xrightarrow[\substack{pivalic \ acid \\ 71 - 89\%}]{2SmI_2, \ THF\text{-}HMPA} \underset{R^1}{\overset{CO_2R^3}{\diagdown}}\underset{R^2}{\diagup}$$

X = H, Ac, THP, Me

III.F.1-8 D. Hellwinkel and T. Becker, *Chem. Ber.*, 122, 1595 (1989).

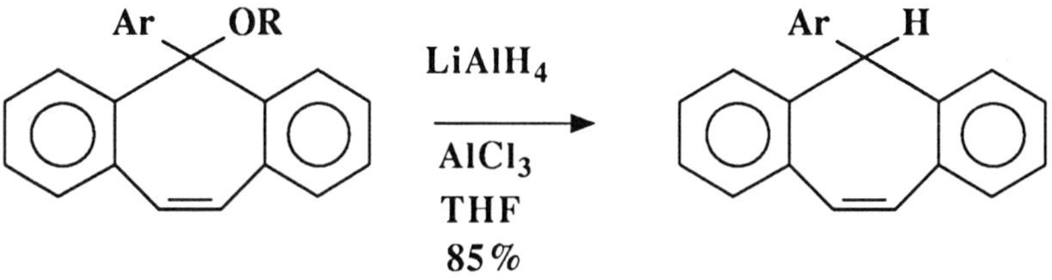

[Reaction: dibenzocycloheptene with Ar, OR substituents → Ar, H substituents; LiAlH$_4$, AlCl$_3$, THF, 85%]

III.F.1-9 J.C. Olde Boerrigter et al., *Rec. Trav. Chim.*, 108, 79 (1989); R.P. Lemieux and P. Beak, *Tetrahedron Lett.*, 30, 1353 (1989); D.J. Brecknell et al., *Aust. J. Chem.*, 42, 527 (1989).

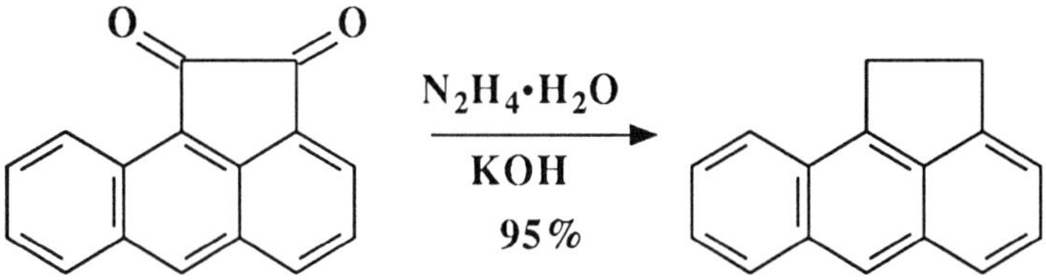

[Reaction: 1,2-diketone of acenaphthylene-fused polycyclic → reduced CH$_2$CH$_2$; N$_2$H$_4$·H$_2$O, KOH, 95%]

First example of reduction of 1,2 - diketone

III.F.1-10 C.G. Gutierrez et al., *Tetrahedron Lett.*, 30, 7301 (1989).

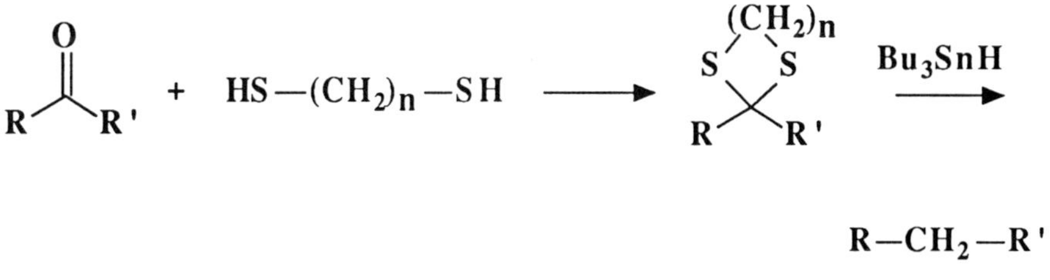

$$R-CO-R' + HS-(CH_2)_n-SH \longrightarrow \text{dithiolane/dithiane} \xrightarrow{Bu_3SnH} R-CH_2-R'$$

III.F.2 C-Hal → C-H

III.F.2-1 B.Jursic and A. Galosi, *Synth. Commun.*, 19, 1649 (1989); D. Griller et al., *Tetrahedron Lett.*, 30, 2733 (1989); S. Hasiba, T. Fuchigami, and T. Nonaka, *Bull. Chem. Soc. Jpn.*, 62, 2424 (1989); S.Torii et al., *ibid.*, 62, 627 (1989).

$$R-X \xrightarrow[28 - 97\%]{\text{Zn dust in micelle}} R-H$$

X = Br, Cl

Similar reductions of alkyl halides with $(Me_3Si)_3Si$-X/$NaBH_4$, cathodically generated tetramethylammonium methoxide and $PbBr_2$/aluminum.

III.F.2-2 O.A. Mascaretti et al., *Tetrahedron Lett.*, 30, 3905 (1989) and *J. Org. Chem.*, 54, 2233 and 2235 (1989).

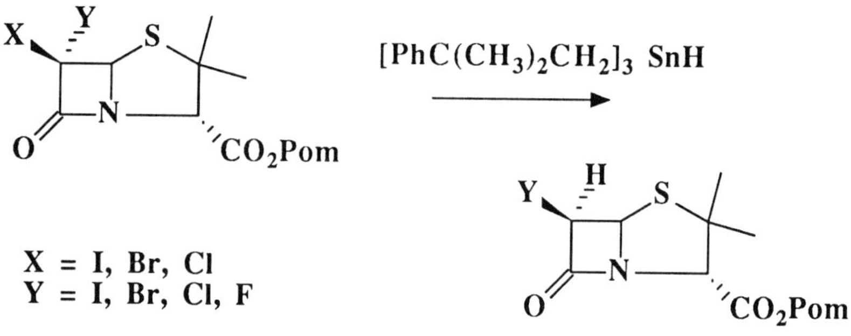

[PhC(CH₃)₂CH₂]₃ SnH →

X = I, Br, Cl
Y = I, Br, Cl, F

47 - 89%

Similar results with $RhCl(PPh_3)_3/H_2$

III.F.2-3 K. Oshima et al., *Bull. Chem. Soc. Jpn.*, 62, 143 (1989).

$$R^1R^2C=CR^3X \xrightarrow[\text{77 - 98\%}]{\text{Bu}_3\text{SnH}, \text{Et}_3\text{B}} R^1R^2C=CR^3H$$

III.F.2-4 D.D. Tanner and J.J. Chen, *J. Org Chem.*, 54, 3842 (1989).

$$C_6H_5-\overset{O}{\underset{}{C}}-\underset{X}{CH}-R \xrightarrow[\text{0 - 100\%}]{\text{DMBI}, \text{AIBN}} C_6H_5-\overset{O}{\underset{}{C}}-CH_2R$$

X = Cl, Br, F

DBMI = 1,3-dimethyl-2-phenylbenzimidazoline

III.F.2-5 M. Narisada et al., *J. Org. Chem.*, 54, 5308 (1989); A. F. Spatola et al., *ibid.*, 54, 1284 (1989); R.O. Hutchins et al., *Synth. Commun.*, 19, 1519 (1989).

$$R-C_6H_4-X \xrightarrow[\text{8 - 100\%}]{\text{NaBH}_4, \text{CuCl}_2, \text{MeOH}} R-C_6H_4-H$$

X = Br, I

Similar results with Pd/ammonium formate or magnesium metal

III.F.2-6 K. Turnbull et al., *Synth. Commun.*, 19, 2249 (1989).

$$\underset{\text{O}}{\overset{\text{Ar}}{\underset{|}{\text{N}}}}\text{—Br} \quad \xrightarrow[\text{MeOH / H}_2\text{O}]{\text{Na}_2\text{SO}_3} \quad \underset{\text{O}}{\overset{\text{Ar}}{\underset{|}{\text{N}}}}\text{—H}$$

60 - 95%

III.F.2-7 L. Geng and X. Lu, *J. Organomet. Chem.*, 376, 41 (1989); R. Braden and T. Himmler, *ibid.*, 367, C 12 (1989).

$$\text{Ar}-\overset{\text{O}}{\underset{\|}{\text{C}}}-\text{Cl} \;+\; n\text{Bu}_3\text{GeH} \;\xrightarrow[\text{HMPA, 80 - 100°}]{\text{Pd(PPh}_3)_4} \; \text{Ar}-\overset{\text{O}}{\underset{\|}{\text{C}}}-\text{H}$$

37 - 93%

Similar results with polymethylhydrosiloxane and Pd(PPh$_3$)$_4$

III.F.3. C-S → C-H

III.F.3-1 A.B. Smith, III et al., *Tetrahedron Lett.*, 30, 5579 (1989); M. Iwao, V. Snieckus et al., *J.Org. Chem.*, 54, 24 (1989); T.Y. Luh et al., *ibid.*, 54, 4474 (1989); P. Caubere et al., *ibid.*, 54, 4848 (1989); M. Nagai et al., *Bull. Chem. Soc. Jpn.*, 62, 557 (1989); R.P. Sharma et al., *Chem Ind.*, 806 (1989).

$$\underset{R^2}{\overset{O}{\underset{\|}{R^1-C}}}\overset{SO_2Ph}{\underset{R^3}{\diagdown}} \;\xrightarrow[\text{Toluene, heat}]{\text{Bu}_3\text{SnH, AIBN}}\; \underset{R^2}{\overset{O}{\underset{\|}{R^1-C}}}\overset{H}{\underset{R^3}{\diagdown}}$$

Similar desulfurizations using Raney Ni, NiBr$_2$, PPh$_3$, LiAlH$_4$, NiCRA and nickel boride.

III.F.3-2 D.H.R. Barton and S.Z. Zard et al., *Tetrahedron Lett.*, 30, 4237 (1989); H. Suzuki et al., *J. Chem Res. (S)*, 266 (1989).

$$R\text{-}CH(SO_2Ph)(S\text{-}2\text{-pyridyl}) \xrightarrow[\Delta]{Na_2Te,\ EtOH} R\text{-}CH_2\text{-}SO_2Ph$$

III.F.4. C-N → C-H

III.F.4-1 T. Ohsawa and T. Oishi et al., *Tetrahedron Lett.*, 30, 845 (1989).

$$R\text{-}NC \xrightarrow[\substack{\text{Toluene}\\ \text{Crown ether}\\ 90\text{ - }99\%}]{K} R\text{-}H$$

III.F.4-2 A. Kamimura et al., *Tetrahedron Lett.*, 30, 4819 (1989).

$$\underset{\underset{O\ \ NO_2}{\|\ \ \ |}}{Ar\text{-}C\text{-}C\text{-}R'}\overset{R}{\underset{}{|}} \xrightarrow[\substack{Et_3SiH\ (5\ eq)\\ HMPA\cdot H_2O}]{Na_2S_2O_4\ (5\ eq)} \underset{\underset{O}{\|}}{Ar\text{-}C\text{-}CH\text{-}R}\overset{R'}{\underset{}{|}}$$

61 - 86%

III.G. Reductive Cleavages

III.G.1. Oxiranes

III.G.1-1 S. Torii et al., *Chem. Lett.*, 1975 (1989); A. Yoshikoshi et al., *J. Am. Chem. Soc.*, <u>111</u>, 3728 (1989).

$$R^1\underset{R^2\ R^3}{\overset{O}{\triangle}}\!\!-\!\!\overset{O}{\underset{}{C}}\!\!-\!\!R^4 \quad \xrightarrow[\text{Et}_3\text{N}]{\text{Pd(0)/HCOOH}} \quad \underset{R^2}{\overset{OH}{R^1}}\!\!\diagdown\!\!\underset{R^3}{\diagup}\!\!-\!\!\overset{O}{\underset{}{C}}\!\!-\!\!R^4$$

41 - 99%

Similar results with Na[PhSeB(OEt)$_3$]

III.G.2. N-O Cleavage

III.G.2-1 F. Paetzold et al., *Z. Chem.*, <u>29</u>, 203 (1989).

benzofurazan N-oxide $\xrightarrow[\text{2. CH}_3\text{CO}_2\text{H}]{\text{1. Na}_2\text{SO}_3, {}^-\text{OH}}$ 2-nitroaniline-NHSO$_3$Na

84%

III.G.3 Others

III.G.3-1 C.R. Johnson and O. Lavergne, *J. Org. Chem.*, <u>54</u>, 986 (1989).

$$\underset{\underset{\text{NTs}}{\|}}{\overset{\overset{O}{\|}}{R-S-R'}} \quad \xrightarrow[0°\ C]{\text{sodium anthracenide}} \quad \underset{\underset{\text{NH}}{\|}}{\overset{\overset{O}{\|}}{R-S-R'}}$$

21 - 98%

REDUCTIONS

III.G.3-2 J. Barluenga et al., *Tetrahedron Lett.*, 30, 2001 (1989).

$$\text{R}^2\text{CH}_2\text{-ring(N,O,R}^1\text{,R}^2\text{,R}^3\text{)} \xrightarrow[\text{2. HCl}]{\text{1. Na/ iPrOH}} \text{R}^1\text{-CH(NH}_2\text{)-CH(R}^2\text{)-CH(OH)R}^3$$

90 - 98%   major cis

III.H. Reduction of Azides

III.H-1 J. Becher et al., *Synthesis*, 530 (1989).

Het-CHO, N$_3$ $\xrightarrow[\text{piperidine (cat)}]{\text{H}_2\text{S, MeOH}}$ Het-CHO, NH$_2$

58 - 96%

Het = pyrazoles, thiazole, benzofuran, indole and imidazole

III.H-2 G.V.M. Sharma and S. Chandrasekhar, *Synth. Commun.*, 19, 3289 (1989).

$$\text{R}-\text{N}_3 \xrightarrow[\substack{\text{H}_2\text{ / EtOH} \\ 50 - 90\%}]{\text{catalyst A}} \text{R}-\text{NH}_2$$

Catalyst A = interlamellar Montmorillonite diphenylphosphine palladium (II) catalyst.

III.H-3 A.A. Malik et al., *Synthesis*, 450 (1989).

$$R-N_3 \xrightarrow[\text{MeOH, } \Delta]{\text{H}_2\text{NNH}_2,\text{Pd-cat}} R-NH_2$$
$$71 - 90\%$$

III.I. Reductive Cyclizations

III.I-1 J. Mulzer et al., *J. Am. Chem. Soc.*, <u>111</u>, 7500 (1989).

$$\underset{\substack{O \quad R^3 \ R^4}}{\overset{R^1 \ R^2}{\triangle}}-N_3 \xrightarrow[65 - 75\%]{PPh_3} \text{pyrrolidine product}$$

III.I-2 T. Sato et al., *Bull.Chem. Soc. Jpn.*, <u>62</u>, 797 (1989).

$$\xrightarrow[\text{2. Pd/ H}_2]{\text{1. K}_2\text{CO}_3} \quad 77\%$$

III.J. Other Reductions

III.J-1 W.H. Bunnelle and C.G. Shevlin, *Tetrahedron Lett.*, **30**, 4203 (1989).

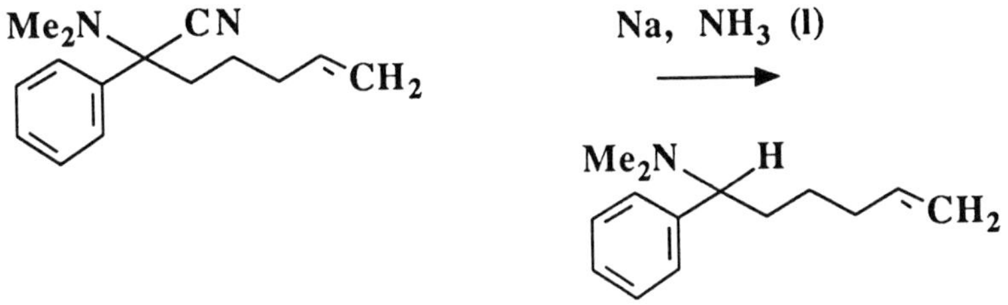

via alpha-amino radical

III.J-2 T. Kurihara et al., *Chem. Pharm. Bull.*, **37**, 2817 (1989).

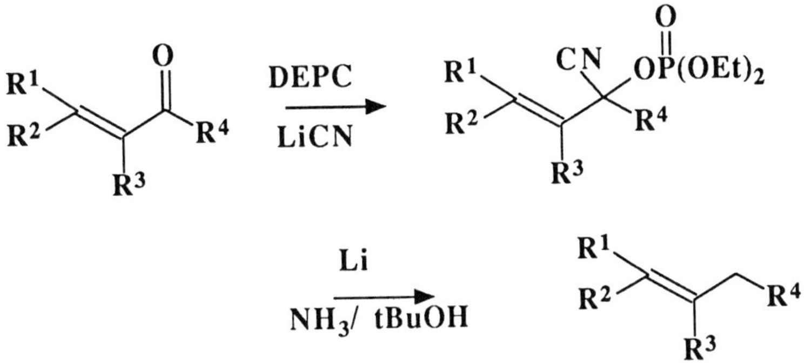

DEPC = diethyl phosphorocyanidate

III.K. Reviews

III.K-1 P.W. Rabideau, *Tetrahedron*, **45**, 1579 (1989).

Review: "The Metal - Ammonia Reduction of Aromatic Compounds".

III.K-2 M.M. Midland, *Chem. Rev.*, 89, 1553 (1989).

Review: "Asymmetric Reductions with Organoborane Reagents".

III.K-3 L.K. Keefer and G. Lunn, *Chem. Rev.*, 89, 459 (1989).

Review: "Nickel - Aluminum Alloy as a Reducing Agent".

III.K-4 J.S. Cha, *Org. Prep. Proced. Int.*, 21, 453 (1989).

Review: "Recent Developments in the Synthesis of Aldehydes by Reduction of Carboxylic Acids and their derivatives with Metal Hydrides".

III.K-5 E. Keinan, *Pure Appl. Chem.*, 61, 1737 (1989).

Review: "Silicon Hydrides in Organic Synthesis".

IV
SYNTHESIS OF HETEROCYCLES

IV.A. Oxiranes, Aziridines and Thiiranes

IV.A-1 R.P. Polniaszek and S.E. Belmont, *Synth. Commun.*, 19, 221 (1989); M. Masnyk et al., *ibid.*, 19, 873 (1989); P. Bravo et al., *J. Chem. Soc., Perkin Trans. 1*, 1201 (1989); K. Yamakawa et al., *Chem. Pharm. Bull.*, 37, 184 (1989).

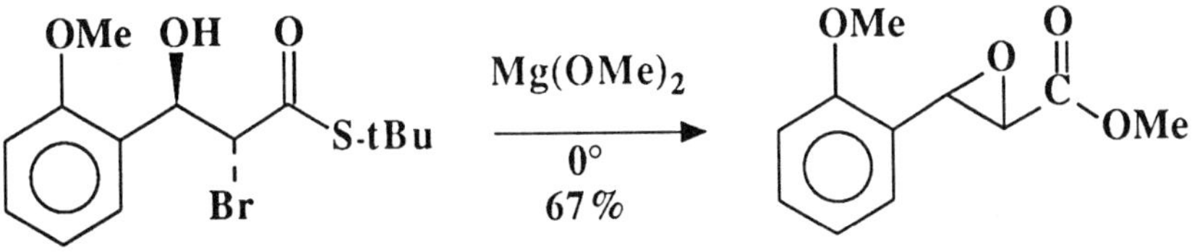

Other leaving groups

IV.A-2 K.B. Sharpless et al., *Tetrahedron Lett.*, 30, 2623 (1989); B. Zwanenburg et al., *ibid.*, 30, 4881 (1989); K. Yamakawa et al., *J. Org. Chem.*, 54, 3973 (1989); J.H. Van Boom et al., *Rec. Trav. Chim.*, 108, 314 (1989).

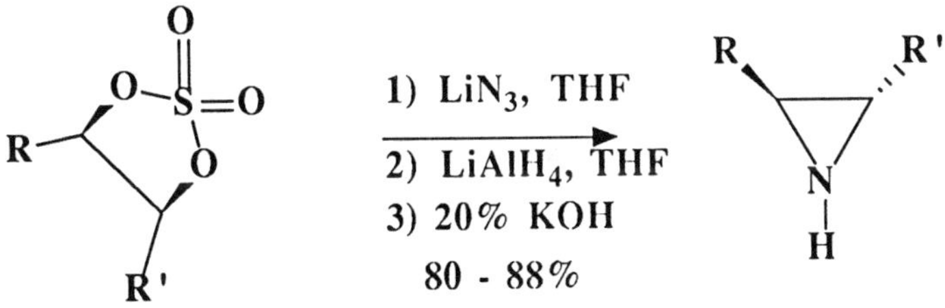

Other leaving groups

IV.A-3 R.S. Atkinson and B.J. Kelly, *J. Chem. Soc. Perkin Trans. 1*, 1627, 1515 and 1657 (1989), *Tetrahedron Lett.*, 30, 2703 (1989) and *Chem. Commun.*, 836 (1989); A. S. Dreiding et al., *Helv. Chim. Acta.*, 72, 1095 (1989).

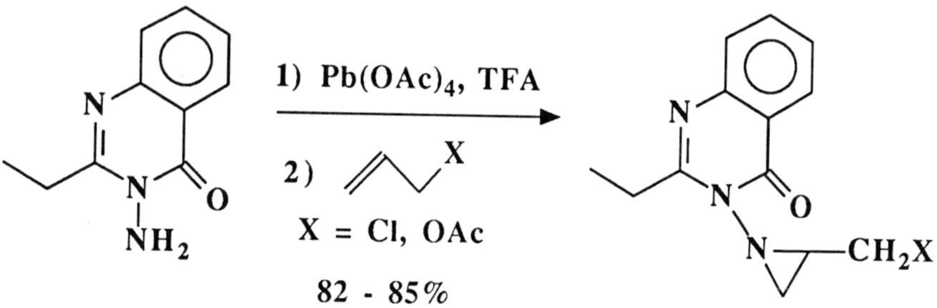

1) Pb(OAc)$_4$, TFA
2) CH$_2$=CHCH$_2$X
X = Cl, OAc
82 - 85%

IV.A-4 W. Lwowski et al., *J. Org. Chem.*, 54, 3945 and 3952 (1989).

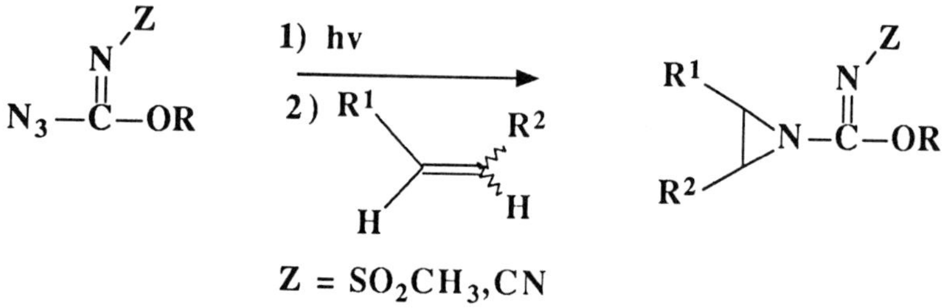

N_3–C(=N-Z)–OR

1) hν
2) R^{1}R^{2}C=CH$_2$ (alkene)

Z = SO$_2$CH$_3$, CN

IV.A-5 P. Coutrot et al., *Heterocycles*, 28, 1179 (1989); N. R. Ayyangar et al., *Tetrahedron Lett.*, 30, 4717 (1989).

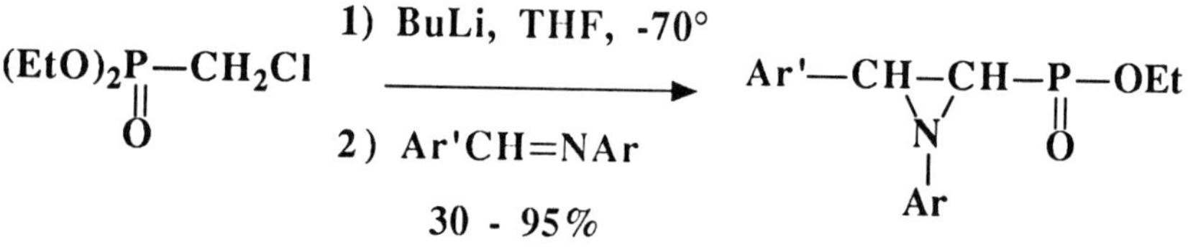

(EtO)$_2$P(=O)–CH$_2$Cl

1) BuLi, THF, -70°
2) Ar'CH=NAr

30 - 95%

Ar'–CH–CH–P(=O)–OEt with N-Ar bridge

IV.A-6 L. G. Shagun et al., *J. Org. Chem. (USSR)*, 25, 788 (1989).

$$\text{Me-C(=S)-CH}_2\text{X} \xrightarrow{\text{CH}_2\text{N}_2} \underset{\text{Me} \quad \text{CH}_2\text{X}}{\overset{\text{N---}}{\underset{\text{N}}{|}}\text{S}} \xrightarrow{-\text{N}_2} \text{Me-CH(CH}_2\text{X)-CH}_2 \text{ (thiirane)}$$

X = Cl, Br

82 - 85%

IV.A-7 H. Bouda et al., *Synth. Commun.*, 19, 491 (1989); N A. Nedolya et al., *J. Org. Chem. (USSR)*, 25, 248 (1989).

$$\underset{R^2}{\overset{R^1}{\diagdown}}\underset{O}{\triangle}\underset{R^3}{\overset{H}{\diagup}} \xrightarrow[\text{KSCN}]{(\text{H}_2\text{N})_2\text{C=S}} \underset{R^2}{\overset{R^1}{\diagdown}}\underset{S}{\triangle}\underset{R^3}{\overset{H}{\diagup}}$$

0 - 98%

IV.B. Oxetanes, Thietanes and Azetidines

IV.B-1 T. S. Cantrell et al., *J. Org. Chem.*, 54, 140 (1989); T. R. Hoye and W. S. Richardson, *ibid.*, 54, 688 (1989); H. Aoyama et al., *ibid.*, 54, 2359 (1989); Y. Araki et al., *Chem Lett.*, 1 (1989).

PhC(O)OCH₃ + (2,5-dihydrofuran) $\xrightarrow[31\%]{h\nu}$ oxetane-fused dihydrofuran (Ph, OCH₃)

IV.B-2 R. Gompper et al., *Chem. Commun.*, 1346 (1989).

[Reaction scheme: bis(iminium) bis(tetrafluoroborate) salt with MeS and SMe substituents + H₂S, AcOH, pyr, 69% → thietane product with SMe and S substituents]

IV.B-3 U. K. Nadir et al., *Tetrahedron*, 45, 1851 (1989).

[Reaction scheme: N-sulfonyl aziridine with R^1, R^2, R^3, R^4 substituents + $CH_2\text{-}\overset{+}{S}(O)(CH_3)_2$ → azetidine, 18 - 80%]

IV.C. Lactams

IV.C-1 S. Kim et al., *Heterocycles*, 29, 1237 (1989); Y. Yamamoto and T. Furuta, *Chem. Lett.*, 797 (1989); K. Izawa et al., *Chem. Commun.*, 486 (1989).

[Reaction scheme: β-amino acid (R^1, R^2, R^3, HO_2C, NHR^4) + di(2-pyridyl) sulfite, 70° C, CH_3CN, 0 - 91% → β-lactam]

Similar results with Et_3Ga or DCC

IV.C-2 Y. Kita et al., *J. Chem. Soc., Perkin Trans. 1*, 1862 (1989) and *Tetrahedron Lett.*, 30, 729 (1989) and *Synthesis*, 335 (1989); K. Tanaka et al., *J. Org. Chem.*, 54, 63 (1989); C. Gennari et al., *Tetrahedron*, 45, 7397 (1989).

IV.C-3 T. Hiyama et al., *J. Am. Chem. Soc.*, 111, 6843 (1989); M.P. Doyle et al., *Tetrahedron Lett.*, 30, 5397 (1989).

Similar cyclization via carbene

IV.C-4 Y. Sugano and S. Naruto, *Chem. Lett.*, 1331 (1989); C. Palomo et al., *J. Org. Chem.*, 54, 5736 (1989) and *Chem. Commun.*, 75 (1989); D.J. Hart et al., *Tetrahedron*, 45, 1283 (1989); B. Alcaide et al., *ibid.*, 45, 2751 (1989); G. Van Koten et al., *Tetrahedron Lett.*, 30, 705 (1989); Y. Yamamoto et al., *ibid.*, 30, 4275 (1989); K. Achiwa et al., *Chem. Pharm. Bull.*, 37, 1179 (1989).

Similar additions of enolates to imines

IV.C-5 C. Palomo et al., *Tetrahedron Lett.*, 30, 4577 (1989); M.P. Wentland et al., *ibid.*, 30, 6619 (1989); R.C. Thomas, *ibid.*, 30, 5239 (1989); J.E. Lynch et al., *J. Org. Chem.*, 54, 3792 (1989); W.T. Brady and Y.Q. Gu, *ibid.*, 54, 2838 (1989); S.Terashima et al., *Tetrahedron*, 45, 5767 (1989); D. Hoppe et al., *ibid.*, 45, 687, 695 and 701 (1989); J. Kron and U. Schubert, *J. Organomet. Chem.*, 373, 203 (1989); S.D. Sharma and V. Kaur, *Synthesis*, 677 (1989); D. Danion et al., *Can. J. Chem.*, 67, 1125 (1989); M.L. Greenlee et al., *Heterocycles*, 28, 195 (1989); T. Hirata et al., *Chem. Pharm. Bull.*, 37, 275 and 315 (1989).

Similar additions of ketenes to imines

IV.C-6 H. Alper et al., *J. Am. Chem. Soc.*, 111, 931 and 7539 (1989); M. Mori, M. Shibasaki et al., *Heterocycles*, 29, 853 (1989); M. Krafft, *Tetrahedron Lett.*, 30, 539 (1989).

IV.C-7 H. Hoberg and D. Guhl, *J. Organomet. Chem.*, 375, 245 and 378, 279 (1989).

$TCP = (C_6H_{11})_3P$

IV.C-8 G. Pattenden et al., *Tetrahedron Lett.*, 30, 3229 (1989).

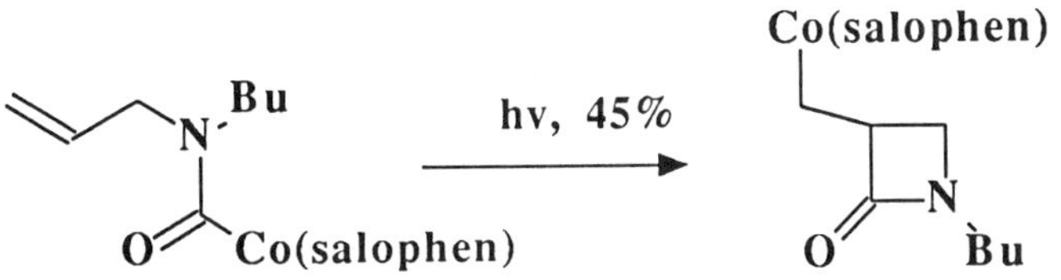

also delta and gamma lactams

IV.C-9 R.V. Hoffman and J.M. Salvador, *Tetrahedron Lett.*, 30, 4207 (1989).

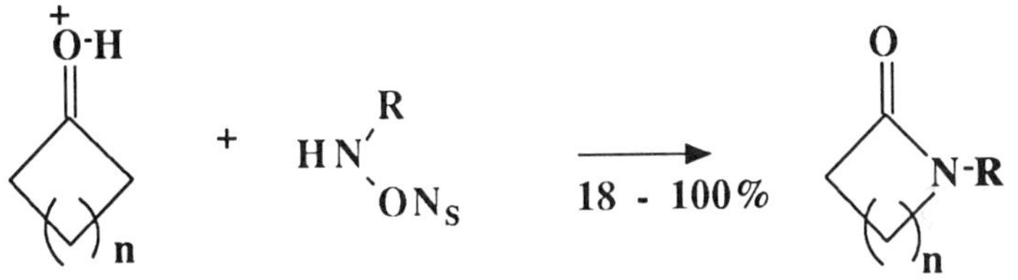

N_S = nitrobenzenesulfonoxyl

IV.C-10 M. Shibasaki et al., *J. Org. Chem.*, 54, 3511 (1989).

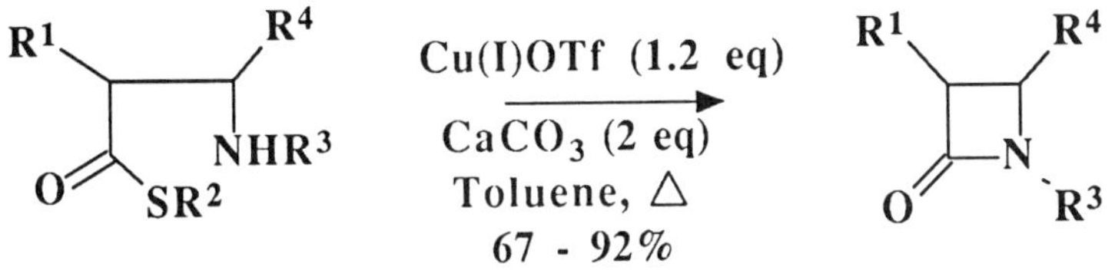

no epimerization

IV.C-11 M.L. Graziano and G. Cimminiello, *Synthesis*, 54, (1989); S. Terashima et al., *Terahedron Lett.*, 30, 5631 (1989).

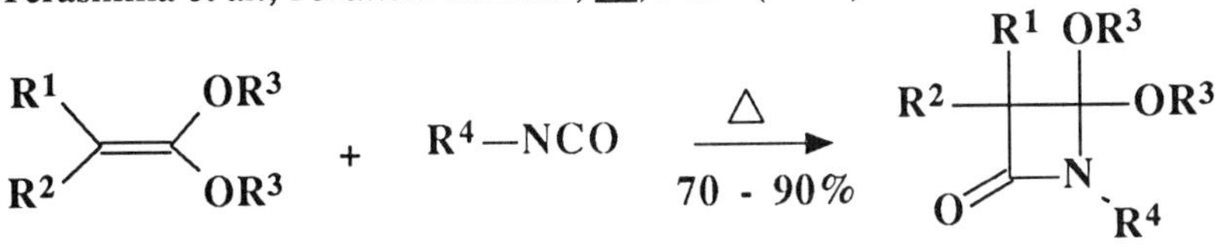

IV.C-12 J. Cossy and C. Leblanc, *Tetrahedron Lett.*, 30, 4531 (1989).

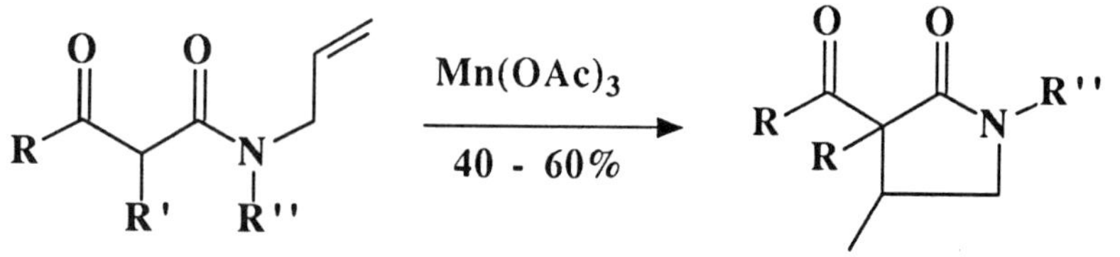

IV.C-13 H. Ishibashi et al., *Chem. Commun.*, 767 and 1767 (1989); M. Ikeda et al., *J. Chem. Soc., Perkin Trans. 1*, 879 (1989); G. Stork and R. Mah, *Heterocycles*, 28, 723 (1989); G. Pattenden et al., *Tetrahedron Lett.*, 30, 7469 (1989); K Itoh et al., *J. Org. Chem.*, 54, 4497 (1989).

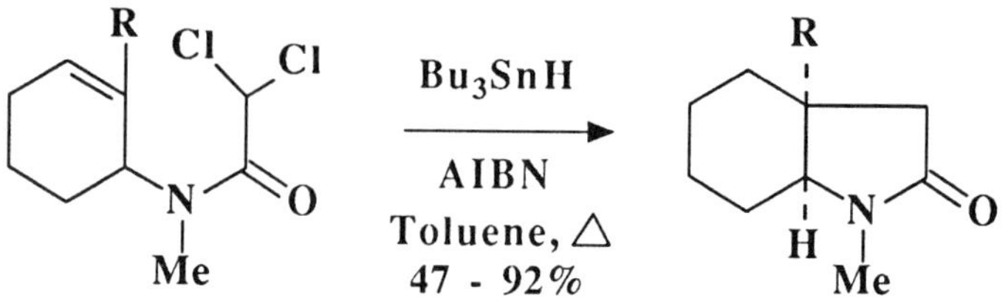

Similar results with $RuCl_2(PPh)_3$

IV.C-14 Y. Kikugawa et al., *J. Org. Chem.*, 54, 3395 (1989) and *Tetrahedron*, 45, 1653 (1989); M. Cherost and X. Lusinchi, *Tetrahedron Lett.*, 30, 715 (1989); K.C. Joshi et al., *Chem. Ind.*, 569 (1989).

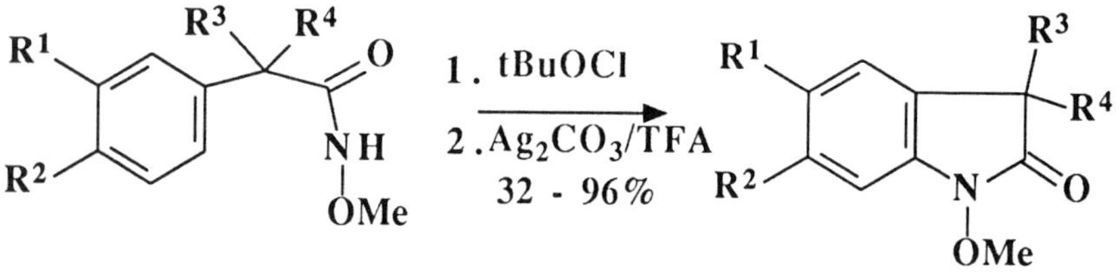

IV.C-15 K. Jones et al., *Tetrahedron Lett.*, 30, 2657 and 5485 (1989).

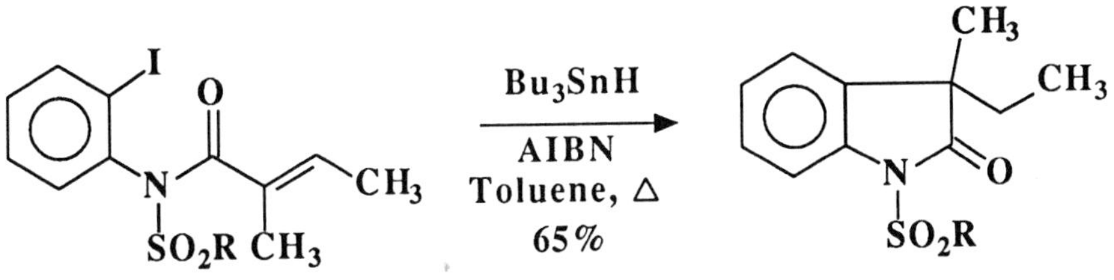

Bu₃SnH
AIBN
Toluene, Δ
65%

Similar results with Co[salen]

IV.C-16 L.S. Hedgedus et al., *J. Org. Chem.*, 54, 1241 (1989) and *Organometallics*, 8, 2189 (1989); H. Rudler et al., *J. Organomet. Chem.*, 377, 89 (1989); R. Aumann and H. Heinen, *Chem. Ber.*, 122, 77 (1989).

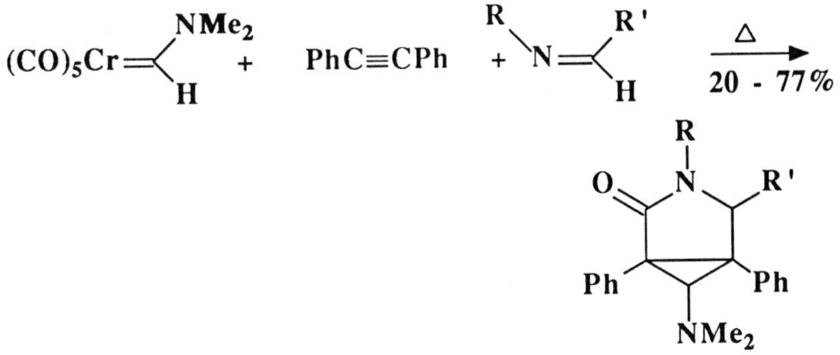

$(CO)_5Cr=$ with NMe₂, H + PhC≡CPh + R-N=CHR' $\xrightarrow{\Delta}$ 20 - 77%

IV.C-17 J.H. Rigby et al., *J. Org. Chem.*, 54, 224 and 4019 (1989); Jahangir, L.E. Fisher, J. Muchowski et al., *ibid.*, 54, 2992 (1989); D. Mondeshka et al., *Synth. Commun.*, 19, 3113 (1989).

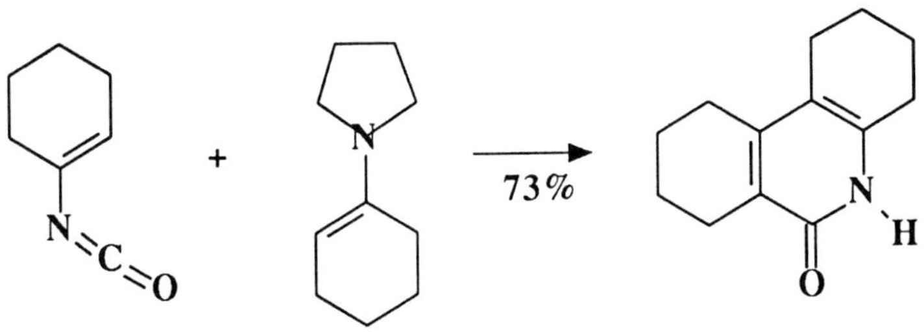

73%

IV.C-18 R.D. Clark et al., *J. Org. Chem.*, **54**, 1174 (1989) and *Chem. Commun.*, 930 (1989).

IV.C-19 M. Mori, M. Shibasaki et al., *J. Am. Chem. Soc.*, **111**, 3725 (1989); J.F. Wolfe et al., *Tetrahedron Lett.*, **30**, 275 (1989); S. Kagabu and T. Inoue, *Chem. Lett.*, 2181 (1989); R. Grigg et al., *Tetrahedron*, **45**, 3557 (1989); J.S. Baum and M.M. Staveski, *Synth. Commun.*, **19**, 2283 (1989).

various routes to similar compounds

IV.C-20 M.J. Kurth and S.D. Bloom, *J. Org. Chem.*, **54**, 411 (1989); H. Takahata et al., *ibid.*, **54**, 4812 (1989).

IV.C-21 G. Himbert et al., *Chem. Ber.*, 122, 577, 1691 and 2331 (1989).

IV.D. Lactones

IV.D-1 H. Alper et al., *J. Org. Chem.*, 54, 20 (1989) and *Tetrahedron Lett.*, 30, 2617 (1989).

IV.D-2 M.D. Bachi and E. Bosch, *Heterocycles*, 28, 579 and 583 (1989) and *J. Org. Chem.*, 54, 1234 (1989); M. Yamomoto et al., *Chem. Commun.*, 1265 (1989); J.L. Belletire and N.O. Mahmoodi, *Tetrahedron Lett.*, 30, 4363 (1989); M.P. Bertrand et al., *ibid.*, 30, 331 (1989); E. Lee et al., *ibid.*, 30, 827 (1989).

IV.D-3 A. Yoshikoshi et al., *Tetrahedron Lett.*, 30, 1575 (1989); M.P. Doyle et al., *ibid.*, 30, 7001 (1989).

IV.D-4 K. Saigo et al., *Chem Lett.*, 1293 (1989).

IV.D-5 M.T. Reetz et al., *Tetrahedron Lett.*, 30, 5421 (1989).

IV.D-6 M. Yamamoto et al., *J. Org. Chem.*, 54, 1757 (1989).

IV.D-7 T. Kunz and H.U. Reissig, *Liebigs Ann. Chem.*, 891 (1989).

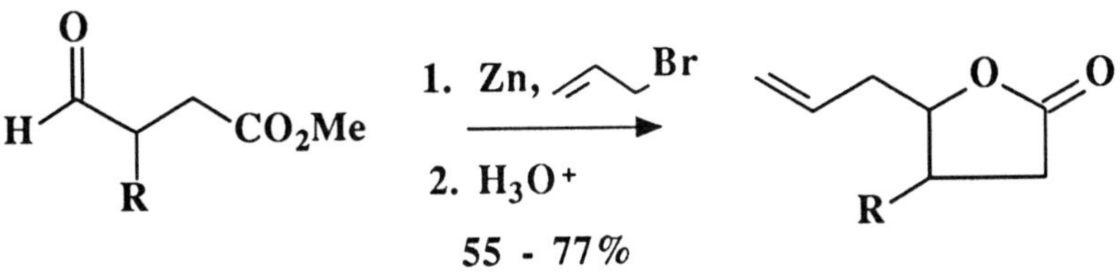

[Reaction: OHC-CHR-CO₂Me + allyl bromide, Zn; then H₃O⁺ → 3-R-5-allyl-γ-butyrolactone, 55 - 77%]

IV.D-8 A.L. Gutman and T. Bravdo, *J. Org. Chem.*, **54**, 4263 (1989).

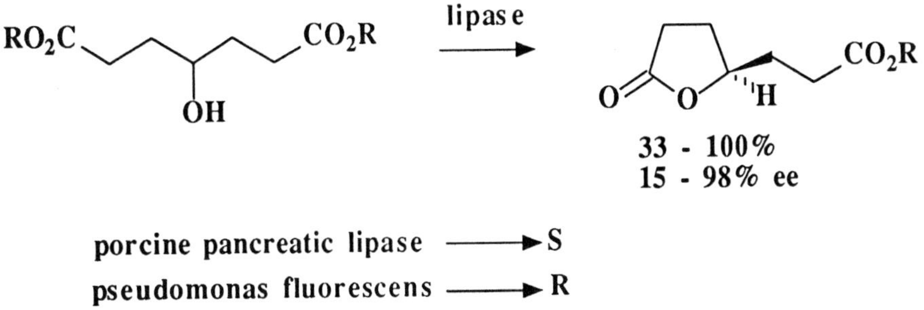

[Reaction: RO₂C-CH₂CH₂-CH(OH)-CH₂CH₂-CO₂R, lipase → γ-butyrolactone with CH₂CH₂CO₂R side chain, 33 - 100%, 15 - 98% ee]

porcine pancreatic lipase ⟶ S
pseudomonas fluorescens ⟶ R

IV.D-9 H. Rudler et al., *J. Organomet. Chem.*, **379**, 271 (1989).

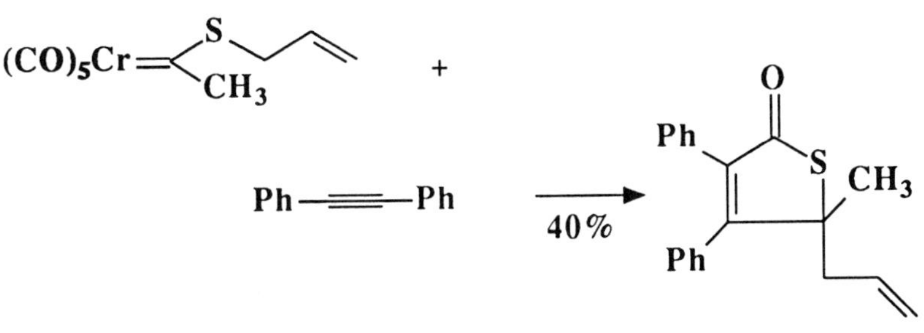

[Reaction: (CO)₅Cr=C(S-CH₂CH=CH₂)(CH₃) + Ph—≡—Ph → 3,4-diphenyl-5-methyl-5-allyl-thiophen-2(5H)-one, 40%]

IV.D-10 M. Tingoli et al., *Synth. Commun.*, 19, 2817 (1989); M. Tiecco et al., *Tetrahedron*, 45, 6819 (1989).

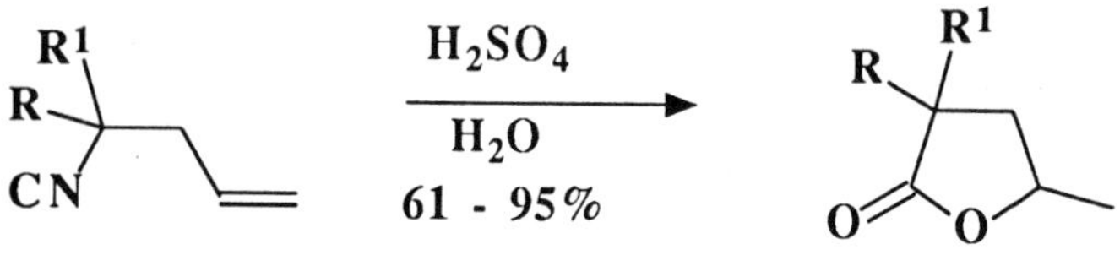

$$\underset{CN}{\overset{R^1}{R}}\diagup\diagdown= \quad \xrightarrow[H_2O]{H_2SO_4} \quad \text{61 - 95\%} \quad \rightarrow \text{γ-butyrolactone with } R, R^1$$

IV.D-11 J.C. Vederas et al., *J. Am. Chem. Soc.*, 111, 3973 (1989) and *J. Org. Chem.*, 54, 2311 (1989).

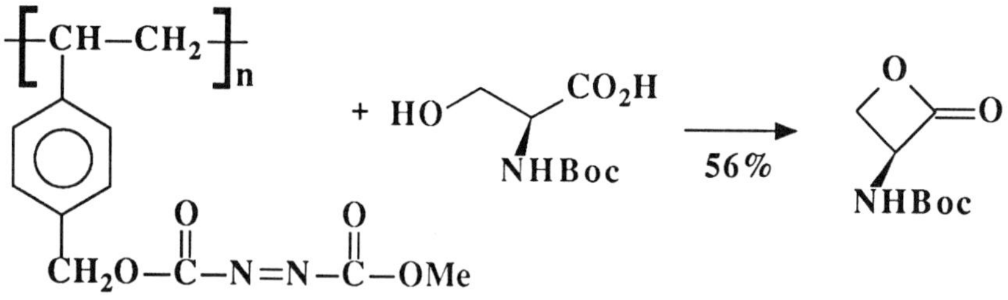

polymer supported azidodicarboxylate for Mitsunobu reactions

IV.D-12 J. Chiarello and M.M. Joullie, *Synth. Commun.*, 19, 3379 (1989).

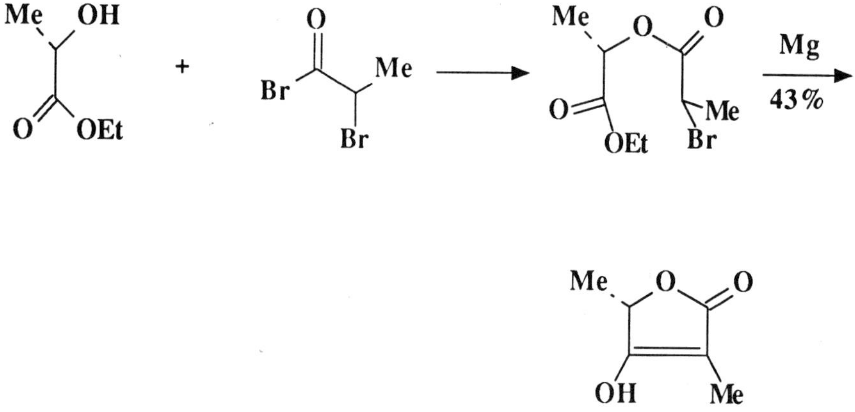

IV.D-13 J.L. Belletire and N.O. Mahmoodi, *Synth. Commun.*, **19**, 3371 (1989).

IV.D-14 J.M. Schwab et al., *J. Am. Chem. Soc.*, **111**, 1057 (1989).

IV.D-15 T. Oppenlander and P. Schonholzer, *Helv. Chim. Acta*, **72**, 1792 (1989).

$R' = CO_2Me$,

IV.D-16 J.P. Marino et al., *J. Org. Chem.*, **54**, 1782 (1989).

IV.D-17 T.V. Rajan Babu and W.A. Nugent, *J. Am. Chem. Soc.*, **111**, 4525 (1989).

IV.D-18 S.L. Schreiber and D.B. Smith, *J. Org. Chem.*, **54**, 9 (1989).

IV.D-19 T. Tsuda, S. Morikawa and T. Saegusa, *Chem. Commun.*, 9 (1989).

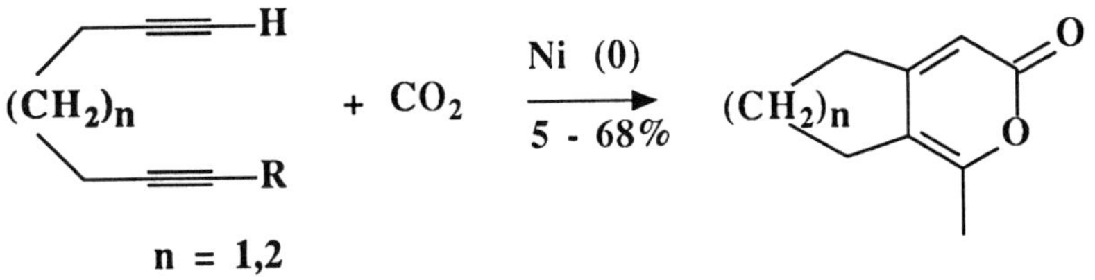

IV.D-20 A.K. Mandal and D.G. Jawalker, *J. Org. Chem.*, 54, 2364 (1989).

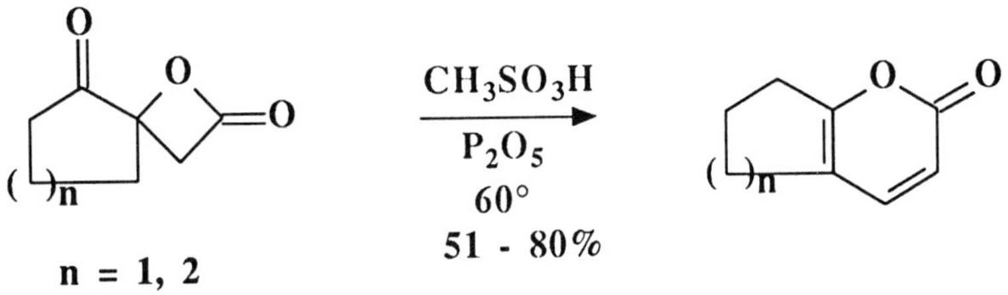

IV.D-21 G.L. Larson et al., *Synth. Commun.*, 19, 2779 (1989).

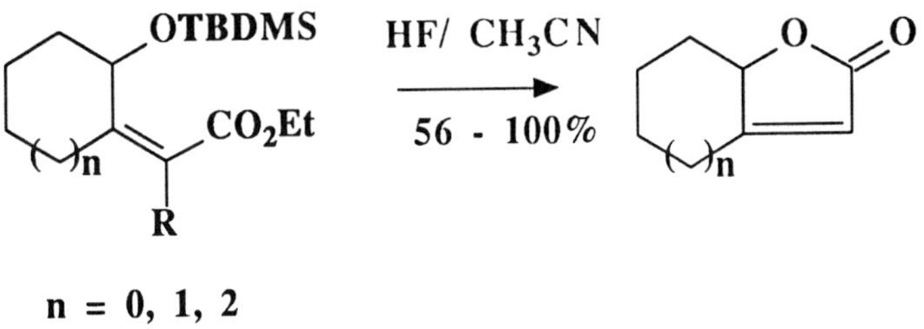

IV.D-22 K. Nagasawa and K. Ito, *Heterocycles*, 28, 703 (1989).

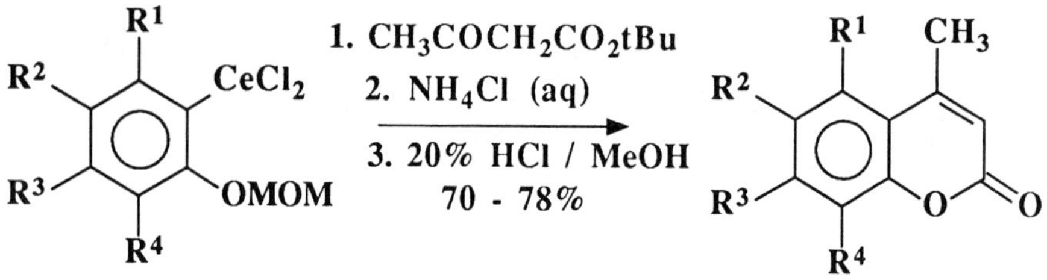

Ar(R^1, R^2, R^3, R^4)–CeCl$_2$ / OMOM
1. CH$_3$COCH$_2$CO$_2$tBu
2. NH$_4$Cl (aq)
3. 20% HCl / MeOH
70 - 78%
→ 4-methyl coumarin (R^1, R^2, R^3, R^4)

IV.D-23 V.K. Ahluwalia, M. Alouddin et al., *Heterocycles*, 29, 1729 (1989); G.H. Elgemeie, *Chem. Ind.*, 653 (1989); P. Hrnciar et al., *Tetrahedron Lett.*, 30, 1709 (1989).

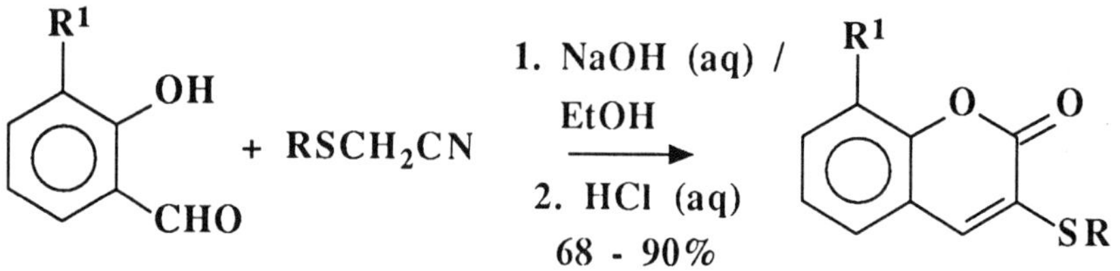

2-hydroxybenzaldehyde (R^1, OH, CHO) + RSCH$_2$CN
1. NaOH (aq) / EtOH
2. HCl (aq)
68 - 90%
→ 3-thio-substituted coumarin (R^1, SR)

IV.D-24 M. Ishida, H. Muramaru and S. Kato, *Synthesis*, 563 (1989).

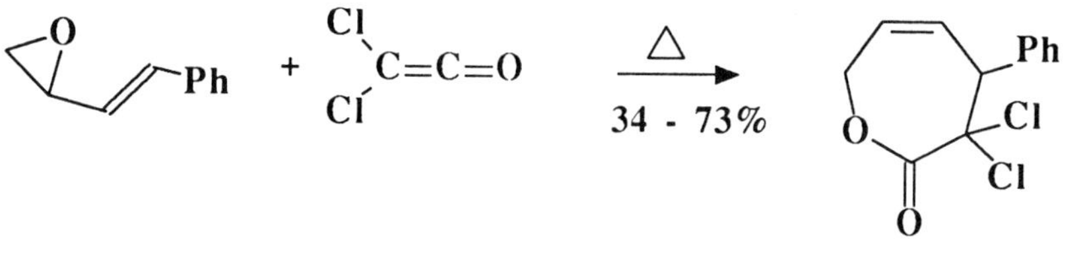

vinyl epoxide–Ph + Cl$_2$C=C=O $\xrightarrow{\Delta}$ 7-membered lactone (Ph, CCl$_2$)
34 - 73%

IV.E. Furans and Thiophenes

IV.E-1 F. Ogura et al., *J. Org. Chem.*, 54, 4391 (1989); F. Freeman and K.D. Robarge, *ibid.*, 54, 346 (1989); M. Labelle and Y. Guindon, *J. Am. Chem. Soc.*, 111, 2204 (1989); J. Al-Dulayymi and M.S. Baird, *Tetrahedron Lett.*, 30, 253 (1989); C.E. McDonald et al., *ibid.*, 30, 4791 (1989); J.M. Coxon et al., *ibid.*, 30, 5651 (1989); M. Yoda and H. Harada, *Chem. Pharm. Bull.*, 37, 2361 (1989); M. Muhlstadt et al., *J. Prakt. Chem.*, 331, 136 (1989); G. Capozzi et al., *Heterocycles*, 29, 1703 (1989).

Similar products with other electrophiles

IV.E-2 D. Goldsmith, D. Liotta et al., *J. Org. Chem.*, 54, 4485 (1989); M.F. Semmelhack and N. Zhang, *ibid.*, 54, 4483 (1989); K. Inomata et al., *Chem. Lett.*, 737 (1989).

IV.E-3 R.C. Larock and H. Song, *Synth. Commun.*, 19, 1463 (1989).

IV.E-4 E. Nakamura et al., *J. Am. Chem. Soc.*, 111, 6849 (1989); C.A. Broka and T. Shen, *ibid.*, 111, 2981 (1989); A. Srikrishna and K. Krishnan, *J. Org. Chem.*, 54, 3981 (1989); Y. Kobayashi et al., *Tetrahedron Lett.*, 30, 2407 (1989); G. Stork and R. Mah, *ibid.*, 30, 3609 (1989); G. Pattenden et al., *Tetrahedron*, 45, 5215 and 5247 (1989); J.C. Walton, *ibid.*, 45, 5531 (1989); H. Martin et al., *ibid.*, 45, 6113 (1989); K.Last and H.M.R. Hoffmann, *Synthesis*, 901 (1989); Y. Chapleur and N. Moufid, *Chem. Commun.*, 39 (1989); T.A.K. Smith and G.H. Whitham, *J. Chem. Soc., Perkin Trans. 1*, 313 and 319 (1989).

Similar cyclizations

IV.E-5 K. Oshima, K. Utimoto et al., *Tetrahedron Lett.*, 30, 3155 (1989).

IV.E-6 E. Negishi et al., *Heterocycles*, 28, 55 (1989).

IV.E-7 B.M. Trost et al., *J. Org. Chem.*, 54, 4489 (1989) and *Heterocycles*, 28, 321 (1989); W.A. Smit and R. Caple et al., *Synthesis*, 472 (1989); K. Utimoto, *Bull. Chem. Soc. Jpn.*, 62, 2050 (1989).

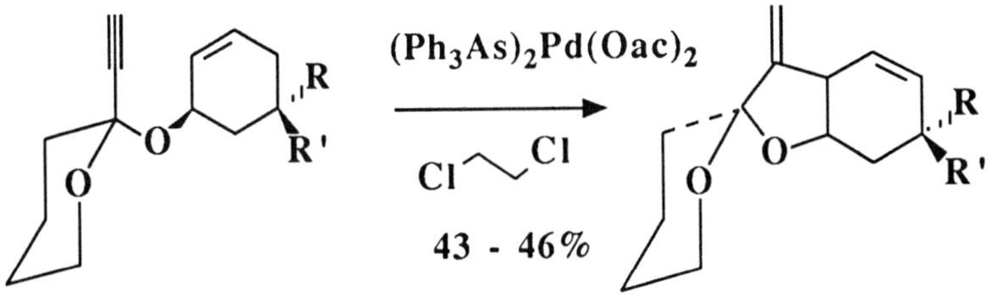
R
R'
O
O
(Ph3As)2Pd(Oac)2
Cl
Cl
43 - 46%
R
R'
O
O

IV.E-8 T.C. Owen et al., *Tetrahedron Lett.*, 30, 1597 (1989); D. Villemin and D. Goussu, *Heterocycles*, 29, 1255 (1989).

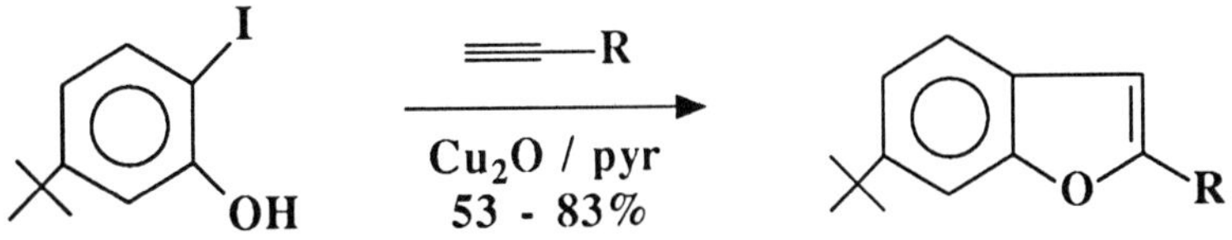
I
OH
R
Cu2O / pyr
53 - 83%
O
R

IV.E-9 S.L. Buchwald and Q. Fang, *J. Org. Chem.*, 54, 2793 (1989).

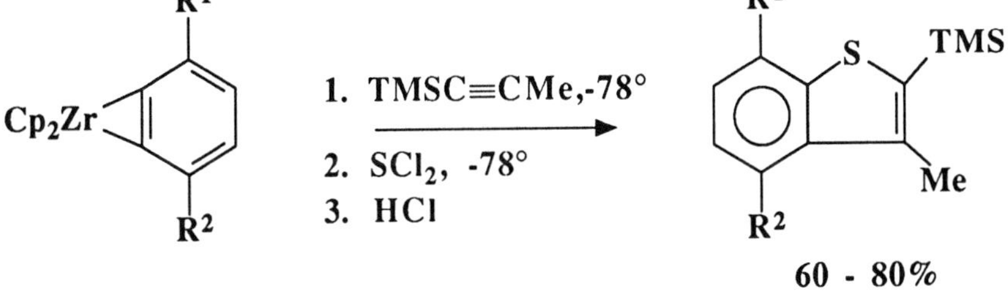
R1
Cp2Zr
R2
1. TMSC≡CMe,-78°
2. SCl2, -78°
3. HCl
R1
S
TMS
Me
R2
60 - 80%

IV.E-10 R.L. Danheiser et al., *J. Am. Chem. Soc.*, **111**, 4407 (1989).

$$R^3-\overset{O}{\underset{}{C}}-Cl + \underset{R^2}{\overset{H}{>}}C=C=C\underset{R^1}{\overset{SiR^3}{<}} \xrightarrow[\substack{CH_2Cl_2 \\ 35-79\%}]{AlCl_3} \underset{R^2 \;\; O \;\; R^1}{\overset{R^3 \quad\quad SiR^3}{\text{furan}}}$$

IV.E-11 P. Barker et al., *Synth. Commun.*, **19**, 257 (1989).

$$X\text{-}C_6H_4\text{-}OH \xrightarrow[18-100\%]{Br\text{-}CH_2\text{-}CH(OEt)_2} X\text{-}C_6H_4\text{-}O\text{-}CH_2\text{-}CH(OEt)_2$$

$$\xrightarrow[18-95\%]{PPA} \text{benzofuran (X-substituted)}$$

IV.E-12 A. Padwa et al., *Tetrahedron Lett.*, **30**, 4077 (1989); M.E. Maier and B. Schoffling, *Chem. Ber.*, **122**, 1081 (1989).

$$R\text{-}C(O)\text{-}N(CH_3)\text{-}C(=N_2)\text{-}C(O)\text{-}CH_3 \xrightarrow[\substack{2.\;DMAD \\ 82-86\%}]{1.\;Rh_2(OAc)_4} \underset{R \;\; O \;\; COCH_3}{\overset{CO_2CH_3 \quad CO_2CH_3}{\text{furan}}}$$

IV.E-13 J. Adams and R. Frenette et al., *Tetrahedron Lett.*, 30, 1749 and 1753 (1989).

$$\underset{R'}{\overset{O}{\underset{O}{\bigvee}}}\overset{N_2}{\underset{}{\diagdown}} \quad \xrightarrow[34 - 84\%]{Rh_2(OAc)_4} \quad \underset{R'}{\overset{O}{\underset{O}{\bigvee}}}$$

IV.E-14 T. Durst, *Can. J. Chem.*, 67, 1071 (1989).

$$\underset{X}{\text{ArCH}_2\text{SO}_2\text{C}(N_2)\text{CO}_2\text{Me}} \quad \xrightarrow[14 - 48\%]{Rh_2(OAc)_4} \quad \text{isobenzothiophene-SO}_2, \text{CO}_2\text{Me}$$

Also for other heterocycles

IV.E-15 J. Iqbal, T.K.P. Kumar and S. Manogaran, *Tetrahedron Lett.*, 30, 4701 (1989).

$$\text{MeC(O)CH}_2\text{C(O)OMe} + \text{CH}_2=\text{CHR} \quad \xrightarrow[\text{AcOH}]{Co(OAc)_2} \quad \text{tetrahydrofuran product}$$

60 - 71%

IV.E-16 Z.G. Hajos et al., *Synth. Commun.*, 19, 3295 (1989); P. Pflieger and B. Muckensturm, *Tetrahedron*, 45, 2031 and 2591 (1989); D. Obrecht, *Helv. Chim. Acta*, 72, 447 (1989); Y. Inoue et al., *Bull. Chem. Soc. Jpn.*, 62, 3518 (1989); K. Eichinger et al., *Synthesis*, 210 (1989); S. Takano et al., *Chem. Commun.*, 1371 (1989); D.W. Thompson et al., *J. Org. Chem.*, 54, 2748 (1989).

$$RCHO \xrightarrow[4-70\%]{LAED} \text{R–(furan)–CH}_3$$

LAED = lithium acetylide ethylenediamine complex

IV.E-17 H. Ila, H. Junjappa et al., *Tetrahedron*, 45, 7631 (1989); J. Becher et al., *J. Heterocycl. Chem.*, 26, 439 (1989); M.E. Price and N.E. Schore, *J. Org. Chem.*, 54, 2777 (1989); K.S. Feldman and T.E. Fisher, *Tetrahedron Lett.*, 30, 2969 (1989).

$$R^1\text{-CO-C(R}^2\text{)=C(SMe)}_2 \xrightarrow[40-87\%]{\text{1. LiCHBrCO}_2\text{Et, }-78°;\ \text{2. NH}_4\text{Cl/H}_2\text{O}} \text{EtO}_2\text{C–(furan, R}^1,R^2\text{)–SMe}$$

IV.E-18 M.S. Ho and H.N.C. Wong, *Chem. Commun.*, 1238 (1989); H.G. Selnick and L.M. Brookes, *Tetrahedron Lett.*, 30, 6607 (1989).

$$\text{(oxazole: }R^2,\text{Ph},R^1\text{)} + Me_3Si\text{—}\equiv\text{—}SiMe_3 \xrightarrow[63-66\%]{300°} \text{(furan: }Me_3Si, SiMe_3, R^2, R^1\text{)}$$

IV.E-19 H. Ila, H. Junjappa et al., *Tetrahedron Lett.*, 30, 3093 (1989).

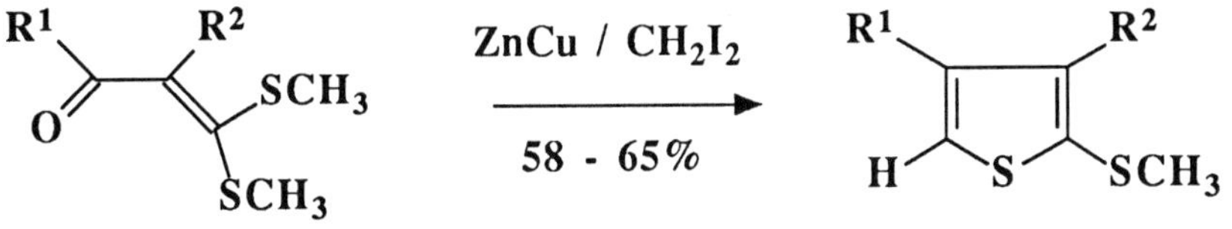

IV.E-20 F.M. Abdelrazek, *Z. Naturforsch.*, 44b, 488 (1989); J. Bernstein et al., *J. Chem. Soc., Perkin Trans. 2*, 1157 (1989); A.O. Addelnamid et al., *J. Prakt. Chem.*, 331, 31 (1989); K. Eger et al., *Liebigs Ann. Chem.*, 1049 (1989).

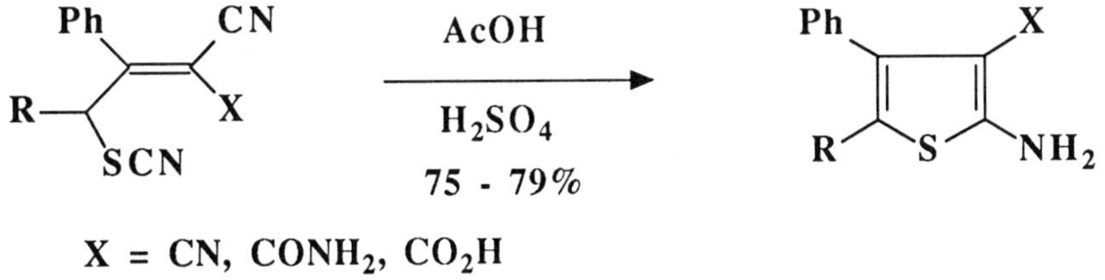

X = CN, $CONH_2$, CO_2H

IV.E-21 K. Yonomoto, I. Shibuya and K. Honda, *Bull. Chem. Soc. Jpn.*, 62, 1086 (1989).

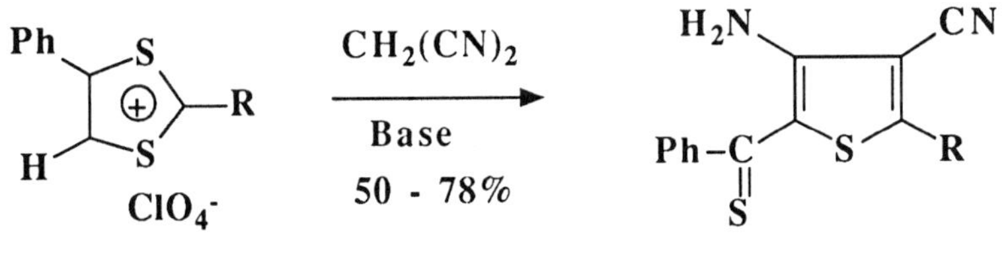

IV.E-22 K.E. O'Shea and C.S. Foote, *J. Org. Chem.*, 54, 3475 (1989).

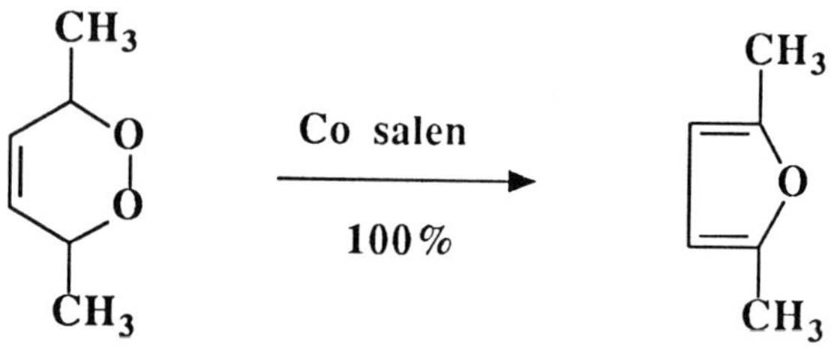

[Reaction: 3,6-dimethyl-1,2-dioxine → 2,5-dimethylfuran, Co salen, 100%]

IV.E-23 M. Hidai et al., *Tetrahedron Lett.*, 30, 95 (1989); A. Yamashita et al., *J. Org. Chem.*, 54, 3625 (1989).

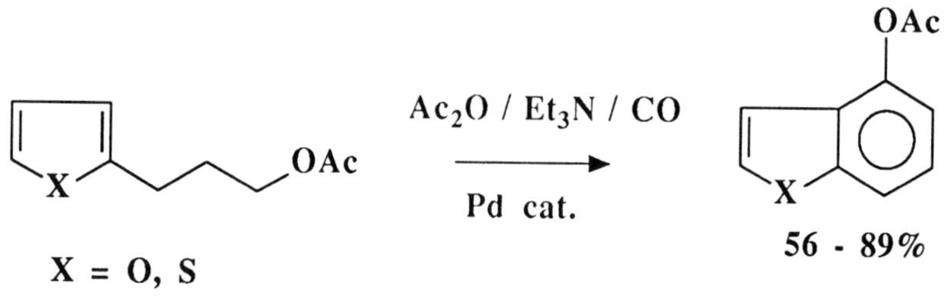

[Reaction: 2-(3-acetoxypropyl)furan/thiophene → acetoxy-fused bicyclic product, Ac_2O / Et_3N / CO, Pd cat., 56 - 89%]

X = O, S

Similar cyclizations via chromium carbonyl species

IV.F. Pyrroles, Indoles, Etc.

IV.F-1 H.H. Wasserman et al., *J. Am. Chem. Soc.*, 111, 371 (1989), *J. Org. Chem.*, 54, 6012 (1989) and *Tetrahedron Lett.*, 30, 1725 and 7117 (1989).

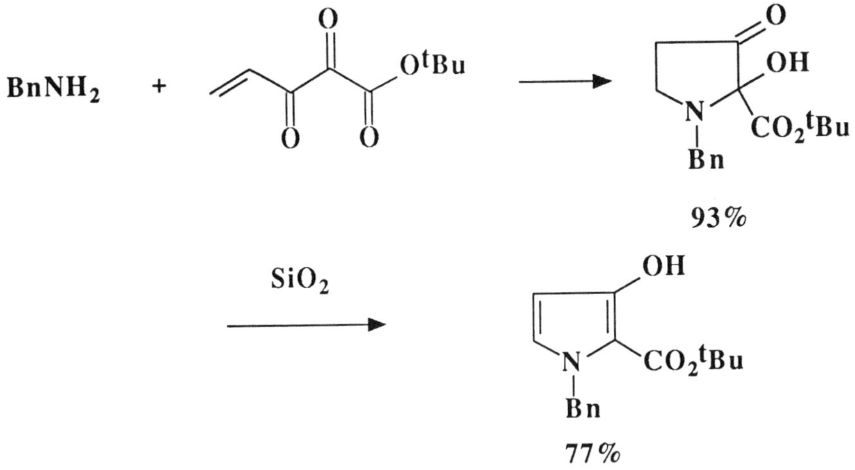

BnNH$_2$ + [vinyl tricarbonyl tBu ester] ⟶ [3-oxo-2-hydroxy-2-(CO$_2$tBu)-N-Bn pyrrolidine] 93%

$\xrightarrow{SiO_2}$ [3-hydroxy-2-(CO$_2$tBu)-N-Bn pyrrole] 77%

vicinyl tricarbonyl as dielectrophile

IV.F-2 G. Baccolini, *J. Chem. Soc., Perkin Trans. 1*, 1053 (1989).

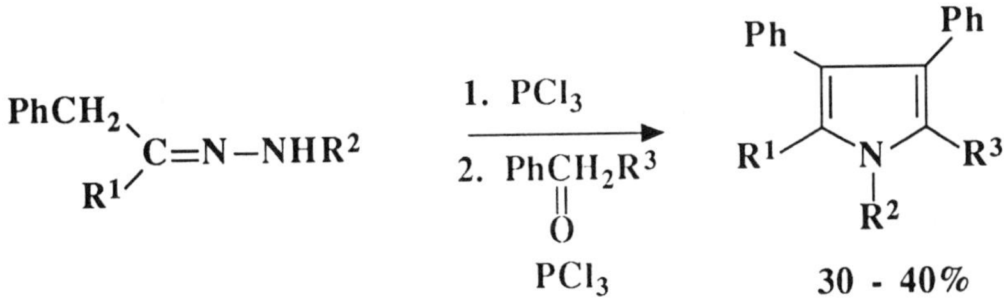

$$\underset{R^1}{\overset{PhCH_2}{>}}C=N-NHR^2 \xrightarrow[\underset{PCl_3}{2.\ PhCH_2R^3\ (C=O)}]{1.\ PCl_3} \text{[3,4-diphenyl-2-}R^1\text{-5-}R^3\text{-N-}R^2\text{-pyrrole]}$$

30 - 40%

R^1, R^2, R^3 = Me, CH$_2$Ph

IV.F-3 G.P. Chiusoli et al., *Synthesis*, 262 (1989).

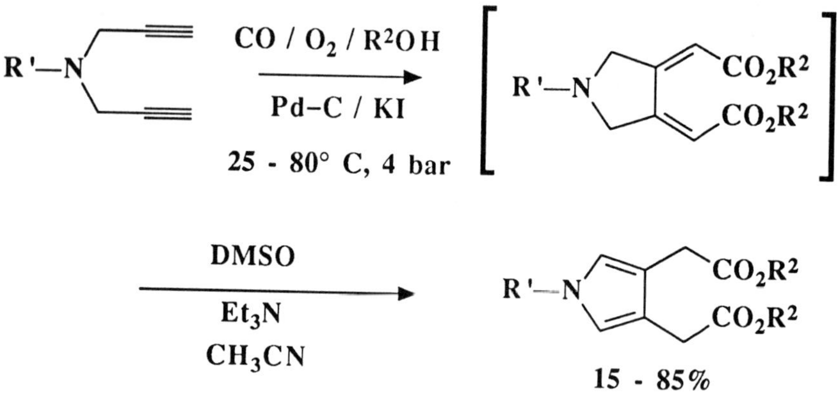

R' = HCO, MeCO, PhCO

IV.F-4 S.L. Buchwald et al., *J. Am. Chem. Soc.*, 111, 776 (1989).

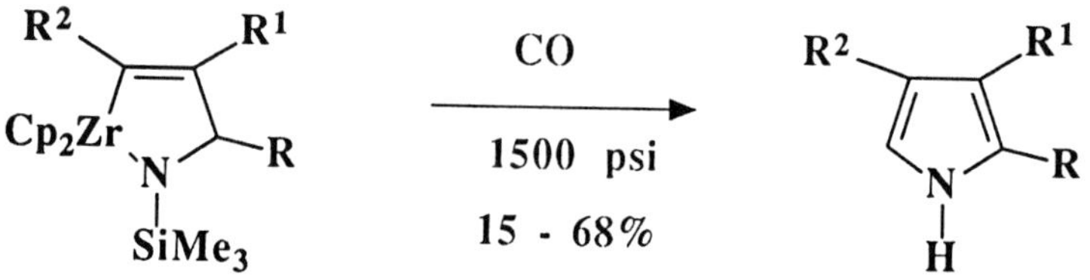

IV.F-5 H.H. Wasserman et al., *Heterocycles*, 28, 629 (1989).

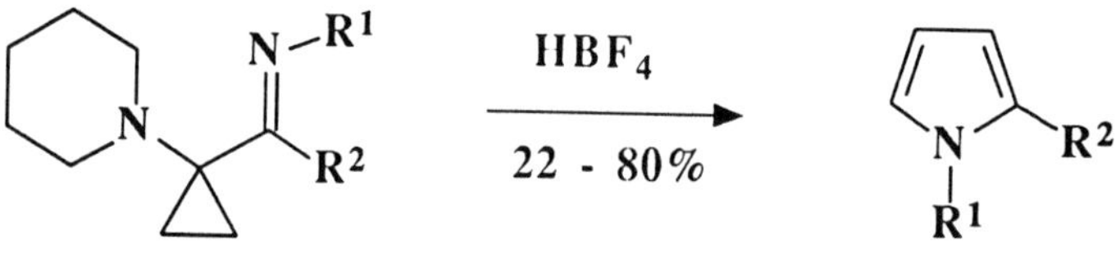

R^1 = H, CH_2Ph

IV.F-6 H. Takahata, T. Momose et al., *Chem. Pharm. Bull.*, 37, 2250 (1989); B. Gobeaux and L. Ghosez, *Heterocycles*, 28, 29 (1989); S. Takano et al., *ibid.*, 29, 1861 (1989) and *Tetrahedron Lett.*, 30, 3805 (1989); E.J. Corey et al., *ibid.*, 30, 5547 (1989); I. Coldham and S. Warren, *ibid.*, 30, 5937 (1989); D.R. Williams et al., *ibid.*, 30, 1327 and 1331 (1989) and *J. Am. Chem. Soc.*, 111, 1923 (1989); F. Ogura et al., *J. Org. Chem.*, 54, 4391 and 4398 (1989); R.A. Fujimoto et al., *J. Med. Chem.*, 32, 1259 (1989); T. Gallagher et al., *Chem. Commun.*, 1073 and *J. Chem. Soc., Perkin Trans. 1*, 2415 (1989).

Similar cyclizations with I_2, NBS / CuBr, $PhTe(O)O_2CCF_3$, $AgBF_4$ / allene

IV.F-7 P.F. Keusen Kother and M.B. Smith, *Tetrahedron Lett.*, 30, 3369 (1989); D.S. Middleton and N.S. Simpkins, *ibid.*, 30, 3865 (1989); H. Urbach and R. Henning, *Heterocycles*, 28, 957 (1989); D. J. Clive and A.Y. Mohammed, *ibid.*, 28, 1157 (1989); A.L.J. Beckwith and J.W. Westwood, *Tetrahedron*, 45, 5269 (1989); M. Ikeda et al., *J. Chem. Soc., Perkin Trans. 1*, 879 (1989).

Similar radical cyclizations to pyrrolidines

IV.F-8 H. Togo and O. Kikuchi, *Heterocycles*, 28, 379 (1989); D.L. Boger and R.J. Wysocki, *J. Org. Chem.*, 54, 1238 (1989).

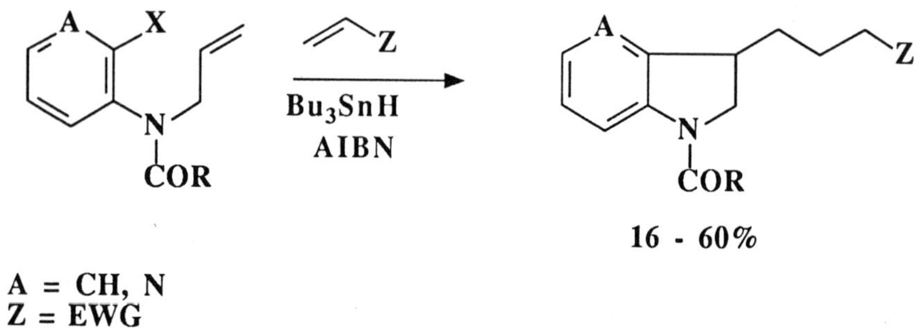

16 - 60%

A = CH, N
Z = EWG

IV.F-9 A.J. Hamdan and H.W. Moore, *Heterocycles*, 29, 51 (1989).

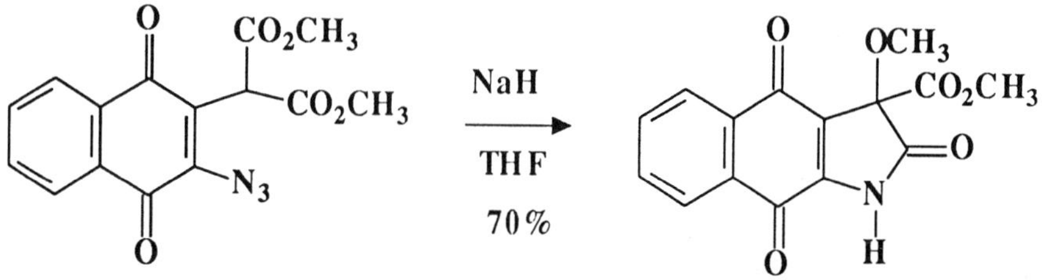

70%

IV.F-10 J.K. Cha et al., *J. Am. Chem. Soc.*, 111, 2580 (1989); W.H. Pearson and Y.F. Poon, *Tetrahedron Lett.*, 30, 6601 (1989); M. Noguchi et al., *Heterocycles*, 29, 2029 (1989); R. Guilard et al., *J. Chem. Soc., Perkin Trans. 1*, 1369 (1989).

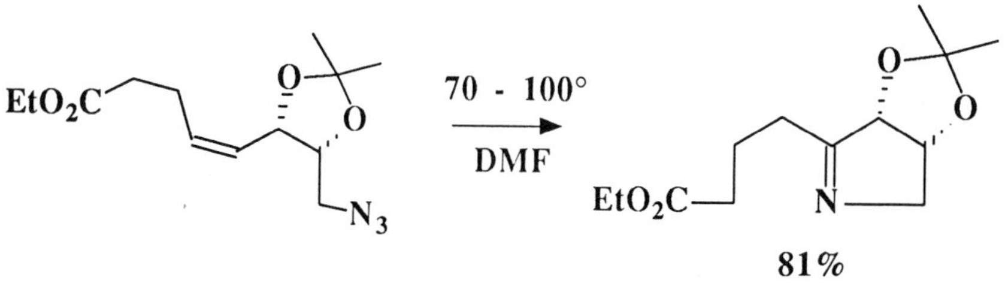

70 - 100°
DMF

81%

Similar cyclizations via azides

IV.F-11 M.P. Heitz and L.E. Overman, *J. Org. Chem.*, 54, 2591 (1989); G.E. Keck et al., *ibid.*, 54, 4345 (1989); W.N. Speckamp et al., *Tetrahedron*, 45, 7553 (1989).

IV.F-12 M. Teng and F.W. Fowler, *Tetrahedron Lett.*, 30, 2481 (1989); T. Yasukouchi and K. Kanematsu, *ibid.*, 30, 6559 (1989) and *Chem. Commun.*, 953 (1989); K. Fukumoto et al., *Heterocycles*, 28, 63 (1989); S.F. Martin and W. Li, *J. Org. Chem.*, 54, 265 (1989).

Similar Diels-Alder approaches to heterocycles

IV.F-13 W. Flitsch et al., *Liebigs Ann. Chem.*, 387 and 381 and 391 and 275 (1989); P. Molina et al., *Tetrahedron Lett.*, 30, 2847 (1989); M. Nitta et al., *J. Chem. Soc., Perkin Trans. 1*, 51 (1989) and *Heterocycles*, 29, 1655 (1989).

similar Aza-Wittig reactions

IV.F-14 E. Suarez et al., *Chem. Commun.*, 1169 (1989).

[reaction scheme: lactam → bicyclic lactam, DIB / I₂, 14 - 82%]

DIB = (diacetoxyiodo)benzene

IV.F-15 D.H.R. Barton et al., *Tetrahedron Lett.*, 30, 2983 (1989); G. Pandey et al., *ibid.*, 30, 6059 (1989); R.W. Kauash and P.S. Mariano, *ibid.*, 30, 4185 (1989); J.D. Winkler et al., *ibid.*, 30, 5703 (1989); P. Mazzocchi et al., *J. Org. Chem.*, 54, 5476 (1989); W. Kraus, E.M. Schell et al., *ibid.*, 54, 4165 (1989); J.G. Gramain et al., *Can. J. Chem.*, 67, 213 (1989).

[reaction scheme: 1. hν; 2. NiB, B(OH)₃; 60 - 64%]

similar photochemical reactions to pyrrolines and indolines

IV.F-16 R.E. Dolle et al., *Tetrahedron Lett.*, 30, 4723 (1989).

X—(CH₂)₃—CH=CH—CH₂—SPh

X = Br, TsO

Chloramine-T, PTC, (EtO)₃P, then aq. NaOH

[product: 2-vinyl-N-tosylpyrrolidine, 30 - 85%]

IV.F-17 K. Fugami, K. Oshima and K. Utimoto, *Bull. Chem. Soc. Jpn.*, 62, 2051 (1989); B.M. Trost and T. Scanlan, *J. Am. Chem. Soc.*, 111, 4988 (1989); M.R. Gagne and T.J. Marks, *ibid.*, 111, 4108 (1989).

similar cyclizations mediated by Pd or La

IV.F-18 S.M. Weinreb et al., *Tetrahedron Lett.*, 30, 5709 (1989); E. Juaristi and D. Madrigal, *Tetrahedron*, 45, 629 (1989); S. Masamune et al., *J. Org. Chem.*, 54, 1755 (1989); T. Momose et al., *Chem. Lett.*, 1445 (1989); M.B. Smith et al., *Org. Prep. Proced. Int.*, 21, 297 (1989).

IV.F-19 D. Villemin et al., *Chem. Ind.*, 607 (1989); J. Renault et al., *Chem. Pharm. Bull.*, 37, 675 and 2143 (1989); M.P. Prochazka and R. Carlson, *Acta. Chem. Scand.*, 43, 651 (1989); J. Bergman and B. Pelcman, *J. Org. Chem.*, 54, 824 (1989); Y. Murakami et al., *Tetrahedron Lett.*, 30, 2099 (1989); M.S. Morales-Rios et al., *Tetrahedron*, 45, 6439 (1989); J. Bosch et al., *ibid.*, 45, 7939 (1989).

similar examples of Fisher-indole cyclization also reported

IV.F-20 P. Knochel et al., *Tetrahedron Lett.*, 30, 4795 (1989); G. Bartoli et al., *ibid.*, 30, 2129 (1989); S. Torii et al., *Bull. Chem. Soc. Jpn.*, 62, 3742 (1989); M. Makosza et al., *Liebigs Ann. Chem.*, 203 (1989); A. Kasahara et al., *J. Heterocycl. Chem.*, 26, 1405 (1989); M.P. Cava et al., *Heterocycles*, 29, 415 (1989).

Similar approaches to other indoles

IV.F-21 D.E. Rudisill and J.K. Stille, *J. Org. Chem.*, 54, 5856 (1989); R. Grigg et al., *Tetrahedron Lett.*, 30, 1135 and 1139 (1989); S. Cacchi et al., *ibid.*, 30, 2581 (1989); H. Yamanaka et al., *Heterocycles*, 29, 1013 (1989); M. Pfeffer and M.A. Rotteveel, *Rev. Trav. Chim.*, 108, 317 (1989).

$$\text{R'}\underset{\text{NHAc}}{\text{C}_6\text{H}_4}-\text{C}\equiv\text{C}-\text{R} \xrightarrow[34 - 82\%]{(CH_3CN)_2PdCl_2} \text{R'-indole-N(Ac)-R}$$

IV.F-22 C.J. Moody et al., *Tetrahedron Lett.*, 30, 4017 (1989); R.B. Miller and S. Dugar, *ibid.*, 30, 297 (1989); T. Kappe et al., *Synthesis*, 781 (1989); P. Martin, *Helv. Chim. Acta*, 72, 1554 (1989).

$$\xrightarrow{\begin{array}{l}1.\ Me_2\overset{+}{S}OCH_2^-\\2.\ NaN_3\\3.\ SOCl_2,\ pyr.\\4.\ \text{mesitylene},\ \triangle\end{array}}$$

n = 1, 2

67 - 72%

IV.F-23 C.W.G. Fishwick et al., *Tetrahedron Lett.*, 30, 4443, 4447 and 6777 (1989); S.F. Martin and T.H. Cheavens, *ibid.*, 30, 7017 (1989); H.P. Husson et al., *ibid.*, 30, 5133 (1989); T.K. Yang et al., *ibid.*, 30, 4973 (1989); R. Grigg et al., *Tetrahedron*, 45, 1723 and 4649 (1989); A. Padwa et al., *J. Org. Chem.*, 54, 644 (1989); J.S. New et al., *ibid.*, 54, 990 (1989); C.A. Maryanoff et al., *ibid.*, 54, 3790 (1989); D.H. Hua et al., *ibid.*, 54, 5659 (1989); W.S. Tian and T. Livinghouse, *Chem. Commun.*, 819 (1989); S. Kanemasa, O. Tsuge et al., *Bull. Chem. Soc. Jpn.*, 62, 808, 896, 1961 and 2196 (1989); T. Shono et al., *Chem. Lett.*, 1903 (1989).

similar products via azomethine ylids or electrochemical oxidation

---

IV.F-24 S.J. Danishefsky et al., *Tetrahedron Lett.*, 30, 3625 and 3621 (1989); T. Honma et al., *J. Heterocycl. Chem.*, 26, 629 (1989); C.W. Jefford et al., *Helv. Chim. Acta*, 72, 1749 (1989).

IV.G. Pyridines, Quinolines, Etc.

IV.G-1 S. Kagabu et al., *J. Org. Chem.*, <u>54</u>, 4275 (1989).

IV.G-2 C.O. Kappe and T. Kappe, *Monatsh. Chem.*, <u>120</u>, 1095 (1989); K. Hartke et al., *Chem. Ber.*, <u>122</u>, 669 (1989); M. Muraoka et al., *J. Chem. Soc., Perkin Trans. 1*, 1241 (1989); P. Victory et al., *ibid.*, 2269 (1989); C. Seoane et al., *ibid.*, 1975 (1989); Y.A. Sharanin et al., *J. Org. Chem. (USSR)*, <u>25</u>, 560 and 1182 (1989); H. Elnagi et al., *Synthesis*, 775 (1989); C.A. Ramsden et al., *Chem. Commun.*, 551 (1989); S. Miyajima et al., *J. Heterocycl. Chem.*, <u>26</u>, 773 (1989); A. Maccioni et al., *ibid.*, <u>26</u>, 1859 (1989); K. Bogdanowicz-Szwed and B. Rys, *Liebigs Ann. Chem.*, 1131 (1989); J.H. Rigby and M. Qabar, *J. Org. Chem.*, <u>54</u>, 5852 (1989).

IV.G-3 A. Padwa et al., *Tetrahedron Lett.*, 30, 3259 (1989); J. Sisko and S.M. Weinreb, *ibid.*, 30, 3037 (1989); T. Hamada et al., *ibid.*, 30, 6405 (1989); P.D. Bailey et al., *ibid.*, 30, 6781 (1989); L. LeCoz et al., *ibid.*, 30, 2795 (1989); E.J. Corey and P. Yuen, *ibid.*, 30, 5825 (1989); A. Padwa et al., *J. Org. Chem.*, 54, 4232 (1989); W. Pfrengle and H. Kunz, *ibid.*, 54, 4261 (1989); P. Herczegh, R. Bognar et al., *Tetrahedron*, 45, 2793 (1989); R. Ramage et al., *ibid.*, 45, 239 (1989); H. Waldmann, *Liebigs Ann. Chem.*, 231 (1989); U. Ruffer and E. Breitmaier, *Synthesis*, 623 (1989).

$$CH_2 = C(SO_2Ar) - C(SO_2Ar) = CH_2 + ArCH=NR \xrightarrow[73-92\%]{25°} \text{cyclic product}$$

Diels-Alder route to similar heterocycles

IV.G-4 J. Barluenga et al., *Chem. Commun.*, 267 (1989); A. Waldner et al., *Helv. Chim Acta*, 72, 1435 (1989); D.L. Boger et al., *J.Org. Chem.*, 54, 714 (1989) and *J. Am. Chem. Soc.*, 111, 1517 (1989); C. Avendano et al., *Tetrahedron*, 45, 4477 (1989).

first example of intramolecular [4 + 2] cycloaddition of simple azadiene

IV.G-5 H.C. van der Plas et al., *Tetrahedron*, 45, 803, 2693, 5151, 5611, 6211, 6499, 6511, 6519 and 6891 (1989); E.C. Taylor et al., *J. Org. Chem.*, 54, 1249, 1456 and 4984 (1989); H. Yamanaka et al., *Heterocycles*, 29, 2249 (1989).

X = O, NR, S

IV.G-6 P. Molina et al., *Chem. Ber.*, 122, 307 (1989) and *Synthesis*, 878 (1989); T. Saito, S. Motoki et al., *J. Chem. Soc., Perkin Trans. 1*, 2140 (1989); H. Takeuchi and S. Eguchi, *Tetrahedron Lett.*, 30, 3313 (1989).

IV.G-7 J.C. Cuevas and V. Snieckus, *Tetrahedron Lett.*, 30, 5837 and 5841 (1989).

IV.G-8 L. Strekowski et al., *Heterocycles*, 29, 539 (1989); S.R. Landor et al., *J. Org. Chem., Perkin Trans. 1*, 251 (1989); F.J. Vinick et al., *Tetrahedron Lett.*, 30, 787 (1989); M.C. Desai and P.F. Thadeio, *ibid.*, 30, 5181 (1989).

IV.G-9 M.S. Wadia et al., *Synth. Commun.*, 19, 3097 (1989); G.M. Coppola and H.F. Schuster, *J. Heterocycl. Chem.*, 26, 957 (1989); K. Uneyama et al., *Tetrahedron Lett.*, 30, 4821 (1989); J.L.G. Ruano et al., *Tetrahedron*, 45, 203 (1989).

IV.G-10 S. Hibino et al., *Heterocycles*, 28, 275 (1989); K. Fukumoto et al., *ibid.*, 28, 39 (1989); E.U. Wurthwein et al., *Chem Ber.*, 122, 1711 (1989).

IV.G-11 S. Gronowitz et al., *J. Heterocycl. Chem.*, 26, 865 (1989); Y. Yang, *Synth. Commun.*, 19, 1001 (1989).

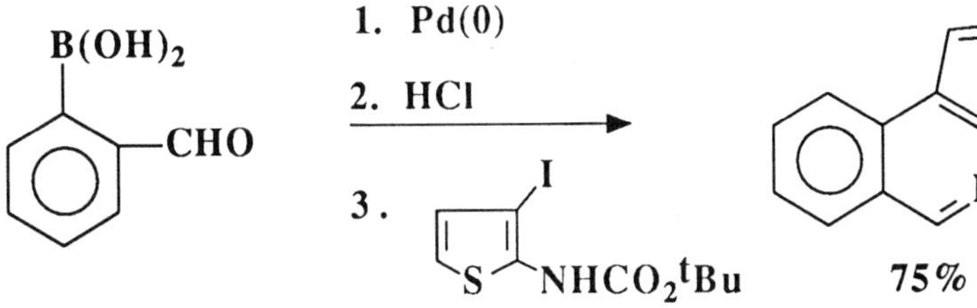

IV.G-12 R.M. Paton et al., *J. Chem. Soc., Perkin Trans. 1*, 1679 (1989).

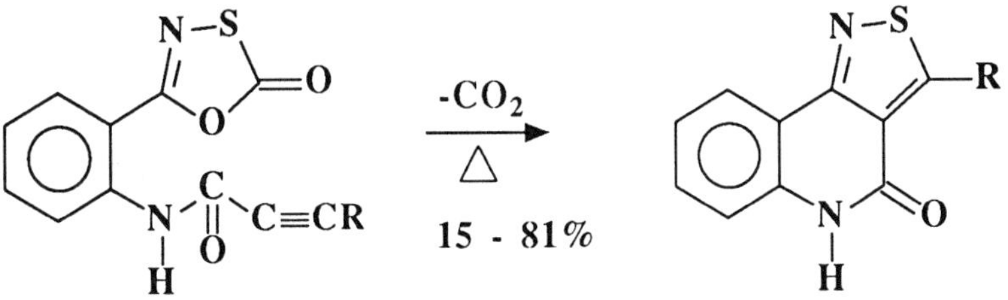

IV.G-13 J. Barluenga et al., *J. Org Chem.*, 54, 2596 (1989).

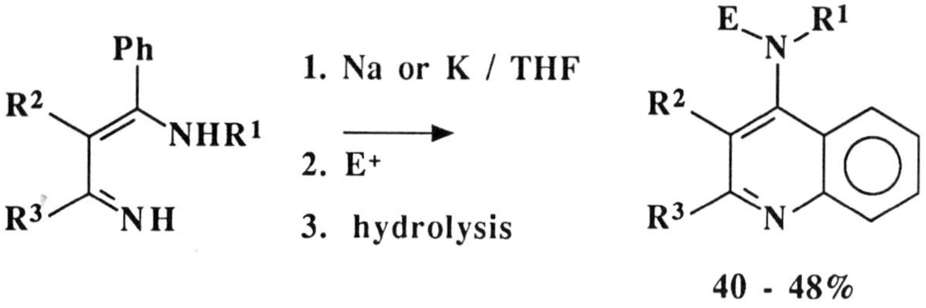

40 - 48%

IV.G-14 D. Armesto et al., *J. Chem Soc., Perkin Trans. 1*, 1623 (1989); S. Ghosh et al., *Tetrahedron Lett.*, 30, 4009 (1989).

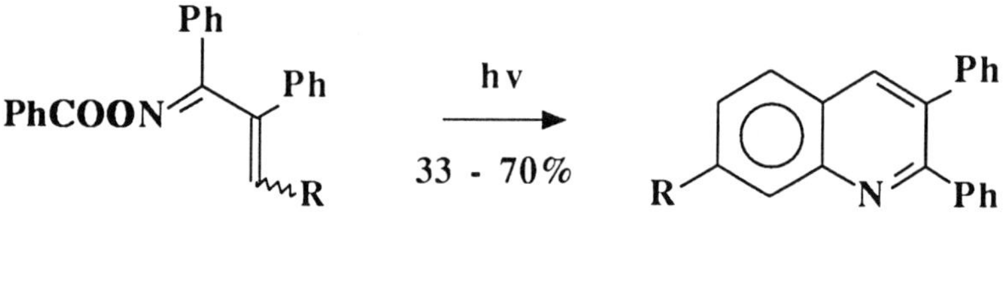

33 - 70%

IV.H. Pyrans, Pyrones, and Sulfur Analogues

IV.H-1 J. Jurczak et al., *J. Org. Chem.*, 54, 3759 and 2495 (1989) and *Chem. Commun.*, 263 (1989); P.M. Wovkulich et al., *J. Am. Chem. Soc.*, 111, 2596 (1989); K. Maruoka and H. Yamamoto, *ibid.*, 111, 789 (1989); S.J. Danishefsky et al., *ibid.*, 111, 2193, 2599, 2967 and 5810 (1989) and *Pure Appl. Chem.*, 61, 1235 (1989); U. Pindur et al., *Liebigs Ann. Chem.*, 227 (1989).

IV.H-2 K. Sato et al., *Chem. Lett.*, 653 (1989); E. Wada, S. Kanemasa and O. Tsuge, *ibid.*, 675 (1989) and *Bull. Chem. Soc. Jpn.*, 62, 1198 (1989); J. Mattay et al., *Chem Ber.*, 122, 2207 (1989); L.F. Tietze et al., *ibid.*, 122, 643 and 997 (1989), *Angew. Chem., Int. Ed. Engl.*, 28, 1371 (1989) and *Liebigs Ann. Chem.*, 9 (1989); M. Hojo et al., *Synthesis*, 215 (1989); L. Rene, *ibid.*, 69 (1989).

IV.H-3 C.J. Moody and P.J. Taylor, *J. Chem Soc., Perkin Trans. 1*, 721 (1989); A. Padwa et al., *J. Org. Chem.*, <u>54</u>, 817 (1989).

IV.H-4 D. Crich et al., *Heterocycles*, <u>28</u>, 67 (1989); M.D. Bachi and D. Denemark, *ibid.*, <u>28</u>, 579 (1989); S.P. Munt and E.J. Thomas, *Chem. Commun.*, 480 (1989).

X = O, S, NAc

IV.H-5 B. Cox and R.D. Waigh, *Synthesis*, 709 (1989); A. Banerji and G.D. Kalena, *Synth. Commun.*, <u>19</u>, 159 (1989); C.D. Johnson et al., *J. Chem. Soc., Perkin Trans. 1*, 957 (1989); J.K. Makrandi and Seema, *Chem. Ind.*, 607 (1989).

IV.H-6 K.K. Balasubramanian et al., *Tetrahedron*, 45, 309 (1989) and *Tetrahedron Lett.*, 30, 2297 (1989); B. Otter et al., *J. Heterocycl. Chem.*, 26, 1851 (1989); K.T. Potts et al., *J. Org. Chem.*, 54, 1077 (1989).

$$\text{Ar-O-C}(R^2)(R^3)\text{-C≡C-Br} \quad \xrightarrow[\text{ethylene glycol}]{180°} \quad \text{chromanone}$$

65 - 82%

IV.H-7 A.G.M. Barrett et al., *J. Org. Chem.*, 54, 4723 and 2275 (1989) and *J. Am. Chem. Soc.*, 111, 1392 (1989).

$$^t\text{BuMe}_2\text{SiO-CH}(R^1)\text{-(CH}_2)_2\text{-CH}(R^2)\text{-C(SPh)=CH-NO}_2 \quad \xrightarrow[\text{2. O}_3]{\text{1. HF / pyr}}$$

tetrahydropyran with R^1, R^2, C(O)SPh substituents

IV.H-8 K.C. Nicolaou et al., *J. Am. Chem. Soc.*, 111, 5330, 5335, 6676 and 6683 (1989); W.C. Still et al., *ibid.*, 111, 3439 (1989); G.A. Molander and S.W. Andrews, *J. Org. Chem.*, 54, 3114 (1989); S.T. Orszulik, *Synth. Commun.*, 19, 1233 (1989).

$$\text{epoxy-alcohol} \quad \xrightarrow[\substack{\text{CH}_2\text{Cl}_2 \\ -40 - 25° \\ 92 - 95\%}]{\text{CSA}} \quad \text{tetrahydropyran}$$

IV.H-9 L. Miginiac et al., *J. Organomet. Chem.*, 373, 279 (1989); T.H. Chan et al., *Tetrahedron Lett.*, 30, 4065 (1989) and *J. Org. Chem.*, 54, 5768 (1989); D.W. Thompson et al., *ibid.*, 54, 2748 (1989).

$$Me_3SiCH-CH=CH_2 + RCHO \xrightarrow[36-90\%]{BF_3 \cdot Et_2O}$$
$$(CH_2)_n OSiMe_3$$

n = 2, 3

IV.H-10 M.F. Semmelhack et al., *Tetrahedron Lett.*, 30, 4925 (1989); G.W. Klumpp et al., *ibid.*, 30, 4863 and 5497 (1989); F. Nicotra et al., *Chem. Commun.*, 297 (1989); G. Pandey et al., *ibid.*, 417 (1989); A. Doutheau et al., *Tetrahedron*, 45, 7765 (1989).

$$\xrightarrow[\substack{DMSO \\ 92-96\%}]{Pd(OAc)_2}$$

similar cyclizations with $Hg(OCOCF_3)_2$, PhSeSePh / hv, PhSeCl

---

IV.H-11 J.M. Moreto et al., *Chem. Commun.*, 1560 (1989); G.H. Elgemeie, *Chem. Ind.*, 653 (1989); D.D. Dhavale et al., *J. Org. Chem.*, 54, 3985 (1989); B. Stanovnik et al., *J. Heterocycl. Chem.*, 26, 1273 (1989); S. Cabbiddu et al., *Heterocycles*, 29, 913 (1989).

$$(OC)_5M = \underset{OR^1}{\overset{}{\rule{0pt}{0pt}}} = R^2 \quad \xrightarrow[40-41\%]{\underset{EtO}{\overset{EtO\quad CO_2Et}{=}}\underset{H}{}} \xrightarrow[quant.]{DMSO}$$

similar products by other means

IV.H-12 C.W.G. Fishwick et al., *Tetrahedron Lett.*, 30, 4449 (1989) and *Tetrahedron*, 45, 7879 (1989); M. Pulst et al., *J. Chem. Res. (S)*, 300 (1989).

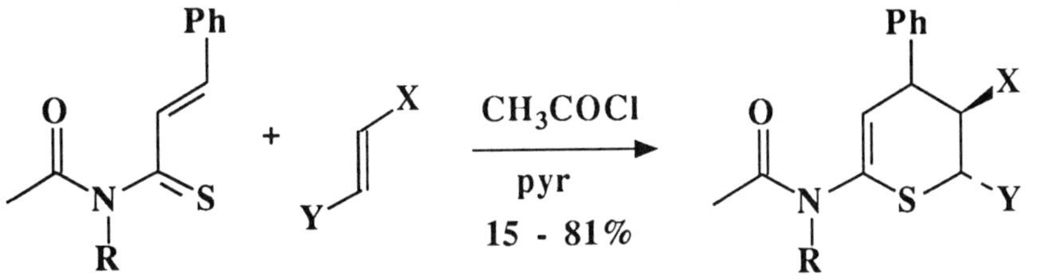

X = Y = CO_2Me
X = CN; Y = H
X = H; Y = OEt

IV.H-13 M. Segi, N. Sonoda et al., *Synth. Commun.*, 19, 2431 (1989); H. Fritz and W. Sundermeyer, *Chem. Ber.*, 122, 1757 (1989); B.F. Bonini et al., *J. Chem. Soc., Perkin Trans. 1*, 2083 (1989).

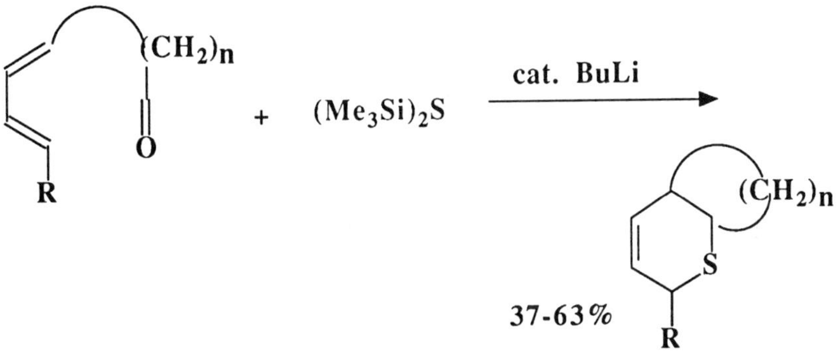

IV.H-14 Y.A. Sharanin et al., *J. Org. Chem. (USSR)*, 25, 1189 and 1196 (1989); F.F. Abdel-Latif, *Bull. Chem. Soc. Jpn.*, 62, 3768 (1989).

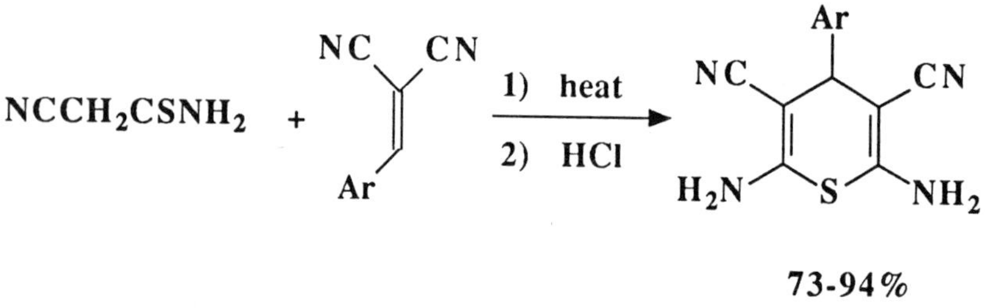

NCCH$_2$CSNH$_2$ + (NC)(CN)C=CH-Ar → [1) heat; 2) HCl] → 2-amino-4-Ar-3,5-dicyano-6-amino-4H-thiopyran

73-94%

IV.I. Other Heterocycles with One Heteroatom

IV.I-1 K.C. Nicolaou et al., *J. Am. Chem. Soc.*, 111, 4136 and 5321 (1989).

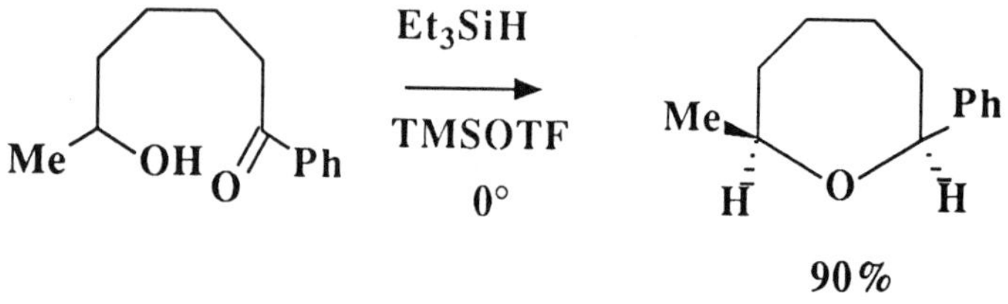

Et$_3$SiH, TMSOTF, 0°

90%

also 8 membered rings

IV.I-2 L.E. Overman et al., *J. Org. Chem.*, 54, 5695 (1989); M. Harmata and T. Murray, *ibid.*, 54, 3761 (1989).

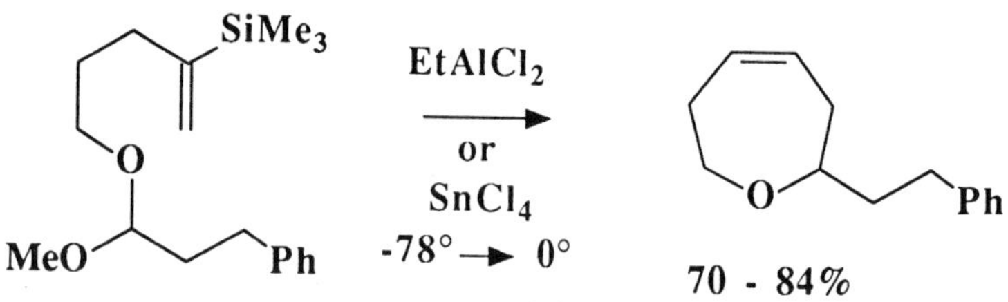

EtAlCl$_2$ or SnCl$_4$, -78° → 0°

70 - 84%

IV.I-3 P. Dowd and S.C. Choi, *Terahedron Lett.*, 30, 6129 (1989).

IV.I-4 A. Padwa et al., *J. Org.Chem.*, 54, 811 (1989); A. Goti et al., *Tetrahedron*, 45, 5917 (1989).

IV.I-5 S.G. Davies et al., *Tetrahedron Lett.*, 30, 3581 (1989).

IV.I-6 Y. Sato et al., *J. Org. Chem.*, **54**, 837 (1989).

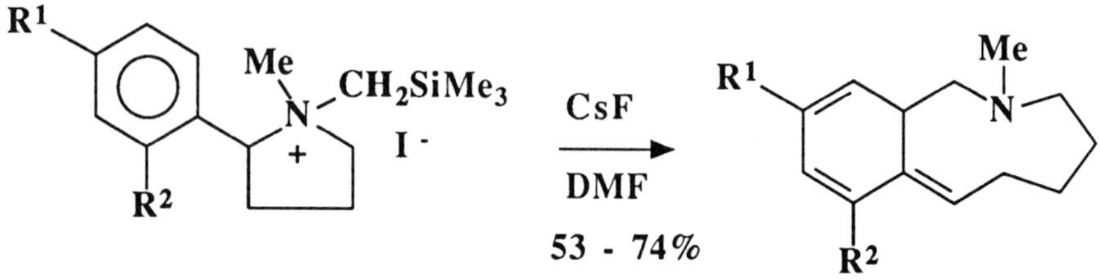

presumed intermediate in Sommelet-Hauser rearrangement

IV.I-7 H. McNab et al., *J. Chem. Soc., Perkin Trans. 1*, 425 (1989).

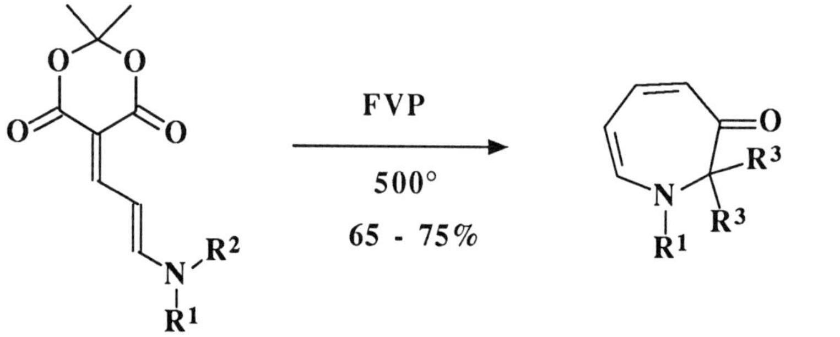

R^1 = Me, Ph; R^2 = Me, ^{i}Pr R^3 = H, Me

IV.I-8 H. Rapoport et al., *J. Org. Chem.*, **54**, 4654 (1989).

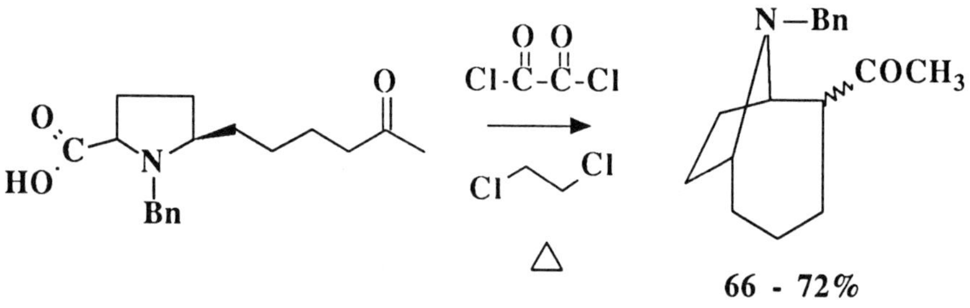

IV.I-9 M. Newcomb and D.J. Marquardt, *Heterocycles*, 28, 129 (1989).

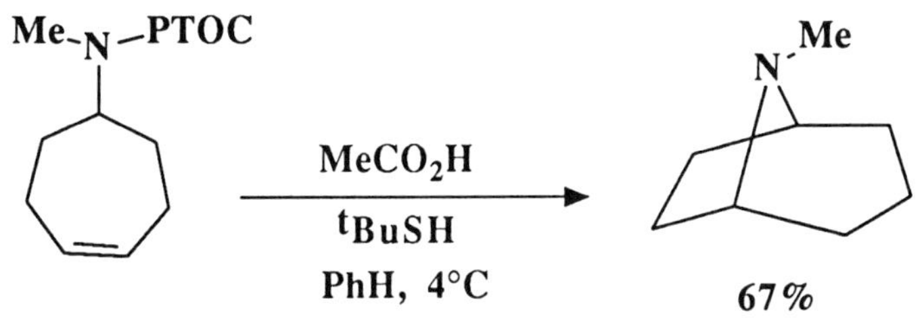

[Reaction: cycloheptenyl-N(Me)-PTOC → bicyclic N-Me aziridine, MeCO₂H, tBuSH, PhH, 4°C, 67%]

IV.I-10 H.M.L. Davies et al., *Tetrahedron Lett.*, 30, 4653 (1989).

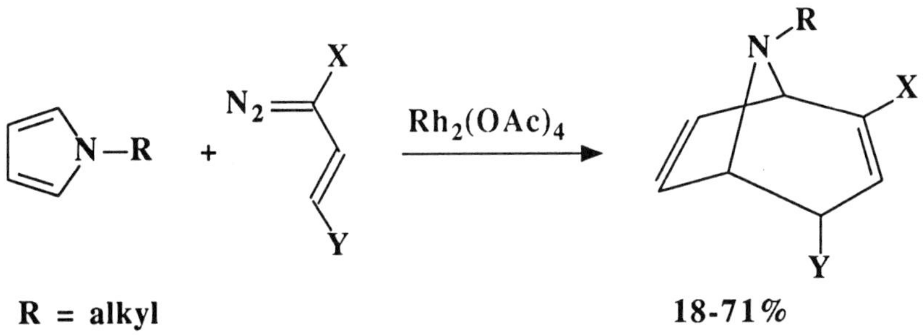

[Reaction: N-R pyrrole + N₂=C(X)–CH=CH–Y, Rh₂(OAc)₄ → bicyclic aziridine product, 18-71%]

R = alkyl
X = CO₂R¹, Y = CO₂Et, SO₂Ph, Ph, H

IV.I-11 T. Koizumi et al., *Chem Lett.*, 593 and 597 (1989).

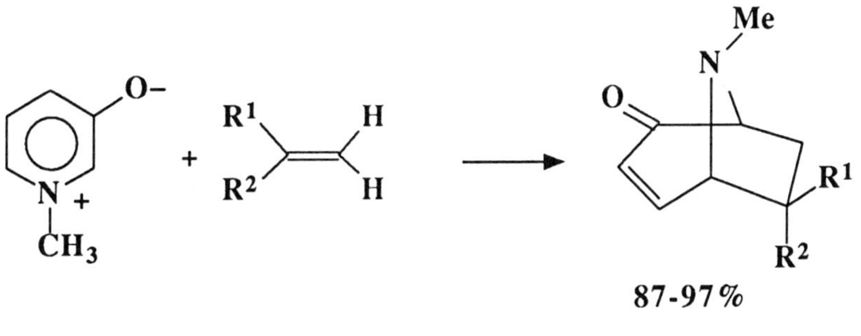

[Reaction: N-methyl-3-oxidopyridinium + CH(R¹)=CH(R²) (with H,H) → bicyclic N-Me ketone product, 87-97%]

IV.J. Heterocycles with Bridgehead Heteroatom

IV.J-1 D.J. Robins et al., *J. Chem. Soc., Perkin Trans 1*, 1437 and 1339 (1989); M. Robba et al., *J. Med. Chem.*, 32, 456 (1989); S. Kanemasa, O. Tsuge et al., *J. Org. Chem.*, 54, 420 (1989).

IV.J-2 F. De Sarlo et al., *J. Chem. Soc., Perkin Trans 1*, 1253 (1989); S. Eguchi et al., *Heterocycles*, 28, 125 (1989); W. Eberbach and W. Maier, *Tetrahedron Lett.*, 30, 5591 (1989).

R = $CH_2CH_2CH_2Cl$

IV.J-3 W. Flitsch et al., *Tetrahedron Lett.*, 30, 1633 (1989); H. Inoue et al., *Chem. Lett.*, 1499 (1989); J. Streith et al., *Helv. Chim. Acta*, 72, 1199 (1989); M.T. Pizzorno et al., *J. Heterocycl. Chem.*, 26, 1603 (1989); D.N. Reinhoudt et al., *Rec. Trav. Chim.*, 108, 64 (1989).

Similar ring system by a variety of approaches.

IV.J-4 A. Kakehi et al., *Bull. Chem. Soc. Jpn.*, 62, 119 (1989); Y. Tominaga and A. Hosomi et al., *J. Heterocycl. Chem.*, 26, 477 (1989); D.H. Wadsworth et al., *J. Org. Chem.*, 54, 3652 and 3660 (1989).

IV.J-5 B.A. Keay and P.W. Dibble, *Tetrahedron Lett.*, 30, 1045 and 1349 (1989); D. Metz et al., *Angew. Chem., Int. Ed. Engl.*, 28, 202 (1989); J.F. Stoddart et al., *ibid.*, 28, 1258 and 1261 (1989); K. Kanematsu et al., *Chem Commun.*, 470 (1989); M.E. Jung and J. Gervay, *J. Am. Chem. Soc.*, 111, 5469 (1989); M. Koreeda et al., *J. Chem. Soc., Perkin Trans. 1*, 2129 (1989); B. Zwanenburg et al., *Tetrahedron*, 45, 7109 (1989).

43 - 56%

IV.K. Heterocycles with Two or More Heteroatoms

IV.K.1.a. 5-Membered Heterocycles with 2 N's

IV.K.1.a-1 K.M. Lokanatha' Rai and A. Hassner, *Synth. Commun.*, 19, 2799 (1989); B. Laude et al., *Chem. Commun.*, 632 (1989); G. Bertrand et al., *Angew. Chem., Int. Ed. Engl.*, 28, 1250 (1989); T. Nagai et al., *J. Org. Chem.*, 54, 1135 and 3957 (1989); J. Warkentin et al., *ibid.*, 54, 1842 (1989); G. L'abbe et al., *J. Heterocycl. Chem.*, 26, 729 (1989); B. Sreenivasulu et al., *Coll. Czech. Chem. Commun.*, 54, 1716 (1989).

Z = CN, CO_2Et, Ph

70 - 90%

Similar products with diazoalkanes

IV.K.1.a-2 S. Eguchi et al., *Tetrahedron*, 45, 6375 (1989); P. Molina et al., *ibid.*, 45, 1823 (1989), *Tetrahedron Lett.*, 30, 6237 (1989) and *J. Chem. Soc., Perkin Trans. 1*, 247 (1989).

$$R^1\text{-C(O)-N(R}^2\text{)-C(O)-CH(R}^3\text{)-N}_3 \xrightarrow[\text{16 - 99\%}]{\text{PPh}_3, \text{Benzene, }\Delta} \text{imidazolinone}$$

IV.K.1.a-3 R.J. Quinn et al., *Aust. J. Chem.*, 42, 747 (1989); R.F. Smith et al., *J. Heterocycl. Chem.*, 26, 141 (1989); N. Neidlein et al., *ibid.*, 26, 1335 (1989); W.V. Murray and M.P. Wachter, *ibid.*, 26, 1389 (1989); E. Licandro and A. Papagini, *ibid.*, 26, 241 (1989); M. Sisti et al., *ibid.*, 26, 531 (1989); J. Elguero et al., *Heterocycles*, 29, 245 (1989); V. Kral et al., *Coll. Czech. Chem. Commun.*, 54, 2721 (1989); B.S. Holla et al., *Bull. Chem. Soc. Jpn.*, 62, 3409 (1989); A.O. Abdelhamid et al., *J. Prakt. Chem.*, 331, 31 (1989); N. Okajima and Y. Okada, *Synthesis*, 398 (1989); J.T. Gupton and A. Shah, *Synth. Commun.*, 19, 1875 (1989); R.J. Linderman and K.S. Kirollos, *Tetrahedron Lett.*, 30, 2049 (1989); M. Hassaneen et al., *Org. Prep. Proced. Int.*, 21, 119 (1989); D. Janietz and W.D. Rudorf, *Tetrahedron*, 45, 1661 (1989); L. Bruche and G. Zecchi, *ibid.*, 45, 7427 (1989).

$$R\text{-NHNH}_2 + CH_2(CN)_2 + HC(OEt)_3 \longrightarrow \text{4-cyano-5-amino-1-R-pyrazole}$$

Similar products from hydrazine derivatives

IV.K.1.a-4 P.S. Almedia, A.M. Lobo and S. Prabhakar, *Heterocylces*, <u>28</u>, 653 (1989); R. Nomura et al., *Chem. Ber.*, <u>122</u>, 2407 (1989); T. Sheradsky and N. Itzhak, *J. Chem. Soc., Perkin Trans. 1*, 33 (1989); A.R. Butler et al., *J. Chem. Soc., Perkin Trans. 2*, 731 (1989); A.A. Bakibaev et al., *J. Org. Chem. (USSR)*, <u>24</u>, 2331 (1988); R. Sulsky and J.P. Demers, *Synth. Commun.*, <u>19</u>, 1871 (1989); M.M. Mollov et al., *ibid.*, <u>19</u>, 2947 (1989); W. Schulze, *Z. Chem.*, <u>29</u>, 285 (1989).

Various approaches to cyclic imides

IV.K.1.a-5 S.D. Larsen and E. Martinborough, *Tetrahedron Lett.*, <u>30</u>, 4625 (1989); F. Farina et al., *Heterocycles*, <u>29</u>, 967 (1989).

IV.K.1.a-6 R. Bossio et al., *Synthesis*, 641 (1989); W. Klotzer et al., *ibid.*, 773 (1989); B. Alcaide et al., *J. Org. Chem.*, 54, 5763 (1989) and *Tetrahedron*, 45, 6841 (1989).

Similar products from 1,2-diketones and amine derivatives

IV.K.1.b 6-Membered Heterocycles with 2 N's

IV.K.1.b-1 A. Atfah and J. Hill, *Tetrahedron*, 45, 4557 (1989) and *J. Chem. Soc., Perkin Trans. 1*, 221 (1989); N.G. Agryopoulos, G.J. Palenik et al., *Chem. Commun.*, 989 (1989).

IV.K.1.b-2 P. Molina et al., *Tetrahedron*, 45, 4263 (1989); S. Eguchi and H. Takeuchi, *Chem. Commun.*, 602 (1989) and *Tetrahedron Lett.*, 30, 3313 (1989); R. Mazurkiewicz, *Monatsh. Chem.*, 120, 973 (1989).

Similar products via aza-wittig reagents

IV.K.1.b-3 J.K. Gallos and E.E. Corobili, *Synthesis*, 751 (1989); A.R. Katritzky et al., *J. Heterocycl. Chem.*, 26, 885 (1989); N. Vinot and P. Maitte, *ibid.*, 26, 1013 (1989); G. Crank and M.I.H. Makin, *ibid.*, 26, 1163 (1989); T. Nozoe, S. Ishikawa and K. Shindo, *Heterocycles*, 28, 733 (1989); W.I. O'Sullivan et al., *J. Chem. Soc., Perkin Trans. 1*, 1557 (1989); P. Goya and J.A. Paez, *Liebigs Ann. Chem.*, 121 (1989); K. Praefcke et al., *ibid.*, 617 (1989).

Similar products from vicinal diamines

IV.K.1.b-4 M.G. Hutchings and D.P. Devonald, *Tetrahedron Lett.*, 30, 3715 (1989); R.L. Zey et al., *J. Heterocycl. Chem.*, 26, 1437 (1989); T.L. Gilchrist et al., *J. Chem. Soc., Perkin Trans. 1*, 353 (1989); H. Sunek et al., *Monatsh. Chem.*, 120, 781 (1989); V. Dal Piaz et al., *Synthesis*, 213 (1989).

Similar products via hydrazines

IV.K.1.b-5 S. Hussian et al., *J. Prakt. Chem.*, 331, 207 (1989); R.A. Osisanya and J. O. Oluwadiya, *J. Heterocycl. Chem.*, 26, 947 and 1069 (1989); K.S. Atwal et al., *J. Org. Chem.*, 54, 5898 (1989); E. Rossi and R. Stradi, *Synthesis*, 214 (1989); R.B. Katz et al., *Tetrahedron*, 45, 1801 (1989).

$$ArCH=C(CN)_2 \quad + \quad \underset{SCH_3}{\overset{HN}{\underset{}{\subset}}\!\!\!C\!\!-\!\!NH_2} \quad \xrightarrow{65-88\%} \quad \text{[5-cyano-4-amino-6-aryl-2-methylthiopyrimidine]}$$

IV.K.1.b-6 P.J. Garratt et al., *J. Org. Chem.*, 54, 1062 (1989); L.W. Deady et al., *Aust. J. Chem.*, 42, 1029 (1989); H. Fukumi et al., *Chem. Pharm. Bull.*, 37, 1197, 2091, 2122 and 2717 (1989); T. Kappe et al., *J. Heterocycl. Chem.*, 26, 1401 (1989); G. Kollenz et al., *Monatsh. Chem.*, 120, 1015 (1989); A. Kamal and P.B. Sattur, *Tetrahedron Lett.*, 30, 1133 (1989); T. Mueller et al., *Z. Chem.*, 29, 281 (1989).

$$\underset{PhO \quad OPh}{N\equiv C-N=C} \quad \xrightarrow[\substack{2.\ R^2NH_2 \\ 65-72\%}]{1.\ H_2N-CHR^1-CO_2Me} \quad \text{[cyclized product]}$$

Similar products from ureas

IV.K.1.b-7 H.G. Viehe et al., *Heterocycles*, 28, 879 (1989); N.S. Ibrahim, *Chem. Ind.*, 654 (1989); L. Strekowski et al., *J. Heterocycl. Chem.*, 26, 923 (1989); Y.L. Sing and L.F. Lee, *ibid.*, 26, 7 (1989); S.V. Borodaev et al., *J. Org. Chem. (USSR)*, 24, 2101 (1988); J. Liebscher and Y.F. Kelboro, *Z. Chem.*, 29, 170 (1989); K. Gewald et al., *ibid.*, 29, 100 (1989).

Ar−C≡N

1. RCH_2MgBr
2. Me_3SiCl
3. $Me_2\overset{+}{N}=C{\overset{Cl}{\underset{Cl}{}}}$
4. △

→ pyrimidine product with Ar, R, Cl, NMe_2 substituents

18 - 99%

Similar heterocycles from nitriles

IV.K.2. Heterocycles with 2O's or 2S's

IV.K.2-1 J. Fournier et al., *Tetrahedron Lett.*, 30, 3981 (1989).

$HC≡C-\underset{R'}{\overset{R}{C}}-OH$ + CO_2 $\xrightarrow{PR_3}$ cyclic carbonate product with R, R' substituents

32 - 98%

IV.K.2-2 A.J. Bloodworth et al., *Chem. Commun.*, 954 (1989); R. Scarparti et al., *ibid.*, 1608 (1989); K.S. Feldman and R.E. Simpson, *J. Am. Chem. Soc.*, 111, 4878 (1989).

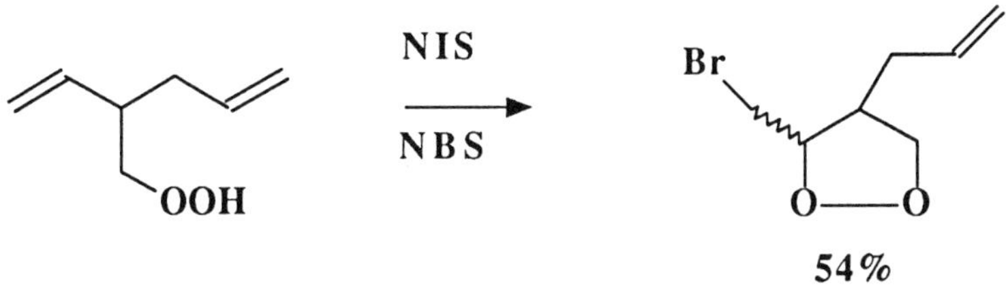

Similar products by various methods

IV.K.2-3 F. Wudl et al., *J. Org. Chem.*, 54, 2165 (1989) and *Chem. Commun.*, 1716 (1989).

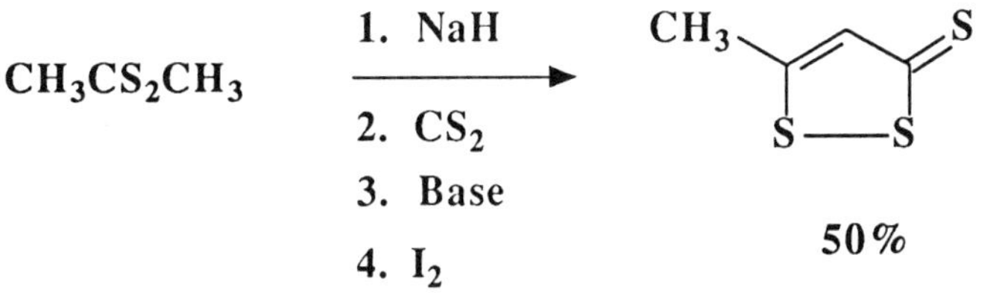

$CH_3CS_2CH_3$ $\xrightarrow{\begin{array}{l}1.\ NaH\\2.\ CS_2\\3.\ Base\\4.\ I_2\end{array}}$

50%

IV.K.2-4 A. Sugawara, T. Sato and R. Sato, *Bull. Chem. Soc. Jpn.*, 62, 339 (1989).

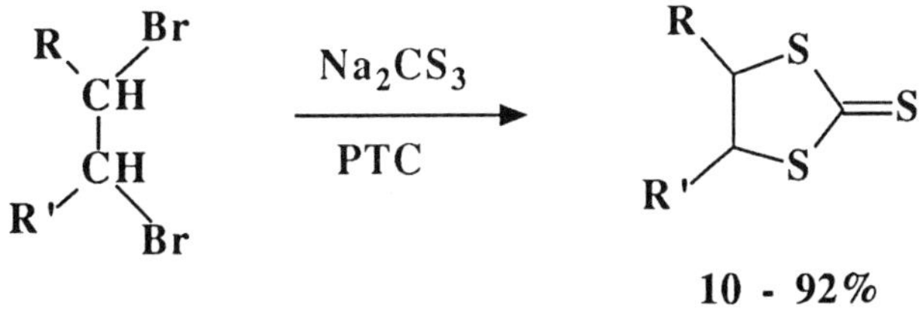

10 - 92%

IV.K.2-5 P. Dhar and S. Chandrasekaran, *J. Org. Chem.*, <u>54</u>, 2998 (1989).

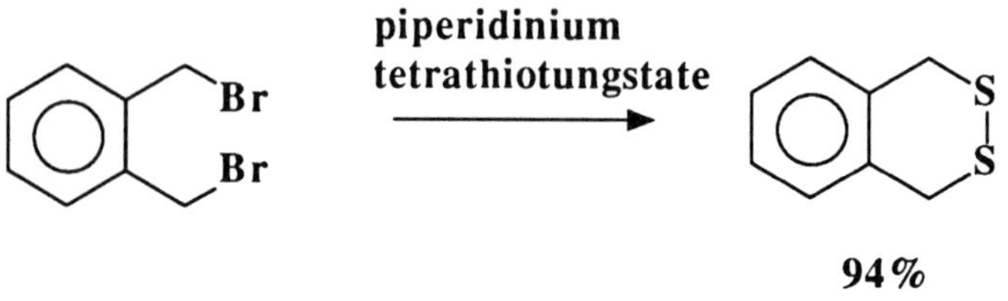

94%

IV.K.2-6 R.J.K. Taylor et al., *J. Chem. Soc., Perkin Trans. 1*, 1853 (1989); K. Saigo et al., *Heterocycles*, <u>29</u>, 2079 (1989); M. Fetizon et al., *Synth. Commun.*, <u>19</u>, 973 (1989).

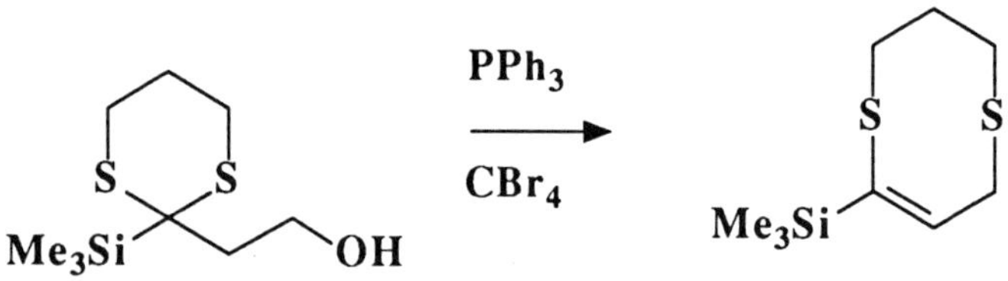

IV.K.3. Heterocycles with 1 N and 1 O

IV.K.3-1 A. Hassner et al., *Synthesis*, 57 (1989) and *J. Org. Chem.*, <u>54</u>, 5277 (1989) and *Tetrahedron Lett.*, <u>30</u>, 2289 and 5803 (1989); R. Grigg et al., *ibid.*, <u>30</u>, 609 and 5489 (1989); O. Moriya et al., *ibid.*, <u>30</u>, 3987 (1989).

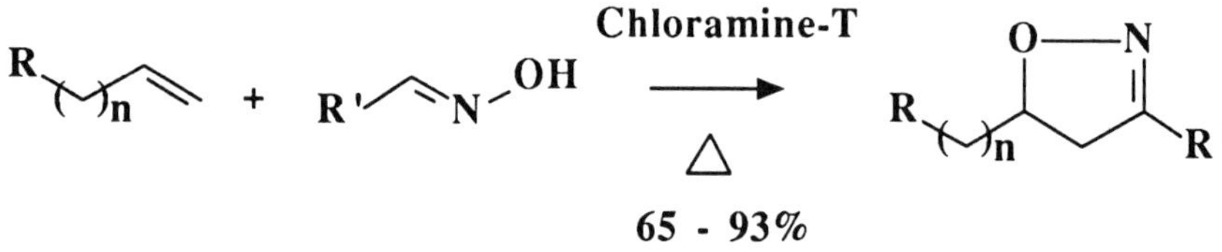

65 - 93%

IV.K.3-2 H. Yamanaka et al., *Tetrahedron Lett.*, 30, 4249 (1989); W. Eberbach et al., *Chem. Ber.*, 122, 2147 (1989); H. Uno, H. Suzuki et al., *J. Chem. Soc., Perkin Trans. 1*, 289 (1989); C. DeMicheli, R. Gandolfi, L. Toma et al., *J. Org. Chem.*, 54, 793 (1989); S.F. Martin et al., *ibid.*, 54, 2209 (1989); A. Brandi, K.M. Pietrusiewicz et al., *ibid.*, 54, 3073 (1989); J. Baran and H. Mayr, *ibid.*, 54, 5012 and 5774 (1989); J. Plumet et al., *ibid.*, 54, 5883 (1989).

$$Bu_3SnC\equiv CH \quad RC\equiv \overset{+}{N}-O^- \longrightarrow$$

85 - 100%

IV.K.3-3 H.G. Aurich and K.D. Mobus, *Tetrahedron*, 45, 5815 (1989); S.A. Ali et al., *ibid.*, 45, 5979 (1989); M. Chmielewski et al., *ibid.*, 45, 233 (1989); J.D. White et al., *ibid.*, 45, 6631 (1989); M. Figuerdo, J. Font and P. deMarch, *Chem. Ber.*, 122, 1701 (1989); A. Brandi, A. Goti, K.M. Pietrusiewicz, *Chem. Commun.*, 389 (1989); T. Hisano et al., *Chem. Pharm. Bull.*, 37, 907 (1989); K. Tanaka et al., *J. Heterocycl. Chem.*, 26, 381 (1989); C. Kibayashi et al., *J. Org Chem.*, 54, 2225 (1989); A. Padwa et al., *ibid.*, 54, 2862 and 4430 (1989) and *Tetrahedron Lett.*, 30, 663 (1989).

73 - 100%

Similar reactions of nitrones and alkenes

IV.K.3-4 M.L. Purkayastha, H. Ila and H. Junjappa, *Synthesis*, 20 (1989); C. Alvarez-Ibarra et al., *ibid.*, 560 (1989); R.K. Dieter and H.J. Chang, *J. Org. Chem.*, 54, 1088 (1989).

IV.K.3-5 G. Shi and Y. Xu, *Chem. Commun.*, 607 (1989); T. Ibata and Y. Isogami, *Bull. Chem. Soc. Jpn.*, 62, 618 (1989); S. Tobinaga et al., *Chem. Pharm. Bull.*, 37, 606 (1989); B.M. Nilsson and U. Hacksell, *J. Heterocycl. Chem.*, 26, 269 (1989); R. Lakhan and R.L. Singh, *Org. Prep. Proced. Int.*, 21, 141 (1989); F. Freeman and D.S.H.L. Kim, *Tetrahedron Lett.*, 30, 2631 (1989).

various routes to oxazoles involving nitriles

IV.K.3-6 A.R. Katritzky et al., *Tetrahedron Lett.*, 30, 6657 (1989); S. Maraccini et al., *Heterocycles*, 29, 1829 and 1843 (1989).

IV.K.3-7 H. Takeuchi et al., *Chem. Commun.*, 1414 (1989); S. Eguchi et al., *J. Org. Chem.*, 54, 431 (1989).

$$\text{ArCH=CH(N}_3\text{)} + \text{RCO}_2\text{H} \longrightarrow \underset{40-51\%}{\text{Ar-C=CH-O-C(R)=N}}$$

IV.K.3-8 Y.H. Kim et al., *Heterocycles*, 29, 213 (1989); B.L. Mylari et al., *Synth. Commun.*, 19, 2921 (1989).

$$\text{X-C}_6\text{H}_3(\text{OH})(\text{NH-C(=S)-Ar}) + 4\,\text{KO}_2 \longrightarrow \underset{62-93\%}{\text{benzoxazole-2-Ar}}$$

IV.K.3-9 L.E. Fisher and J.E. Caroon, *Synth. Commun.*, 19, 233 (1989); I. Shibata et al., *Bull. Chem. Soc. Jpn.*, 62, 853 (1989); L.N. Pridgen et al., *J. Org. Chem.*, 54, 3231 (1989); F. Ogura et al., *ibid.*, 54, 4398 (1989); P.G.M. Wuts and L.E. Pruitt, *Synthesis*, 622 (1989); P. Sicker, *ibid.*, 875 (1989); B.M. Trost and R. Hurnaus, *Tetrahedron Lett.*, 30, 3893 (1989).

$$\underset{25-71\%}{\xrightarrow{\text{1. tBuLi, -70°C} \quad \text{2. E}^+}}$$

Various routes to similar products

IV.K.3-10 Jack E. Baldwin et al., *Tetrahedron Lett.*, 30, 4019 (1989); M. Mori, M. Shibasaki et al., *Heterocycles*, 29, 2089 (1989); A.I. Meyers et al., *J. Org. Chem.*, 54, 4243 (1989).

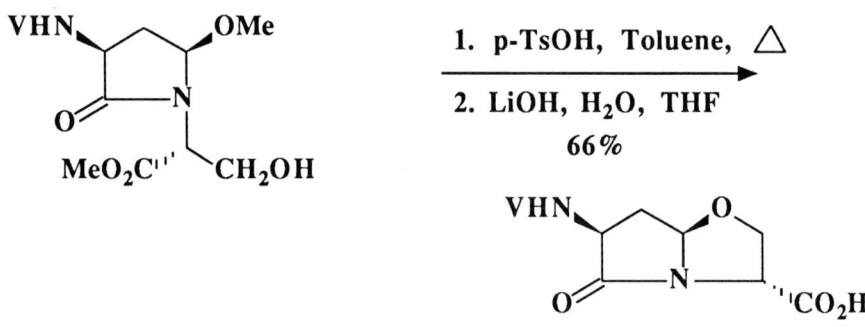

IV.K.3-11 P.A. Wade and D.T. Price, *Tetrahedron Lett.*, 30, 1185 (1989); N. Ichinose, K. Mizuno and Y. Otsuji, *Chem. Lett.*, 457 (1989); J.H. Boyer and T. Manimaran, *J. Chem. Soc., Perkin Trans. 1*, 1381 (1989); G.M. Shutske and K.J. Kapples, *J. Heterocycl. Chem.*, 26, 1293 (1989).

IV.K.3-12 C. Kibayashi et al., *J. Org. Chem.*, 54, 4088 (1989); J. Streith et al., *Helv. Chim. Acta*, 72, 1199 (1989); H. Labaziewicz and K.R. Lindfors, *Heterocycles*, 29, 929 (1989); H.E. Ensley and S. Mahadevan, *Tetrahedron Lett.*, 30, 3255 (1989).

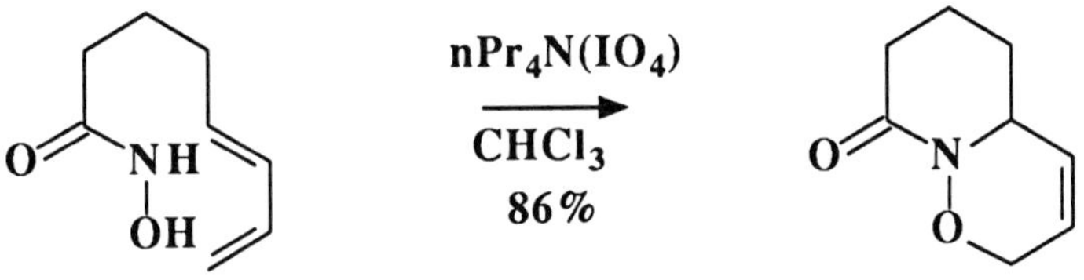

Similar Diels-Alder reactions of nitroso species

IV.K.3-13 Z.T. Huang and P.C. Zhang, *Synth. Commun.*, 19, 2999 (1989) and *Chem. Ber.*, 122, 2011 (1989).

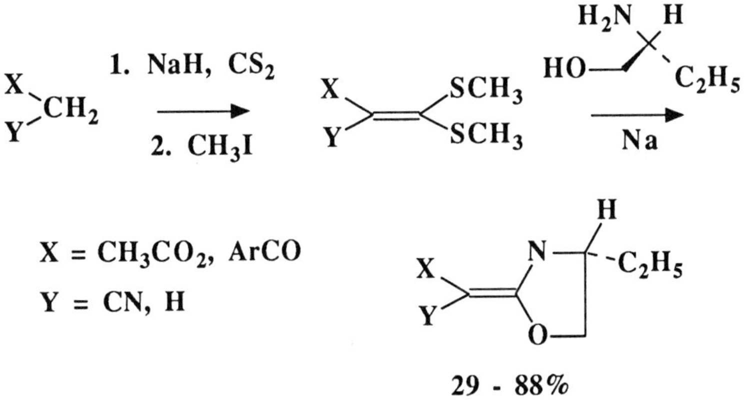

$X = CH_3CO_2$, ArCO

$Y = CN, H$

29 - 88%

IV.K.4. Heterocycles with 1 N and 1 S

IV.K.4-1 E. Grunder and G. Leclerc, *Synthesis*, 135 (1989); M.J. Szymonifka and J.V. Heck, *Tetrahedron Lett.*, 30, 2869 and 2873 (1989).

Ph−CH$_2$−SO$_2$Cl + Ph−CH=N−Bn $\xrightarrow[83\%]{\text{THF, -5° C}}$ [β-sultam: Ph, Ph, Bn substituted]

IV.K.4-2 D. Hellwinkel and R. Karle, *Synthesis*, 394 (1989).

R−C$_6$H$_4$−SO$_2$NPh$_2$ $\xrightarrow[\text{21 - 75\%}]{\begin{array}{l}1.\ \text{nBuLi, -78°}\\ 2.\ \text{R'—C≡N}\\ 3.\ \text{NH}_4\text{Cl}\end{array}}$ [benzisothiazole-1,1-dioxide with R, R']

IV.K.4-3 A. DeMunno et al., *Heterocycles*, 29, 97 (1989); H.U. Kibbel and C. Knebusch, *Z. Chem.*, 29, 17 (1989).

R−COC≡C−R' $\xrightarrow{\begin{array}{l}1.\text{H}_2\text{NOSO}_3\text{H}\\ 2.\text{NaHCO}_3\\ 3.\text{NaSH}\end{array}}$ [isothiazole with R, R']   36 - 62%

IV.K.4-4 H.D. Krebs, *Aust. J. Chem.*, 42, 1291 (1989).

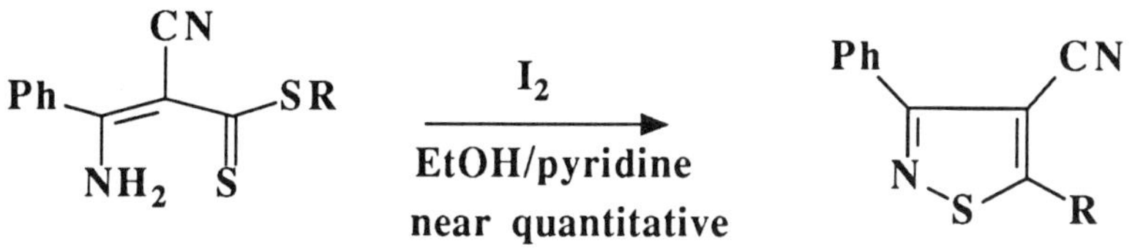

IV.K.4-5 M. Augustin et al., *Monatsh. Chem.*, 120, 871 and 889 (1989); J. Fabian et al., *ibid.*, 120, 561 (1989).

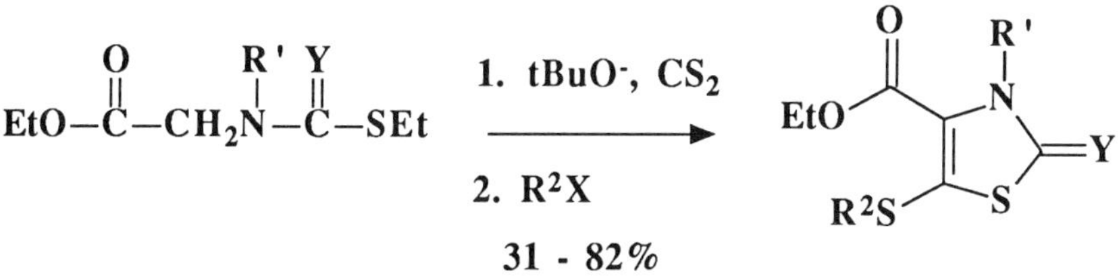

IV.K.4-6 J. Teller et al., *Z. Chem.*, 29, 255 (1989); C. Alvarez-Ibarra et al., *Bull. Soc. Chim. Belg.*, 98, 215 (1989); V.I. Rybinov et al., *J. Org. Chem. (USSR)*, 25, 1127 (1989); P.I. Creeke and J.M. Mellor, *Tetrahedron Lett.*, 30, 4435 (1989).

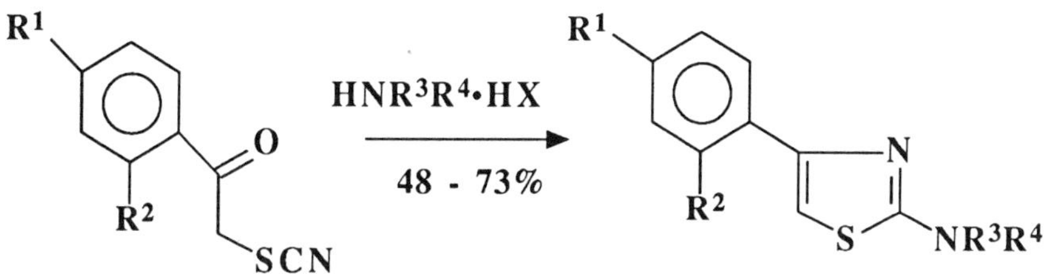

IV.K.4-7 M. Kaafarani, M.P. Crozer and J.M. Surzur, *Bull. Soc. Chim. Fr.*, 114 (1989); J. Tierney, *J. Heterocycl. Chem.*, 26, 997 (1989); T.P. Selby and B.K. Smith, *ibid.*, 26, 1237 (1989); D.S. Kemp and R.I. Carey, *J. Org. Chem.*, 54, 3641 (1989); H. Chikashita et al., *Bull. Chem. Soc. Jpn.*, 62, 1215 (1989).

IV.K.4-8 M.R. Bryce and P.C. Taylor, *Tetrahedron Lett.*, 30, 3835 (1989).

IV.K.4-9 J. Barluenga et al., *Tetrahedron Lett.*, 30, 6923 and 4705 (1989) and *Chem Commun.*, 1487 (1989); G. Duguay et al., *J. Org. Chem.*, 54, 2889 (1989); K. Bogdanowicz-Szwed et al., *J. Prakt. Chem.*, 331, 231 (1989).

IV.K.4-10 A. Couture et al., *Tetrahedron*, 45, 4153 (1989) and *Tetrahedron Lett.*, 30, 183 (1989); J. Szabo et al., *Monatsh. Chem.*, 120, 403 (1989) and *Tetrahedron*, 45, 2731 (1989); C.O. Kappe and P. Roschger, *J. Heterocycl. Chem.*, 26, 55 (1989).

IV.K.4-11 M. Muhlstadt and H. Franke, *Z. Chem.*, 29, 135 (1989); R.R. Gupta, *Z. Naturforsch.*, 44b, 1124 (1989).

IV.K.4-12 A.G. Anderson et al., *Org. Prep. Proced. Int.*, 21, 653 (1989); H.D. Mah and W. Lee, *J. Heterocycl. Chem.*, 26, 1447 (1989).

IV.K.5. Heterocycles with 1O and 1S

IV.K.5-1 B.A. Trofimov et al., *J. Org. Chem. (USSR)*, 25, 202 (1989); T. Mizuno et al., *Synthesis*, 770 (1989).

IV.K.5-2 W.S. Lee et al., *J. Org. Chem.*, 54, 2455 (1989).

IV.K.6. Heterocycles with 3 or more N's

IV.K.6-1 S.T. Abou-orabi et al., *J. Heterocycl. Chem.*, 26, 1461 (1989); D. Habich et al., *Heterocycles*, 29, 2083 (1989); K. Banert, *Chem. Ber.*, 122, 911 and 1963 (1989); M. Vogel and E. Lippmann, *J. Prakt. Chem.*, 331, 69 (1989).

IV.K.6-2 M. Santus, *Liebigs Ann. Chem.*, 179 (1989); H. Gnichtel and B. Topper, *ibid.*, 1071 (1989); J. Liebscher et al., *Monatsh Chem.*, 120, 749 (1989) and *Synthesis*, 672 (1989); L. Garanti et al., *ibid.*, 399 (1989); H. Sliwa et al., *J. Heterocycl. Chem.*, 26, 687 (1989); Y. Miyamoto and C. Yamazaki et al., *ibid.*, 26, 763 (1989); B. Abarca and G. Jones et al., *Tetrahedron*, 45, 7041 (1989); G. Szilagyi, P. Matyus and P. Sohar, *ibid.*, 45, 7921 (1989).

IV.K.6-3 R.W. Saalfrank et al., *Chem. Ber.*, 122, 519 and 969 (1989) and *J. Org. Chem.*, 54, 4356 (1989) and *Z. Naturforsch.*, 44b, 587 (1989).

IV.K.6-4 J. Stein et al., *Z. Chem.*, 29, 283 (1989); P. Molina et al., *Synthesis*, 843 and 923 (1989) and *J. Chem. Res. (S)*, 262 (1989) and *Heterocycles*, 29, 1607 (1989); A.M. El Massry, *ibid.*, 29, 1907 (1989); G. Cusmano et al., *ibid.*, 29, 2149 (1989); J.H. Cooley et al., *J. Org. Chem.*, 54, 1048 (1989); D.B. Reitz and M.J. Finkes, *ibid.*, 54, 1761 (1989); P.N. Preston et al., *J. Chem. Soc., Perkin Trans. 1*, 1727 (1989); H.J. Niclas and B. Gohrmann, *Synth. Commun.*, 19, 2141 (1989).

IV.K.6-5 E.C. Taylor and L.G. French, *J. Org. Chem.*, 54, 1245 (1989); G. Hajos et al., *Chem. Ber.*, 122, 1935 (1989); D.T. Hurst and N.S. Jennings, *Tetrahedron Lett.*, 30, 3719 (1989).

Similar heterocycles by various routes

IV.K.6-6 D. Nanni, A. Tundo et al., *Chem. Commun.*, 757 (1989).

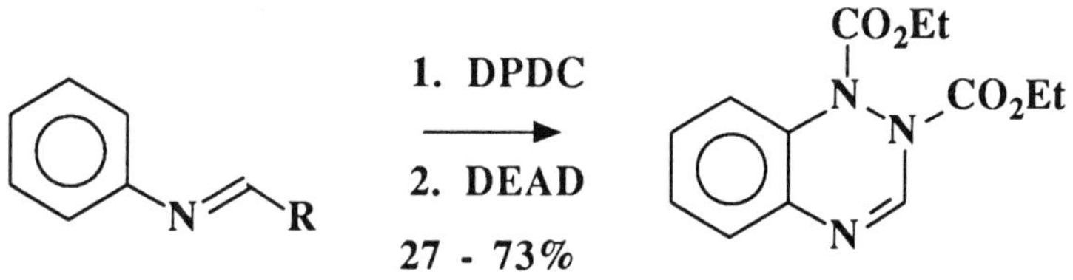

DPDC = diisopropyl peroxydicarbonate

IV.K.6-7 G. Seitz et al., *Chem. Ber.*, <u>122</u>, 1381 and 2177 (1989).

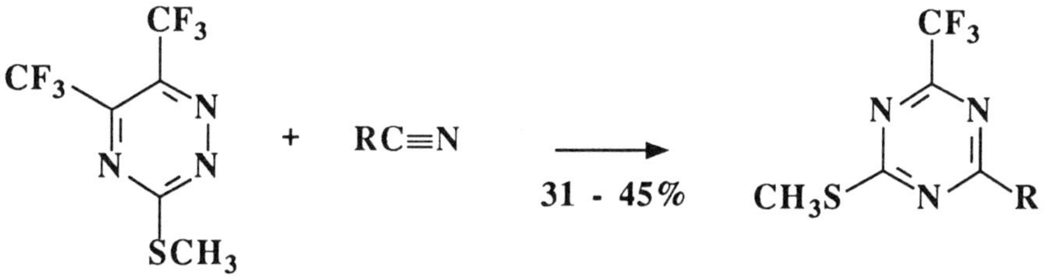

IV.K.6-8 R.N. Butler et al., *J. Chem. Soc., Perkin Trans. 1*, 371 (1989).

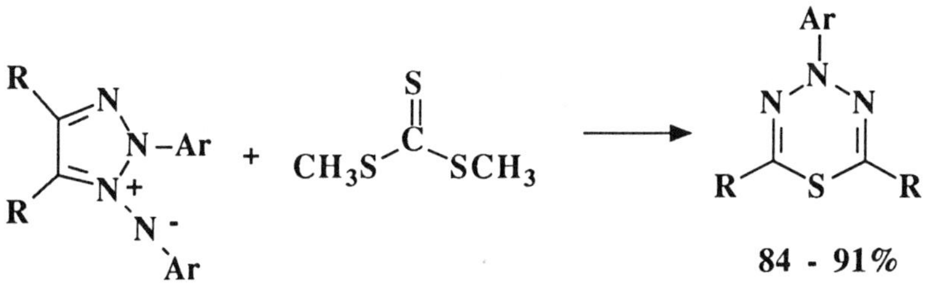

IV.K.7. Heterocycles with 2 N's and 1 O

IV.K.7-1 S. Chiou and H.J. Shine, *J. Heterocycl. Chem.*, 26, 125 (1989); G.R. Humphrey and S.H.B. Wright, *ibid.*, 26, 23 (1989); R.M. Srivastava et al., *Bull. Soc. Chim. Belg.*, 98, 203 (1989).

$$R-C(NH_2)=NOH \xrightarrow[\text{17 - 90\%}]{\text{R'COCl, pyridine}}$$ 1,2,4-oxadiazole

IV.K.7-2 B. Rigo et al., *Synth. Commun.*, 19, 2321 (1989); A. Shafiee et al., *J. Heterocycl. Chem.*, 26, 1341 (1989).

$$R-C(O)-NH-NH-C(O)-R' \xrightarrow[\text{84 - 90\%}]{\text{HMDS, F}^-}$$ 1,3,4-oxadiazole

IV.K.7-3 A. Gasco et al., *J. Heterocycl. Chem.*, 26, 1345 (1989).

$$CH_3-CH=CH-CHO \xrightarrow[\text{40\%}]{N_2O_3}$$ furazan N,N'-dioxide with CH$_3$ and CHO substituents

IV.K.7-4 W. Schroth et al., *Liebigs Ann. Chem.*, 931 (1989).

IV.L. Other Heterocycles

IV.L-1 B. Schulze et al., *Z. Chem.*, 29, 166 (1989); A.B. Tomchin, *J. Org. Chem. (USSR)*, 25, 760 (1989).

IV.L-2 M. Amin and C.W. Rees, *J. Chem. Soc., Perkin Trans. 1*, 2495 (1989) and *Chem. Commun.*, 1137 (1989).

IV.L-3 M.P. Mahajan et al., *Synthesis*, 631 (1989).

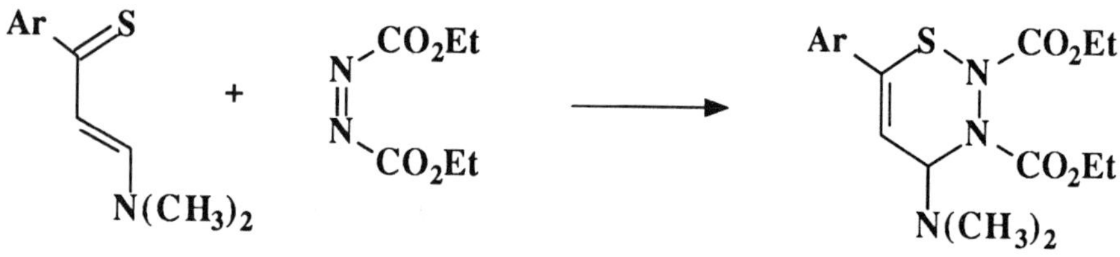

Ar–C(=S)–CH=CH–N(CH₃)₂ + EtO₂C–N=N–CO₂Et ⟶ [6-membered ring: Ar, S, N–CO₂Et, N–CO₂Et, CH–N(CH₃)₂]

90 - 95%

IV.L-4 G. Barbey et al., *Synthesis*, 181 (1989).

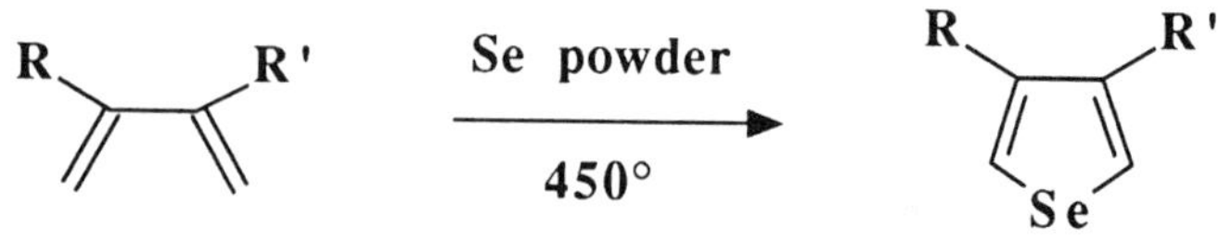

$$R-C(=CH_2)-C(=CH_2)-R' \xrightarrow{\text{Se powder}, 450°} \text{3,4-disubstituted selenophene}$$

78 - 80%

IV.L-5 Y. Takikawa et al., *Tetrahedron Lett.*, <u>30</u>, 6047 (1989); M. Segi et al., *ibid.*, <u>30</u>, 2095 (1989); G. Erken and R. Hock, *Angew. Chem., Int. Ed. Engl.*, <u>28</u>, 179 (1989).

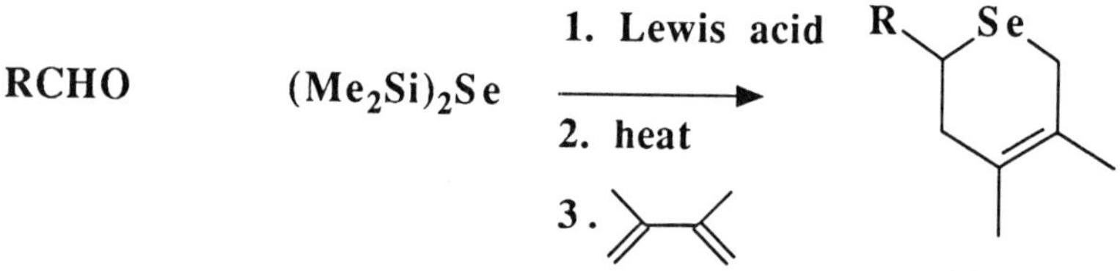

RCHO $(Me_2Si)_2Se$ $\xrightarrow[\text{2. heat}]{\text{1. Lewis acid}}$ [dihydroselenopyran ring with R, Se, and dimethyl substituents]

3. $CH_2=C(CH_3)-C(CH_3)=CH_2$

22 - 79%

similarly for Te

IV.L-6 M. Hojjatie, S. Muralidharan and H. Freiser, *Tetrahedron*, <u>45</u>, 1611 (1989); N. Furukawa et al., *Chem. Commun.*, 1789 (1989).

$$\text{(benzene-CH}_2\text{SeCN)}_2 + \text{Br-CH}_2\text{-benzene-CH}_2\text{-Br} \xrightarrow{\text{NaBH}_4} \text{bicyclic diselenide}$$

95%

IV.L-7 W. Schnurr and M. Regitz, *Tetrahedron Lett.*, <u>30</u>, 3951 (1989); G. Markl and W. Holzl, *ibid.*, <u>30</u>, 4501 (1989); J.P. Majoral et al., *ibid.*, <u>30</u>, 4813 (1989); E. Niecke et al., *ibid.*, <u>30</u>, 459 (1989) and *Angew. Chem., Int. Ed. Engl.*, <u>28</u>, 1675 (1989).

$$\text{N}_2\text{C(Cl)(R)} + \text{Cl-P=C(SiMe}_3\text{)(R')} \xrightarrow[-N_2]{\text{heat}} \text{phosphirene (R, R', P-Cl)}$$

47 - 89%

similar approaches to P-N, P-S and P-P three membered rings

IV.L-8 H. Grutzmacher and G. Bertrand et al., *J. Org. Chem.*, <u>54</u>, 4426 (1989); J.P. Marjoral and M. Sanchez et al., *ibid.*, <u>54</u>, 5535 (1989).

$$R_2P-C(N_2)-SiMe_3 \quad + \quad R'-S(=O)-Cl \longrightarrow \text{four-membered P-containing ring with R-P(=O), SR', iPr, Me, Me substituents}$$

85%

IV.L-9 H. Grutzmacher and H. Pritzkow, *Chem. Ber.*, 122, 1411 and 1417 (1989) and *Angew. Chem., Int. Ed. Engl.*, 28, 740 (1989).

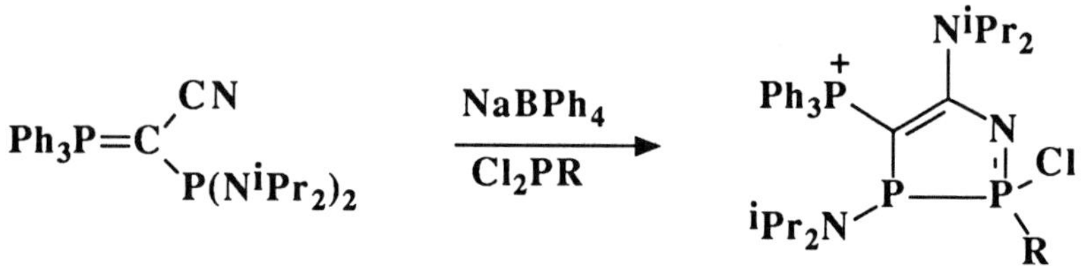

$$Ph_3P=C\begin{smallmatrix}CN\\P(N^iPr_2)_2\end{smallmatrix} \xrightarrow[Cl_2PR]{NaBPh_4} \text{[product]}$$

86 - 88%

similar approach to six membered rings

IV.L-10 N.S. Isaacs and G.N. El-Din, *Synthesis*, 967 (1989).

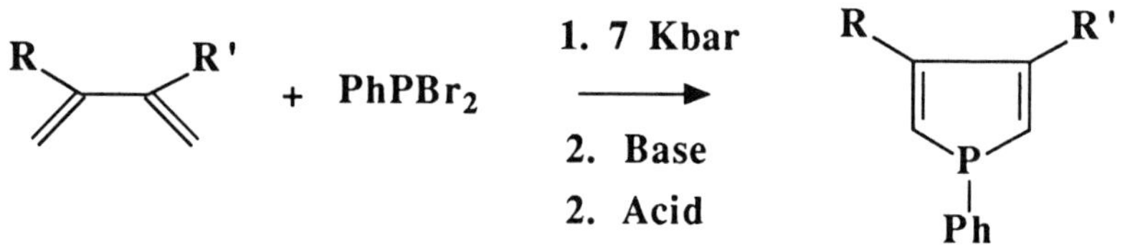

$$\text{diene} + PhPBr_2 \xrightarrow[\text{2. Base; 2. Acid}]{\text{1. 7 Kbar}} \text{phosphole (Ph)}$$

75 - 77%

IV.L-11 P. LeFloch and F. Methey, *Tetrahedron. Lett.*, 30, 817 (1989).

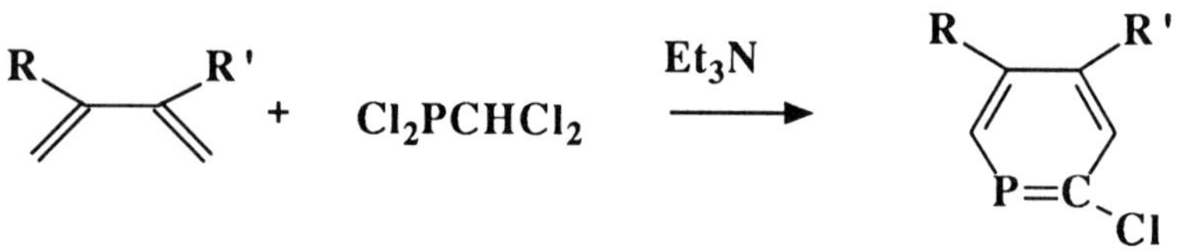

$$\text{diene} + Cl_2PCHCl_2 \xrightarrow{Et_3N} \text{[product, P=C-Cl]}$$

33 - 35%

IV.L-12 J. Barluenga et al., *J. Chem. Soc., Perkin Trans. 1*, 2273 (1989).

IV.L-13 H.V. Rasika Dias and P.P. Power, *J. Am. Chem. Soc.*, 111, 144 (1989).

First examples of boraphosphabenzenes

IV.M. Reviews

IV.M-1 M. Kotera, *Bull. Soc. Chim. Fr.*, 370 (1989).

Review: "Les Histrionicotoxines: Syntheses du Systeme Aza-1-spiro[5.5]undecane".

IV.M-2 A.F. Pozharskii, *Chem. Heterocycl. Compounds (USSR)*, 1 (1989).

Review: "Trends and Challenges in Heterocyclic Chemistry".

IV.M-3 L.N. Sobenina, A.I. Mikhaleva and B.A. Trofimov, *Chem. Heterocycl. Compounds (USSR)*, 237 (1989).

Review: "Synthesis of Pyrroles From Heterocyclic Compounds".

IV.M-4 F.A. Lakhvich, E.V. Koroleva and A.A. Akhrem, *Chem. Heterocycl. Compounds (USSR)*, 359 (1989).

Review: "Synthesis, Chemical Transformation, and Application of Isoxazole Derivatives in the Total Synthesis of Natural Compounds".

IV.M-5 J. Jurczak and A. Golebiowski, *Chem. Rev.*, 89, 149 (1989).

Review: "Optically Active N-Protected α-Amino Aldehydes in Organic Synthesis".

IV.M-6 A.R. Katritzky and N. Dennis, *Chem. Rev.*, 89, 827 (1989).

Review: "Cycloaddition Reactions of Heteroaromatic Six-Membered Rings".

IV.M-7 D.J. Hart and D.-C. Ha, *Chem. Rev.*, 89, 1447 (1989).

> Review: "The Ester-Enolate Imine Condensation Route to β-Lactams".

IV.M-8 S.M. Weinreb and P.M. Scola, *Chem. Rev.*, 89, 1525 (1989).

> Review: "N-Acyl Imines and Related Hetero Dienes in [4+2] Cycloaddition Reactions".

IV.M-9 F. Perron and K.F. Albizati, *Chem. Rev.*, 89, 1617 (1989).

> Review: "Chemistry of Spiroketals".

IV.M-10 U. Pindur and H. Erfanian-Abdoust, *Chem. Rev.*, 89, 1681 (1989).

> Review: "Indolo-2,3-quinodimethanes and Stable Cyclic Analogues for Regio- and Stereocontrolled Syntheses of [b]-Annelated Indoles".

IV.M-11 R.M. Paton, *Chem. Soc. Rev.*, 18, 33 (1989).

> Review: "The Chemistry of Nitrile Sulphides".

IV.M-12 R. Annunziata, M. Cinquini and F. Cozzi, *Gazz. Chim. Ital.*, 119, 253 (1989).

Review: "Stereocontrol in the Cycloaddition of Nitrile Oxides and Nitrones to Alkenes".

IV.M-13 F. Minisci et al., *Heterocycles*, 28, 489 (1989).

Review: "Recent Developments of Free-Radical Substitutions of Heteroaromatic Bases".

IV.M-14 M. Fetzon et al., *Heterocycles*, 28, 521 (1989).

Review: "The Chemistry of 1,4-Dioxene (2,3-Dihydro-1,4-Dioxin). Part VIII".

IV.M-15 W. Sliwa, *Heterocycles*, 29, 557 (1989).

Review: "N-Substituted Pyridinium Salts".

IV.M-16 E. Lukevics et al, *Heterocycles*, 29, 597, (1989).

Review: "Heterocyclic Sonochemistry.

IV.M-17 A. Krief et al., *Heterocycles*, 28, 1203 (1989).

Review: "Original Synthesis of Epoxides Involving Organoselenium Intermediates".

IV.M-18 Y. Tominaga et al., *Heterocycles*, 29, 1409 (1989).

Review: "Synthesis of Pyrimidine Derivatives and Their Related Compounds Using Ketene Dithioacetals".

IV.M-19 A. Kotali and P.G. Tsoungas, *Heterocycles*, 29, 1615 (1989).

Review: "Pyrazole 1-oxides, 1,2-dioxides and Derivatives".

IV.M-20 Y. Tominaga, *J. Heterocycl. Chem.*, 26, 1167 (1989).

Review: "Synthesis of Heterocyclic Compounds Using Carbon Disulfide and Their Products".

IV.M-21 W. Nagata, *Pure Appl. Chem.*, 61, 325 (1989).

Review: "Contributions to the Chemistry of β-Lactam Antibiotics: 1-Oxa Nuclear Analogs of Naturally Occurring β-Lactam Antibiotics".

IV.M-22 H.H. Baer, *Pure Appl. Chem.*, 61, 1217 (1989).

Review: "Recent Synthetic Studies in Nitrogen Containing and Deoxygenated Sugars".

IV.M-23 D.C. Myles and S.J. Danishefsky, *Pure Appl. Chem.*, 61, 1235 (1989).

Review: "The Synthesis of Polyoxygenated Natural Products via Fully Synthetic Branched Pyranose Derivatives: Application to the Erythronolide Problem".

IV.M-24 B. Fraser-Reid et al., *Pure Appl. Chem.*, 61, 1243 (1989).

Review: "Novel Carbohydrate Transformations Discovered Enroute to Natural Products".

IV.M-25 L.N. Sobenina et al., *Russ. Chem. Rev.*, 58, 163 (1989).

Review: "Synthesis of Pyrroles from Aliphatic Compounds".

IV.M-26 E.A. Markaryan and A.G. Samodurova, *Russ. Chem. Rev.*, 58, 479 (1989).

Review: "Advances in the Chemistry of Isochroman".

IV.M-27 S. Sharma, *Sulfur Rep.*, 8, 327 (1989).

Review: "Isothiocyanates in Heterocyclic Synthesis".

IV.M-28 S. Blechert, *Synthesis*, 71 (1989).

Review: "The Hetero-Cope Rearrangement in Organic Synthesis".

IV.M-29 N. Lozac'h, *Sulfur Rep.*, 9, 153 (1989).

Review: "Forty Years of Heterocyclic Sulphur Chemistry".

IV.M-30 F. Freeman et al., *Sulfur Rep.*, 9, 207 (1989).

Review: "The Chemistry of 1,2-Dithiins".

IV.M. 31 F.A. Davis and A.C. Sheppard, *Tetrahedron,* 45, 5703 (1989).

Review: "Applications of Oxaziridines in Organic Synthesis".

IV.M-32 P.C. Bulman Page, M.B. van Niel and J. Prodger, *Tetrahedron,* 45, 7643 (1989).

Review: "Synthetic Uses of the 1,3-Dithiane Grouping From 1977 to 1988"

V
PROTECTING GROUPS

V.A. Hydroxyl Protecting Groups

V.A-1 J. Iqbal et al., *Synth. Commun.*, 19, 901 (1989); D.S. Middleton and N.S. Simpkins, *ibid.*, 19, 21 (1989); C. Mioskowski et al., *Chem. Commun.*, 1619 (1989).

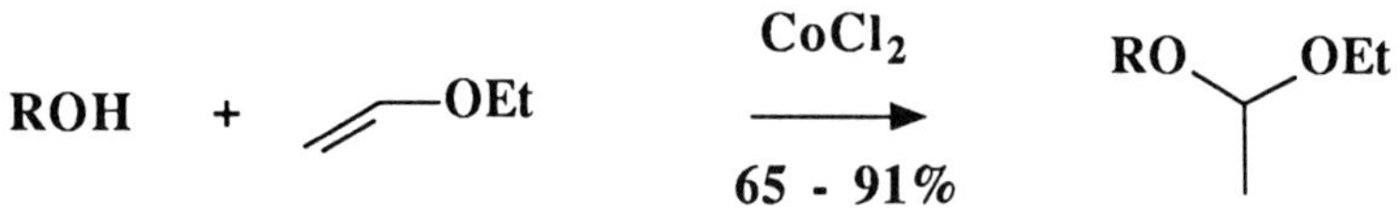

$$ROH + \text{CH}_2=\text{CH-OEt} \xrightarrow[65-91\%]{CoCl_2} RO-CH(CH_3)-OEt$$

V.A-2 L.J. Liotta and B. Ganem, *Tetrahedron Lett.*, 30, 4759 (1989).

$$ROH \xrightarrow[42-92\%]{PhCHN_2, HBF_4} R-O-CH_2Ph$$

V.A-3 J. Marsaioli et al., *Synthesis*, 436 (1989); G. Grynkiewicz, *J. Chem. Res. (S)*, 152 (1989); K. Nozaki et al., *Tetrahedron Lett.*, 30, 3819 (1989).

$$R-OAc \xrightarrow[47-97\%]{DBU} R-OH$$

Similar cleavage of acetates with ethanolamine or enzymes

V.A-4 B.H. Lipshutz and T.A. Miller, *Tetrahedron Lett.*, 30, 7149 (1989).

$$\underset{R\quad OSEM}{R^1\diagup\!\!\!\diagdown R^2} \xrightarrow[\substack{\text{DMPU}\\ \text{4 Å sieves}\\ 45\text{ - }80\%}]{nBu_4NF} \underset{R\quad OH}{R^1\diagup\!\!\!\diagdown R^2}$$

new method for deprotection of Sem ethers, substituting N,N-dimethylpropyleneurea for HMPA

V.A-5 S. Ushida, *Chem. Lett.*, 59 (1989).

ROH + [3-pyridyl-C(=O)-]$_2$O → 3-pyridyl-C(=O)-OR   93-99%

$$\xrightarrow[\text{2. }^-\text{OH}]{\text{1. MeI}} \quad\text{ROH}\quad 55\text{ - }98\%$$

deprotection after activation by quarternization

V.A-6 A. Nishida et al., *Chem. Pharm. Bull.*, 37, 2266 (1989); Y. Masaki et al., *Chem. Lett.*, 659 (1989).

MeO—C$_6$H$_3$(R)—CH$_2$OR' $\xrightarrow[\substack{h\nu,\ Mg(ClO_4)_2 \\ \text{or dicyanoanthracene}}]{\text{anthraquinone}}$ R'OH

R = H, OMe

Similar cleavage using CAN

V.A-7 H. Suzuki, S. Padmanabhan and T. Ogawa, *Chem. Lett.*, 1017 (1989); P. Shanmugan et al., *Indian J. Chem., Sect. B*, <u>27</u>, 965 (1988).

$$\text{ArO}-\overset{\overset{\text{O}}{\|}}{\text{C}}-\text{CH}_2\text{Cl} \xrightarrow[\text{DMF, H}^+]{\text{Na}_2\text{Te}} \text{ArOH}$$

70 - 91%

V.A-8 K. Yamamoto and M. Takemae, *Bull. Chem. Soc. Jpn.*, <u>62</u>, 2111 (1989); F. Orsini et al., *Org. Prep. Proced. Int.*, <u>21</u>, 505 (1989); C. Prakash et al., *Tetrahedron Lett.*, <u>30</u>, 19 (1989).

$$\underset{\text{azetidinone-CH}_2\text{OH, NH}}{} \xrightarrow[\text{2 eq }^t\text{BuMe}_2\text{SiH}]{10\% \text{ Pd / C}} \underset{\text{azetidinone-CH}_2\text{OSiMe}_2{}^t\text{Bu, N-SiMe}_2{}^t\text{Bu}}{}$$

Similar examples of TBDMS protecting group.

V.A-9 T. Benneche et al., *Acta Chem. Scand.*, <u>43</u>, 706 (1989).

$$\text{ROH} + \text{Cl}-\text{CH}_2-\text{O}-\text{SiR}_3 \xrightarrow{{}^i\text{Pr}_2\text{NEt}} \text{ROCH}_2\text{O}-\text{SiR}_3$$

Chloromethoxysilanes as protecting groups for sterically hindered alcohols.

V.A-10 K. Tatsuta et al., *Tetrahedron Lett.*, 30, 6413 and 6417 (1989); K. Furusawa, *Chem. Lett.*, 509 (1989); S.J. Monger et al., *Chem. Commun.*, 381 (1989).

>―Si-Cl + HO~~~OTBDMS ⟶

DEIPSO~~~OTBDMS

DEIPS = diethylisopropylsilyl
removable with AcOH

Similarly, removal of cyclic di-t-butylsilanediyl protecting groups with tributylamine hydrofluoride and cleavage of methydiphenylsilyl ethers using NaN_3 in DMF.

V.A-11 J.R. Pedro et al., *Synthesis*, 438 (1989).

$$ArOAc \xrightarrow[\substack{Toluene,\ H_2O,\ 80°\ C \\ 79 - 100\%}]{TsOH\ /\ SiO_2} ArOH$$

V.A-12 A.J. Poss and M.S. Smyth, *Synth. Commun.*, 19, 3363 (1989); S. Szeja et al., *Rec. Trav. Chim.*, 108, 224 (1989)

V.A-13 C.W. Jefford et al., *Heterocycles*, 28, 673 (1989); B. Lal et al., *Synthesis*, 711 (1989).

1, 2, 4 - trioxanes as protecting groups for diols, similarly acetonides

V.A-14 R.W. Binkley and D.J. Koholic, *J. Org. Chem.*, 54, 3577 (1989).

V.A-15 M. Sekine and T. Nakanishi, *J. Org. Chem.*, 54, 5998 (1989).

Th = thymidine derivative
[MTPM] = [{2-(methylthio)phenyl}thio]methyl

[MTPM] is a new protecting group for OH capable of conversion to a methyl group.

V.A-16 S. Koto et al., *Bull. Chem. Soc. Jpn.*, 62, 3549 (1989).

2-methoxyethyl group for protection of reducing hydroxyl groups of sugars

V.B. Amine Protecting Groups

V.B-1 X.J. Zhou and Z.Z. Huang, *Synth. Commun.*, **19**, 1347 (1989).

$$\underset{R'}{\overset{R}{>}}N-\overset{O}{\underset{\|}{C}}-OCH_3 \quad \xrightarrow[45 - 83\%]{NaHTe} \quad \underset{R'}{\overset{R}{>}}N-H$$

V.B-2 J. Gauthier et al., *Tetrahedron Lett.*, **30**, 1901 (1989).

$$CH_3O-\!\!\!\bigcirc\!\!\!-\underset{\underset{O}{\|}}{C}-\underset{R'}{CH}-O-\underset{\underset{O}{\|}}{C}-NR_2 \quad \xrightarrow[55 - 90\%]{h\nu} \quad R_2NH + CO_2 +$$

$$CH_3O-\!\!\!\bigcirc\!\!\!-\overset{O}{\underset{\|}{C}}-CH_2R'$$

p-methoxyphenacyloxy carbonyl group (Phenoc) a photolabile protecting group for 1° and 2° amines

---

V.B-3 O. Yonemitsu et al., *Tetrahedron Lett.*, **30**, 4241 (1989).

$$Bn-\underset{|}{\overset{DNMBS}{N}}-(CH_2)_n NHR \quad \xrightarrow[77 - 91\%]{h\nu} \quad Bn-\underset{|}{\overset{H}{N}}-(CH_2)_n NHR$$

R = Ts, Ms, Bz, Boc, Cbz

DNMBS = naphthalene with OMe (top), OMe (bottom), and $CH_2-PhSO_2^-$ substituents

V.B-4 R.M. Williams and E. Kwast, *Tetrahedron Lett.*, 30, 451 (1989).

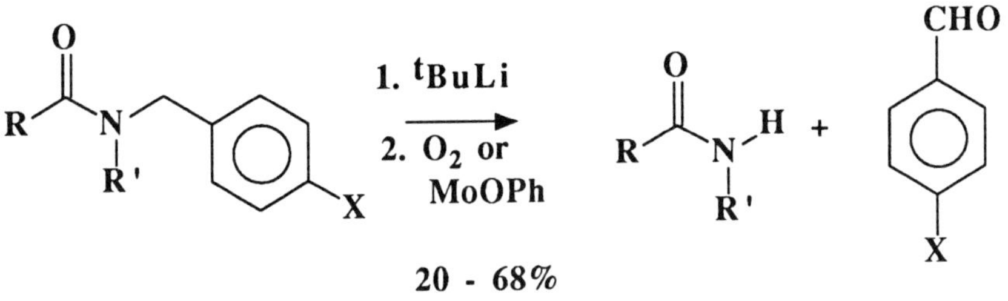

$$R-C(=O)-N(R')-CH_2-C_6H_4-X \xrightarrow[\text{2. O}_2 \text{ or MoOPh}]{\text{1. }^t\text{BuLi}} R-C(=O)-N(R')-H + X-C_6H_4-CHO$$

20 - 68%

X = H, OMe

carbanion mediated oxidative deprotection on non-enolizable benzylated amides

---

V.B-5 A.R. Katritzky and K. Akutagawa, *J. Org. Chem.*, 54, 2949 (1989).

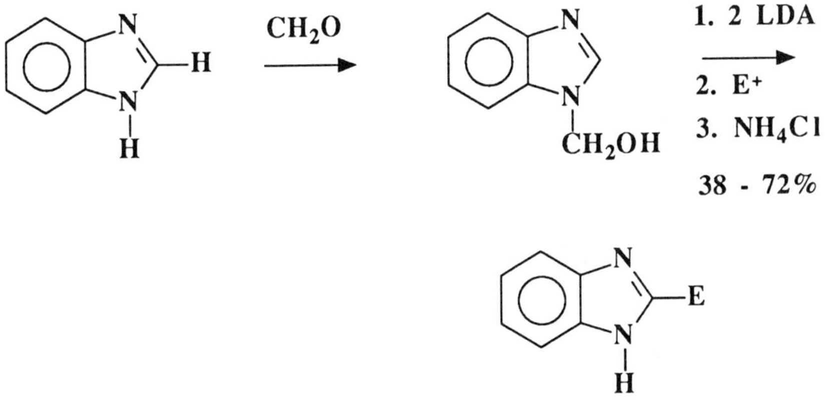

benzimidazole (N-H) $\xrightarrow{CH_2O}$ N-CH$_2$OH benzimidazole $\xrightarrow[\text{2. E}^+]{\text{1. 2 LDA}}$ 2-E benzimidazole (N-H)

3. NH$_4$Cl

38 - 72%

formaldehyde as protecting agent for heterocyclic nitrogen

V.B-6 M. Iwata and H. Kuzuhara, *Bull. Chem. Soc. Jpn.*, 62, 1102 (1989).

Differential protection of acyclic polyamines

V.B-7 J.H. Cooley and E.J. Evain, *Synthesis*, 1 (1989).

Review: "Amine dealkylations with acyl chlorides".

V.C. Carboxyl Protecting Groups

V.C-1 Z.Z. Huang and X.J. Zhou, *Synthesis*, 693 (1989).

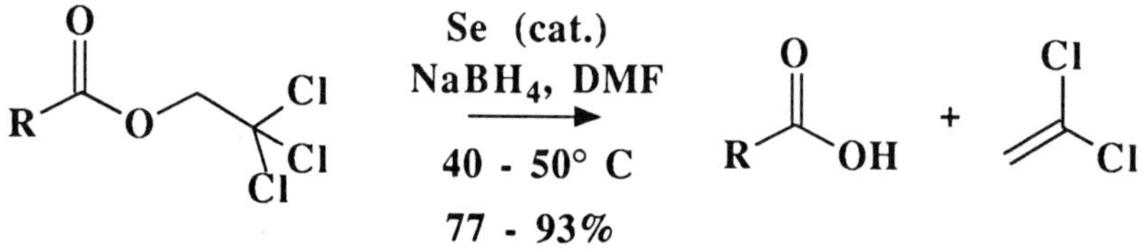

$$R-C(=O)-O-CH_2-CCl_3 \quad \xrightarrow[\substack{40 - 50° C \\ 77 - 93\%}]{\substack{Se\ (cat.) \\ NaBH_4,\ DMF}} \quad R-C(=O)-OH \quad + \quad CH_2=CCl_2\text{-}Cl$$

V.C-2 S. Chandrasekaran et al., *Synth. Commun.*, 19, 2159 (1989).

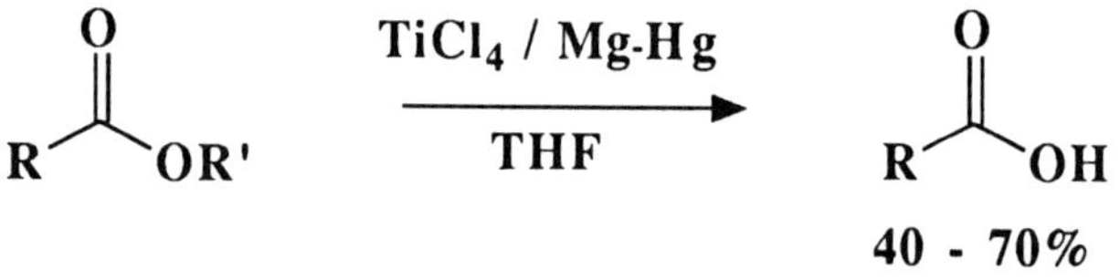

$$R-C(=O)-OR' \quad \xrightarrow[THF]{TiCl_4\ /\ Mg\text{-}Hg} \quad R-C(=O)-OH$$

40 - 70%

R' = CH_2Ph or $CH_2-CH=CH_2$

V.C-3 J. Otera et al., *Tetrahedron Lett.*, 30, 2959 (1989).

$$R-C(=O)-OMEC \xrightarrow[75-100\%]{BF_3 \cdot Et_2O} R-C(=O)-OH$$

MEC = alpha-methyl cinnamyl

V.C-4 A.G.M. Barrett et al., *Tetrahedron Lett.*, 30, 7317 (1989).

$$R-\overset{O}{\underset{\|}{C}}-O-CH_2CH_2-CH=CH_2 \xrightarrow{O_3} R-\overset{O}{\underset{\|}{C}}-O-CH_2CH_2-CH=O \xrightarrow[62-99\%]{TEA} R-\overset{O}{\underset{\|}{C}}-OH$$

3-butenyl esters as protecting group for carboxylic acids, avoids racemization of alpha protons

---

V.C-5 G.W. Kabalka and D.E. Bierer, *Synth. Commun.*, 19, 2783 (1989).

$$H_2C=CH(CH_2)_8CO_2H \xrightarrow[\substack{\text{1. Et}_3\text{N} \\ \text{2. TMSCl} \\ \text{3. R}_2\text{BH} \\ \text{4. [O]}}]{} HOCH_2(CH_2)_9CO_2H \quad 56-84\%$$

TMS group as a temporary protecting group during hydroboration reactions without isolation of TMS ester

V.C-6 J. Voss and B. Wollny, *Synthesis*, 684 (1989).

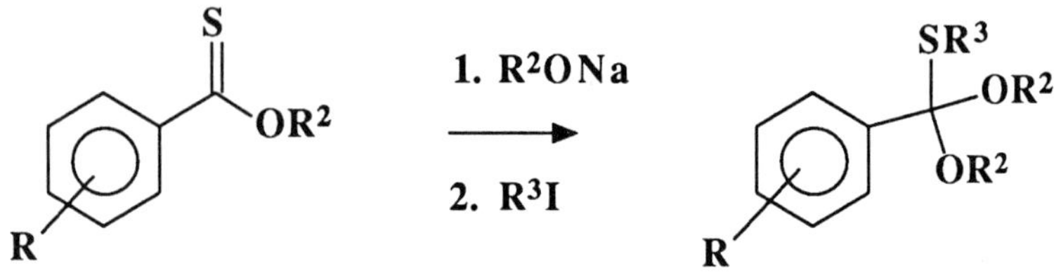

41 - 94%

V.D. Protecting groups for Aldehydes and Ketones

V.D-1 L.M. Venanzi et al., *Tetrahedron Lett.*, 30, 6151 (1989); G. Taglianini et al., *Gazz. Chim. Ital.*, 119, 359 (1989).

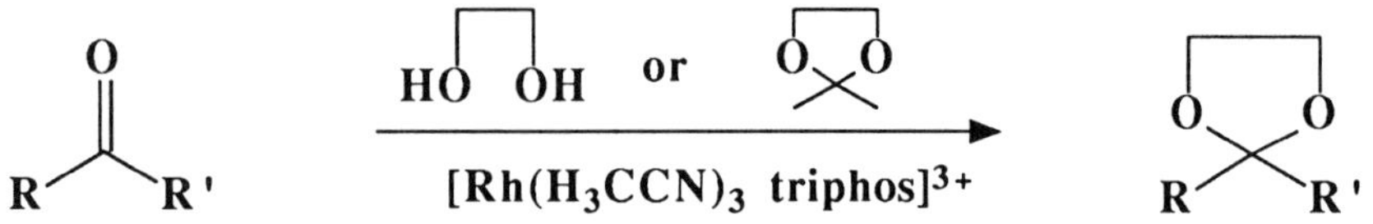

87 - 100%

similar results with BuSnCl$_3$

V.D-2 N. Machinaga and C. Kibayashi, *Tetrahedron Lett.*, 30, 4165 (1989).

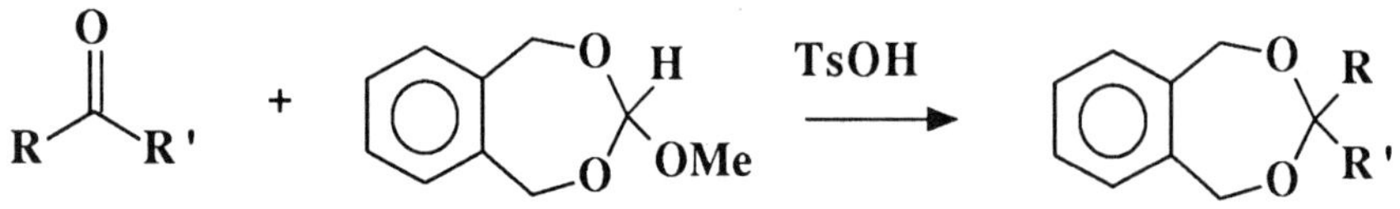

70 - 98%

removed with H$_2$/ Pd

V.D-3 H. Chikashita et al., *Bull. Chem. Soc. Jpn.*, 62, 1215 (1989).

RCHO $\underset{\text{AgNO}_3, \text{HgCl}_2, \text{NBS, etc.}}{\overset{\text{MABT}}{\rightleftarrows}}$ 3-methylbenzothiazoline structure with CH_3-N, S, R, H

MABT = o-(methylamino)benzenethiol

3-methylbenzothiazoline as base and acid resistant protecting group for carbonyls

---

V.D-4 R.B. Perni, *Synth. Commun.*, 19, 2383 (1989); B. Ku and D.Y. Oh, *ibid.*, 19, 433 (1989).

$$R-\underset{R'}{\overset{O}{C}} \xrightarrow[\text{Amberlyst 15}]{HS\,SH} \underset{R'}{\overset{S\,S}{C}}R$$

83 - 100%

similar results with SiCl$_4$

V.D-5 S. Kim et al., *Chem Lett.*, 629 (1989) and *Tetrahedron Lett.*, 30, 6697 (1989).

$$\underset{R^1\,\,R^2}{R^3O\,\,OR^3} \xrightarrow[\text{MgBr}_2]{RSH} \underset{R^1\,\,R^2}{RS\,\,SR}$$

86 - 96%

V.D-6 G. Stork and K. Zhao, *Tetrahedron Lett.*, 30, 287 (1989); Y. Shigemasa et al., *ibid.*, 30, 1277 (1989).

$$\underset{R'}{\overset{R}{>}}\!\!\underset{S}{\overset{S}{<}}\!\!\!\bigg] \quad \xrightarrow[\text{MeOH / H}_2\text{O}]{(CF_3CO_2)_2IPh} \quad \underset{R'}{\overset{R}{>}}C=O$$

85 - 99%

similar results with P_2I_4

V.D-7 X.J. Zhou et al., *Synthesis*, 692 (1989); T. Fujisawa et al., *Chem. Lett.*, 1623 (1989); T. Honda et al., *ibid.*, 901 (1989).

$$\underset{R'}{\overset{R}{>}}\!\!\underset{S}{\overset{S}{<}}\!\!\!\bigg] \quad \xrightarrow[\text{2. H}_2\text{O, air}]{1.\ \text{NaTeH}} \quad \underset{R'}{\overset{R}{>}}C=O$$

80 - 85%

similar results with $SmCl_3$-TMSCl or DMSO / H_2O

V.D-8 R.B. Mitra and G.B. Reddy, *Synthesis*, 694 (1989).

$$R\!\!\overset{\overset{\displaystyle N^{NMe_2}}{\|}}{\diagup\!\!\diagdown}\!\!R' \quad \xrightarrow[\text{THF, H}_2\text{O}]{\text{silica gel}} \quad R\!\!\overset{\overset{\displaystyle O}{\|}}{\diagup\!\!\diagdown}\!\!R'$$

20 - 75%

V.E. Amino Acid Protection

V.E-1 L.A. Carpino et al., *J. Org. Chem.*, 54, 4302 and 5887 (1989).

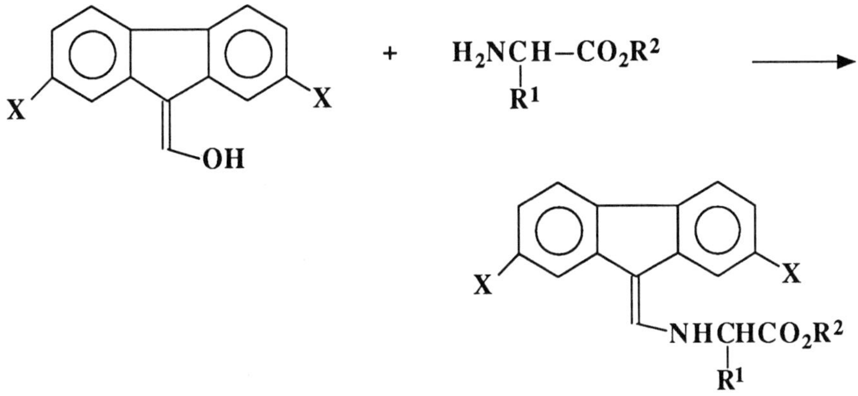

[Fluorene derivative with X substituents and =CH-OH group] + $H_2NCH(R^1)-CO_2R^2$ ⟶ [Fluorene derivative with X substituents and =CH-NHCH(R^1)CO$_2R^2$]

70 - 81%

deblock with NH_4CO_2H/ Pd-C

V.E-2 Y. Kiso et al., *Chem. Commun.*, 1511 (1989).

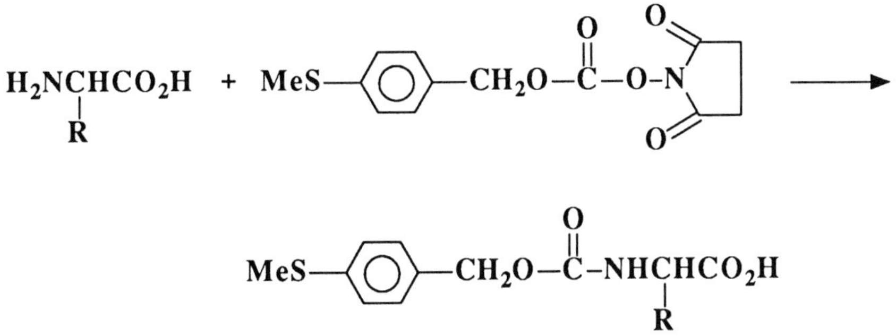

$H_2NCH(R)CO_2H$ + MeS–C$_6H_4$–CH$_2$O–C(O)–O–N(succinimide) ⟶

MeS–C$_6H_4$–CH$_2$O–C(O)–NHCH(R)CO$_2$H

Stable to acid and base, removed by reductive acidolysis
$SiCl_4$/TFA

V.E-3 H. Okai et al., *Bull. Chem. Soc. Jpn.*, 62, 3103 (1989).

$$\text{Lys} \xrightarrow[\text{NaOH, H}_2\text{O}]{\text{Z-ODSP}} \text{H}-\text{Lys}-(\text{Z})-\text{OH}$$

Z-ODSP = [p-(benzyloxycarbonyloxy)phenyl] dimethylsulfonium methyl sulfate
water soluble acylating agent for peptide synthesis.

V.E-4 P. Jouin et al., *Tetrahedron Lett.*, 30, 6859 (1989).

$$\text{ZNH}-\underset{\text{R}}{\text{CH}}-\text{CO}_2\text{H} \xrightarrow[\text{TEA, DMAP}]{\text{F}-\text{C}(=\text{O})-\text{O}^t\text{Bu}} \text{ZNH}-\underset{\text{R}}{\text{CH}}-\underset{\text{O}}{\overset{\|}{\text{C}}}-\text{O}^t\text{Bu}$$

V.E-5 S.B. Katti et al., *Tetrahedron Lett.*, 30, 3569 (1989).

$$\text{Z/BocNH}\underset{\text{R}}{\text{CHCO}_2\text{H}} + \text{HOCH}_2\text{CH}_2\text{CN} \xrightarrow[\text{DMAD}]{\text{DCC}}$$

$$\text{Z/BocNH}\underset{\text{R}}{\text{CHCO}_2\text{CH}_2\text{CH}_2\text{CN}}$$

3-hydroxypropionitrile, a new base labile reagent for carboxyl protection in peptide synthesis.

V.E-6 N. Xaus et al., *Tetrahedron*, 45, 7421 (1989).

ZAsp(OAll)—(OAll) $\xrightarrow[\text{DTT, DMF}]{\text{papain}}$ ZAsp(OAll)—OH

DTT = dithiothreitol

V.E-7 D.R. Bolin et al., *Org. Prep. Proced. Int.*, 21, 67 (1989).

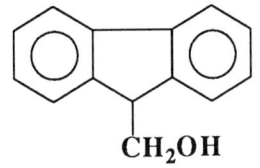

FM esters for carboxyl group protection

V.E-8 Y. Kiso et al., *Tetrahedron Lett.*, 30, 1979 (1989).

$(CH_3)_3CCONHCH_2OH$ + cysteine ⟶ $\underset{\text{Cys (Tacm)}}{\begin{array}{c}NH_2\text{-}CH\text{-}CO_2H\\ |\\ CH_2\text{-}S\text{-}CH_2NHCO(CH_3)_3\end{array}}$

Trimethylacetamidomethyl thiol protecting group, removable with $I_2/AcOH$.

V.E-9 H. Yajima et al., *Chem. Pharm. Bull.*, 37, 526 (1989).

S-benzyloxymethylcysteine, Cys-(Bom), stable to TFA, cleaved by AgOTf/TFA

V.E-10 A.L. Schroll and G. Barany, *J. Org. Chem.*, 54, 244 (1989).

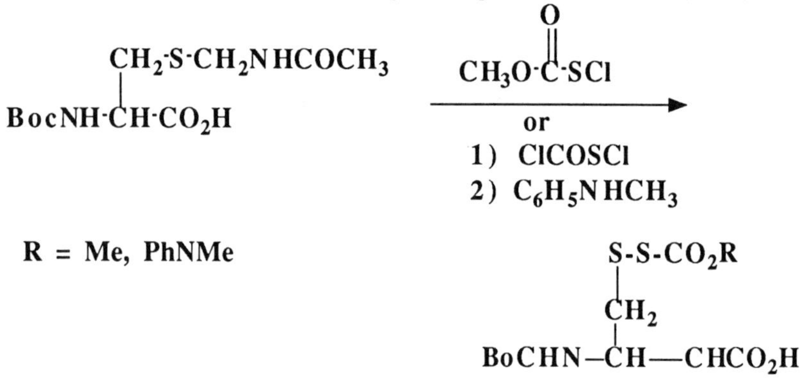
CH₂-S-CH₂NHCOCH₃
BocNH-CH-CO₂H
O
CH₃O-C-SCl
or
1) ClCOSCl
2) C₆H₅NHCH₃
S-S-CO₂R
CH₂
BoCHN—CH—CHCO₂H

R = Me, PhNMe

stable to HF, CF_3SO_3H; removable with $HSCH_2(CHOH)_2CH_2SH$

V.E-11 M.A. Findeis and E.T. Kaiser, *J. Org. Chem.*, 54, 3478 (1989); P.T. Lansbury et al., *Tetrahedron Lett.*, 30, 4915 (1989).

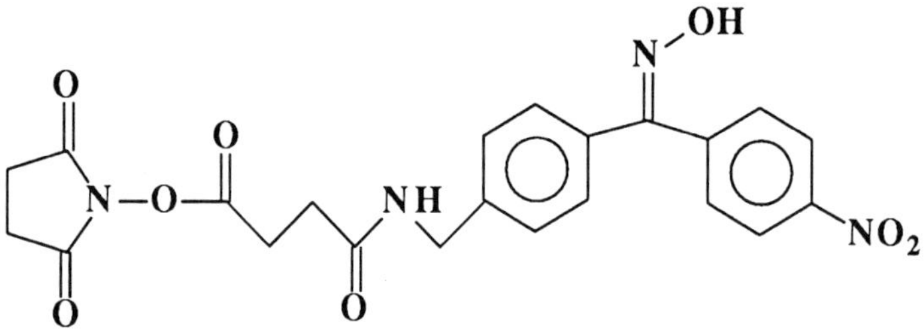
OH
N
O
O
N—O
NH
NO₂
O
O

Nitrobenzophenone oxime based resins for the solid phase synthesis of protected peptide systems.

V.E-12 M.S. Bernatowicz et al., *Tetrahedron Lett.*, 30, 4341 and 4345 (1989).

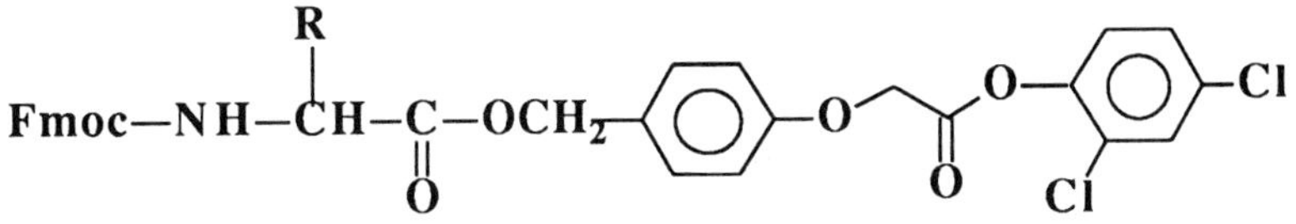

Fmoc—NH—CH(R)—C(=O)—OCH$_2$—C$_6$H$_4$—O—CH$_2$—C(=O)—O—C$_6$H$_3$(Cl)(Cl)

for incorporation into amine functionalized polymers

V.E-13 K. Barlos et al., *Tetrahedron Lett.*, 30, 3943 and 3947 (1989).

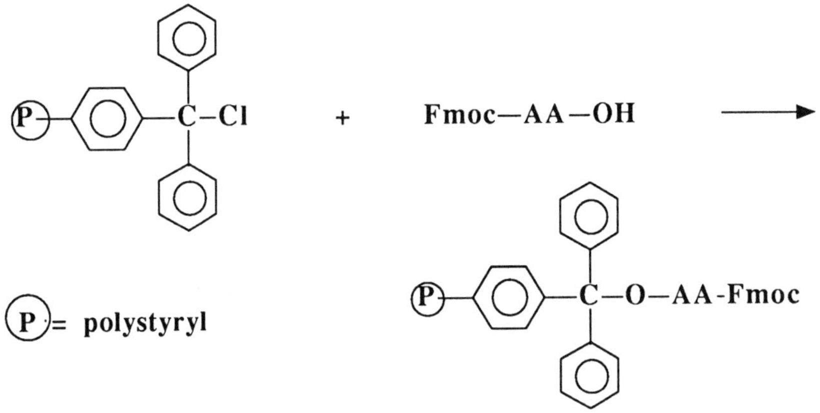

(P)—C$_6$H$_4$—C(Ph)(Ph)—Cl + Fmoc—AA—OH ⟶ (P)—C$_6$H$_4$—C(Ph)(Ph)—O—AA—Fmoc

(P) = polystyryl

VI
USEFUL SYNTHETIC PREPARATIONS

VI.A. Functional Group Preparations

VI.A.1. Acids and Anhydrides

(see also I.G.2.)

VI.A.1-1 T. Veerian and M. Periasamy, *Synth. Commun.*, 19, 2151 (1989).

$$RCH_2OH \xrightarrow[CCl_4 / {}^tBuOH]{NaBrO_3 - HBr} RCO_2H$$

40-82%

VI.A.1-2 A.L. Baumstark et al., *Tetrahedron Lett.*, 30, 5567 (1989); A. Banerjee et al., *Synthesis*, 765 (1989).

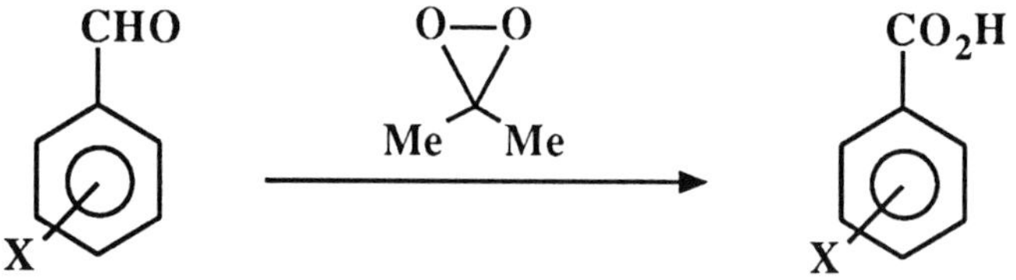

X-C$_6$H$_4$-CHO → (dimethyldioxirane: O—O with Me, Me) → X-C$_6$H$_4$-CO$_2$H

79-90%

similar conversions with $NaBO_3 \cdot 4 H_2O$ / AcOH

VI.A.1-3 F. Outurquin and C. Paulmier, *Synthesis*, 690 (1989).

$$R^2\underset{R^1}{\overset{R^3}{>}}\!\!CHO \xrightarrow{1)-3)} R^2\underset{R^1}{\overset{R^3}{>}}\!\!=\!\!CO_2H$$

50-97%

1) (PhSe)$_2$, Br$_2$, CH$_2$Cl$_2$ then morpholine, then aldehyde
2) 1N HCl   3) H$_2$O$_2$, H$_2$O, THF, -10 to 20°C

VI.A.1-4 M. Inoue et al., *Chem. Lett.*, 99 (1989); Y. Ishii, M. Ogawa et al., *ibid.*, 857 (1989).

$$\underset{Me}{\overset{CH_2}{>}}\!\!=\!\!CO_2Me \xrightarrow[H_2O_2]{Cr(acac)_3} CH_3\overset{O}{\underset{\|}{C}}CO_2Me + HCO_2H$$

23-96% conversion

tungstic acid catalysis used similarly

VI.A.1-5 S. Elsheimer et al., *J. Org. Chem.*, <u>54</u>, 3992 (1989); J.-P. Depres and A.E. Greene, *Tetrahedron Lett.*, <u>30</u>, 7065 (1989).

[cyclohexenyl=CF$_2$] $\xrightarrow[\text{2) KOH / H}_2\text{O}]{\text{1) Br}_2}$ [cyclohexenyl-CO$_2$H]
3) H$^+$

53-96%

VI.A.1-6 J.-M. Breceault et al., *Chem. Commun.*, 825 (1989).

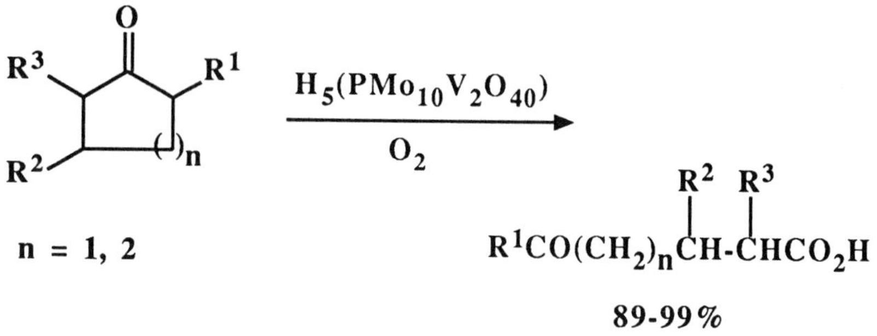

$$\text{cyclic ketone} \xrightarrow[O_2]{H_5(PMo_{10}V_2O_{40})} R^1CO(CH_2)_n\overset{R^2}{\underset{|}{C}}H\text{-}\overset{R^3}{\underset{|}{C}}HCO_2H$$

n = 1, 2

89-99%

VI.A.1-7 A.G.M. Barrett et al., *J. Org. Chem.*, **54**, 3321 (1989).

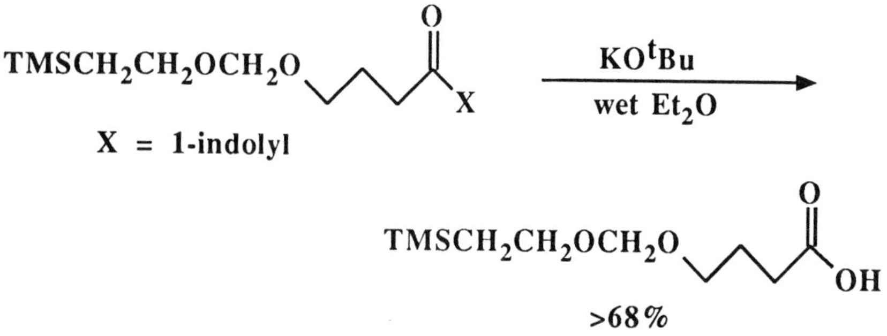

$$\text{TMSCH}_2\text{CH}_2\text{OCH}_2\text{O-CH}_2\text{CH}_2\text{CH}_2\text{C(O)X} \xrightarrow[\text{wet Et}_2\text{O}]{\text{KO}^t\text{Bu}} \text{TMSCH}_2\text{CH}_2\text{OCH}_2\text{O-CH}_2\text{CH}_2\text{CH}_2\text{CO}_2\text{H}$$

X = 1-indolyl

>68%

VI.A.1-8 D. Obrecht and B. Weiss, *Helv. Chim. Acta*, **72**, 117 (1989).

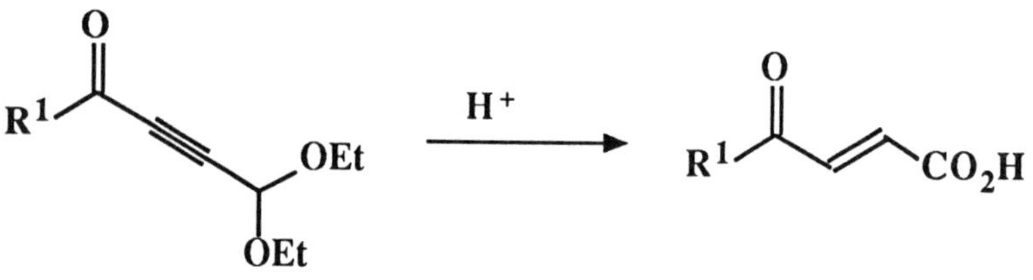

$$R^1\text{-CO-C}\equiv\text{C-CH(OEt)}_2 \xrightarrow{H^+} R^1\text{-CO-CH=CH-CO}_2\text{H}$$

VI.A.1-9 V. Broicher and D. Geffken, *Tetrahedron Lett.*, 30, 5243 (1989).

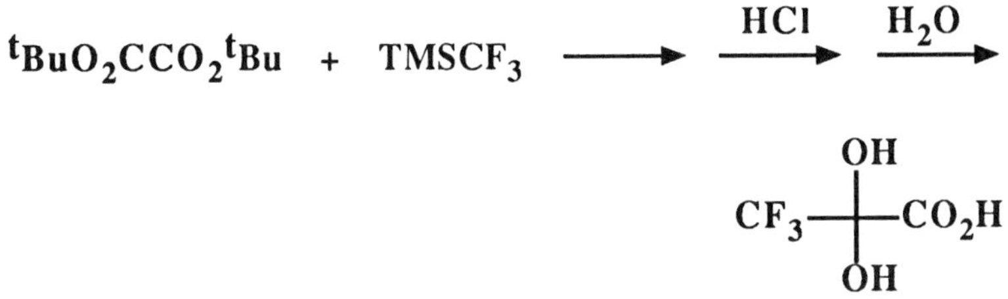

$$^{t}BuO_2CCO_2{}^{t}Bu + TMSCF_3 \xrightarrow{HCl} \xrightarrow{H_2O}$$

$$CF_3 \underset{OH}{\overset{OH}{-\!\!\!\underset{|}{\overset{|}{C}}\!\!\!-}} CO_2H$$

VI.A.1-10 S.G. Burton and P.T. Kaye, *Synth. Commun.*, 19, 3331 (1989).

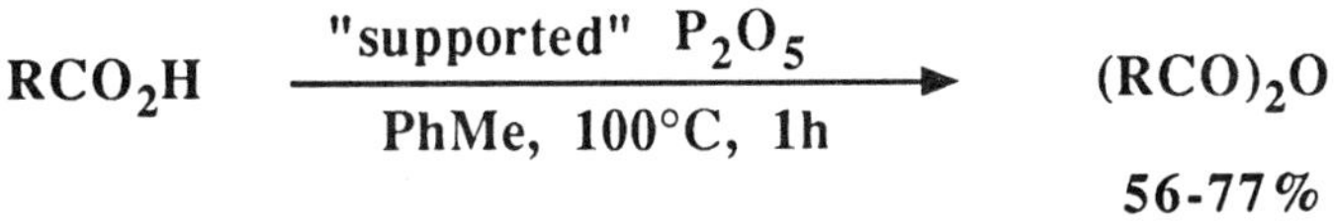

$$RCO_2H \xrightarrow[\text{PhMe, 100°C, 1h}]{\text{"supported" } P_2O_5} (RCO)_2O$$

56-77%

VI.A.2. Alcohols

(see also: II.B.1, III.A.)

VI.A.2-1 L. Syper, *Synthesis*, 167 (1989).

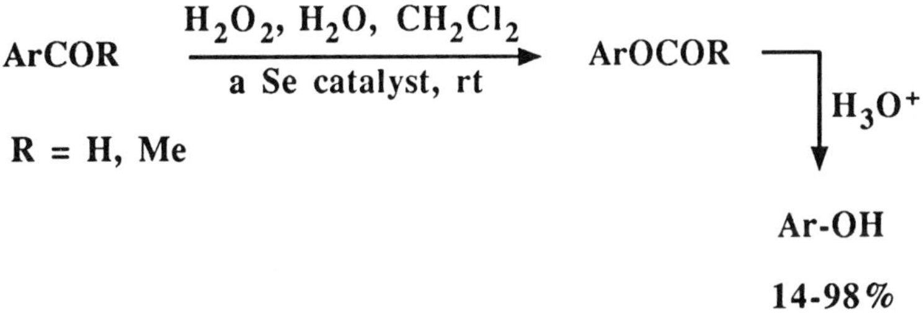

$$ArCOR \xrightarrow[\text{a Se catalyst, rt}]{H_2O_2, H_2O, CH_2Cl_2} ArOCOR \xrightarrow{H_3O^+} Ar\text{-}OH$$

R = H, Me

14-98%

VI.A.2-2 K. Sato, M. Kira and H. Sakurai, *Tetrahedron Lett.*, 30, 4375 (1989).

$$RSiF_3 \xrightarrow[\text{THF, CHCl}_3\text{, rt, 12-20h}]{Me_3\overset{+}{N}\text{-}O^-} R\text{-}OH$$

80-98%

R = Ph, Bn, alkyl, alkenyl

VI.A.2-3 S.Z. Zard et al., *Chem. Commun.*, 1006 (1989).

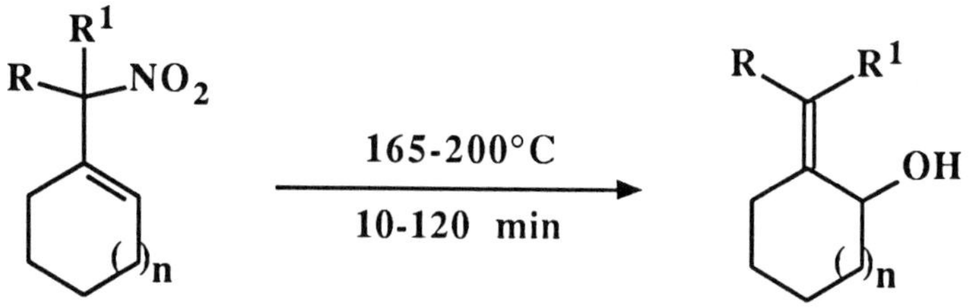

R = H, alkyl
R^1 = alkyl, n = 0, 1

33-85%

VI.A.2-4 T.H. Chan and M. Gingras, *Tetrahedron Lett.*, 30, 279 (1989).

$$R\text{-}X \xrightarrow[\substack{1.1\ Ag^+,\ DMF \\ 20\text{-}90°C,\ 0.5\text{-}24h}]{2.2\ (Bu_3Sn)_2O} R\text{-}OH$$

47-96%

R = 1° alkyl ; X = Br, I

VI.A.2-5 D.H.R. Barton, D. Bridon and S.Z. Zard, *Tetrahedron*, 45, 2615 (1989).

[Structure: 3-acyloxy-2-thioxothiazoline with O$_2$CC$_{15}$H$_{31}$]

1) (PhS)$_3$Sb
2) O$_2$ / H$_2$O
3) H$_2$O

→ C$_{15}$H$_{31}$OH   70%

VI.A.2-6 K. Tamao, T. Hayashi and Y. Ito, *Tetrahedron Lett.*, 30, 6533 (1989).

$$C_7H_{15}CH_2\underset{Me}{Si(OEt)_2} \xrightarrow[\text{Bu}_4\text{NF, THF, 40°C} \quad 12h]{\text{air, hydroquinone}} C_7H_{15}CH_2OH$$

80%

VI.A.2-7 G. Jenner et al., *Tetrahedron Lett.*, 30, 6501 (1989).

$$HCO_2R \xrightarrow[\text{180°C, 8-10h}]{Ru_3(CO)_{12} - PBu_3} CO + ROH$$

40-89%

R = 1°, 2° alkyl

VI.A.2-8 P.R. Piras et al., *Synthesis*, 287 (1989).

[Structure: X-C$_6$H$_3$(OR)-Y] $\xrightarrow[\text{DMF, heat, 4-72h}]{3 \text{ LiCl}_3}$ [Structure: X-C$_6$H$_3$(OH)-Y]

25-98%

VI.A.2-9 I. Shimizu et al., *J. Am. Chem. Soc.*, 111, 6280 (1989).

$$R\text{-epoxide(Me)(R}^1\text{)} \xrightarrow[\text{HCO}_2\text{H}]{\text{Pd / P cat.}} R\text{-CH(Me)-CH(OH)-R}^1$$

geometry and ligand control syn : anti product selectivities

VI.A.3. Alkyl and Aryl Halides

(see also: II.B.2.)

VI.A.3-1 O.S. Tee et al., *J. Am. Chem. Soc.*, 111, 2233 (1989).

Kinetics and Mechanism of the Bromination of Phenols and Phenoxide Ions in Aqueous Solution. Diffusion-Controlled Rates.

VI.A.3-2 G. Cerichelli et al., *Tetrahedron Lett.*, 30, 6209 (1989).

Surfactant Control of the Ortho / Para Ratio in the Bromination of Anilines

VI.A.3-3 F. de la Vega and Y. Sasson, *Chem. Commun.*, 653 (1989).

Selective para-Bromination of Toluene Catalyzed by Na-Y Zeolite in the Presence of an Epoxide

VI.A.3-4 M. Zupan et al., *J. Chem. Soc., Perkin Trans. 1*, 2279 (1989) and *Tetrahedron*, 45, 7869 (1989); S.O. Nuraukwa and P.M. Keehn, *Synth. Commun.*, 19, 799 (1989); J.H. Boyer and T. Manimaran, *J. Chem. Soc., Perkin Trans. 1*, 1381 (1989).

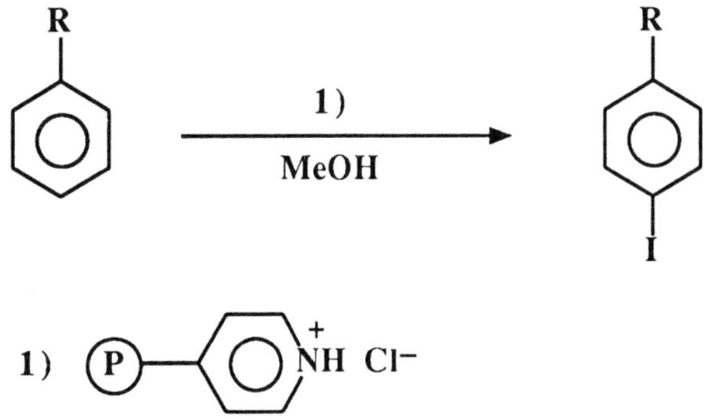

R—C6H5 →(1) / MeOH→ R—C6H4—I

1) (P)—C6H4—$\overset{+}{N}H$ Cl$^-$

bromination with a polymeric reagent or nitrodibromo-acetonitrile and chlorination of activated benzenoid rings with calcium hypochlorite also reported

---

VI.A.3-5 Y. Kimura et al., *Tetrahedron Lett.*, 30, 1271 and 7199 (1989).

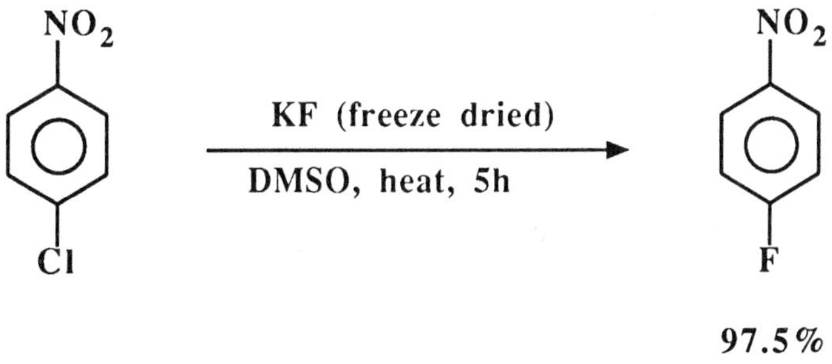

p-O_2N-C_6H_4-Cl →(KF (freeze dried) / DMSO, heat, 5h)→ p-O_2N-C_6H_4-F

97.5%

a polymer-supported fluorinating agent also used similarly

VI.A.3-6 L. Ghosez et al., *Tetrahedron Lett.*, 30, 3077 (1989); P. Sarmah and N.C. Barua, *ibid.*, 30, 3569 (1989); C.K. Reddy and M. Periasamy, *ibid.*, 30, 5663 (1989); Y. Ishii et al., *Synthesis*, 283 (1989); E.C. Ashby et al., *ibid.*, 614 (1989); M. Hanack and J. Ullmann, *J. Org. Chem.*, 54, 1432 (1989).

$$\text{R-OH} \xrightarrow{\underset{NMe_2}{\overset{X}{\diagdown\!\diagup}}} \text{R-X}$$

18-98%

similar conversions with AlI_3; $Et_2NPh \cdot BH_3 / I_2$; TMSCl / NaI; BBr_3 or $SnCl_4$; $C_4F_9SO_2F$ / NEt_3

VI.A.3-7 M. Zupan et al., *Tetrahedron Lett.*, 30, 6095 (1989).

$$RCH_2OH \xrightarrow[\text{MeCN, } 35°C]{2.4 \ CsSO_4F} R\overset{O}{-}F$$

80-85%

VI.A.3-8 C. Mioskowski et al., *Tetrahedron Lett.*, 30, 557 (1989).

$$\text{R-OTHP} \xrightarrow[CH_2Cl_2]{2 \ Ph_3P \ / \ CBr_4} \text{R-Br}$$

44-87%

USEFUL SYNTHETIC PREPARATIONS

VI.A.3-9 J.P. Ward et al., *Tetrahedron*, **45**, 5971 (1989).

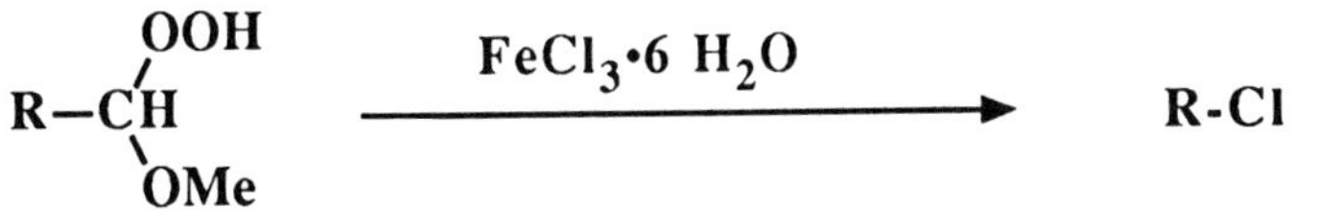

$$\text{R-CH(OOH)(OMe)} \xrightarrow{\text{FeCl}_3 \cdot 6\,\text{H}_2\text{O}} \text{R-Cl}$$

38-60%

VI.A.3-10 U. Azzena, O. Piccolo et al., *Tetrahedron Lett.*, **30**, 4555 (1989).

$$\overset{*}{\text{MeCH}}(\text{OSO}_2\text{Me})(\text{CH}_2)_n\text{CO}_2\text{R} \xrightarrow{\text{AlCl}_3} \overset{*}{\text{MeCH}}(\text{Cl})(\text{CH}_2)_n\text{CO}_2\text{R}$$

n = 0, 1; R = Me, Et

48-76%

71.8 to 94.3% optical yield

VI.A.3-11 R.E. Mewshaw, *Tetrahedron Lett.*, **30**, 3753 (1989).

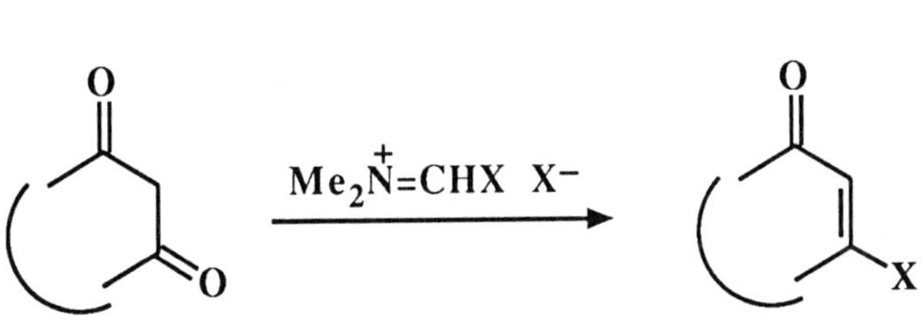

cyclic 1,3-diketone $\xrightarrow{\text{Me}_2\overset{+}{\text{N}}=\text{CHX} \ \text{X}^-}$ cyclic enone with X substituent

89-99%

VI.A.3-12 M. Shimizu and H. Yoshioka, *Tetrahedron Lett.*, 30, 967 (1989); J. Ichihara and T. Hanafusa, *Chem. Commun.*, 1848 (1989); J. Iqbal et al., *Synth. Commun.*, 19, 641 (1989).

$$\text{R}\overset{\displaystyle}{\underset{\displaystyle O}{\triangle}}\text{R} \quad \xrightarrow[\text{ultrasound, 55°C}]{\substack{\text{MHF}_2 \\ \text{AlF}_3}} \quad \text{R}-\underset{\text{F}}{\text{CH}}-\underset{\text{OH}}{\overset{\text{R}}{\text{C}}}$$

36-54%

similar conversions with SiF_4, $^iPr_2NEt$, Bu_4NF and O-silylated chlorohydrins with NaBr / TMSCl

---

VI.A.3-13 Q.-Y. Chen and S.-W. Yu, *J. Org. Chem.*, 54, 3023 (1989).

$$RCO_2M + FO_2SCF_2CO_2H \xrightarrow{\text{MeCN}} RCO_2CF_2H$$

40-70%

VI.A.3-14 M. Le Corre et al., *Chem. Commun.*, 313 (1989).

$$ArCOR + Me_3NBH_3 \xrightarrow{Br_2} ArCH(Br)R$$

25-95%

VI.A.3-15 J. Cousseau and P. Albert, *J. Org. Chem.*, 54, 5380 (1989).

Nucleophilic Fluorine Displacement Reactions. A Comparison of Reactivities of Polymer-Supported Fluoride and Acid Fluorides P^+F^-, nHF (n = 0-2)

VI.A.3-16 K.B. Yoon and J.K. Kochi, *J. Org. Chem.*, 54, 3028 (1989).

$$R\text{-}Cl \xrightarrow[\text{FeBr}_3 \text{ (cat.)}]{HX} R\text{-}X$$

X = Br, I; R = 2°, 3° alkyl

VI.A.3-17 G.W. Kabalka, R.M. Pagni et al., *Tetrahedron Lett.*, 30, 2069 (1989); T.C. Owen et al., *J. Chem. Res. (S)*, 313 (1989); F. Ghelfi et al., *ibid.*, 360 (1989).

$$R\text{---}\!\!\equiv\!\!\text{---}R \xrightarrow[\text{activated Al}_2\text{O}_3]{I_2} \underset{R \quad I}{\overset{I \quad R}{\diagup\!\!\!\diagdown}}$$

72-98%

similarly with Florisil or dienes / MnO₂ / TMSCl

VI.A.3-18 H.C. Brown et al., *J. Org. Chem.*, 54, 6064 and 6068 (1989).

$$R\text{---}\!\!\equiv\!\!\text{---}X \xrightarrow[\text{2) AcOH}]{\text{1) R}_2^1\text{BH}} \underset{H \quad H}{\overset{R \quad X}{\diagup\!\!\!\diagdown}}$$

X = Cl, Br, I

17-78%

Z/E 38-100 / 0-62

VI.A.3-19 K. Oshima, K. Utimoto et al., *Tetrahedron Lett.*, 30, 3155 (1989).

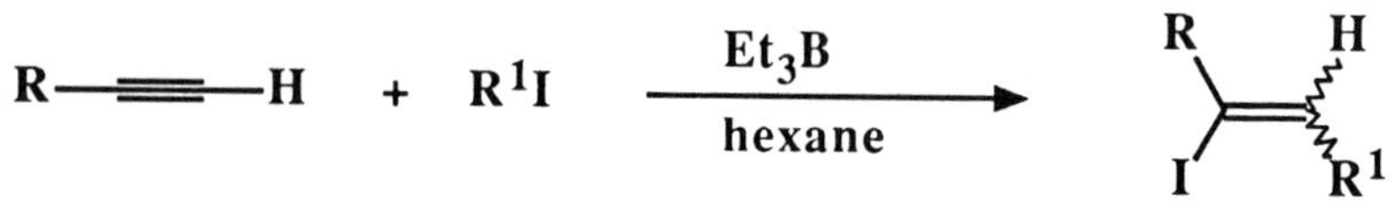

$$R-\equiv-H + R^1I \xrightarrow[\text{hexane}]{Et_3B} \begin{array}{c} R \quad H \\ \diagup\!\!=\!\!\diagdown \\ I \quad R^1 \end{array}$$

44-88%

VI.A.3-20 H.-J. Liu and J.M. Nyangulu, *Tetrahedron Lett.*, 30, 5097 (1989).

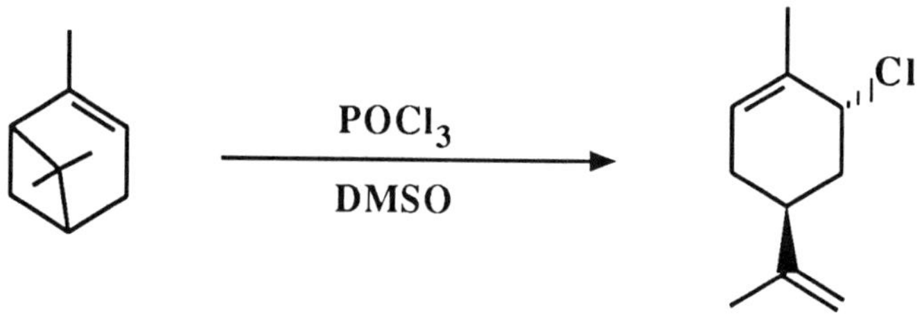

[structure] $\xrightarrow[\text{DMSO}]{POCl_3}$ [structure]

near quantitative

VI.A.3-21 E. Laurent et al., *Tetrahedron*, 45, 4431 (1989).

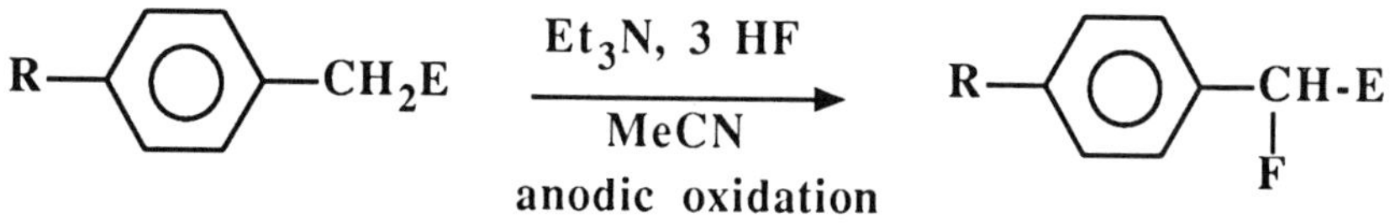

$$R-\!\!\bigcirc\!\!-CH_2E \xrightarrow[\substack{\text{MeCN}\\\text{anodic oxidation}}]{Et_3N,\ 3\ HF} R-\!\!\bigcirc\!\!-\underset{F}{CH\text{-}E}$$

7-72%

VI.A.3-22 R. Jalal and R. Gallo, *Synth. Commun.*, **19**, 1697 (1989).

$$\text{AdH} \xrightarrow[\text{AlCl}_3]{^t\text{BuCl}} \text{1-ClAd}$$

Ad = adamantane

90.5%
95.4% selectivity

VI.A.4. Amides

VI.A.4-1 H. Ogura et al., *Chem. Pharm. Bull.*, **37**, 2334 (1989); J. Cossy and C. Pale-Grosdemange, *Tetrahedron Lett.*, **30**, 2771 (1989); Y. Yamamoto and T. Furuta, *Chem. Lett.*, 797 (1989); K.T. Wang et al., *Synthesis*, 37 (1989); L. Toke et al., *ibid.*, 745 (1989).

$$\text{RCO}_2\text{H} \xrightarrow{1), 2)} \text{RCONHR}^1$$

60-99%

1) $\left[\begin{array}{c}\text{N—N}\\ \text{N—N}\\ |\\ \text{Ph}\end{array}\right]_2 \text{S}_2\text{CO}$, NEt$_3$ 2) R^{1}NH$_2$

molecular sieves; triethyl gallium; 1-hydroxybenzotriazole or RSO$_2$Cl / PTC used similarly

---

VI.A.4-2 R. Sanchez et al., *Synth. Commun.*, **19**, 2909 (1989).

$$2 \text{ R}_2\text{NH} \xrightarrow[\text{alkanes}]{\text{Bu}_2\text{Mg}} (\text{R}_2\text{N})_2 \xrightarrow[\text{2) NH}_4\text{Cl}]{\text{1) R}^1\text{CO}_2\text{H}} \text{R}^1\text{CONR}_2$$

40-89%

VI.A.4-3 Y. Nishiyama et al., *Chem. Lett.*, 1825 (1989).

$$\left[R \overset{O}{\underset{}{\overset{\|}{C}}} Se \right]_2 + 2\ R^1R^2NH \xrightarrow[\text{rt, 10 min.}]{\text{PhH}} 2\ RCONR^1R^2$$

88-96%

VI.A.4-4 S.E. Denmark and R.L. Dorow, *J. Org. Chem.*, **54**, 6 (1989).

$$\text{PhCH(Me)}\overset{O}{\underset{OH}{\overset{\|}{P}}}\text{CH(Me)Ph} \xrightarrow{1)-4)} \text{RCONHCH(Me)Ph}$$

(R, R) or (S, S)

50-56%

99% retention

(R) or (S)

R = 3,5-dinitrophenyl

1) SOCl$_2$ 2) TMGN$_3$ 3) light 4) RCOCl

VI.A.4-5 S. Saito et al., *Tetrahedron Lett.*, **30**, 837 (1989).

$$R\overset{OH}{\underset{N_3}{\overset{|}{C}H}}\text{—CH}R^1 \xrightarrow[\text{EtOAc, rt, 3-40h}]{\text{Pd-C, H}_2,\ 1.2\ \text{Boc}_2\text{O}} R\overset{OH}{\underset{}{\overset{|}{C}H}}\text{—CH}\underset{\text{NHBoc}}{R^1}$$

71-93%

VI.A.4-6 A.R. Katritzky et al., *Synthesis*, 949 (1989); B.F. Plummer et al., *J. Org. Chem.*, 54, 718 (1989); R. Pascal et al., *Tetrahedron Lett.*, 30, 563 (1989); Y.M. Goo et al., *ibid.*, 30, 7439 (1989).

$$R\text{-}CN \xrightarrow[\text{DMSO, } K_2CO_3]{30\% \; H_2O_2} RCONH_2$$

nitrile hydration also catalyzed by $Hg(OAc)_2$; $MB(OH)_4$; $HSCH_2CH_2OH$ / phosphate buffer

---

VI.A.4-7 V. Gotor et al., *Tetrahedron Lett.*, 30, 3545 (1989).

$$HC\equiv C-CO_2Et \; + \; ArNH_2 \xrightarrow{1)} HC\equiv C-CONHAr$$

60-85%

1) Candida cylindracea

VI.A.4-8 A.G. Martinez, M. Hanack et al., *Tetrahedron Lett.*, 30, 581 (1989).

$$R^1R^2R^3C\text{-}OH \xrightarrow{1)-3)} R^1R^2R^3C\text{-}NHCOR^4$$

50-98%

1) Tf_2O / CH_2Cl_2 2) R^4CN 3) $NaHCO_3$ / H_2O

VI.A.4-9 P. Beak and G.W. Selling, *J. Org. Chem.*, <u>54</u>, 5574 (1989).

$$RM \xrightarrow[\text{2) PhCOCl}]{\text{1) LiNHOMe}} RNHCOPh$$

18-91%

M = Li, MgBr, RCuLi, RZnLi
R = ^{s}Bu, Ph

VI.A.4-10 M. Carmack et al., *J. Heterocycl. Chem.*, <u>26</u>, 1305 (1989).

$$Ar\overset{O}{\overset{\|}{C}}(CH_2)_nH \xrightarrow[100\text{-}130°C]{R_2NH,\ S_8} Ar(CH_2)_nCSNR_2$$

a mechanistic study of the Wilgerodt-Kindler reaction

VI.A.4-11 W. Schroth and J. Andersch, *Synthesis*, 202 (1989).

$$PhCHO\ \text{or}\ PhR \xrightarrow[60\text{-}70°C]{S_8,\ Me_2NCO_2^-\ Me_2\overset{+}{N}H_2} PhC\overset{S}{\underset{NMe_2}{\diagdown}}$$

40-80%

R = CH_2Cl, $CHCl_2$ or CH_2CN

VI.A.5. Amines and Carbamates

VI.A.5-1 A. Koziara, *J. Chem. Res. (S)*, 296 (1989).

$$RCH_2OH \xrightarrow{1)-5)} RCH_2NH_2$$

R = alkyl, phenyl

43-78%

1) Ph_3P / $CBrCl_3$ 2) NaN_3 3) $P(OEt)_3$ 4) HCl 5) NaOH

VI.A.5-2 T. Hayashi, Y. Ito et al., *J. Am. Chem. Soc.*, 111, 6301 (1989).

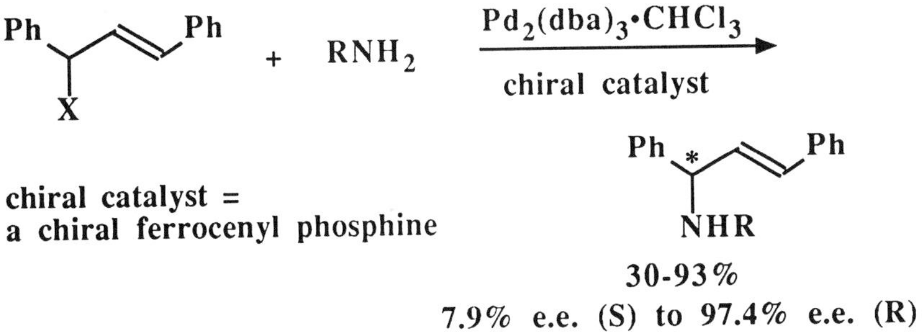

Ph–CH(X)–CH=CH–Ph + RNH_2 $\xrightarrow[\text{chiral catalyst}]{Pd_2(dba)_3 \cdot CHCl_3}$

chiral catalyst = a chiral ferrocenyl phosphine

Ph–C*H(NHR)–CH=CH–Ph

30-93%

7.9% e.e. (S) to 97.4% e.e. (R)

VI.A.5-3 P. Mane et al., *J. Org. Chem.*, 54, 1518 (1989).

$$R\text{−}\!\equiv\!\text{−}H + CO_2 + HNR^1_2 \xrightarrow[\text{20h, 125-140°C}]{Ru_3(CO)_{12}}$$

$$RCH=CHOCONR^1_2$$

10-36%

VI.A.5-4 A. Warshawsky et al., *Synthesis*, 825 (1989).

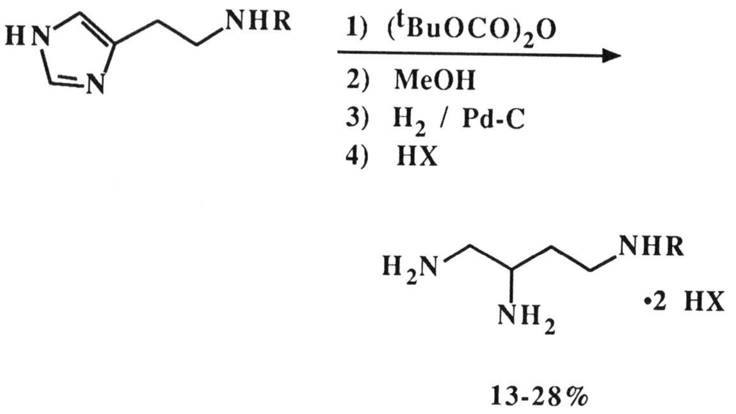

Imidazole-CH$_2$CH$_2$-NHR
1) (^{t}BuOCO)$_2$O
2) MeOH
3) H$_2$ / Pd-C
4) HX

→ H$_2$N-CH$_2$-CH(NH$_2$)-CH$_2$-CH$_2$-NHR · 2 HX

13-28%

VI.A.5-5 A.R. Katritzky et al., *Org. Prep. Proced. Int.*, 21, 135 (1989) and *J. Chem. Soc., Perkin Trans. 1*, 225 and 639 (1989).

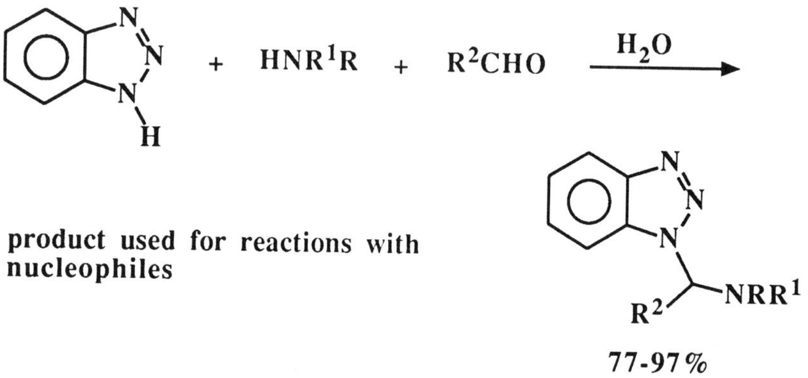

Benzotriazole-H + HNR^{1}R + R^{2}CHO $\xrightarrow{H_2O}$

product used for reactions with nucleophiles

Benzotriazole-CH(R^2)-NRR^1

77-97%

VI.A.5-6 L. Keller et al., *Tetrahedron Lett.*, 30, 3373 (1989).

$$\text{X-C}_6\text{H}_4\text{-Cr(CO)}_3 + \text{LiNRCOC}_6\text{H}_4\text{Y} \xrightarrow[\text{2) I}_2]{\text{1) THF, -78°C}} \text{X-C}_6\text{H}_4\text{-NRCOC}_6\text{H}_4\text{Y}$$

0-93%, o, m and p

VI.A.5-7 D.H.R. Barton et al., *Tetrahedron Lett.*, 30, 1377 (1989).

$$\text{X-C}_6\text{H}_4\text{-Pb(OAc)}_3 + \text{RNHR}^1 \xrightarrow[\text{0-25°C, 1-16h}]{\text{CH}_2\text{Cl}_2,\ \text{Cu(OAc)}_2} \text{X-C}_6\text{H}_4\text{-NRR}^1$$

X = H, (MeO)$_n$

7-91%

VI.A.5-8 G.A. Olah and T.D. Ernst, *J. Org. Chem.*, 54, 1204 (1989).

$$\text{R-C}_6\text{H}_5 + \text{NH}_2\text{N}_2{}^+\ {}^-\text{OSO}_2\text{CF}_3 \xrightarrow[\text{50-90 min.}]{\text{40-70°C}} \text{R-C}_6\text{H}_4\text{-NH}_2 + \text{TfOH}$$

73-96%
o, p - major

VI.A.5-9 S. Kajigaeshi et al., *Chem. Lett.*, 463 (1989).

$$RCONH_2 + Bn\overset{+}{N}Me_3\ Br_3^- \xrightarrow{4\ NaOH} RNH_2$$
$$0\text{-}93\%$$

VI.A.5-10 S.L. Buchwald et al., *J. Am. Chem. Soc.*, 111, 4486 (1989).

$$Cp_2ZrMeCl + R^1CH_2N(TMS)Li \xrightarrow{R^2\equiv\!\!\equiv\!\!\equiv R^3} \xrightarrow{MeOH}$$

$$\underset{48\text{-}80\%}{\overset{H_2N\quad R^1}{\underset{R^2}{\diagup\!\!\diagdown R^3}}}$$

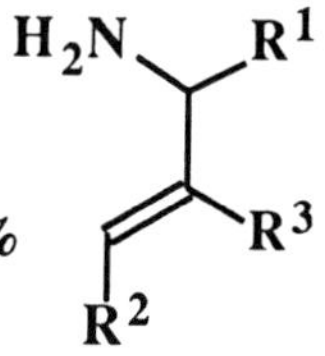

VI.A.5-11 J. Santamaria et al., *Tetrahedron Lett.*, 30, 3977 and 2927 (1989).

$$R^1R^2N\text{-}Me \xrightarrow[\text{catalyst}]{\text{light, } O_2} R^1R^2NH$$

catalyst = 9,10-dicyanoanthracene / $MClO_4$;
  N,N'-dimethyl-2,7-diazapyrenium

VI.A.5-12 J. Barluenga et al., *Chem. Commun.*, 1132 (1989).

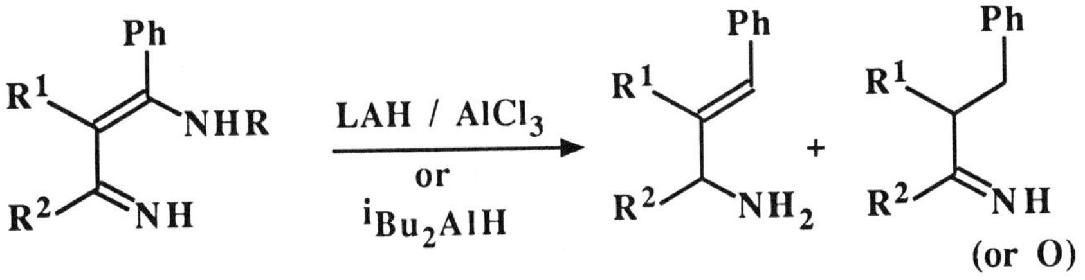

[Reaction: Ph-substituted enamine with R^1, R^2, NHR, and =NH groups, treated with LAH / AlCl$_3$ or ^{i}Bu$_2$AlH, gives two products — an allylic amine (R^1, Ph, R^2, NH$_2$) plus a saturated imine/ketone (R^1, CH$_2$Ph, R^2, =NH (or O))]

90-99%, 0:99 to 99:0

VI.A.5-13 S. Itsuno et al., *J. Chem. Soc., Perkin Trans. 1*, 1549 (1989).

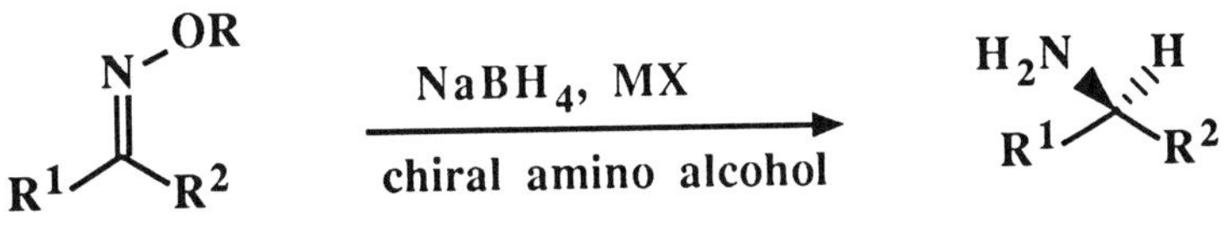

[Reaction: O-alkyl ketoxime (R^1, R^2, N-OR) with NaBH$_4$, MX, chiral amino alcohol → chiral primary amine (R^1, R^2, H, NH$_2$)]

0-95%, 17-95% e.e.

MX = ZrCl$_4$, SnCl$_4$, FeCl$_3$, ZnCl$_2$, AlCl$_3$

VI.A.6. Amino Acids and Derivatives

VI.A.6-1 J. Gante, *Synthesis*, 405 (1989).

Review: "Azapeptides".

VI.A.6-2 G. Schnorrenberg and H. Gerhardt, *Tetrahedron*, **45**, 7759 (1989).

Fully Automatic Simultaneous Multiple Peptide Synthesis in Micromolar Scale - Rapid Synthesis of a Series of Peptides for Screening in Biological Assays

---

VI.A.6-3 M.A. Findeis and E.T. Kaiser, *J. Org. Chem.*, **54**, 3478 (1989).

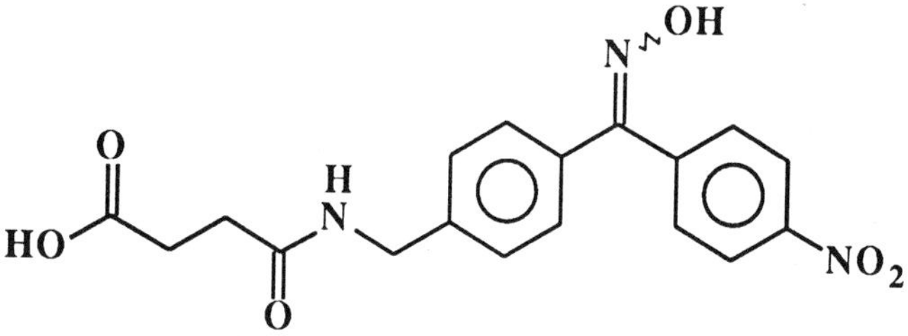

nitrobenzophenone oxime based resins for peptide synthesis

VI.A.6-4 P. Kafarski and B. Lejczak, *Tetrahedron*, **45**, 7387 (1989).

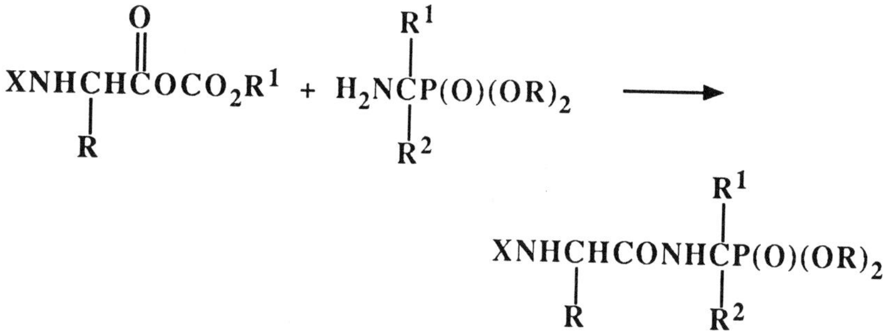

$$XNHCHRCOCO_2R^1 + H_2NCR^2P(O)(OR)_2 \longrightarrow XNHCHRCONHCR^2P(O)(OR)_2$$

(with R^1 on the phosphonate carbon)

chloroform / ethyl chloroformate / Et_3N system used for the coupling procedure

VI.A.6-5 G. Bringmann and J.-P. Geisler, *Synthesis*, 609 (1989) and *Tetrahedron Lett.*, 30, 317 (1989).

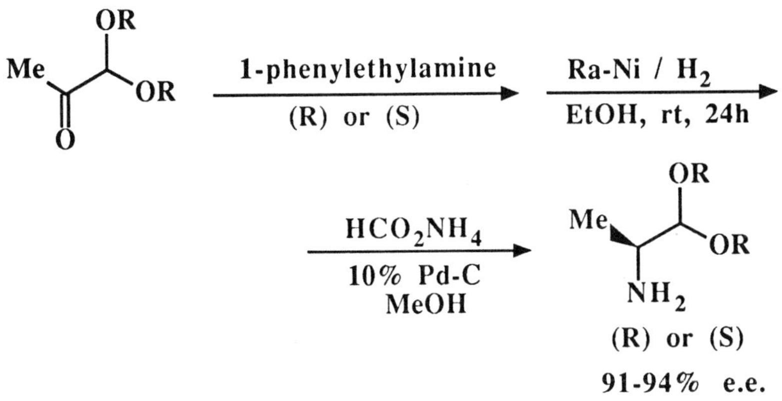

$$\text{Me-C(O)-CH(OR)}_2 \xrightarrow[\text{(R) or (S)}]{\text{1-phenylethylamine}} \xrightarrow[\text{EtOH, rt, 24h}]{\text{Ra-Ni / H}_2} \xrightarrow[\substack{\text{10\% Pd-C}\\\text{MeOH}}]{\text{HCO}_2\text{NH}_4} \text{Me-CH(NH}_2)\text{-CH(OR)}_2$$

(R) or (S)

91-94% e.e.

VI.A.6-6 S. Kwiatkowski et al., *Synthesis*, 946 (1989).

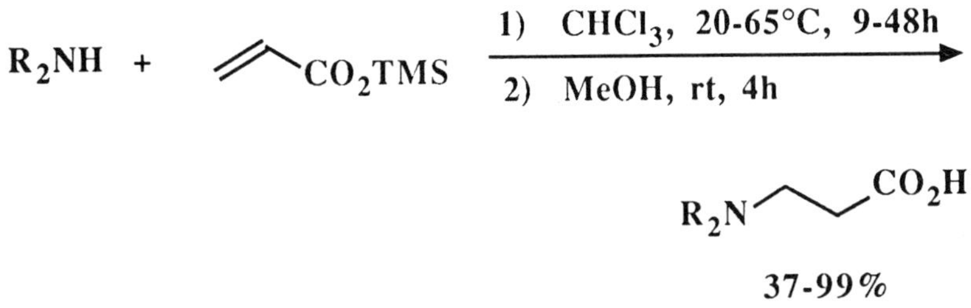

$$R_2NH + CH_2=CH-CO_2TMS \xrightarrow[\text{2) MeOH, rt, 4h}]{\text{1) CHCl}_3, 20\text{-}65°C, 9\text{-}48h} R_2N-CH_2CH_2-CO_2H$$

37-99%

VI.A.6-7 K. Fukumoto et al., *J. Org. Chem.*, 54, 5413 (1989).

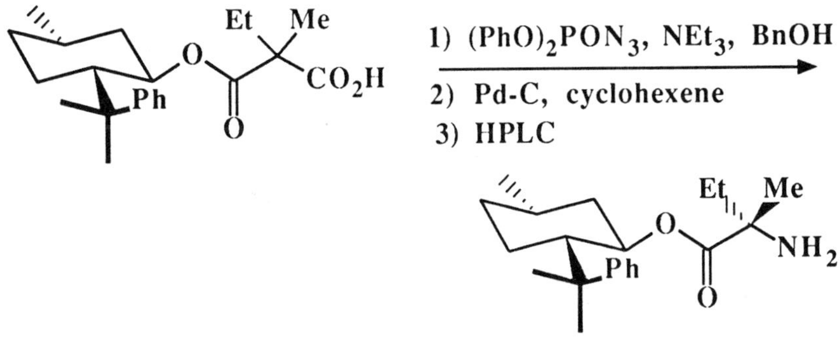

Reagents:
1) $(PhO)_2PON_3$, NEt_3, BnOH
2) Pd-C, cyclohexene
3) HPLC

VI.A.6-8 U. Schmidt et al., *Synthesis*, 256 (1989).

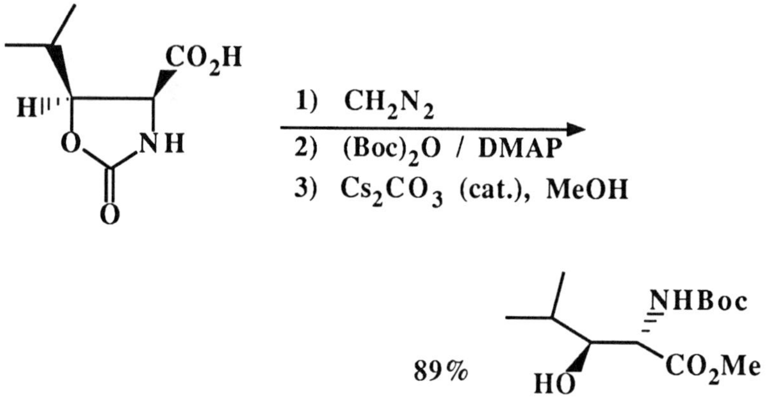

1) CH_2N_2
2) $(Boc)_2O$ / DMAP
3) Cs_2CO_3 (cat.), MeOH

89%

VI.A.6-9 I. Ojima et al., *J. Org. Chem.*, <u>54</u>, 4511 (1989).

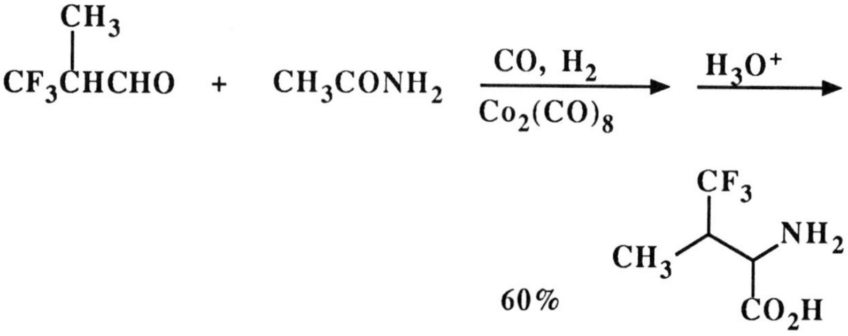

$$CF_3\overset{CH_3}{\underset{|}{C}}HCHO + CH_3CONH_2 \xrightarrow{\underset{Co_2(CO)_8}{CO, H_2}} \xrightarrow{H_3O^+}$$

60%

VI.A.6-10 L.F. Tietze and M. Bratz, *Synthesis*, 439 (1989).

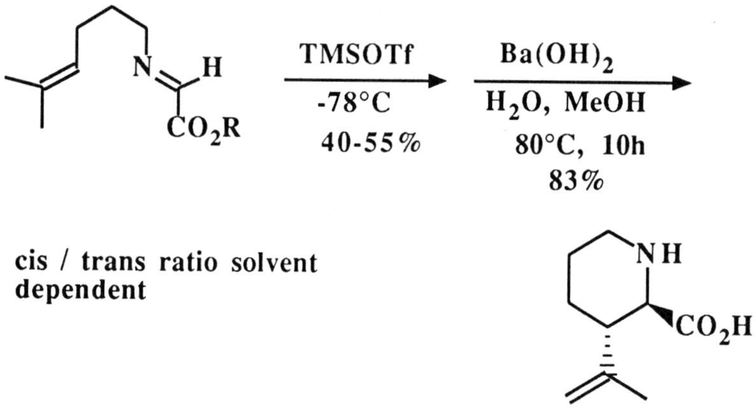

TMSOTf, −78°C, 40-55%

$Ba(OH)_2$, H_2O, MeOH, 80°C, 10h, 83%

cis / trans ratio solvent dependent

VI.A.6-11 M.J. O'Donnell et al., *Tetrahedron Lett.*, 30, 3913 (1989) and *J. Am. Chem. Soc.*, 111, 2353 (1989); M. Le Corre et al., *Tetrahedron Lett.*, 30, 3065 (1989); A. Dureault, I. Tranchepain and J.-C. Depezay, *J. Org. Chem.*, 54, 5324 (1989).

$$\text{ArCH=N-CH(R)-CO}_2\text{R} \xrightarrow[\text{2) hydrolysis}]{\text{1) Ph}_3\text{BiCO}_3 \text{ / DMF, heat}} \text{RC(Ph)(NH}_2\text{)-CO}_2\text{H}$$

21-54%

other C nucleophiles used similarly

VI.A.7. Esters

(see also: I.G.2., IV.D. and V.C.)

VI.A.7-1 J. Yoshida, S. Matsunaga and S. Isoe, *Tetrahedron Lett.*, 30, 5293 and 219 (1989).

$$\text{R-C(=O)-SiR}^1_3 \xrightarrow[\text{MeOH}]{-2e} \text{R-C(=O)-OMe}$$

76-90%

VI.A.7-2 T. Shono et al., *Tetrahedron Lett.*, 30, 371 (1989).

$$\text{Ar-C(=O)-CH}_2\text{R} \xrightarrow[\text{I}_2 \text{ / MeOH}]{\text{TMOF}} \text{Ar-CH(R)-CO}_2\text{Me}$$

27-100%

TMOF = trimethyl orthoformate

VI.A.7-3 R.M. Moriarty et al., Tetrahedron, 45, 1605 (1989).

$$\underset{\substack{\text{HN——NH}\\ \text{O}\diagup\diagdown\text{R}}}{}\quad\xrightarrow[\text{MeOH, -23°C}]{\text{PhI(OAc)}_2}\quad R\text{—}\equiv\text{—CO}_2\text{Me}$$

VI.A.7-4 T.L. Ho, *Synth. Commun.*, 19, 2897 (1989); L. Toke et al., *Synthesis*, 745 (1989); D. Ravi and H.B. Mereyala, *Tetrahedron Lett.*, 30, 6089 (1989); B. Jousseaume et al., *ibid.*, 30, 4525 (1989).

$$RCO_2H + R^1OH \xrightarrow[130°C]{CuCl_2} RCO_2R^1$$

8-96%

similar esterifications using PTC / p-toluenesulfonyl chloride, pyridine-2-thiol, benzothiazol-2-thiol esters and DCC / DMAP

VI.A.7-5 Y. Kita et al., *Synthesis*, 334 (1989).

$$RCO_2H + TMS\text{—}\equiv\text{—}OEt \xrightarrow[R^1OH]{Hg^{2+}} R\overset{O}{\underset{}{\text{—C—}}}OR^1$$

78-100%

VI.A.7-6 R.D. Larsen, E.J. Corley et al., *J. Am. Chem. Soc.*, 111, 7650 (1989).

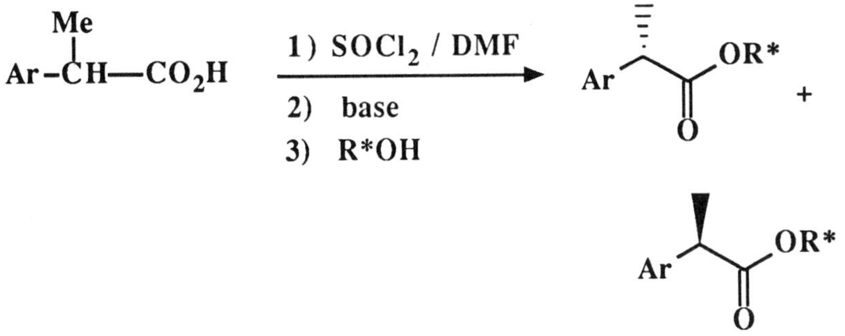

$$\text{Ar-CH(Me)-CO}_2\text{H} \xrightarrow[\text{3) R*OH}]{\text{1) SOCl}_2 \text{ / DMF} \atop \text{2) base}} \text{Ar-CH(Me)-CO-OR*} + \text{Ar-CH(Me)-CO-OR*}$$

VI.A.7-7 F. Bjorkling et al., *Chem. Commun.*, 934 (1989); B. Danieli, S. Riva et al., *Heterocycles*, 29, 2061 (1989); J. Oda et al., *Tetrahedron Lett.*, 30, 1555 (1989).

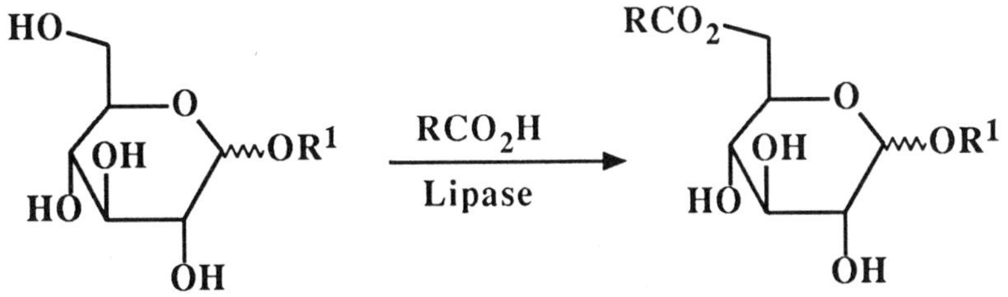

[Pyranose with 6-OH → 6-OCOR via RCO$_2$H / Lipase]

VI.A.7-8 S.S.C. Koch and A.R. Chamberlin, *Synth. Commun.*, 19, 829 (1989).

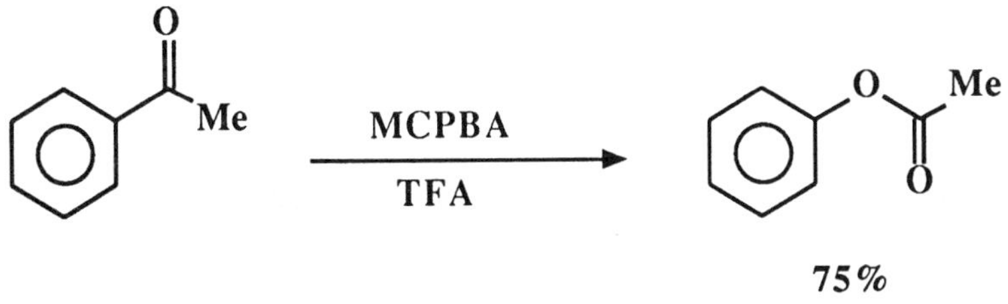

$$\text{PhCOMe} \xrightarrow[\text{TFA}]{\text{MCPBA}} \text{PhOC(O)Me}$$

75%

VI.A.7-9 T. Baba et al., *Chem. Commun.*, 1072 (1989).

HO~~~OH $\xrightarrow{\text{Pd}° \text{ or K-L zeolite}}$ γ-butyrolactone

---

VI.A.7-10 N. Nikolaides and B. Ganem, *J. Org. Chem.*, 54, 5997 (1989); J. Vilarrasa et al., *Tetrahedron*, 45, 863 (1989); M. Iwata and H. Kuzuhara, *Chem. Lett.*, 1195 (1989).

$$RCH_2NHCOCX_3 \xrightarrow[\text{HOAc, Ac}_2\text{O, 0°C}]{\text{NaNO}_2} RCH_2OAc$$

VI.A.7-11 J. Garcia et al., *Synthesis*, 305 (1989).

$$R-C(=O)-N(X)(R^1) \xrightarrow{\text{NaSR}^2} R-C(=O)-SR^2$$

57-98%

VI.A.7-12 T. Nishiauchi and H. Taya, *J. Am. Chem. Soc.*, 111, 9102 (1989).

$$R^1CH(OH)(CH_2)_nOH \xrightarrow[\substack{\text{hexane, SiO}_2 \\ \text{MSO}_4 \text{ (cat.)} \\ 50°C}]{RCO_2Me} R^1CH(OH)(CH_2)_nOCOR + \text{di}$$

69-97%   0-7%

VI.A.8. Ethers

VI.A.8-1 J.J. Chapman and J.R. Reid, *J. Org. Chem.*, <u>54</u>, 3757 (1989); A. Dobrev, *Synthesis*, 963 (1989).

$$\text{cyclohexanol-(CH}_2)_n\text{-OH} \xrightarrow[\text{R-X}]{\text{NaH}} \text{cyclohexyl-(CH}_2)_n\text{-OR}$$

70-99%

non-solvent Williamson synthesis

VI.A.8-2 G. van Koten et al., *Tetrahedron*, <u>45</u>, 5565 (1989); A.J. Pearson et al., *Chem. Commun.*, 1363 (1989); A. Yamashita and A. Toy, *Synth. Commun.*, <u>19</u>, 755 (1989).

$$\text{Ar-X} + \text{MeO}^- \xrightarrow{\text{CuI (cat.)}} \text{Ar-OMe} + \text{X}^-$$

VI.A.8-3 D. Sinou et al., *Tetrahedron Lett.*, <u>30</u>, 4669 (1989).

$$\text{ROH} + \text{CH}_2=\text{CHCH}_2\text{OCO}_2\text{Et} \xrightarrow[\text{THF, 65°C}]{\text{Pd(0)}} \text{ROCH}_2\text{CH}=\text{CH}_2$$

50-97%

VI.A.8-4 R.S. Subramanian and K.K. Balasubramanian, *Synth. Commun.*, 19, 1255 (1989).

$$R^1R^2C(OH)C\equiv CH + HOC_6H_4R^3 \xrightarrow[\text{PhH, rt}]{Ph_3P, DEAD} R^3C_6H_4OC(R^1)(R^2)C\equiv CH$$

45-85%

VI.A.8-5 T. Sato et al., *Tetrahedron Lett.*, 30, 1665 (1989).

$$^nC_8H_{17}OTHP + Bu_3SnSMe \xrightarrow[\text{2) BnI}]{\text{1) BF}_3\cdot\text{OEt}_2} {}^nC_8H_{17}OBn$$

78%

VI.A.8-6 A.R. Katritzky et al., *J. Org. Chem.*, 54, 6022 (1989); S.V. Ley et al., *Tetrahedron Lett.*, 30, 4293 (1989).

$$R^1C(O)R^2 + R^3OH \xrightarrow[\text{2) R}^4\text{MgX}]{\text{1) Bt}} R^1R^2R^4OR^3$$

Bt = benzotriazole

a PhSO$_2$ leaving group also examined

VI.A.8-7 B. Labiad and D. Villemin, *Synthesis*, 143 (1989).

$$\text{cyclohexanone} + RSH \xrightarrow[\text{toluene, reflux}]{\text{Montmorillonite}} \text{1-(SR)-cyclohexene}$$

6 h

25-81%

VI.A.9. Aldehydes and Ketones

(see also: I.A.1., II.A.1., III.F.1., V.E.)

VI.A.9-1 T. Nishiguchi and B. Bongauchi, *J. Org. Chem.*, 54, 3001 (1989).

$$RCH_2OR^1 \xrightarrow[\text{silica}]{M(NO_3)} RCHO$$

53-91%

M = Cu, Zn, Ce, Co, Fe

VI.A.9-2 T. Baba et al., *Chem. Commun.*, 1697 (1989).

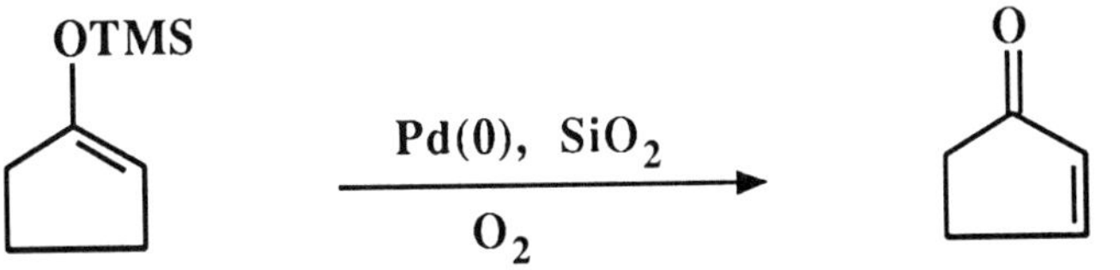

[cyclopentenyl-OTMS] $\xrightarrow[\text{O}_2]{\text{Pd(0), SiO}_2}$ [cyclopentenone]

90%

VI.A.9-3 R. Ballini and M. Petrini, *Tetrahedron Lett.*, 30, 5329 (1989).

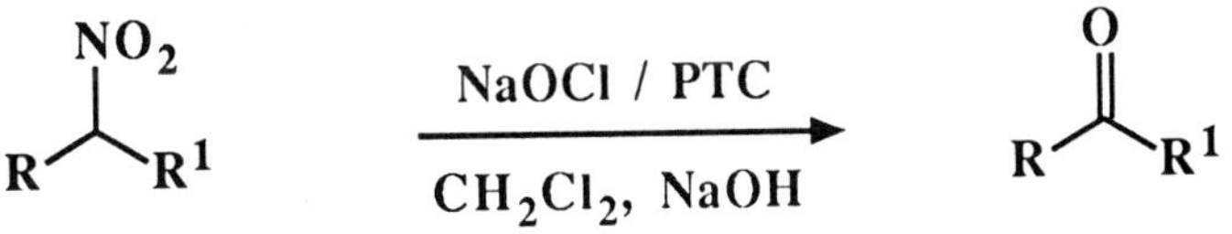

$$\underset{R \quad R^1}{\overset{NO_2}{\diagdown\diagup}} \xrightarrow[\text{CH}_2\text{Cl}_2,\ \text{NaOH}]{\text{NaOCl / PTC}} \underset{R \quad R^1}{\overset{O}{\diagdown\diagup}}$$

65-85%

VI.A.9-4 J.S. Cha and M.S. Yoon, *Tetrahedron Lett.*, 30, 3677 (1989); J.H. Babler, *Synth. Commun.*, 19, 355 (1989).

$$\text{Ar-CN} \xrightarrow{\text{K}^+ \, [\text{(9-BBN)-H}]^-} \text{Ar-CHO}$$

60-98%

VI.A.9-5 N. De Kimpe et al., *Bull. Soc. Chim. Belg.*, 98, 481 (1989); L. Strekowski et al., *J. Org. Chem.*, 54, 6120 (1989).

$$\underset{\underset{Cl}{R^2}}{\overset{\overset{N-R}{\|}}{R^1\!\!\smile\!\!C}}\!\!-\!\!H \xrightarrow[\text{ArH}]{\text{AlCl}_3} \underset{\underset{Ar}{R^2}}{\overset{\overset{N-R}{\|}}{R^1\!\!\smile\!\!C}}\!\!-\!\!H \xrightarrow{\text{H}_3\text{O}^+}$$

$$34\text{-}40\% \quad \underset{\underset{Ar}{R^2}}{\overset{\overset{O}{\|}}{R^1\!\!\smile\!\!C}}\!\!-\!\!H$$

VI.A.9-6 K.L. Reed, J.T. Gupton and K.L. McFarlane, *Synth. Commun.*, 19, 2595 (1989); M.J. Chapoelaine, P.J. Warwick and A. Shaw, *J. Org. Chem.*, 54, 1218 (1989).

$$\text{H}\!-\!\!\!\equiv\!\!\!-\text{R} \xrightarrow{\text{NaBO}_3, \text{H}_2\text{O}, \text{Hg(OAc)}_2} \underset{\text{AcO}}{\overset{\overset{O}{\|}}{\text{C}}}\!\!-\!\!\text{R}$$

66-100%

VI.A.9-7 A.R. Katritzky et al., *Tetrahedron Lett.*, 30, 6657 (1989).

$$\text{benzotriazole-H} \xrightarrow[\begin{array}{c}2)\ POCl_3\\3)\ R^1R^2CO,\ H_3O^+\end{array}]{1)\ CH_2O,\ H_2NCHO} \underset{R^2}{\overset{R^1}{>}}C\underset{CHO}{\overset{OH}{<}}$$

VI.A.9-8 A.B. Smith, III et al., *Tetrahedron Lett.*, 30, 5579 (1989); D.F. Taber et al., *J. Org. Chem.*, 54, 3474 (1989).

$$R^1\text{-CO-C}(R^2)(R^3)\text{-SO}_2R \xrightarrow[\text{PhMe, heat}]{Bu_3SnH,\ AIBN} R^1\text{-CO-CH}(R^2)(R^3)$$

similar decarboxylation of α-keto esters with DMAP reported

VI.A.10. Nitriles and Imines

VI.A.10-1 T. Shono et al., *J. Org. Chem.*, 54, 2249 (1989).

$$RCH=NOH \xrightarrow[\substack{MeOH\\ \text{electrolyte}}]{e^-} [R-C\equiv\overset{+}{N}-O^-] \longrightarrow RCN \quad 40\text{-}91\%$$

VI.A.10-2 S.B. Said, J. Skarzewski and J. Mlochowski, *Synthesis*, 223 (1989).

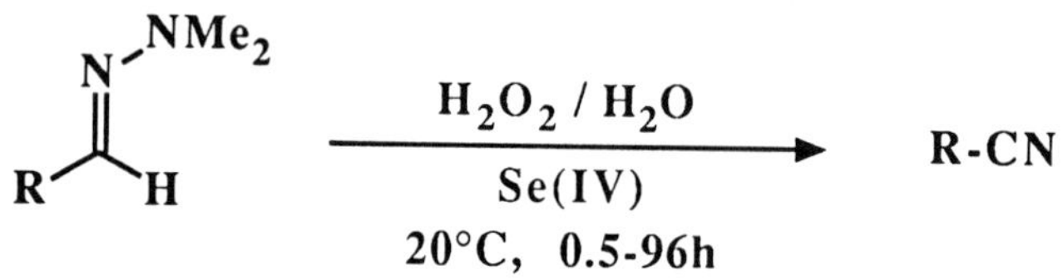

$$\underset{R}{\overset{NMe_2}{\underset{H}{N}}}C=H \quad \xrightarrow[\substack{Se(IV) \\ 20°C, \ 0.5\text{-}96h}]{H_2O_2 \ / \ H_2O} \quad R\text{-}CN$$

VI.A.10-3 P. Capdevielle, A. Lavigne and M. Maumy, *Synthesis*, 453 and 451 (1989).

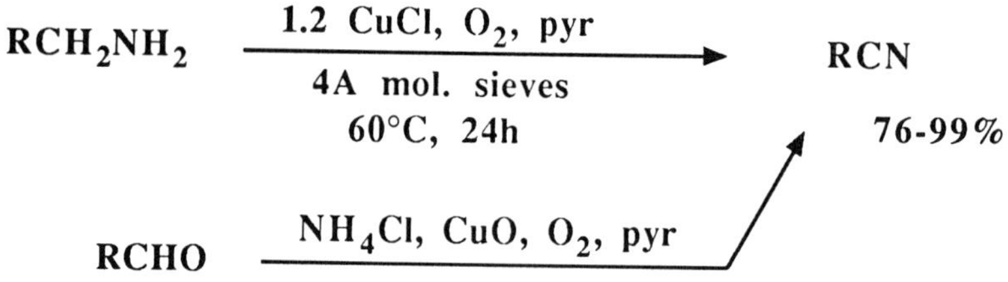

$$RCH_2NH_2 \xrightarrow[\substack{4A \ mol. \ sieves \\ 60°C, \ 24h}]{1.2 \ CuCl, \ O_2, \ pyr} RCN$$

$$RCHO \xrightarrow{NH_4Cl, \ CuO, \ O_2, \ pyr}$$

76-99%

VI.A.10-4 Y. Masuda, M. Hoshi and A. Arase, *Chem. Commun.*, 266 (1989).

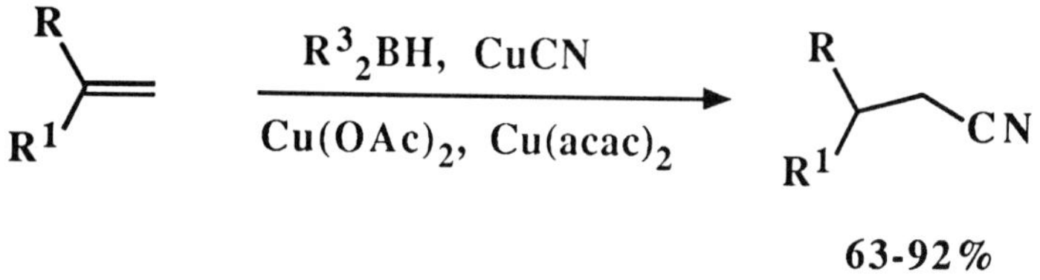

$$\underset{R^1}{\overset{R}{>}}=\quad \xrightarrow[Cu(OAc)_2, \ Cu(acac)_2]{R^3{}_2BH, \ CuCN} \quad \underset{R^1}{\overset{R}{>}}CH\text{-}CH_2CN$$

63-92%

VI.A.10-5 W. Hartmann, *Synthesis*, 272 (1989).

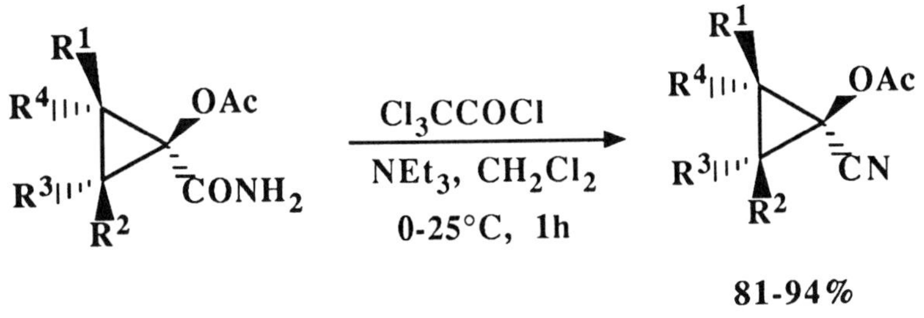

$$\text{cyclopropane}(R^1, R^2, R^3, R^4, OAc, CONH_2) \xrightarrow[\text{NEt}_3, \text{CH}_2\text{Cl}_2, 0-25°C, 1h]{\text{Cl}_3\text{CCOCl}} \text{cyclopropane}(R^1, R^2, R^3, R^4, OAc, CN)$$

81-94%

VI.A.10-6 Jack E. Baldwin and Y. Yamaguchi, *Tetrahedron Lett.*, 30, 3335 (1989).

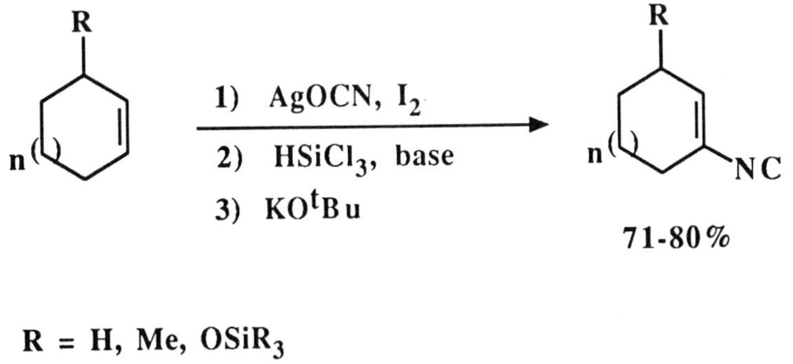

1) AgOCN, I_2
2) $HSiCl_3$, base
3) KO^tBu

71-80%

R = H, Me, $OSiR_3$

VI.A.10-7 B. Olejniczak and A. Zwierzak, *Synthesis*, 301 (1989).

$$RNHP(O)(OEt)_2 \xrightarrow[\text{2) CS}_2, \text{ heat}]{\text{1) NaH, PTC}} RNCS$$

74-91%

VI.A.11. Azides

VI.A.11-1 M.J. Marti et al., *Tetrahedron Lett.*, 30, 1245 (1989).

$$R\text{-}Br + NaN_3 \xrightarrow[\substack{H_2O \text{ or } HCONH_2 \\ 62\text{-}101°C}]{\text{Aliquat 336}} R\text{-}N_3 + NaBr$$

94-99%

$R = {}^nC_7H_{15}$ to ${}^nC_{18}H_{37}$

VI.A.11-2 M. Onaka, K. Sugita and Y. Izumi, *J. Org. Chem.*, 54, 1116 (1989).

Solid-Supported Sodium Azide: Preparation and Reactions with Epoxides

---

VI.A.11-3 S. Saito et al., *Tetrahedron Lett.*, 30, 4153 (1989).

$$\text{epoxide} \xrightarrow[60°C, \ 0.4\text{-}48h]{2 \ Bu_3SnN_3} \underset{N_3 \quad\quad OH}{\text{product}}$$

69-95%

1° / 2° azide product ratio from 1:17 to 14:1

VI.A.11-4 D. Sinou et al., *Tetrahedron Lett.*, 30, 4673 (1989).

$$\underset{H}{\overset{Ph}{\text{epoxide}}} \xrightarrow[CH_2Cl_2, \ Al(O^iPr)_3]{TMSN_3} \underset{N_3 \quad\quad OTMS}{\overset{Ph}{\text{product}}}$$

50%, 90% e.e. (S)

VI.A.11-5 S.-I. Murahashi et al., *J. Org. Chem.*, **54**, 3292 (1989).

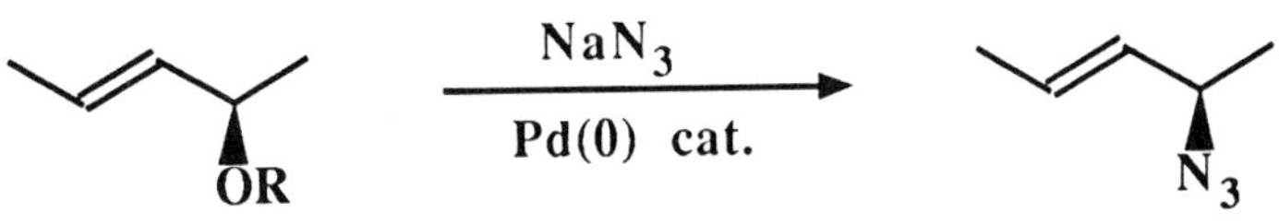

$$\underset{OR}{\diagup\diagdown\diagup} \xrightarrow[\text{Pd(0) cat.}]{\text{NaN}_3} \underset{N_3}{\diagup\diagdown\diagup}$$

R = phosphate, carbonate, carboxylate

VI.A.11-6 A.B. Alloum and D. Villemin, *Synth. Commun.*, **19**, 2567 (1989).

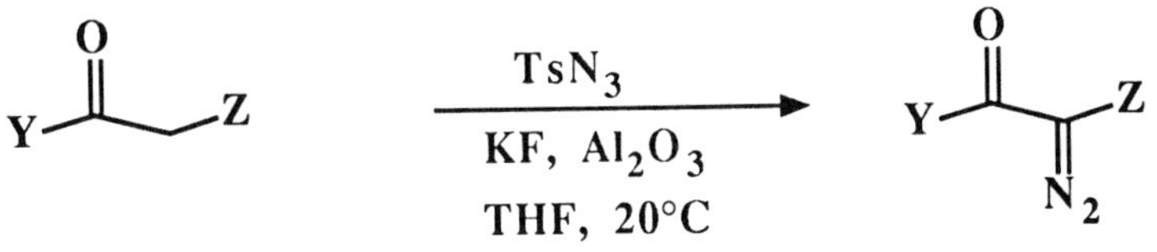

$$Y\overset{O}{-}\overset{}{C}H_2-Z \xrightarrow[\substack{\text{KF, Al}_2O_3 \\ \text{THF, 20°C}}]{\text{TsN}_3} Y\overset{O}{-}\overset{}{C}(=N_2)-Z$$

60-96%

Y = COR, OEt; Z = COR, CN, CO_2Et, $P(O)(OEt)_2$

VI.A.12. Other N-Containing Functional Groups

VI.A.12-1 B. Masci, *Tetrahedron*, **45**, 2719 (1989).

The Selectivity of Electrophilic Aromatic Nitration and the Effect of Organic Solvents

VI.A.12-2 K. Smith et al., *Tetrahedron Lett.*, 30, 5333 (1989).

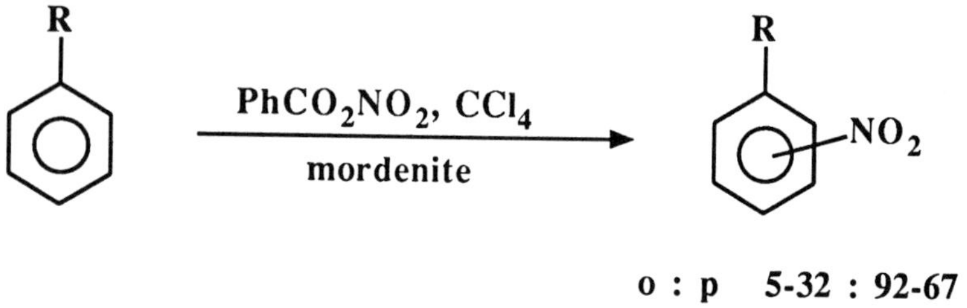

PhCO$_2$NO$_2$, CCl$_4$, mordenite

R-C$_6$H$_5$ → R-C$_6$H$_4$-NO$_2$

o : p   5-32 : 92-67

VI.A.12-3 J.-M. Poirier and C. Vottero, *Tetrahedron*, 45, 1415 (1989).

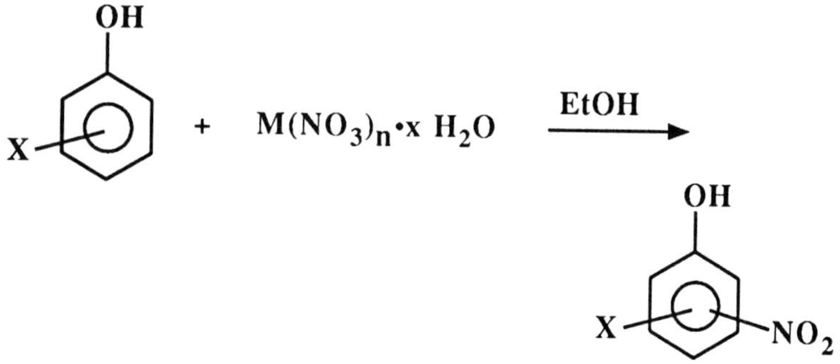

X-C$_6$H$_4$-OH + M(NO$_3$)$_n$·x H$_2$O $\xrightarrow{\text{EtOH}}$ X-C$_6$H$_3$(OH)-NO$_2$

mononitration of phenols with metal nitrates

VI.A.12-4 A. Albini et al., *Tetrahedron*, 45, 7545 (1989).

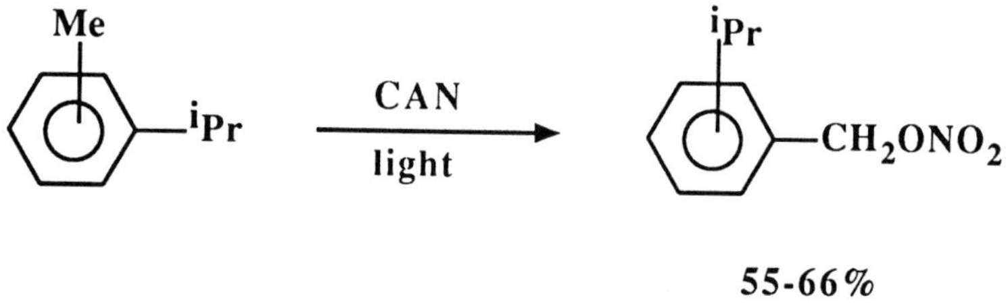

Me-C$_6$H$_4$-^{i}Pr $\xrightarrow[\text{light}]{\text{CAN}}$ ^{i}Pr-C$_6$H$_4$-CH$_2$ONO$_2$

55-66%

VI.A.12-5 H.A. Dabbagh and W. Lwowski, *J. Org. Chem.*, **54**, 3952 (1989).

[Reaction: ArH (R-substituted benzene) + R¹O-C(=NSO₂Me)-N₃ →(heat) ortho-substituted arene with -NH-C(OR¹)=NSO₂Me]

o / p from 1 / 3 to 2 / 1

VI.A.12-6 J.C. Jacquesy et al., *Tetrahedron Lett.*, **30**, 5763 (1989).

[Reaction: Na⁺ R-CH⁻-NO₂ →(PhH, heat, HF, -50° to 0°C) R(Ph)C=NOH]

41-78%

VI.B. Additions to Alkenes and Alkynes

VI.B-1 S. Tomoda and Y. Usuki, *Chem. Lett.*, 1235 (1989); A. Guerrero et al., *J. Org. Chem.*, **54**, 4294 (1989); M. Shimizu et al., *Chem. Commun.*, 1881 (1989); A. Baklouti et al., *Tetrahedon Lett.*, **30**, 3167 (1989).

[Reaction: R¹R²C=CR³H →(PhSeBr, AgF, CH₂Cl₂, ultrasound) two diastereomeric products with F and SePh added across the double bond]

38-62%

halofluorination using various reagents also reported

VI.B-2 K. Ritter, *Synthesis*, 218 (1989); S. Sharma and A.C. Oehlschlager, *J. Org. Chem.*, 54, 5064 (1989); E. Piers and R.D. Tillyer, *J. Chem. Soc., Perkin Trans. 1*, 2124 (1989).

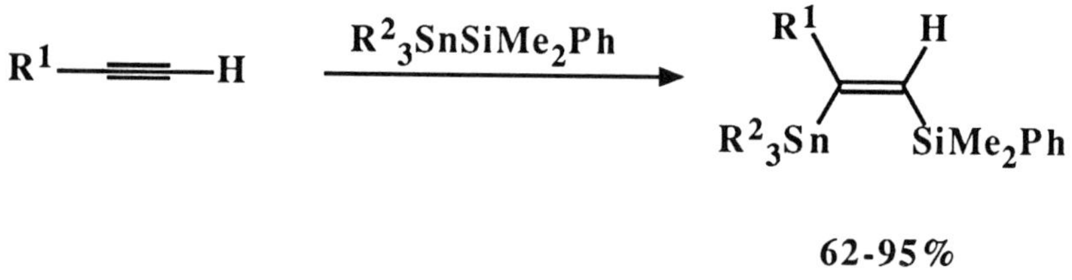
R^1—≡—H
$R^2{}_3SnSiMe_2Ph$
R^1
H
$R^2{}_3Sn$
$SiMe_2Ph$
62-95%

VI.B-3 L. Engman, *J. Org. Chem.*, 54, 884 (1989).

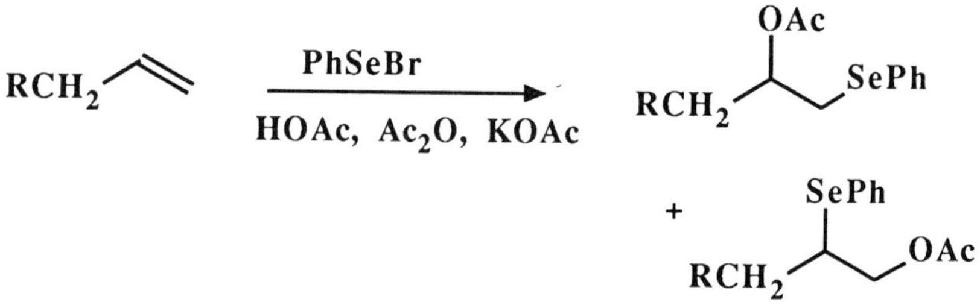
RCH_2
PhSeBr
HOAc, Ac_2O, KOAc
OAc
SePh
RCH_2
+
SePh
OAc
RCH_2

VI.B-4 T. Toru et al., *J. Chem. Soc., Perkin Trans. 1*, 1927 (1989).

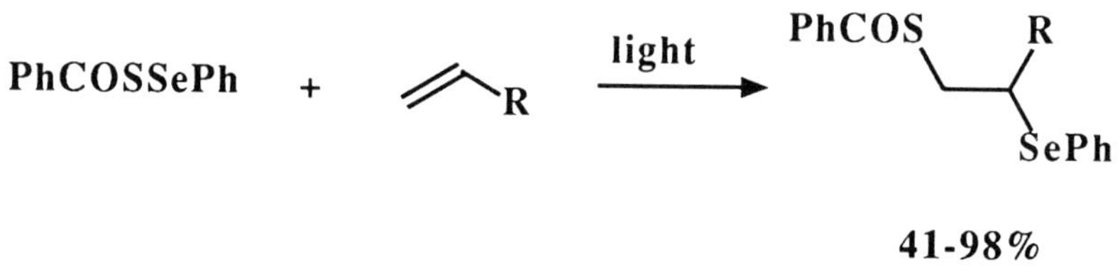
PhCOSSePh
+
R
light
PhCOS
R
SePh
41-98%

VI.B-5 F. Ogura et al., *J. Org. Chem.*, 54, 4398 (1989).

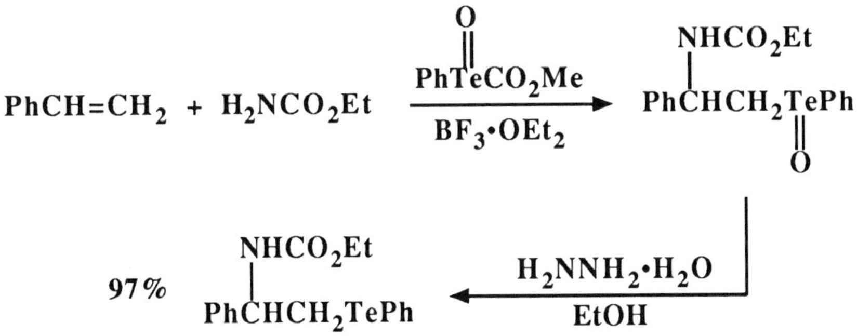

$$PhCH=CH_2 + H_2NCO_2Et \xrightarrow[BF_3 \cdot OEt_2]{PhTeCO_2Me} PhCH(NHCO_2Et)CH_2TePh(=O)$$

$$\xrightarrow[EtOH]{H_2NNH_2 \cdot H_2O} PhCH(NHCO_2Et)CH_2TePh \quad 97\%$$

VI.C. Sulfur Compounds

VI.C-1 B. Labiad and D. Villemin, *Synth. Commun.*, 19, 31 (1989).

Synthesis of Organosulfur Derivatives Catalyzed by Montmorillonite Clay

---

VI.C-2 P. Dhar and S. Chandrasekaran, *J. Org. Chem.*, 54, 2998 (1989).

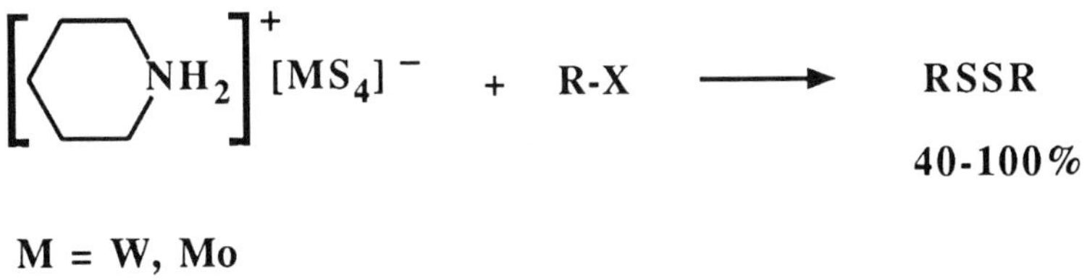

$$[C_6H_{11}NH_2]^+ [MS_4]^- + R-X \longrightarrow RSSR \quad 40\text{-}100\%$$

M = W, Mo

VI.C-3 R.H. Khan and R.C. Rastogi, *Chem. Ind.*, 282 (1989).

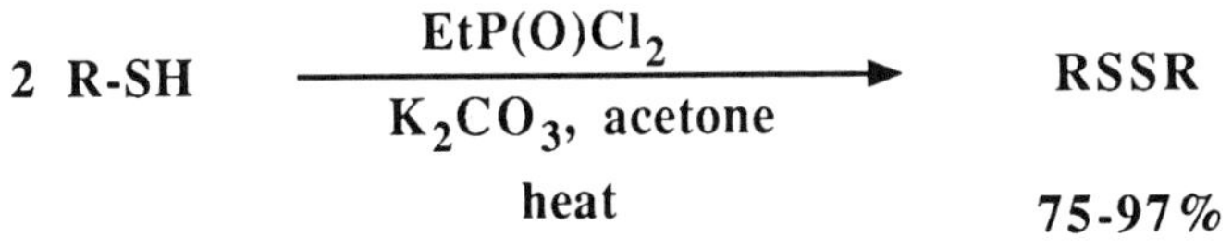

$$2 \ R\text{-SH} \xrightarrow[\substack{K_2CO_3, \ acetone \\ heat}]{EtP(O)Cl_2} RSSR \quad 75\text{-}97\%$$

VI.C-4 G. Capozzi et al., *Tetrahedron Lett.*, 30, 2991 and 2995 (1989).

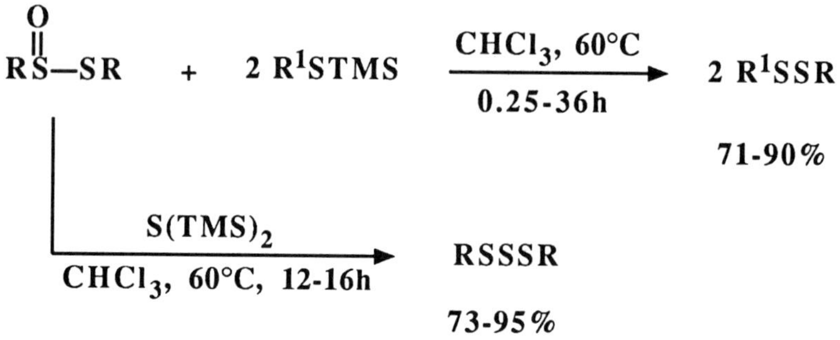

$$RS(O)-SR + 2\ R^1STMS \xrightarrow[0.25-36h]{CHCl_3,\ 60°C} 2\ R^1SSR$$

71-90%

$$RS(O)-SR \xrightarrow[CHCl_3,\ 60°C,\ 12-16h]{S(TMS)_2} RSSSR$$

73-95%

VI.C-5 R. Ballini, E. Marcantoni and M. Petrini, *Tetrahedron*, 45, 6791 (1989).

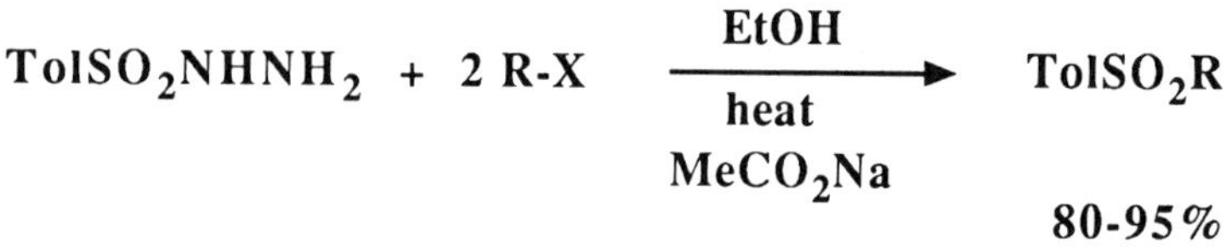

$$TolSO_2NHNH_2 + 2\ R\text{-}X \xrightarrow[\substack{heat \\ MeCO_2Na}]{EtOH} TolSO_2R$$

80-95%

R = alkyl, aryl

VI.C-6 M. Belley and R. Zamboni, *J. Org. Chem.*, 54, 1230 (1989).

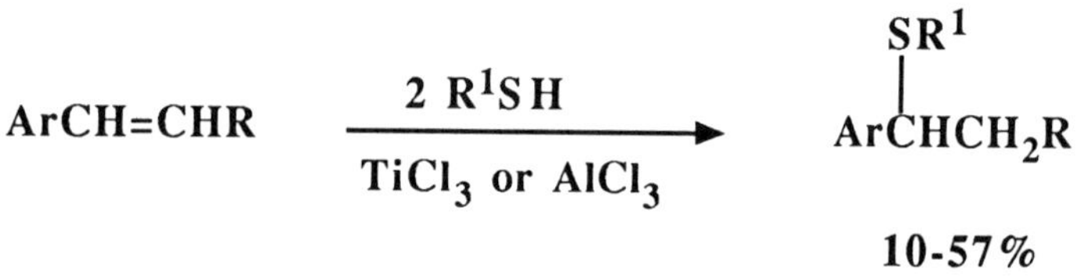

$$ArCH=CHR \xrightarrow[TiCl_3\ or\ AlCl_3]{2\ R^1SH} Ar\overset{\overset{SR^1}{|}}{C}HCH_2R$$

10-57%

similar additions to alkynes with RSO_2Na, $HgCl_2$

VI.C-7 J.C. Martin et al., *J. Am. Chem. Soc.*, **111**, 654 (1989); E. Block et al., *ibid.*, **111**, 658 (1989); K. Smith et al., *ibid.*, **111**, 665 (1989).

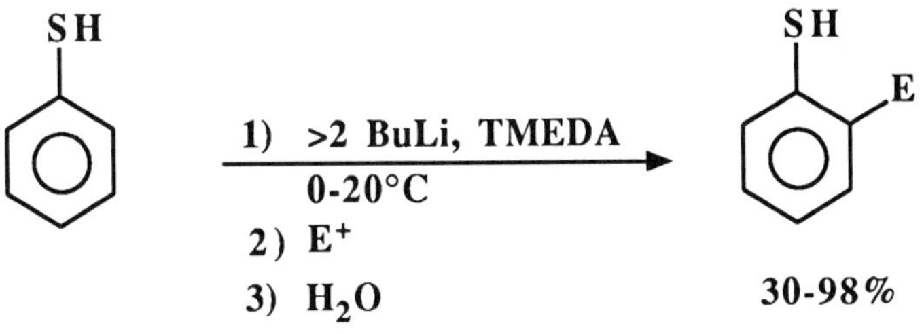

PhSH →
1) >2 BuLi, TMEDA, 0-20°C
2) E⁺
3) H₂O
→ 2-E-C₆H₄-SH (30-98%)

VI.C-8 T. Nishio, *Chem. Commun.*, 205 (1989).

$$Ph_3C\text{-}OH \xrightarrow{1)} Ph_3C\text{-}SH \quad 100\%$$

1) Lawesson's reagent, toluene, heat, 15 min.

VI.C-9 D.G. Cleary, *Synth. Commun.*, **19**, 737 (1989); D.J.R. Massy and A. McKillop, *Synthesis*, 253 (1989).

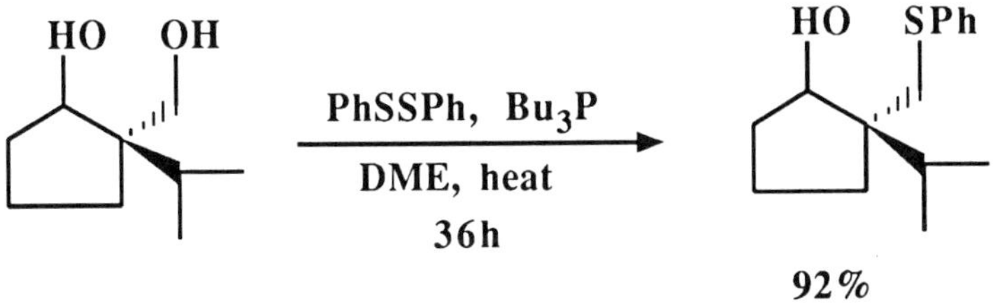

cis-1,2-dihydroxy-2-methylcyclopentane → (PhSSPh, Bu₃P, DME, heat, 36h) → 1-hydroxy-2-phenylthio-2-methylcyclopentane (92%)

similarly with TsOH / HSCH₂CH₂CO₂Me

VI.C-10 S. Warren et al., *Tetrahedron Lett.*, 30, 5933 and 5937 (1989).

PhS-C(cyclohexyl)-CH(OH)-CH(Me)-CH2-NH2 (syn) $\xrightarrow[\text{PhH, heat}]{\text{2 TsOH}}$ (cyclohexenyl)-CH(SPh)-CH(Me)-CH2-NH2 (anti, 95%)

VI.C-11 D.Y. Oh, *Synth. Commun.*, 19, 433 (1989).

$$\text{RCHO} \xrightarrow{\text{SiCl}_4, \text{R}^1\text{SH}} \text{RCH(SR}^1)_2$$

72-98%

aromatic ketones unreactive; aliphatic ketones produce vinyl sulfides as by-products

---

VI.C-12 A.W.M. Lee et al., *Synth. Commun.*, 19, 547 (1989).

$$\text{ROH} + \text{CS}_2 + \text{MeI} \xrightarrow[\substack{50\% \text{ NaOH} \\ 0.5\text{-}1\text{h}}]{\text{PTC}} \text{RO-C(=S)-SMe}$$

82-95%

one-pot synthesis

VI.C-13 K. Burgess and I. Henderson, *Tetrahedron Lett.*, 30, 3633 (1989).

Biocatalytic Resolution of (R)-Sulfoxides with Pseudomonas K-10

VI.C-14 P.F. Ranken and B.G. McKinnie, *J. Org. Chem.*, 54, 2985 (1989).

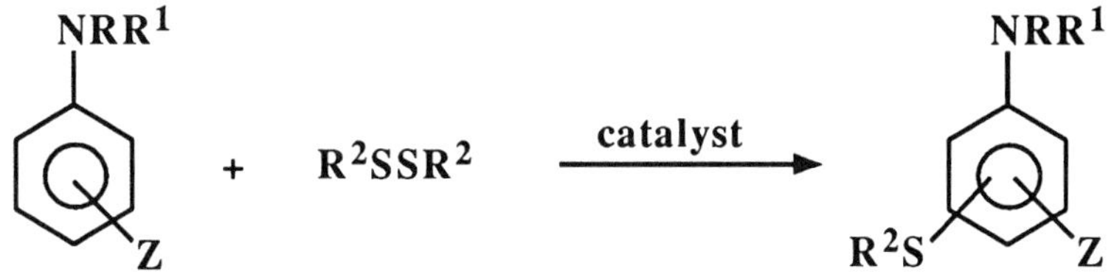

$$\text{Ar(NRR}^1\text{)(Z)} + R^2SSR^2 \xrightarrow{\text{catalyst}} \text{Ar(NRR}^1\text{)(SR}^2\text{)(Z)}$$

catalyst = CuI, AlCl$_3$, etc.   21-87%

VI.C-15 F. Rebiere and H.B. Kagan, *Tetrahedron Lett.*, 30, 3659 (1989); S.S. Labadie, *J. Org. Chem.*, 54, 2496 (1989).

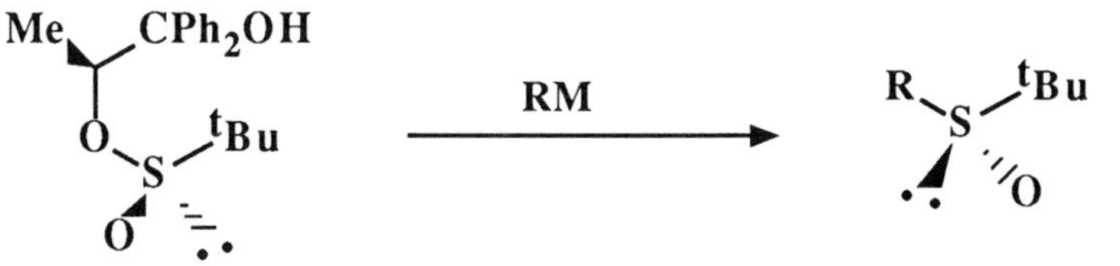

$$\text{Me-CH(CPh}_2\text{OH)-O-S(}^t\text{Bu)=O} \xrightarrow{RM} R\text{-S(=O)-}^t\text{Bu}$$

99%, 100% e.e.

RM = PhLi, RMgCl

similar reactions of RSO$_2$Cl, Bu$_3$SnR^1, (Ph$_3$P)$_4$Pd also reported

---

VI.C-16 I. Degani et al., *Synthesis*, 957 (1989).

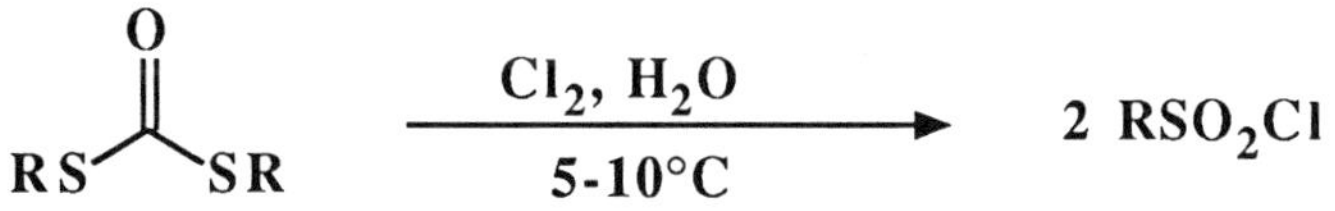

$$RS-C(=O)-SR \xrightarrow[5\text{-}10°C]{Cl_2, H_2O} 2\ RSO_2Cl$$

93-100%

VI.C-17 M. Yamauchi et al., *Chem. Lett.*, 973 (1989).

$$X\diagdown Y + \underset{\underset{SMe_2\ Cl^-}{|}}{O=\!\!\!\!\!\!\bigcirc\!\!\!\!\!\!=\!\!O} \xrightarrow[CH_2Cl_2]{Et_3N} Me_2S=\!\!\!\!\!\!\diagup^{X}_{Y}$$

0-99%

X, Y = electron-withdrawing

VI.C-18 A. Ricci, A. Degl'Innocenti et al., *J. Org. Chem.*, 54, 19 (1989).

$$\underset{R}{\overset{O}{\|}}\!\!-\!SiMe_3 \xrightarrow[CoCl_2 \cdot 6\ H_2O]{(TMS)_2S} \underset{R}{\overset{S}{\|}}\!\!-\!SiMe_3$$

30-92%

VI.D. Phosphorus, Selenium and Tellurium Compounds

VI.D-1 P.J. Stang et al., *J. Org. Chem.*, 54, 2783 (1989); D.A. Holt and J.M. Erb, *Tetrahedron Lett.*, 30, 5393 (1989); K. Okuma et al., *Chem. Lett.*, 1953 (1989).

$$=\!\!\!\diagup^{OTf} + Ph_3P \xrightarrow{1\text{-}3\%\ (Ph_3P)_4Pd} =\!\!\!\diagup^{\overset{+}{P}Ph_3}_{-OTf}$$

62-89%

VI.D-2 K. Green, *Tetrahedron Lett.*, 30, 4807 (1989); R.K. Boeckman, Jr. et al., *ibid.*, 30, 4787 (1989); D.Y. Oh et al., *ibid.*, 30, 3307 (1989); K.M. Pietrusiewicz et al., *Tetrahedron*, 45, 337 (1989); X. Lu et al., *Synthesis*, 848 (1989).

$$(RO)_2\overset{O}{\overset{\|}{P}}-H \;+\; R^1COCH=CH_2 \xrightarrow[\text{2) } H^+]{\text{1) } AlMe_3} \begin{array}{c} (RO)_2P(=O)CH_2CH_2C(=O)R^1 \end{array}$$

32-95%

VI.D-3 M. Yoshifuji et al., *Tetrahedron Lett.*, 30, 5433, 187 and 839 (1989); F. Mercier and F. Mathey, *ibid.*, 30, 5269 (1989); M. Koenig et al., *ibid.*, 30, 177 (1989); G. Markl, *ibid.*, 30, 3939 (1989).

$$ArPCl_2 \xrightarrow{Mg} \underset{35\%}{Ar-P=P-Ar} \xrightarrow[\text{2) MeLi}]{\text{1) BuLi, CCl}_4} \underset{40\%}{Ar-P=\!\!\!=\!\!\!=PAr}$$

$$ArPCl_2 \xrightarrow{CH_2=CHMgBr} \underset{65\%}{ArP(X)(CH=CH_2)} \xrightarrow[\text{2) }^-OMe]{\text{1) DABCO}} ArP(OMe)(CH=CH_2)$$

VI.D-4 A. Krief et al., *Tetrahedron*, 45, 2005 and 2023 (1989); M. Segi et al., *Chem. Lett.*, 1009 (1989).

$$R-C(=O)-R^1 \xrightarrow[H^+]{PhSeH} R-C(SePh)_2-R^1 \xrightarrow[\text{2) }E^+]{\text{1) BuLi}} R-C(SePh)(E)-R^1$$

VI.D-5 T. Miyasaka et al., *Synthesis*, 434 (1989).

$$\text{R-cyclic ether} \xrightarrow{(PhSe)_2, \; LiAlH_4} HO\text{-}CHR\text{-}(CH_2)_n\text{-}SePh$$

60-92%

VI.D-6 M. Segi et al., *Tetrahedron Lett.*, 30, 2096 (1989) and *J. Am. Chem. Soc.*, 111, 8749 (1989); Y. Takikawa et al., *Tetrahedron Lett.*, 30, 6047 (1989).

$$R\text{-}CO\text{-}R^1 \xrightarrow{Me_2AlSeAlMe_2} [R\text{-}C(=Se)\text{-}R^1] \xrightarrow{\text{butadiene}} \text{Se-containing cyclohexene (R, R}^1\text{)}$$

44-77%

similarly for Te

VI.D-7 X. Huang et al., *Synth. Commun.*, 19, 1267 and 1627 (1989); J.T.B. Ferreira et al., *ibid.*, 19, 239 (1989); T. Murai et al., *Chem. Lett.*, 2017 (1989).

$$ArTeI \;+\; Ar'TeNa \xrightarrow{THF} ArTeTeAr'$$

92-96%

similar reactions with other nucleophiles

USEFUL SYNTHETIC PREPARATIONS

VI.D-8 S. Kato et al., *Tetrahedron Lett.*, 30, 1829 (1989) and *Synthesis*, 929 (1989).

$$RCOCl + Na_2Te \longrightarrow RCOTeNa \xrightarrow{R^1I} RCOTeR^1$$

$$60\text{-}81\%$$

also with selenocarboxylates

VI.D-9 S.V. Amosova et al., *Tetrahedron Lett.*, 30, 613 (1989); H.B. Singh and F. Wudl, *ibid.*, 30, 441 (1989).

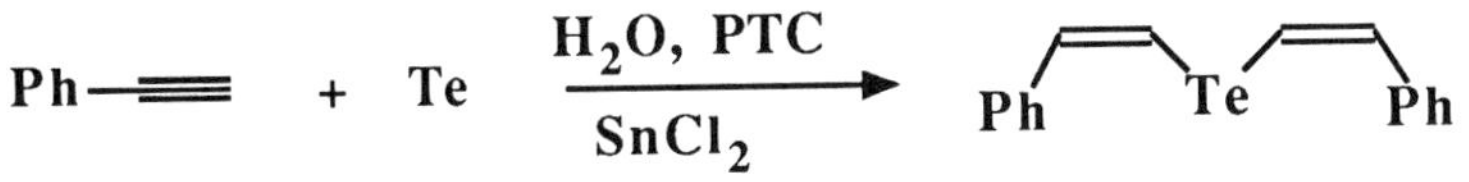

$$Ph-\!\!\!\equiv\ + \ Te \ \xrightarrow[SnCl_2]{H_2O,\ PTC} \ Ph\diagup\!\!=\!\!\diagdown Te \diagup\!\!=\!\!\diagdown Ph$$

VI.E. Nucleotides, Etc.

VI.E-1 A.H. Beiter and W. Pfleiderer, *Synthesis*, 497 (1989).

Synthesis of Protected Di-2'-Deoxynucleoside Phospho- and Thiophosphotriesters *via* the Phosphoramidite Approach

VI.E-2 T. Tanaka et al., *Tetrahedron*, <u>45</u>, 651 (1989).

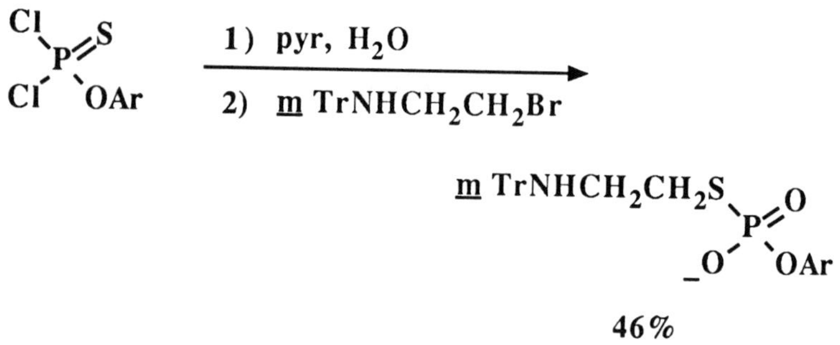

$$\text{Cl}_2\text{P(=S)OAr} \xrightarrow[\text{2) } \underline{m}\text{TrNHCH}_2\text{CH}_2\text{Br}]{\text{1) pyr, H}_2\text{O}} \underline{m}\text{TrNHCH}_2\text{CH}_2\text{S-P(=O)(O}^-\text{)OAr}$$

46%

used in oligonucleotide synthesis

VI.E-3 W. Bannwarth and E. Kung, *Tetrahedron Lett.*, <u>30</u>, 4219 (1989).

$$(CH_2=CHCH_2)_2PN^iPr_2$$

useful for phosphorylation of oligonucleotides

VI.F. Silicon Compounds

VI.F-1 G.A. Olah et al., *J. Org. Chem.*, <u>54</u>, 3770 (1989).

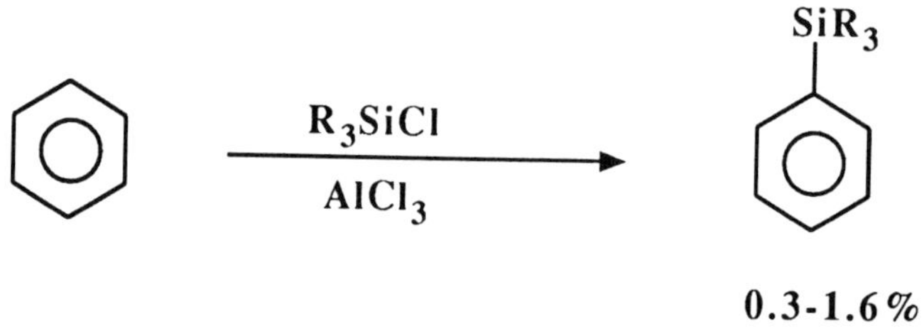

$$C_6H_6 \xrightarrow[\text{AlCl}_3]{R_3\text{SiCl}} C_6H_5\text{SiR}_3$$

0.3-1.6%

first observation of electrophilic trialkylsilylation

VI.F-2 J.D. Rich, *J. Am. Chem. Soc.*, 111, 5886 (1989).

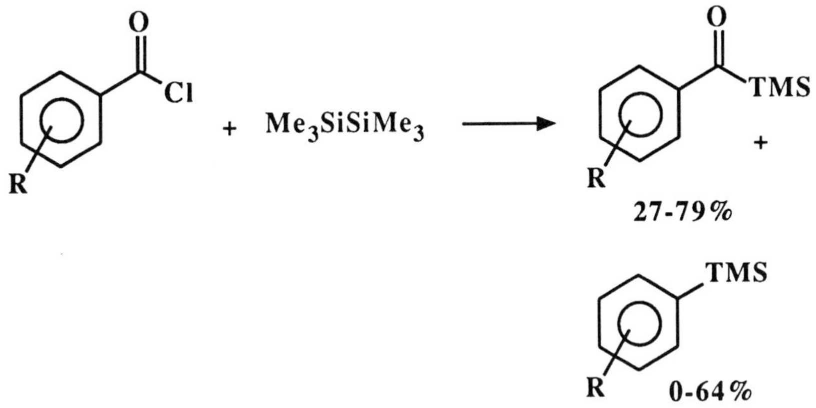

Ar-C(=O)Cl + Me$_3$SiSiMe$_3$ ⟶ Ar-C(=O)-TMS (27-79%) + Ar-TMS (0-64%)

(Ar = substituted phenyl with R)

VI.F-3 M.S. Ho and H.N.C. Wong, *Chem. Commun.*, 1238 (1989); P.G. Spinazze and B.A. Keay, *Tetrahedron Lett.*, 30, 1765 (1989).

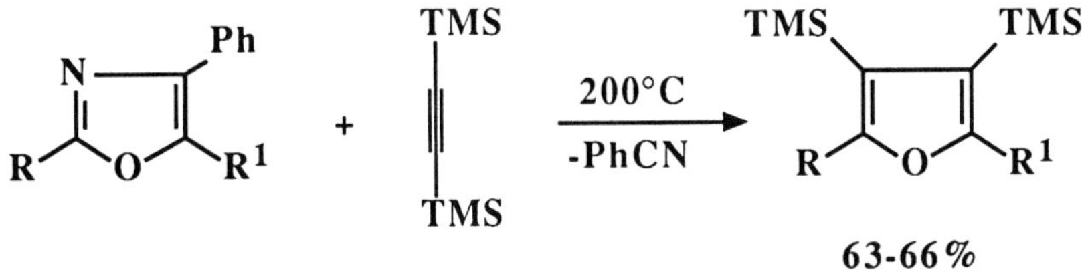

4-phenyl-2-R-5-R^1-oxazole + TMS-C≡C-TMS $\xrightarrow[-\text{PhCN}]{200°\text{C}}$ 3,4-bis(TMS)-2-R-5-R^1-furan (63-66%)

VI.F-4 L.S. Chang and J.Y. Corey, *Organometallics*, 8, 1885 (1989).

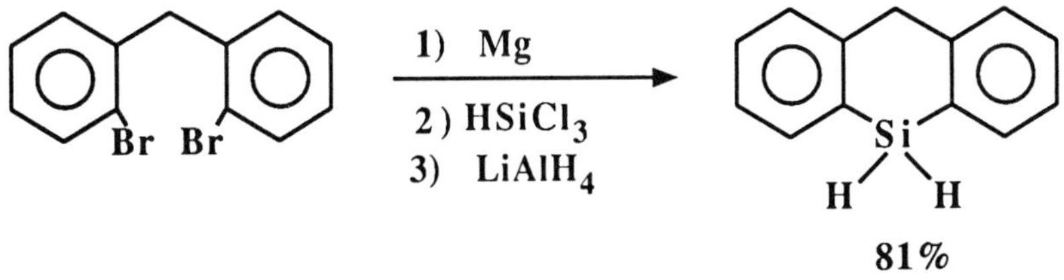

2,2'-dibromodiphenylmethane $\xrightarrow{\text{1) Mg; 2) HSiCl}_3\text{; 3) LiAlH}_4}$ 9,9-dihydro-9-silaanthracene-like (dihydroacridine Si analog), SiH$_2$ (81%)

VI.F-5 W.J. Schulz and J.L. Speier, *Synthesis*, 163 (1989); M. Onaka, Y. Izumi et al., *Tetrahedron Lett.*, 30, 6341 (1989).

$$R^1-\underset{X}{\underset{|}{\overset{R^2}{\overset{|}{C}}}}-CO_2R^3 + R^3SiX' \xrightarrow{2\ Na} \underset{R^2}{\overset{R^1}{>}}=\underset{OSiR_3}{\overset{OR^3}{<}}$$

13-97%

VI.F-6 A. Baba et al., *Chem. Lett.*, 1247 (1989); N. Simpkins et al., *Tetrahedron Lett.*, 30, 7241 (1989); G.L. Larson et al., *ibid.*, 30, 283 (1989); P.T. Kaye and R.A. Learmonth, *Synth. Commun.*, 19, 2337 (1989); J. Iqbal and M.A. Khan, *ibid.*, 19, 515 (1989).

cyclohexanone + aziridine (N-R^1, R^2) + Me_3SiX $\xrightarrow{Ph_4SbX}$ 1-(trimethylsilyloxy)cyclohexene

22-100%

various routes to silyl enol ethers

VI.F-7 M.G. Saulnier et al., *J. Am. Chem. Soc.*, 111, 8320 (1989); T.V. Lee et al., *Tetrahedron*, 45, 5877 (1989); J. Barluenga et al., *Tetrahedron Lett.*, 30, 5927 (1989).

$$\underset{R^2}{\overset{R^1}{>}}=\underset{R^3}{\overset{OSO_2CF_3}{<}} \xrightarrow[Pd(0)]{(TMSCH_2)_3Al} \underset{R^2}{\overset{R^1}{>}}=\underset{R^3}{\overset{CH_2TMS}{<}}$$

48-81%

VI.F-8 T.F. Bates and R.D. Thomas, *J. Org. Chem.*, 54, 1784 (1989); D.F. Wiemer et al., *ibid.*, 54, 738 and 743 (1989); M. Ochiai et al., *ibid.*, 54, 2346 (1989); J.A. Soderquist et al., *ibid.*, 54, 4051 (1989) and *J. Am. Chem. Soc.*, 111, 4873 (1989); I. Matsuda et al., *ibid.*, 111, 2332 (1989); G. Stork and P.F. Keitz, *Tetrahedron Lett.*, 30, 6981 (1989).

various routes to vinyl silanes

VI.G. Tin Compounds

VI.G-1 B.H. Lipshutz and D.C. Reuter, *Tetrahedron Lett.*, 30, 4617 (1989); T. Sato et al., *Tetrahedron*, 45, 6401 (1989).

improved method bypasses prior formation of Me₃SnLi

VI.G-2 J.A. Marshall and W.Y. Gung, *Tetrahedron Lett.*, 30, 7349 (1989).

1,3-isomerization *via* intramolecular $S_{E'}$ process

VI.G-3 A. Degl'Innocenti et al., *J. Org. Chem.*, **54**, 2966 (1989).

$$\text{RCOX} \xrightarrow[\text{with or without } BF_3 \cdot OEt_2]{R^1_3 SnLi} \text{RCOSnR}^1_3$$

15-73%

X = OR^2, SR^3

VII
OTHER REVIEWS

VII.A. Techniques

VII.A-1 J.L. Luche et al., *Synthesis*, 787 (1989).

    Review: "Sonochemistry - The Use of Ultrasonic Waves in Synthetic Organic Chemistry".

VII.A-2 D. Rehorek, S. Schoffauer and H. Hennig, *Z. Chem.*, 29, 389 (1989).

    Review: "Influence of Ultrasound on Chemical Reactions".

VII.A-3 T. Uyehara et al., *J. Synth. Org. Chem., Jpn.*, 47, 321 (1989).

    Review: "Organic Synthesis at High Pressure. Recent Developments".

VII.A-4 H. van Bekkum and H.W. Kouwenhoven, *Rec. Trav. Chim.*, 108, 283 (1989).

    Review: "The Use of Zeolites in Organic Reactions".

VII.A-5 J.M. Thomas, *Angew. Chem., Int. Ed. Engl.*, 28, 1079 (1989).

    Review: "Advanced Catalysts: Interfaces in the Physical and Biological Sciences".

VII.A-6 R. Jacquier, *Bull. Soc. Chim. Fr.*, 220 (1989).

> Review: "Solid Phase Peptide Synthesis: Recent Progress and Perspectives".

VII.A-7 R. Lamartine, *Bull. Soc. Chim. Fr.*, 237 (1989).

> Review: "Organic Solid State Chemistry: Recent Developments".

VII.A-8 G. Brain et al., *Bull. Soc. Chim. Fr.*, 247 (1989).

> Review: "Improvement Brought by Solid-Liquid Phase-Transfer Catalysis Without Solvent".

VII.A-9 C.-S. Chen and C.J. Sih, *Angew. Chem., Int. Ed. Engl.*, 28, 695 (1989).

> Review: "General Aspects and Optimization of Enantioselective Biocatalysis in Organic Solvents: The Uses of Lipases".

VII.A-10 Y. Asano, *J. Synth. Org. Chem., Jpn.*, 47, 749 (1989).

> Review: "Development of New Microbial Enzymes and their Use in Organic Synthesis".

VII.A-11 I. Noda, *J. Am. Chem. Soc.*, 111, 8116 (1989).

Two-Dimensional Infrared Spectroscopy

VII.A-12 R.G. Pearson, *J. Org. Chem.*, 54, 1423 (1989).

Absolute Electronegativity and Hardness: Applications to Organic Chemistry

VII.B. Asymmetric Synthesis and Molecular Recognition

VII.B-1 S. Hanessian, *Aldrichimica Acta*, 22, 3 (1989).

Review: "Design and Implementation of Tactically Novel Strategies of Stereochemical Control Using the Chiron Approach".

VII.B-2 R.M. Pollack, *Tetrahedron*, 45, 4913 (1989).

Review: "Stereoelectronic Control in the Reactions of Ketones and their Enol(ate)s".

VII.B-3 M. Hirama and S. Ito, *Heterocycles*, 28, 1229 (1989).

Review: "Asymmetric Induction in the Intramolecular Conjugate Addition of γ- or δ-Carbamoyloxy-α,β-Unsaturated Esters. A New Method for Diastereoselective Amination and Divergent Syntheses of 3-Amino-2,3,6-Trideoxyhexoses".

VII.B-4 J.M. Brown and S.G. Davies, *Nature (London)*, <u>342</u>, 631 (1989).

Review: "Chemical Asymmetric Synthesis".

VII.B-5 H. Wynberg, *Chimia*, <u>43</u>, 100 (1989).

Review: "Autocatalysis - the Next Generation of Asymmetric Syntheses".

VII.B-6 K. Soai, *J. Synth. Org. Chem., Jpn.*, <u>47</u>, 11 (1989).

Review: "Design and Synthesis of Chiral Ligands for Highly Enantioselective Asymmetric Reactions of Carbonyl Compounds".

VII.B-7 D.S. Matteson, *Tetrahedron*, <u>45</u>, 1859 (1989).

Review: "Boronic Esters in Stereodirected Synthesis".

VII.B-8 J. Jurczak and A. Golebiowski, *Chem. Rev.*, <u>89</u>, 149 (1989).

Review: "Optically Active N-Protected α-Amino Aldehydes in Organic Synthesis".

VII.B-9 J.K. Whitesell, *Chem. Rev.*, <u>89</u>, 1581 (1989).

Review: "C_2 Symmetry and Asymmetric Induction".

VII.B-10 J.S. Bradshaw et al., *Chem. Rev.*, 89, 929 (1989).

Review: "Synthesis of Aza-Crown Ethers".

VII.C. Reactions

VII.C-1 C.F. Bernasconi, *Tetrahedron*, 45, 4017 (1989).

Review: "Nucleophilic Addition to Olefins. Kinetics and Mechanism".

VII.C-2 T. Hosokawa and S. Murahashi, *J. Synth. Org. Chem., Jpn.*, 47, 636 (1989).

Review: "Pd(II)-catalyzed Reactions of Olefins with Oxygen Nucleophiles".

VII.C-3 J. Nokami et al., *J. Synth. Org. Chem., Jpn.*, 47, 649 (1989).

Review: "Oxidation of Olefins to Ketones Catalyzed by Pd^{2+} Salts and its Applications to Organic Synthesis".

VII.C-4 H. Frauenrath, *Synthesis*, 721 (1989).

Review: "Vinyl Acetals and Related Compounds in Organic Synthesis".

VII.C-5 J.R. Hwu and B.A. Gilbert, *Tetrahedron*, 45, 1233 (1989).

Review: "Counterattack Reagents in Organic Reactions and in Syntheses".

VII.C-6 J.A. Gladysz and J. Michl, eds., *Chem. Rev.*, 89 [7] (1989).

Reviews: "Emerging Organic Reactions".

15 reviews

VII.C-7 T.H. Black, *Org. Prep. Proced. Int.*, 21, 179 (1989).

Review: "Recent Progress in the Control of Carbon versus Oxygen Acylation of Enolate Anions".

VII.C-8 M.J. Brown, *Heterocycles*, 29, 2225 (1989).

Review: "Literature Review of the Ester Enolate Imine Condensation".

VII.C-9 R.V. Hoffman, R.A. Bartsch and B.R. Cho, *Acc. Chem. Res.*, 22, 211 (1989).

Review: "Base-Promoted, Imine-Forming 1,2-Elimination Reactions".

VII.C-10 T.S. Chou and H.H. Tso, *Org. Prep. Proced. Int.*, 21, 257 (1989).

Review: "Use of Substituted 3-Sulpholenes as Precursors for 1,3-Butadienes".

OTHER REVIEWS

VII.C-11 L. Ghosez, ed., *Tetrahedron*, 45, 2875 (1989).

    Reviews: "Strain-Assisted Syntheses".

    Tetrahedron Symposia-in-Print Number 38

VII.C-12 J.R. Hwu and N. Wang, *Chem. Rev.*, 89, 1599 (1989).

    Review: "Steric Influence of the Trimethylsilyl Group in Organic Reactions".

VII.C-13 H. Schick and I. Eichhorn, *Synthesis*, 477 (1989).

    Review: "Syntheses and Reactions of 2-Alkyl-1,3-cyclopentadienones (2-Alkyl-3-hydroxy-2-cyclopenten-1-ones)".

VII.C-14 T. Miyakoshi, *Org. Prep. Proced. Int.*, 21, 661 (1989).

    Review: "Preparation and Reactions of 4-Oxocarbonyl Compounds. A Review".

VII.C-15 A.N. Mirskova et al., *Sulfur Rep.*, 9, 75 (1989).

    Review: "(Organylthio)chloroacetylenes, New Polyfunctional Reagents for Organic Synthesis".

VII.C-16 L. Wozniak and J. Chojnowski, *Tetrahedron*, 45, 2465 (1989).

    Review: "Silyl Esters of Phosphorus - Common Intermediates in Synthesis".

VII.C-17 E. Erdik and M. Ay, *Chem. Rev.*, 89, 1947 (1989).

Review: "Electrophilic Amination of Carbanions".

VII.C-18 J.H. Cooley and E.J. Evain, *Synthesis*, 1 (1989).

Review: "Amine Dealkylations with Acyl Chlorides".

VII.C-19 E.R. Biehl and S.P. Khanapure, *Acc. Chem. Res.*, 22, 275 (1989).

Review: "Synthesis of Polycyclics via Arene Arylation Reactions".

VII.C-20 L. Weber and G. Haufe, *Z. Chem.*, 29, 88 (1989).

Review: "Oxidation of Hydrocarbons Catalyzed by Porphyrin Complexes".

VII.C-21 D. Gust and T.A. Moore, eds., *Tetrahedron*, 45 [15] (1989).

Reviews: "Covalently Linked Donor-Acceptor Species for Mimicry of Photosynthetic Electron and Energy Transfer".

VII.C-22 M. Demuth and G. Mikhail, *Synthesis*, 145 (1989).

Review: "New Developments in the Field of Photochemical Syntheses".

VII.D. Reactive Intermediates

VII.D-1 B. Giese, *Angew. Chem., Int. Ed. Engl.*, 28, 969 (1989).

> Review: "The Stereoselectivity of Intermolecular Free Radical Reactions".

VII.D-2 D. Crich and L. Quintero, *Chem. Rev.*, 89, 1413 (1989).

> Review: "Radical Chemistry Associated with the Thiocarbonyl Group".

VII.D-3 P.J. Wagner, *Acc. Chem. Res.*, 22, 83 (1989).

> Review: "1,5-Biradicals and Five-Membered Rings Generated by ∂-Hydrogen Abstraction in Photoexcited Ketones".

VII.D-4 L.S. Kobrina, *J. Fluorine Chem.*, 42, 301 (1989).

> Review: "Some Peculiarities of Radical Reactions of Polyfluoroaromatic Compounds".

VII.D-5 R.N. McDonald, *Tetrahedron*, 45, 3993 (1989).

> Review: "Generation, Thermochemistry and Chemistry of Carbene Anion Radicals and Related Species".

VII.D-6 G.A. Kraus et al., *Chem. Rev.*, 89, 1591 (1989).

> Review: "Organic Synthesis Using Bridgehead Carbocations and Bridgehead Enones".

VII.D-7 H. Ishibashi and M. Ikeda, *J. Synth. Org. Chem., Jpn.*, 47, 330 (1989).

> Review: "Recent Progress in Carbon - Carbon Forming Reactions with α-Thiocarbocations".

VII.D-8 K. Schulze et al., *Z. Chem.*, 29, 41 (1989).

> Review: "Vinylisothiocyanates".

VII.D-9 L.N. Markovski and V.D. Romanenko, *Tetrahedron*, 45, 6019 (1989).

> Review: "Phosphaalkynes and Phosphaalkenes".

VII.E. Organo -metallics and -metalloids

VII.E-1 W. Oppolzer, *Angew. Chem., Int. Ed. Engl.*, 28, 38 (1989).

> Review: "Intramolecular Stoichiometric (Li, Mg, Zn) and Catalytic (Ni, Pd, Pt) Metallo-ene Reactions in Organic Synthesis".

VII.E-2 R.C. Kerber, *J. Organomet. Chem.*, 360, 319 (1989).

> Review: "Organoiron Chemistry".

VII.E-3 L.D. Freedman and G.O. Doak, *J. Organomet. Chem.*, 360, 263 (1989).

> Review: "Antimony. Annual Survey Covering the Year 1987".

VII.E-4 G.O. Doak and L.D. Freedman, *J. Organomet. Chem.*, 360, 297 (1989).

> Review: "Bismuth. Annual Survey Covering the Year 1987".

VII.E-5 B.M. Trost, *Angew. Chem., Int. Ed. Engl.*, 28, 1173 (1989).

> Review: "Cyclizations via Palladium-Catalyzed Allylic Alkylations".

VII.E-6 L.S. Hegedus, *J. Organomet. Chem.*, 360, 409 (1989).

> Review: "Transition Metals in Organic Synthesis".

VII.E-7 G.W. Kabalka and R.S. Varma, *Tetrahedron*, 45, 6601 (1989).

> Review: "The Synthesis of Radiolabeled Compounds via Organometallic Intermediates".

VII.E-8 H. Schwartz, *Acc. Chem. Res.*, 22, 282 (1989).

> Review: "Remote Functionalization of C-H and C-C Bonds by "Naked" Transition Metal Ions".

VII.E-9 N.G. Connelly, *Chem. Soc. Rev.*, 18, 153 (1989).

> Review: "Synthetic Applications of Organotransition-Metal Redox Reactions".

VII.E-10 I. Ojima et al., *Tetrahedron*, 45, 6901 (1989).

> Review: "Recent Advances in Catalytic Asymmetric Reactions Promoted by Transition Metal Complexes".

VII.E-11 G. Consiglio and R.M. Waymouth, *Chem. Rev.*, 89, 257 (1989).

> Review: "Enantioselective Homogeneous Catalysis Involving Transition-Metal-Allyl Intermediates".

VII.E-12 A.G. Massey and R.E. Humphries, *Aldrichimica Acta*, 22, 31 (1989).

> Review: "The Direct Synthesis of Non-Transition-Metal Organo Derivatives".

VII.E-13 T. Cohen and M. Bhupathy, *Acc. Chem. Res.*, 22, 152 (1989).

> Review: "Organoalkali Compounds by Radical Anion Induced Reductive Metallation of Phenylthio Ethers".

VII.E-14 M. Michalska and J. Michalski, *Heterocycles*, 28, 1249 (1989).

> Review: "Glycosyl thio-, seleno- and tellurophosphates".

OTHER REVIEWS

VII.E-15 A. Haas, *Rev. Roum. Chim.*, 34, 121 (1989).

Review: "Recent Developments in Perfluoroorganic Chemistry of Selenium in Various Oxidation States".

VII.E-16 G.L. Larson, *J. Organomet. Chem.*, 360, 39 (1989) and 374, 1 (1989).

Reviews: "Silicon - the Silicon-Carbon Bond. Annual Surveys for 1986 and 1987".

VII.E-17 M.P. Clarke, *J. Organomet. Chem.*, 376, 165 (1989).

Review: "Direct Synthesis of Chloromethylsilanes".

VII.E-18 A. Ricci and A. Degl'Innocenti, *Synthesis*, 647 (1989).

Review: "Synthesis and Synthetic Potential of Acylsilanes".

VII.E-19 G.W. Kabalka and L.H.M. Guindi, *J. Organomet. Chem.*, 360, 1 (1989).

Review: "Boron. Boranes in Organic Synthesis. Annual Survey Covering the Year 1987".

VII.E-20 H. Nozaki, J. Otera and T. Sato, *J. Synth. Org. Chem., Jpn.*, 47, 90 (1989).

Review: "Organotin Reagents in Fine Chemical Synthesis".

VII.E-21 C. Betschart and D. Seebach, *Chimia*, 43, 39 (1989).

> Review: "The Use of Low-Valent Titanium Reagents in Organic Synthesis".

VII.E-22 E. Negishi and T. Takahashi, *J. Synth. Org. Chem., Jpn.*, 47, 2 (1989).

> Review: "Organic Synthesis Using Zirconium Compounds".

VII.E-23 J. Inanaga, *J. Synth. Org. Chem., Jpn.*, 47, 200 (1989).

> Review: "Samarium Diiodide - a Versatile Reagent in Organic Synthesis".

VII.F. Halogen Compounds and Halogenation

(see also: VI.A.3.)

VII.F-1 T. Nakamura and O. Kaieda, *J. Synth. Org. Chem., Jpn.*, 47, 20 (1989).

> Review: "Effective Synthesis of Polyfluoroaromatic Compounds".

VII.F-2 Y. Kimura, *J. Synth. Org. Chem., Jpn.*, 47, 258 (1989).

> Review: "Synthesis of Aromatic Fluorides. Enhancement of Reactivity of Potassium Fluoride in Halogen-Exchange Fluorination Reactions".

VII.F-3 N. Yoneda and T. Fukuhara, *J. Synth. Org. Chem., Jpn.*, 47, 619 (1989).

    Review: "Preparation of Fluoroaromatics".

VII.G. Natural Products

VII.G-1 *Rec. Trav. Chim.*, 108, 323-394 (1989).

    Special Issue on Carbohydrates and Glycoconjugates

VII.G-2 G.M. Whitesides et al., *Tetrahedron*, 45, 5365 (1989).

    Review: "Enzyme-Catalyzed Synthesis of Carbohydrates".

VII.G-3 M. Yokoyama and S. Watanabe, *J. Synth. Org. Chem., Jpn.*, 47, 694 (1989).

    Review: "Synthesis of Acyclonucleosides".

VII.G-4 K. Okamoto and T. Goto, *J. Synth. Org. Chem., Jpn.*, 47, 349 (1989).

    Review: "Glycosidation of Sialic Acid".

VII.G-5 J.W. Engels and E. Uhlmann, *Angew. Chem., Int. Ed. Engl.*, 28, 716 (1989).

    Review: "Gene Synthesis".

VII.G-6 E.T. Kaiser, *Acc. Chem. Res.*, 22, 48 (1989).

Review: "Synthetic Approaches to Biologically Active Peptides and Proteins Including Enzymes".

VII.G-7 B. Rzeszotarska and E. Masiukiewicz, *Org. Prep. Proced. Int.*, 21, 393 (1989).

Review: "Arginine, Histidine and Tryptophan in Peptide Synthesis".

VII.G-8 A. Haemens et al., *Pharmazie*, 44, 97 (1989).

Review: "Asymmetric Synthesis of Amino Acids by Enantio- and Diastereo- Differentiating Reactions".

VII.G-9 A.E. Martell, *Acc. Chem. Res.*, 22, 115 (1989).

Review: "Vitamin B_6 Catalyzed Reactions of α-Amino and α-Keto Acids: Model Systems".

VII.G-10 J.P. Devlin and K.D. Hargrave, *Tetrahedron*, 45, 4327 (1989).

Review: "Design and Synthesis of Immune Regulatory Agents: Targets and Approaches".

VII.G-11 P.G. Schultz, *Acc. Chem. Res.*, 22, 287 (1989).

Review: "Catalytic Antibodies".

VII.G-12 D.S. Watt et al., *Org. Prep. Proced. Int.*, 21, 521 (1989).

>Review: "Synthesis of Quassinoids".

VII.G-13 Y. Ito and S. Terashima, *J. Synth. Org. Chem., Jpn.*, 47, 606 (1989).

>Review: "Synthesis of the 1ß-Methylcarbapenem Key Intermediates".

VII.G-14 S. Chandrasekaran, *J. Indian Chem. Soc.*, 66, 219 (1989).

>Review: "Substituent Directed Oxidative Cyclization. Application to Natural Product Synthesis".

VII.H. Others

VII.H-1 P. Leempoel, *Bull. Soc. Chim. Belg.*, 98, 643 (1989).

>Review: "Les Polysiloxanes: Developpements Recents".

VII.H-2 L. Craine and M. Raban, *Chem. Rev.*, 89, 689 (1989).

>Review: "The Chemistry of Sulfenamides".

VII.H-3 B.A. Trofimov et al., *Sulfur Rep.*, 9, 95 (1989).

>Review: "Divinyl Sulphoxide: Synthesis, Properties and Applications".

VII.H-4 I.M. Gordon et al., *Chem. Soc. Rev.*, 18, 123 (1989).

Review: "Sulphonyl Transfer Reagents".

VII.H-5 A. Mills, *Chem. Soc. Rev.*, 18, 285 (1989).

Review: "Heterogeneous Redox Catalysts for Oxygen and Chlorine Evolution".

VII.H-6 J. Michl and J.A. Gladysz, eds., *Chem. Rev.*, 89 [5] (1989).

Reviews: "Strained Organic Compounds".

17 reviews dealing with this topic

VII.H-7 B. Halton, *Chem. Rev.*, 89, 1161 (1989).

Review: "Developments in Cycloproparene Chemistry".

VII.H-8 T. Hudlicky and J.D. Price, *Chem. Rev.*, 89, 1467 (1989).

Review: "Anionic Approaches to the Construction of Cyclopentanoids".

AUTHOR INDEX

AUTHOR INDEX

Abdel-Latif, F.F. - 314
Abdelhamid, A.O. - 321
Abdelrazek, F.M. - 291
Abe, T. - 107
Abou-orabi, S.T. - 339
Abramovitch, R.A. - 184
Achiwa, K. - 251, 271
Adam, W. - 230, 236
Adams, J. - 86, 289
Addelnamid, A.O. - 291
Advenier, C. - 188
Ager, D.J. - 53
Agryopoulos, N.G. - 323
Ahlberg, P. - 107
Ahlbrecht, H. - 27
Ahluwalia, V.K. - 284
Aitken, R.A. - 96
Akermark, B. - 100
Akita, M. - 196
Aksnes, G. - 107
Al-Arab, M.M. - 71
Al-Hassan, M.I. - 124, 182
Al-Jalal, N.A. - 173
Albini, A. - 410
Albizati, K.F. - 349
Alcaide, B. - 271, 323
Alexakis, A. - 112, 131
Ali, S.A. - 329
Alouddin, M. - 284
Alper, H. - 113, 197, 199, 272, 277
Alvarez-Ibarra, C. - 330, 335
Amin, M. - 343
Amosova, S.V. - 421
Anderson, A.G. - 338
Anderson, D.R. - 174
Anelli, P.L. - 217
Angle, S.R. - 19, 29
Aoyama, H. - 269
Arai, S. - 174
Araki, S. - 141

Araki, Y. - 169, 269
Armesto, D. - 308
Arnett, E.M. - 32
Arnold, D.R. - 127, 171
Asano, Y. - 428
Asaoka, M. - 67
Ashby, E.C. - 380
Astruc, D. - 27
Atfah, A. - 323
Atkinson, R.F. - 110
Atkinson, R.S. - 268
Atwal, K.S. - 325
Auge, J. - 48
Augustin, M. - 335
Aumann, R. - 128, 275
Aurich, H.G. - 329
Avendano, C. - 304
Ayyangar, N.R. - 6, 268
Azzena, U. - 381
Baader, E. - 37
Baba, A. - 424
Baba, T. - 400, 403
Babler, J.H. - 404
Baccolini, G. - 293
Bachi, M.D. - 277, 310
Baciocchi, E. - 7
Back, T.G. - 133
Backvall, J.-E. - 18, 152
Badanyan, S.O. - 204
Baer, H.H. - 352
Bailey, P.D. - 207, 304
Bailey, W.F. - 28, 113
Baird, M.S. - 139, 146, 285
Baker, K.V. - 119
Baker, R. - 60, 121
Bakibaev, A.A. - 322
Baklouti, A. - 411
Balasubramanian, K.K. - 205, 311
Balavoine, G. - 240

Baldwin, Jack E. - 9, 25, 105, 332, 407
Baldwin, John E. - 148
Balicki, R. - 248
Ballini, R. - 403, 414
Banerjee, A. - 372
Banerjee, A.K. - 122
Banerji, A. - 82, 310
Banert, K. - 155, 339
Banfi, S. - 229
Banks, H.D. - 160
Bannwarth, W. - 422
Banwell, M.G. - 52, 124
Bar-Tana, J. - 75, 170
Barbey, G. - 344
Barco, A. - 161
Barker, P. - 288
Barlos, K. - 371
Barluenga, J. - 35, 46, 52, 56, 98, 117, 118, 120, 121, 134, 206, 263, 304, 308, 337, 347, 393, 424,
Barner, B.A. - 27, 41
Barrett, A.G.M. - 44, 121, 311, 363, 374
Bartel, S. - 10
Bartok, M. - 241
Bartoli, G. - 73, 300
Barton, D.H.R. - 84, 261, 298, 377, 391
Bartsch, R.A. - 432
Barua, N.C. - 105, 249, 380
Basavaiah, D. - 50, 122
Bates, R.B. - 27
Baudin, J.-B. - 120
Bauld, N.L. - 147, 154
Baum, J.S. - 276
Baumstark, A.L. - 15, 372
Bays, J.P. - 145
Beak, P. - 27, 71, 257, 388

Beau, J.-M. - 134
Beaucourt, J.-P. - 94, 100
Becher, J. - 263, 290
Beck, G. - 99
Becker, D. - 172
Becker, H.D. - 171
Beckwith, A.L.J. - 85, 295
Begue, J.-P. - 95, 178, 209
Bellassoued, M. - 50
Belletire, J.L. - 9, 277, 281
Belley, M. - 414
Bender, C.O. - 172
Benneche, T. - 356
Berchtold, G.A. - 228
Bergbreiter, D.E. - 17, 88, 169
Berger, J.G. - 177
Bergman, J. - 300
Bergman, R.G. - 41
Bernabe, M. - 142
Bernardon, C. - 56
Bernasconi, C.F. - 431
Bernatowicz, M.S. - 371
Bernstein, J. - 291
Berson, J.A. - 147
Bertenshaw, S. - 122
Bertrand, G. - 320, 345
Bertrand, M. - 148
Bertrand, M.P. - 277
Bertz, S.H. - 75
Beslin, P. - 37
Bestmann, H.J. - 95, 96, 124
Bhakuni, D.S. - 151
Bhattacharya, A. - 221
Bianco, A. - 256
Biehl, E.R. - 184, 434
Billups, W.E. - 163
Binger, P. - 90, 163
Binkley, R.W. - 358
Bird, C.W. - 160
Bishop, R. - 211
Bjorkling, F. - 399

AUTHOR INDEX

Black, T.H. - 32, 37, 106, 432
Blackburn, G.M. - 100
Blair, I.A. - 99
Blechert, S. - 207, 353
Bloch, R. - 99, 135
Block, E. - 415
Bloodworth, A.J. - 327
Bloomer, J.L. - 151
Bock, H. - 107
Bodalski, R. - 100
Boeckman, R.K., Jr. - 101, 120, 122, 208, 419
Bogdanowicz-Szwed, K. - 303, 337
Boger, D.L. - 84, 296, 304
Bognar, R. - 165, 304
Boireau, G. - 50
Boissin, P. - 11
Bojilova, A. - 70
Boland, W. - 229
Bold, G. - 58
Bolin, D.R. - 369
Bonini, B.F. - 313
Borchardt, R.T. - 75
Borguignon, J. - 240
Borodaev, S.V. - 326
Bortolussi, M. - 50
Bosch, J. - 300
Bossio, R. - 323
Bouda, H. - 269
Bourhis, M. - 157
Bowman, W.R. - 22
Boyer, J.H. - 332, 379
Bradbury, R.H. - 14
Braden, R. - 260
Bradshaw, J.S. - 431
Brady, W.T. - 88, 272
Brain, G. - 428
Brandange, S. - 15
Brandi, A. - 329

Braum, M. - 121
Bravo, P. - 1, 53, 267
Breceault, J.-M. - 374
Brecknell, D.J. - 151, 257
Breitmaier, E. - 161, 304
Breslin, P. - 207
Briggs, J.R. - 201
Bringmann, G. - 395
Brocard, J. - 208
Broka, C.A. - 286
Brookhart, M. - 145, 196, 197
Brouillette, W.J. - 100
Brown, H.C. - 28, 40, 47, 50, 192, 194, 240, 383
Brown, J.M. - 122, 430, 432
Bruckner, R. - 208
Bruice, T.C. - 229
Brunet, J.J. - 197
Brunner, H. - 139, 140, 251
Bryce, M.R. - 336
Bryce, M.R. - 69, 336
Bryson, T.A. - 192
Bubnov, Yu.N. - 47
Buchbauer, G. - 155
Buchwald, S.L. - 112, 200, 287, 294, 392
Bullock, R.M. - 249
Bulman Page, P.C. - 1, 20, 56, 66, 353
Bunnelle, W.H. - 265
Burger, A. - 131
Burgess, K. - 38, 231, 416
Burke, S.D. - 29
Burnell, D.J. - 6, 43, 210
Burrows, C.J. - 229
Burton, D.J. - 21, 24, 46, 100
Butera, J. - 183
Butler, A.R. - 322
Butler, I.R. - 200
Butler, R.N. - 341
Butsugan, Y. - 62

Cabbidu, S. - 20, 312
Cacchi, S. - 113, 179, 301
Cahiez, G. - 77
Cainelli, G. - 232, 233
Cambie, R.C. - 5
Cameron, D.W. - 151
Campbell, A.L. - 23
Campbell, J.B., Jr. - 182
Camps, F. - 136
Candy, J.P. - 243
Cannone, P. - 14, 57
Cantrell, T.S. - 269
Capdevielle, P. - 406
Capdevila, J. - 94
Caple, R. - 196, 287
Capozzi, G. - 285, 414
Carboni, B. - 140
Carlson, D.A. - 119
Carlson, R. - 15, 300
Carlson, R. - 300
Carmack, M. - 388
Carpino, L.A. - 367
Carreno, M.C. - 151
Carretero, J.C. - 153
Casetta, M. - 148
Casiraghi, G. - 178
Cativiela, C. - 162
Caubere, P. - 188, 239, 248, 260
Cava, M.P. - 300
Cerichelli, G. - 378
Cha, J.K. - 165, 296
Cha, J.S. - 266, 404
Chamberlin, A.R., - 99, 399
Chan, A.C. - 175
Chan, T.H. - 27, 60, 67, 114, 312, 376
Chandalia, S.B. - 238
Chandrasekaran, S. - 212, 221, 328, 362, 413, 443
Chandrasekhar, S. - 263

Chang, N.-C. - 1
Chapleur, Y. - 83, 286
Chapman, J.J. - 401
Chapoelaine, M.J. - 404
Charlton, J.L. - 154
Charpentier-Morize, M. - 15
Chen, C.-S. - 428
Chen, Q.-Y. - 23, 382
Chenault, J. - 99
Cheng, C.C. - 252
Cherost, M. - 274
Chiang, Y.-C.P. - 39
Chikashita, H. - 20, 336, 365
Chisolm, M.H. - 116
Chiusoli, G.P. - 129, 294
Chmielewski, M. - 329
Cho, B.R. - 432
Chojnowski, J. - 433
Chou, S.-S.P. - 113, 164
Chou, T. - 161, 164
Chou, T.S. - 432
Choudary, B.M. - 247, 253
Chuang, C.-P. - 84
Cieplak, A.S. - 45
Cinquini, M. - 350
Citterio, A. - 185
Ciufolini, M.A. - 48
Clardy, J. - 165
Clark, R.D. - 276
Clarke, M.P. - 439
Cleary, D.G. - 415
Clerici, A. - 82
Clinet, J.C. - 240
Clive, D.L.J. - 83, 109, 295
Cobrina, L.S. - 435
Cohen, N. - 30
Cohen, T. - 51, 53, 72, 142, 210, 438
Collins, D.J. - 25, 252
Collins, P.W. - 75
Collins, S. - 58

AUTHOR INDEX

Colombo, L. - 41
Colonna, S. - 227
Comasseto, J.V. - 84, 134
Comins, D.L. - 187
Connelly, N.G. - 438
Consiglio, G. - 438
Cook, J.M. - 37, 206
Cooley, J.H. - 340, 362, 434
Coppola, G.M. - 306
Corey, E.J. - 40, 47, 87, 99, 110, 151, 213, 232, 240, 295, 304
Corey, E.J. - 47
Corey, E.J. - 87
Corey, E.J. - 99
Corey, J.Y. - 423
Corley, E.J. - 399
Corriu, R.J.P. - 55
Corsano, S. - 84
Cossy, J. - 174, 274, 385
Cousseau, J. - 382
Coutrot, P. - 268
Couture, A. - 337
Coxon, J.M. - 285
Cozzi, F. - 350
Crabtree, R.H. - 7, 86, 174, 220
Craine, L. - 443
Crank, G. - 324
Crich, D. - 83, 310, 435
Crimmins, M.T. - 135, 172
Crisp, G.T. - 179, 183
Crombie, L. - 124
Crozer, M.P. - 336
Crumrie, D.S. - 185
Curci, R. - 217, 230
Curran, D.P. - 83, 84, 175
Cusmano, G. - 340
Czarnik, A.W. - 166
d'Angelo, J. - 66, 151
D'Auria, M. - 171

Dailey, W.P. - 44, 140
Dal Piaz, V. - 324
Danheiser, R.L. - 88, 100, 288
Danieli, B. - 399
Danilova, N.A. - 124, 125
Danilova, N.A. - 125
Danion, D. - 272
Danishefsky, S. - 185
Danishefsky, S. - 41
Danishefsky, S.F. - 352
Danishefsky, S.J. - 67, 96, 103, 106, 207, 230, 302, 309
Dannenberg, J.J. - 149
Das, P.K. - 151
Daumas, M. - 101, 235
Daves, G.D., Jr. - 205
Davidson, A.H. - 166
Davies, H.M.L. - 140, 317
Davies, S.G. - 2, 21, 24, 53, 56, 177, 315, 430
Davis, F.A. - 228, 236, 353
de Grip, W.J. - 94
de Laszlo, S.E. - 100
De Lucchi, O. - 155, 162
De Mesmaeker, A. - 83
De Sarlo, F. - 318
Deady, L.W. - 325
Deardorff, D.R. - 17
Degani, I. - 417
Degl'Innocenti, A. - 418, 426, 439
Dehmlow, E.V. - 80
DeKimpe, N. - 142, 178, 404
Dellaria, J.F., Jr. - 11
Delorme, D. - 94
deMarch, P. - 329
deMeijere, A. - 180
DeMicheli, C. - 329
DeMunno, A. - 334
Demuth, M. - 175, 434
Denmark, S.E. - 29, 32, 206,

386
Depezay, J.-C. - 94
Desai, M.C. - 306
Desimoni, G. - 149
Deslongchamps, P. - 165
Desvergne, J.-P. - 171
Devlin, J.P. - 442
Dhavale, D.D. - 312
Di Furia, F. - 219
Dieter, R.K. - 330
Diez-Barra, E. - 15
DiMichele, L.M. - 221
Dinh, N.H. - 95
Djerassi, C. - 103
Djuric, S.W. - 124
Doak, G.O. - 437
Dobrev, A. - 9, 401
Dolbier, W.R., Jr. - 223
Dolle, R.E. - 298
Dominguez, E. - 14
Donaldson, W.A. - 18, 136
Dondoni, A. - 33, 59
Dormond, A. - 62
Doutheau, A. - 312
Dowd, P. - 85, 142, 315
Doyle, M.P. - 271
Dreiding, A.S. - 268
Drewes, S.E. - 7, 122
Duguay, G. - 337
Duhamel, L. - 101
Dunach, E. - 82
Durandetti, S. - 64
Dureault, A. - 397
Durst, T. - 289
Duthaler, R.O. - 58
Eberbach, W. - 318, 329
Eberhardt, M.K. - 219
Eger, K. - 291
Egert, E. - 56
Eguchi, S. - 5, 305, 318, 321, 323, 331

Eicher, T. - 5
Eichinger, K. - 290
El Massry, A.M. - 340
Elgemeie, G.H. - 284, 312
Elguero, J. - 148, 321
Elix, J.A. - 71
Ellison, G.B. - 107
Elnagi, H. - 303
Elsevier, C.J. - 131
Elsheimer, S. - 106, 373
Enders, D. - 3, 21
Engels, J.W. - 441
Engler, T.A. - 81, 133, 151
Engman, L. - 109, 412
Enholm, E.J. - 79, 85
Ensley, H.E. - 219
Ensley, H.E. - 333
Erdik, E. - 434
Erickson, K.L. - 214
Erken, G. - 344
Ernst, B. - 94
Erra-Balsells, R. - 171
Evans, D.A. - 39
Fabian, J. - 335
Fadel, A. - 243
Falck, J.R. - 22, 94, 99
Faller, J.W. - 62
Fallis, A.G. - 85, 164, 165, 208
Falorni, M. - 239
Fang, J.-M. - 14, 31
Farcasiu, D. - 211
Farina, F. - 151, 322
Feldman, K.S. - 90, 175, 220, 290, 327
Feng, J. - 115
Feringa, B.L. - 72, 74
Ferraz, H.M.C. - 100
Ferreira, J.T.B. - 420
Ferrier, R.J. - 83
Fetizon, M. - 328
Fetzon, M. - 350

AUTHOR INDEX

Fiaud, J.C. - 18
Ficini, J. - 94
Fields, E.K. - 172
Fillion, H. - 100
Findeis, M.A. - 370, 394
Finet, J.P. - 203
Firestone, R.A. - 148
Firouzabadi, H. - 216
Fisher, L.E. - 275, 331
Fishwick, C.W.G. - 302, 313
Fitjer, L. - 211
Fitz, T.A. - 94
Fleming, I. - 166
Flippin, L.A. - 24
Flitsch, W. - 297, 319
Folest, J.C. - 91
Font, J. - 163, 329
Foote, C.S. - 234, 292
Fournier, J. - 326
Fowler, F.W. - 297
Fox, M.A. - 115, 216
Franck, R.W. - 152
Franck-Neumann, M. - 66, 124, 167
Fraser-Reid, B. - 33, 83, 169, 352
Frater, G. - 9, 23, 80, 229
Frauenrath, H. - 431
Freedman, L.D. - 437
Freeman, F. - 231, 285, 330, 353
Frenette, R. - 86, 289
Fried, J. - 83
Friedrich, E.C. - 141
Fringuelli, F. - 158, 228
Fry, A.J. - 32
Fry, J.L. - 82
Fuchigami, T. - 30, 242, 258
Fuchikami, T. - 195, 198
Fuchs, P.L. - 100, 120
Fuji, K. - 11, 71

Fujimoto, R.A. - 295
Fujioka, H. - 56, 70
Fujisawa, T. - 14, 25, 58, 241, 366
Fujiwara, Y. - 199
Fukaya, C. - 124
Fuks, R. - 66
Fukumi, H. - 325
Fukumoto, K. - 15, 71, 164, 169, 297, 307, 395
Fukuzawa, S. - 3
Fukuzumi, S. - 240
Funabiki, T. - 219
Furia, F.D. - 227
Furster, A. - 205
Furstner, A. - 49
Furstoss, R. - 233
Furusawa, K. - 357
Gais, H.-J. - 83, 119
Gajewski, J.J. - 149
Gallacher, T. - 20, 295
Gallina, C. - 216
Gallo, R. - 385
Gallos, J.K. - 324
Gandhi, R.P. - 159
Gandofli, R. - 329
Ganem, B. - 354, 400
Gante, J. - 393
Gaoni, Y. - 54
Garanti, L. - 339
Garcia Ruano, J.L. - 151, 153
Garcia, J. - 400
Garratt, P.J. - 325
Gasco, A. - 342
Gassman, P.G. - 79, 87, 141, 144, 158
Gaudemar-Bardone, F. - 142
Gauthier, J. - 360
Gawley, R.E. - 21
Geffken, D. - 375
Gelbard, G. - 240

Genet, J.P. - 216
Gennari, C. - 41, 271
George, M.V. - 151
Georgiadis, M.P. - 63
Geraghty, N.W.A. - 4
Gesson, J.-P. - 1
Gewald, K. - 326
Ghelfi, F. - 383
Ghosez, L. - 160, 295, 380, 433
Ghosh, S. - 171, 308
Giacomelli, G. - 239
Giannis, A. - 243
Giese, B. - 79, 82, 83, 84, 435
Gilbert, J.C. - 206
Gilchrist, T.L. - 324
Girard, J.-P. - 94
Gladysz, J.A. - 63, 432, 444
Gleiter, R. - 159
Gnichtel, H. - 339
Goering, H.L. - 188
Goldberg, Yu. - 1
Goldman, A.S. - 127
Goldsmith, D. - 285
Gompper, R. - 270
Goo, Y.M. - 387
Gopalan, A.S. - 241
Gordon, I.M. - 444
Gore, J. - 12, 17, 188
Gorrichon, L. - 41
Goti, A. - 315
Goto, T. - 243
Gotor, V. - 387
Goya, P. - 324
Graham, W.A.G. - 200
Gramain, J.G. - 298
Graziano, M.L. - 70, 273
Gree, R. - 100, 159, 204
Green, K. - 419
Greene, A.E. - 88, 209, 373
Greenlee, M.L. - 272
Gribble, G.W. - 255

Grieco, P.A. - 166, 206
Grigg, R. - 113, 276, 301, 302, 328
Griller, D. - 258
Grimme, W. - 155
Grondin, J. - 51
Gronowitz, S. - 191, 307
Gross, M.L. - 32
Grubbs, R.H. - 165
Grundy, S.L. - 27
Grutzmacher, H. - 345, 346
Grutzmacher, H.-F. - 115, 161
Guerrero, A. - 411
Guilard, R. - 296
Gupta, R.R. - 338
Gupta, S. - 171
Gupton, J.T. - 15, 228, 321, 404
Gust, D. - 434
Guthrie, R.W. - 181
Gutierrez, C.G. - 257
Gutman, A.L. - 279
Haack, R.A. - 80, 177
Haas, A. - 439
Habich, D. - 339
Hacksell, U. - 178, 330
Haemens, A. - 442
Hagiwara, H. - 71
Hajos, G. - 340
Hajos, Z.G. - 290
Hall, H.K., Jr. - 130, 162
Hallberg, A. - 126, 179, 205
Halton, B. - 444
Hamada, T. - 304
Hamanaka, N. - 153
Hamanaka, S. - 61
Hamann, P.R. - 34
Hamelin, J. - 59
Hanack, M. - 95, 98, 143, 380, 387
Hanaoka, M. - 41
Hanessian, S. - 22, 99, 429

AUTHOR INDEX

Hanessian, S. - 99
Hanna, I. - 20
Hanson, J.R. - 82
Hanson, R. - 177
Harada, K. - 30, 63
Harding, C.E. - 114
Harmata, M. - 314
Harre, M. - 14
Harris, A.R. - 238
Harrison, M.J. - 207
Hart, D.J. - 83, 271, 349
Harter, P. - 119
Hartke, K. - 71, 100, 136, 303
Hartmann, W. - 407
Haruta, J. - 78
Harvey, R.G. - 41
Haslinger, E. - 211
Hassaneen, M. - 321
Hassner, A. - 320, 328
Hauser, F.M. - 105
Hayashi, T. - 39, 46, 89, 119, 206, 231, 389
Hayashi, Y. - 81
Haynes, R.K. - 19, 69
He, Y. - 248, 256
Heathcock, C.H. - 41, 50, 67, 100
Heck, J.V. - 334
Heck, R.F. - 188
Hegedus, L.S. - 171, 181, 275, 437
Hellwinkel, D. - 179, 257, 334
Helmchen, G. - 153
Helquist, P. - 86, 100, 145, 158, 210, 212
Hendrickson, J.B. - 134
Herchen, S.R. - 227
Herczegh, P. - 165, 304
Herndon, J.W. - 141, 196
Herranz, R. - 30, 63
Hersh, W.H. - 147

Hesse, M. - 18
Heumann, A. - 90, 202
Hevesi, L. - 5
Hewson, A.T. - 221
Hibino, S. - 307
Hida, M. - 174
Hidai, M. - 197, 292
Hiemstra, H. - 29
Hill, J. - 323
Hilvert, D. - 149
Himbert, G. - 159, 277
Himmler, T. - 260
Hino, T. - 95
Hirama, M. - 135, 232
Hirata, T. - 272
Hirobe, M. - 227, 229
Hiroi, K. - 7, 17, 89
Hisano, T. - 329
Hiyama, T. - 121, 133, 135, 182, 198, 271
Hlasta, D.J. - 54
Ho, T.L. - 398
Hoberg, H. - 65, 272
Hoffman, R.V. - 273, 432
Hoffman, R.W. - 192
Hoffmann, H.M.R. - 4, 286
Hoffmann, R.W. - 47
Hojo, M. - 309
Holla, B.S. - 321
Holt, D.A. - 418
Holzapfel, C.W. - 119
Honda, T. - 366
Honda, Y. - 76
Hongxun, D. - 28
Honma, T. - 302
Hoornaert, G. - 164
Hopf, H. - 103, 164
Hoppe, D. - 45, 54, 56, 58, 272
Horiguchi, Y. - 218
Hornback, J.M. - 21
Hosomi, A. - 5, 319

Houk, K.N. - 149
Hoye, T.R. - 141, 269
Hrnciar, P. - 284
Hua, D.H. - 302
Huang, X. - 420
Huang, Y.-Z. - 61, 92, 102, 108, 141
Huang, Z.T. - 333
Hudlicky, T. - 48, 68, 143, 221, 444
Hudrlik, P.F. - 101
Hudson, B.S. - 15
Humphrey, G.R. - 342
Humphries, R.E. - 438
Hunig, S. - 37, 71
Hunig, S. - 71
Hunt, D.A. - 72
Hunter, R. - 6, 28, 192
Hurst, D.T. - 340
Hussian, S. - 325
Husson, H.P. - 302
Hutchings, G.J. - 237
Hutchings, M.G. - 324
Hutchins, R.O. - 253, 259
Hwu, J.R. - 69, 431, 433
Ibarra, C.A. - 100
Ibata, T. - 330
Ibrahim, N.S. - 326
Ibuka, T. - 24
Ichihara, A. - 165
Ichihara, J. - 382
Ichikawa, J. - 117, 193
Ichikawa, Y. - 151
Ikeda, M. - 274, 295, 436
Ikegami, S. - 45
Ikota, N. - 153
Ila, H. - 160, 290, 291, 330
Imafuku, K. - 184
Imamoto, T. - 59
Inaba, T. - 5
Inamoto, T. - 140

Inanaga, J. - 85, 256, 440
Inazu, T. - 100
Inomata, K. - 285
Inoue, H. - 319
Inoue, M. - 373
Inoue, Y. - 290
Iqbal, J. - 5, 49, 289, 354, 382, 424
Iranpoor, N. - 215
Isaacs, N.S. - 346
Ishibashi, H. - 60, 87, 176, 274, 436
Ishida, M. - 284
Ishihara, T. - 6, 29, 36
Ishii, Y. - 49, 229, 373, 380
Ishikawa, M. - 137
Isoe, S. - 27, 100, 230, 397
Ito, K. - 210, 284
Ito, S. - 235, 429
Ito, Y. - 39, 46, 51, 69, 83, 89, 114, 119, 121, 135, 206, 231, 377, 389, 443
Itoh, K. - 274
Itoh, T. - 14
Itsune, S. - 244
Itsuno, S. - 393
Iwao, M. - 260
Iwasawa, N. - 151
Iwata, M. - 362, 400
Iyengar, D.S. - 142
Iyoda, M. - 127, 132
Izawa, K. - 270
Izumi, Y. - 41, 63, 408, 424
Jackson, R.F.W. - 20, 51
Jackson, W.R. - 31, 200
Jacot-Guillarmod, A. - 20, 96
Jacquesy, J.C. - 411
Jacquier, R. - 428
Jaeger, D.A. - 157
Jahangir - 275
Jarzebski, A. - 9

AUTHOR INDEX

Jaxa-Chamiec, A. - 177, 255
Jeffery, T. - 136
Jefford, C.W. - 232, 302, 358
Jenkins, P.R. - 165
Jenner, G. - 377
Johnson, C.D. - 310
Johnson, C.R. - 45, 262
Johnson, W.S. - 87
Jonczyk, A. - 20, 138
Jones, D.W. - 164, 212
Jones, G. - 339
Jones, G.B. - 242
Jones, K. - 275
Jones, T.K. - 99
Jorgensen, K.A. - 226, 237
Jorgensen, W.L. - 149, 237
Joshi, K.C. - 274
Jouin, P. - 368
Joullie, M.M. - 280
Jousseaume, B. - 160, 398
Juaristi, E. - 299
Julia, M. - 116
Julia, S.A. - 20
Jung, M.E. - 153, 208, 229, 320
Junjappa, H. - 160, 290, 291, 330
Jurczak, J. - 309, 348, 430
Jursic, B. - 258
Jutzi, P. - 150
Kaafarani, M. - 336
Kabalka, G.W. - 231, 250, 363, 383, 437, 439
Kadow, J.F. - 136
Kafarski, P. - 394
Kagabu, S. - 247, 276, 303
Kagan, H.B. - 202, 417
Kaiser, E.T. - 442
Kajigaeshi, S. - 222, 392
Kakehi, A. - 319
Kakinuma, K. - 208
Kakiuchi, K. - 173, 211
Kamal, A. - 325

Kamata, M. - 127
Kamimura, A. - 29, 178, 261
Kaminsky, W. - 201
Kaneko, C. - 142, 162, 163
Kanemasa, S. - 1, 77, 100, 101, 302, 309, 318
Kanematsu, K. - 67, 159, 297, 320
Kang, S.-K. - 63, 79
Kano, S. - 56
Kappe, C.O. - 303, 337
Kappe, T. - 301, 325
Kariv-Miller, E. - 65
Karminski-Zamola, G. - 174
Kasahara, A. - 181, 182, 300
Kasatkin, A.N. - 28
Kaspar, J. - 244
Kato, N. - 207, 209
Kato, S. - 161, 284, 421
Katritzky, A.R. - 24, 25, 71, 134, 324, 330, 348, 361, 387, 390, 402, 405
Katsuki, T. - 134
Katti, S.B. - 368
Katz, H.E. - 181
Katz, R.B. - 325
Kawamata, T. - 150
Kawanami, Y. - 55, 242
Kaye, P.T. - 375, 424
Kayser, M.M. - 97
Keay, B.A. - 320, 423
Keck, G.E. - 48, 85, 99, 297
Keda, S.I. - 251
Keefer, L.K. - 266
Keehn, P.M. - 379
Keese, R. - 172
Keinan, E. - 266
Kelboro, Y.F. - 326
Keller, L. - 391
Kellogg, R.M. - 119
Kelly, T.R. - 150
Kemp, D. - 236

Kemp, D.S. - 336
Kempf, D.J. - 27
Kende, A.S. - 39, 209
Kerber, R.C. - 436
Kessar, S.V. - 154
Ketcha, D.M. - 246, 255
Keumi, T. - 69, 225
Khai, B.T. - 241
Khan, R.H. - 413
Khuong-Huu, F. - 100
Kibayashi, C. - 53, 329, 333, 364
Kibbel, H.U. - 334
Kienzle, F. - 159
Kihara, M. - 181, 189
Kiji, J. - 198
Kikugawa, Y. - 274
Kim, K.S. - 216
Kim, S. - 210, 270, 365
Kim, S.W. - 20
Kim, Y.H. - 220, 227, 331
Kimura, Y. - 379, 440
Kinoshita, M. - 55
Kira, M. - 59, 376
Kiselev, M.Yu. - 138
Kiselev, V.D. - 147
Kishi, Y. - 60, 125
Kiso, Y. - 367, 369
Kita, Y. - 42, 70, 78, 271, 398
Kitagawa, I. - 44
Kitagawa, K. - 247
Kitazume, T. - 41, 74
Kitching, W. - 95
Kiyooka, S. - 60
Klemm, L.H. - 15
Klotzer, W. - 323
Klumpp, G.W. - 25, 312
Knebusch, C. - 334
Knight, D.W. - 96
Knochel, P. - 24, 25, 74, 75, 135, 300

Knorr, R. - 1
Kobayashi, Y. - 22, 83, 84, 155, 286
Kobrina, L.S. - 158
Kochi, J.K. - 383
Kocienski, P. - 112, 119
Kocovsky, P. - 183
Koenig, M. - 419
Koft, E.R. - 33
Koga, K. - 4, 73, 173
Koholic, D.J. - 358
Koizumi, T. - 317
Kollenz, G. - 325
Kolodiazhnyi, O.I. - 92
Kometani, T. - 241
Komiya, S. - 128
Konakahara, T. - 53
Kondo, S. - 138
Kong, F. - 246
Konopelski, J.P. - 161
Koreeda, M. - 55, 92, 208, 320
Kornblum, N. - 22
Kosugi, H. - 5
Kotali, A. - 351
Kotera, M. - 347
Koto, S. - 359
Kotsuki, H. - 22
Kovalev, B.G. - 94
Koziara, A. - 389
Kozikowski, A.P. - 66
Krafft, M. - 272
Kral, V. -321
Kraus, G.A. - 76, 82, 151, 165, 203, 435
Kraus, W. - 298
Krause, N. - 75
Krebs, H.D. - 335
Krief, A. - 46, 143, 351, 419
Krogh-Jespersen, K. - 141
Ku, T.W. - 39
Kubo, Y. - 174

AUTHOR INDEX

Kuck, D. - 177
Kudo, T. - 248
Kulkarni, G.H. - 4, 139, 209
Kumadaki, I. - 103
Kumagai, T. - 146
Kumar, P.R. - 164
Kumar, V. - 186
Kung, H.F. - 177
Kunieda, N. - 45
Kunz, H. - 42, 77, 304
Kurihara, T. - 265
Kurihara, T. - 63
Kurth, M.J. - 276
Kuwajima, I. - 5, 59, 61, 76, 210
Kwiatkowski, S. - 395
L'abbe, G. - 320
Labadie, S.S. - 417
Labaziewicz, H. - 333
Labelle, M. - 285
Lackner, H. - 9
Lagow, R.J. - 223
Lahiri, S. - 171
Lakhan, R. - 330
Lakhvich, F.A. - 3, 348
Lal, B. - 358
Lamartine, R. - 428
Landgrebe, J.A. - 19
Landor, S.R. - 306
Lang, R.W. - 224
Langlois, Y. - 163
Lansbury, P.T. - 370
Lapidus, A.L. - 195
Larcheveque, M. - 23, 73
Larock, R.C. - 18, 90, 125,180, 181, 203, 285
Larsen, S.D. - 322, 399
Larson, G.L. - 43, 101, 283, 424, 439
Laszlo, P. - 158
Lau, C.K. - 191, 254
Laude, B. - 320

Laurent, E. - 384
Lautens, M. - 159
Le Corre, M. - 95, 97, 382, 397
Le Menn, J.-C. - 93
le Noble, W.J. - 148, 208
Lebedev, Yu.M. - 87
Lechevallier, A. - 109
Leclaire, M. - 165
Leclerc, G. - 45, 334
LeCoz, L. - 304
Lee, A.W.M. - 416
Lee, E. - 277
Lee, S. - 252
Lee, S.J. - 161
Lee, T.V. - 5, 45, 117, 424
Lee, W. - 338
Lee, W.S. - 339
Leempoel, P. - 443
LeFloch, P. - 346
LeGoff, E. - 54
Lehman de Gaeta, L.S. - 45
Levin, J.I. - 36
Levine, S.G. - 14
Ley, S.V. - 29, 45, 60, 165, 221, 402
Leznoff, C.C. - 181
Lhommet, G. - 246
Li, W.-S. - 220
Liao, C.-C. - 158
Licandro, E. - 321
Liebeskind, L.S. - 53, 169, 186, 188
Liebscher, J. - 326, 339
Lillya, C.P. - 59
Linderman, R.J. - 76, 216, 321
Lindfors, K.R. - 333
Lindner, H.J. - 79
Lindsay Smith, J.R. - 222
Linstrumelle, G. - 123, 191
Liotta, D. - 285
Lippmann, E. - 339

Lipshutz, B.H. - 20, 75, 204, 355, 425
Lis, L.G. - 3
Listvan, V.N. - 97
Liu, H.-J. - 15, 225, 384
Livinghouse, T. - 87, 91, 112, 302
Lobo, A.M. - 322
Lopp, M. - 99
Lou, J.-D. - 215
Loupy, A. - 68
Lozac'h, N. - 353
Lu, X. - 12, 98, 115, 260, 419
Luche, J.-L. - 82, 168, 427
Lugtenburg, J. - 94
Luh, T.-Y. - 26, 116, 118, 260
Lukevics, E. - 240, 350
Lunn, G. - 266
Lwowski, W. - 268, 411
Lynch, J.E. - 272
Maccioni, A. - 303
MacCorquodale, F. - 83
Macdonald, T.L. - 48
Mach, K. - 158
Machinaga, N. - 364
Mackenzie, P.B. - 87
Maercker, A. - 54
Magnus, P. - 177, 196
Mahajan, M.P. - 344
Maier, M.E. - 288
Maignan, C. - 153
Majerski, Z. - 170
Majewski, M. - 33
Majumdar, K.C. - 187, 205
Makin, S.M. - 5
Makosza, M. - 15, 45, 300
Makrandi, J.K. - 310
Malacria, M. - 89, 169
Malik, A.A. - 264
Mandal, A.K. - 283
Mane, P. - 389

Mangeney, P. - 82
Mann, A. - 21
Manogaran, S. - 289
Maraccini, S. - 330
Maranda, M.A. - 185
Marchand, A.P. - 148, 160
Mariano, P.S. - 43, 174, 298
Marino, J.P. - 282
Marjoral, J.P. - 345
Markaryan, E.A. - 352
Markgraf, J.H. - 252
Markl, G. - 345, 419
Markovski, L.N. - 436
Marks, T.J. - 299
Marsaioli, J. - 354
Marshall, J.A. - 23, 49, 204, 425
Martell, A.E. - 442
Marti, M.J. - 408
Martin, H. - 286
Martin, J.C. - 415
Martin, O.R. - 44
Martin, P. - 301
Martin, R. - 185
Martin, S.F. - 48, 75, 166, 297, 302, 329
Martinez, A.G. - 387
Maruyama, K. - 78, 115
Maryanoff, B.E. - 93
Maryanoff, C.A. - 302
Masaki, Y. - 355
Masamune, S. - 40, 299
Mascaretti, O.A. - 258
Masci, B. - 409
Mash, E.A. - 141, 167
Masnyk, M. - 267
Massey, A.G. - 438
Masson, S. - 100
Masuda, Y. - 31, 195, 406
Masuyama, Y. - 16, 48
Matlin, A.R. - 175
Matsuda, F. - 50

AUTHOR INDEX

Matsuda, I. - 128, 200, 425
Matsuyama, H. - 16, 110
Mattay, J. - 153, 154, 176, 309
Matteson, D.S. - 191, 232, 430
Matyus, P. - 339
Maumy, M. - 406
Maxwell, J.R. - 45
Mayr, H. - 29, 160, 329
Mazurkiewicz, R. - 323
Mazzocchi, P. - 298
McClard. R.W. - 21
McDonald, C.E. - 285
McDonald, R.N. - 435
McDougal, P.G. - 46, 161
McGoran, E.C. - 235
McIntosh, J.M. - 9
McKenna, E.G. - 95
McKenzie, T.C. - 151
McKillop, A. - 236, 415
McMurry, J.E. - 82, 115
McNab, H. - 316
Meazza, G. - 108
Meehan, G.V. - 206
Mehta, G. - 33, 151
Meier, H. - 155, 167, 172
Mellor, J.M. - 166, 335
Menicagli, R. - 26
Mercier, F. - 419
Mestres, R. - 37
Methey, F. - 346
Metz, D. - 320
Metzner, P. - 67
Mewshaw, R.E. - 118, 401
Meyers, A.I. - 21, 53, 54, 72, 332
Michael, J.P. - 162
Michalska, M. - 438
Michalski, J. - 438
Michelot, D. - 52
Michl, J. - 432, 442
Midland, M.M. - 53, 240, 266
Miftakhov, M.S. - 94, 124

Miginiac, L. - 49, 50, 117, 312
Mignani, G. - 12
Mikhaleva, A.I. - 348
Mikolajczyk, M. - 69, 100, 101
Miles, W.H. - 190
Millar, J.G. - 124
Miller, J.A. - 112
Miller, M.J. - 244
Miller, R.B. - 301
Mills, A. - 444
Milstein, D. - 198
Minami, T. - 95
Minisci, F. - 186, 222, 235, 350
Mioskowski, C. - 22, 92, 95, 380
Mirskova, A.N. - 433
Mitchell, M.B. - 186
Mitra, R.B. - 143, 366
Miura, M. - 182, 198, 248
Miyajima, S. - 303
Miyakoshi, T. - 433
Miyamoto, Y. - 339
Miyano, S. - 56
Miyasaka, T. - 420
Miyaura, N. - 123
Mizhiritskii, M.D. - 248
Mizuno, K. - 332
Mizuno, T. - 338
Mlochowski, J. - 406
Moberg, C. - 90, 202
Modena, G. - 219, 227
Mohamadi, F. - 228
Moiseenkov, A.M. - 101
Molander, G.A. - 29, 41, 53, 85, 141, 311
Molchanov, A.P. - 138
Molina, P. - 297, 305, 321, 323, 340
Mollov, M.M. - 322
Moloy, K.G. - 199
Momose, T. - 56, 295, 299
Mondeshka, D. - 275

Monger, S.J. - 357
Montanari, F. - 229
Montforts, F.-P. - 17
Moody, C.J. - 86, 301, 310
Moore, H.W. - 88, 169, 210, 211, 296
Moore, T.A. - 434
Morales-Rios, M.S. - 300
Moreno-Manas, M. - 18
Moreto, J.M. - 312
Mori, K. - 20, 55, 74, 87
Mori, M. - 272, 276, 332
Mori, N. - 85
Mori, Y. - 20
Moriarty, R.M. - 88, 144, 171, 398
Moriwake, T. - 77, 166
Moriya, O. - 328
Moro-oka, Y. - 196
Morokuma, K. - 75
Moss, G.P. - 95
Moss, R.A. - 141
Motoki, S. - 305
Moyano, A. - 106
Muccio, D.D. - 100
Muchowski, J. - 275
Mueller, T. - 325
Muhlstadt, M. - 285, 338
Mukaiyama, T. - 30, 35, 41, 42, 67, 82, 87, 202, 216, 234
Mukherjee, D. - 30
Muller, P. - 196
Mulzer, J. - 264
Murahashi, S. - 128, 431
Murahashi, S.-I. - 227, 245, 409
Murai, S. - 195
Murai, T. - 420
Murakami, Y. - 300
Muralidharan, S. - 345
Muraoka, M. - 303
Muraoka, O. - 210
Murphy, W.S. - 214

Murray, A.W. - 99
Murray, R.W. - 226, 236
Murray, W.V. - 321
Myers, A.G. - 132, 136
Mylari, B.L. - 331
Nadir, U.K. - 270
Naf, F. - 86
Nagai, M. - 260
Nagai, T. - 142, 320
Nagarajan, M. - 1
Nagasawa, K. - 284
Nagata, W. - 351
Nagendrappa, G. - 133
Najera, C. - 25, 74, 120
Nakagawa, M. - 95
Nakai, T. - 208
Nakai, T. - 41, 64, 208, 209
Nakamura, E. - 59, 61, 76, 90, 120, 157, 169, 182, 286
Nakamura, K. - 241
Nakamura, T. - 440
Nakanishi, K. - 94
Nakata, M. - 55, 230
Nakata, T. - 37
Nanni, D. - 341
Naoshima, Y. - 241
Napolitano, E. - 100
Narasaka, K. - 151
Narasimhan, N.S. - 185
Narisada, M. - 259
Narita, S. - 99
Naruta, Y. - 78
Naruto, S. - 39, 271
Naso, F. - 113
Nedolya, N.A. - 269
Negishi, E. - 28, 89, 91, 104, 113, 125, 188, 198, 201, 286, 440
Neibecker, D. - 197
Neidlein, N. - 321
Neidlein, R. - 15, 166
Neier, R. - 173

AUTHOR INDEX

Neilson, R.H. - 101
Neudeck, H.K. - 177
Neumann, R. - 235
New, J.S. - 302
Newcomb, M. - 317
Nicholas, K.M. - 41, 145
Niclas, H.J. - 248, 340
Nicolaides, D. - 189
Nicolaou, K.C. - 47, 94, 121, 123, 136, 191, 311, 314
Nicotra, F. - 312
Niecke, E. - 345
Nishi, T. - 14
Nishiauchi, T. - 400
Nishida, A. - 355
Nishida, S. - 81
Nishiguchi, I. - 233
Nishiguchi, T. - 103, 216, 403
Nishimura, J. - 172
Nishio, T. - 415
Nishiyama, Y. - 61, 250, 386
Nitta, M. -297
Noda, I. - 428
Noe, C.R. - 33
Noguchi, M. - 296
Nojima, M. - 27
Nokami, J. - 34, 66, 431
Nomura, R. - 322
Nonaka, T. - 242, 258
Normant, J.F. - 49, 206
Nose, A. - 248
Noyori, R. - 2, 50, 241
Nozaki, H. - 439
Nozaki, K. - 354
Nozoe, T. - 184, 324
Nugent, W.A. - 31, 79, 91, 282
Nutaitis, C.F. - 244
Nuzillard, J.-M. - 100
O'Donnell, M. - 95
O'Donnell, M.J. - 10, 188, 397
O'Sullivan, W.I. - 324

Oae, S. - 247
Obrecht, D. - 290, 374
Ochiai, M. - 425
Oda, J. - 399
Oda, M. - 119
Oehlschlager, A.C. - 242, 412
Ogawa, M. - 373
Ogawa, S. - 6
Ogawa, T. - 136
Oguni, N. - 50
Ogura, F. - 141, 285, 295, 331, 413
Ogura, H. - 385
Oh, D.Y. - 72, 100, 365, 416, 419
Ohfune, Y. - 140
Ohira, S. - 101
Ohsawa, T. - 261
Ohshiro, Y. - 137, 225
Ohta, A. - 116
Ohta, H. - 250
Ohta, S. - 178
Oikawa, H. - 149
Oishi, T. - 37, 261
Ojima, I. - 205, 396, 438
Okai, H. - 368
Okajima, N. - 321
Okamoto, K. - 441
Okamoto, M. - 173
Okamura, W.H. - 131, 159
Okay, G. - 100
Oku, A. - 24, 231
Okuma, K. - 95, 418
Olah, G.A. - 59, 103, 219, 255, 391, 422
Olde Boerrigter, J.C. - 257
Olsson, T. - 76
Oluwadiya, J.O. - 325
Onaka, M. - 41, 63, 408, 424
Ono, N. - 29
Opitz, G. - 120
Oppenlander, T. - 281

Oppolzer, W. - 13, 75, 89, 153, 196, 209, 436,
Orahovats, A.S. - 166
Orena, M. - 14
Orsini, F. - 124, 356
Orszulik, S.T. - 311
Ortaggi, G. - 133
Ortuno, R.M. - 163
Osa, T. - 15
Oshima, K. - 111, 194, 259, 286, 299, 384
Otera, J. - 5, 72, 100, 363, 439
Otsuji, Y. - 16, 332
Ottenheijm, H.C.J. - 247
Otter, B. - 311
Overman, L.E. - 87, 126, 210, 297, 314
Owen, T.C. - 287, 383
Ozawa, F. - 199
Padwa, A. - 86, 140, 159, 168, 288, 302, 304, 310, 315, 329
Paetzold, F. - 262
Pagni, R.M. - 383
Palenik, G.J. - 323
Palomo, C. - 41, 101, 271, 272
Pande, C.S. - 237
Pandey, B. - 155
Pandey, G. - 298, 312
Papadopoulou, M.V. - 49
Papageorgiou, C. - 100
Papagini, A. - 321
Paquette, L.A. - 9, 11, 28, 59, 64, 73, 138, 155, 156, 168, 208
Paradisi, M.P. - 103
Parker, K.A. - 158
Parsons, P.J. - 83
Pascal, R. - 387
Pasto, D.J. - 127
Paterson, I. - 40, 124
Paton, R.M. - 307, 349
Patonet, R.M. - 185

Pattenden, G. - 82, 83, 273, 274, 286
Paulmier, C. - 373
Pavlov, V.A. - 26
Pearson, A.J. - 2, 20, 23, 33, 75, 190, 401
Pearson, R.G. - 429
Pearson, W.H. - 37, 47, 52, 296
Pecunioso, A. - 77
Pedersen, S.F. - 82, 189
Pedro, J.R. - 357
Peiffer, G. - 90
Pellissier, H. - 5, 30
Pelter, A. - 48, 193
Periasamy, M. - 244, 372, 380
Pericas, M.A. - 106
Perichon, J. - 64
Perlmutter, P. - 200
Perni, R.B. - 365
Peters, K.S. - 173
Petrier, C. - 249
Petrillo, G. - 186
Pfaltz, A. - 250
Pfander. H. - 95
Pfeffer, M. - 301
Pfleiderer, W. - 421
Pflieger, P. - 290
Piancatelli, G. - 171
Picard, J.-P. - 103
Piccolo, O. - 381
Pielichowski, J. - 133
Piers, E. - 76, 119, 124, 412
Pietrusiewicz, K.M. - 21, 329, 419
Pigou, P.E. - 83
Pindur, U. - 309, 349
Pinhey, J.T. - 137
Piras, P.R. - 377
Pizzorno, M.T. - 319
Plumet, J. - 55, 329
Plummer, B.F. - 387

AUTHOR INDEX

Podraza, K.F. - 1
Pohmakotr, M. - 45
Poirier, J.-M. - 410
Poirier, J.-M. - 67, 410
Pollack, R.M. - 429
Polniaszek, R.P. - 39, 245, 267
Popandova-Yambolieva, K. - 69
Porta, O. - 82
Porter, N.A. - 79
Posner, G.H. - 71, 110, 234
Poss, A.J. - 358
Potts, K.T. - 311
Pougny, J.R. - 191
Power, P.P. - 347
Pozharskii, A.F. - 348
Prabhakar, S. - 322
Praefcke, K. - 324
Prager, R.H. - 67
Prakash, C. - 356
Prashad, M. - 60, 180
Preston, P.N. - 340
Prestwich, G.D. - 95
Pridgen, L.N. - 40, 68, 331
Prinzbach, H. - 156
Prugh, J.D. - 108
Pulido, F.J. - 61
Pulst, M. - 313
Pyne, S.G. - 45
Quast, H. - 143
Quayle, P. - 125
Quendo, A. - 67
Quinn, R.J. - 321
Quintero, L. - 435
Raban, M. - 443
Rabideau, P.W. - 252, 265
Rajagopalan, K. - 208
RajanBabu, T.V. - 79, 84, 282
RajanBabu, T.V. - 84
Rama Rao, A.V. - 18, 23
Rama, F. - 22
Ramage, R. - 304

Ramakrishnan, V.T. - 208
Ramamurthy, V. - 169
Ramiandrasoa, F. - 124
Ramsden, C.A. - 303
Ranken, P.F. - 417
Rao, J.M. - 173
Rao, P.N. - 6, 210
Rapoport, H. - 316
Rasmussen, P.B. - 13
Ravi, D. - 398
Reddy, B.R. - 136
Reddy, D.B. - 143
Reddy, G.B. - 366
Redlich, H. - 88
Rees, C.W. - 343
Reetz, M.T. - 44, 49, 55, 76, 278
Reginato, G. - 113
Regitz, M. - 345
Reglier, M. - 219
Rehorek, D. - 427
Reich, M.F. - 248
Reichardt, C. - 101
Reingold, I.D. - 140
Reinhoudt, D.N. - 319
Reissig, H.-U. - 43, 59, 139, 242, 279
Reitz, D.B. - 340
Renault, J. - 300
Rene, L. - 309
Reutrakul, V. - 143
Revial, G. - 66
Rheingold, A.L. - 188
Ricci, A. - 113, 224, 418, 439
Ricci, M. - 229
Rice, K.C. - 21
Rich, J.D. - 423
Rickborn, B. - 149
Ridley, D.D. - 187
Riediker, M. - 58
Rieke, R.D. - 26, 61

Rigby, J.H. - 99, 107, 154, 155, 275, 303
Rigo, B. - 342
Rinehart, K.L. - 95
Risch, N. - 35
Ritter, K. - 412
Riva, S. - 399
Robba, M. - 318
Roberts, S.M. - 160
Robins, D.J. - 318
Rodriguez, F. - 222
Rodriguez, J. - 204
Romanenko, V.D. - 436
Rosenblum, M. - 180
Rosini, G. - 69
Roskamp, E.J. - 40
Rossi, E. - 325
Rossi, R. - 119, 135
Rossi, R.A. - 171
Roth, B. - 206, 245
Roth, H.D. - 173
Roush, W.R. - 39, 47, 165
Roustan, J.-L. - 18
Rozen, S. - 218, 219
Ruano, J.L.G. - 306
Ruchardt, C. - 242
Rudler, H. - 275, 279
Rudorf, W.D. - 321
Ruenitz, P.C. - 115
Russell, G.A. - 118, 204
Ruveda, E.A. - 68
Rybinov, V.I. - 335
Rychnovsky, S.D. - 52
Ryu, I. - 253
Rzeszotarska, B. - 442
Saalfrank, R.W. - 340
Saavedra, J.E. - 1
Sabol, J.S. - 29, 94
Saburi, M. - 251
Saigo, K. - 66, 110, 278, 328
Saito, I. - 94, 136

Saito, K. - 156
Saito, S. - 77, 386, 408
Saito, T. - 305
Sakai, K. - 64, 75, 130, 209, 213
Sakai, T. - 7, 256
Sakakibara, T. - 198
Sakamoto, M. - 169
Sakamura, S. - 149, 165
Sakuraba, H. - 239
Sakurai, H. - 59, 376
Salaun, J. - 142, 208
Salomon, R.G. - 111
Samadi, M. - 84
Samuelson, A.G. - 16
Sanchez, M. - 345
Sanchez, R. - 248, 385
Sangwan, N.K. - 5
Saniere, M. - 94
Sanner, M.A. - 21
Santamaria, J. - 218, 392
Santelli, M. - 58, 87, 115
Santus, M. - 339
Sargent, M.V. - 95
Sarkar, A. - 238
Sarkar, T.K. - 20, 209
Sarrazin, J. - 21
Sasaki, K. - 36
Sasaki, N.A. - 116
Sasson, Y. - 30, 226, 378
Sato, F. - 74, 229
Sato, K. - 4, 74, 309
Sato, M. - 142, 162, 163
Sato, R. - 108, 327
Sato, T. - 264, 402, 425, 439
Sato, Y. - 316
Saulnier, M.G. - 119, 424
Sauvetre, R. - 124
Savignac, P. - 100
Savoia, D. - 56
Scaiano, J.C. - 147

Schaeffer, J.R. - 172
Schafer, H.-J. - 215
Schank, K. - 139
Schaumann, E. - 121, 139
Schell, E.M. - 298
Schick, H. - 433
Schinzer, D. - 36
Schlosser, M. - 208
Schluter, A.-D. - 150
Schmidt, R.R. - 120
Schmidt, U. - 396
Schner, V.F. - 248
Schnorrenberg, G. - 394
Schollkopf, U. - 36, 187
Schore, N.E. - 290
Schreiber, S.L. - 103, 141, 165, 282
Schrock, R.R. - 129
Schroll, A.L. - 370
Schroth, W. - 343, 388
Schubert, U. - 88, 272
Schulte-Elte, K.H. - 64
Schultz, A.G. - 170, 172
Schultz, P.G. - 442
Schulz, W.J. - 424
Schulze, B. - 343
Schulze, K. - 436
Schulze, W. - 322
Schuster, G.B. - 144, 149, 154, 174
Schwab, J.M. - 281
Schwartz, H. - 437
Schwartz, J. - 105
Scolastico, C. - 143
Scott, W.J. - 26, 124
Seebach, D. - 11, 14, 23, 37, 178, 440
Segi, M. - 313, 344, 419, 420
Seitz, G. - 341
Sekine, M. - 359
Selby, T.P. - 336

Seliger, H.H. - 234
Selnick, H.G. - 290
Semmelhack, M.F. - 285, 312
Senda, Y. - 252
Seno, K. - 99
Seoane, C. - 303
Serrano, J.A. - 152
Shafiee, A. - 342
Shagun, L.G. - 269
Shani, A. - 93
Shanmugan, P. - 356
Sharanin, Y.A. - 303, 314
Sharma, G.V.M. - 95, 263
Sharma, R.P. - 260
Sharma, S. - 353
Sharma, S.D. - 272
Sharpless, K.B. - 23, 229, 232, 267
Shchepin, V.V. - 1
Shen, Y. - 92, 143
Sheradsky, T. - 322
Sheu, J.-H. - 86
Shi, L. - 92
Shibasaki, M. - 38, 126, 209, 272, 273, 276, 332
Shibata, I. - 238, 331
Shibuya, I. - 291
Shibuya, M. - 96
Shigemasa, Y. - 366
Shih, N.-Y. - 72
Shimizu, I. - 7, 378
Shimizu, M. - 104, 235, 382, 411
Shimoji, Y. - 166
Shindo, K. - 324
Shine, H.J. - 342
Shing, T.K.M. - 33
Shioiri, T. - 33, 129, 140
Shono, T. - 4, 65, 222, 234, 302, 397, 405
Shutske, G.M. - 332
Sibille, S. - 91

Sicker, P. - 331
Sih, C.J. - 428
Silverman, R.B. - 188
Simon, A. - 71
Simpkins, N. - 424
Simpkins, N.S. - 107, 162, 295, 354
Sing, Y.L. - 326
Singh, B.B. - 238
Singh, J. - 56
Singh, M. - 216
Singh, R. - 171
Singh, V. - 160
Sinisterra, J.V. - 93
Sinou, D. - 17, 251, 401, 408
Sinskey, A.J. - 34
Sisti, M. - 124, 321
Sleeman, M.J. - 131, 206
Slivinskii, E.V. - 203
Sliwa, H. - 339, 350
Slusarchyk, W.A. - 81
Smit, W.A. - 196, 287
Smith, A.B., III - 4, 30, 80, 112, 260, 405
Smith, D.C.C. - 82
Smith, E.H. - 107
Smith, K. - 48, 193, 410, 415
Smith, M.B. - 152, 210, 243, 295, 299
Smith, R.A.J. - 75
Smith, R.F. - 321
Snider, B.B. - 73, 88, 201
Snieckus, V. - 101, 184, 191, 260, 305
Snowden, R.L. - 45, 156
Snyder, J.K. - 162
Soai, K. - 50, 75, 430
Sobenina, L.N. - 348, 352
Soderquist, J.A. - 23, 228, 425
Sohar, P. - 339
Solladie, G. - 105

Solladie-Cavallo, A. - 9
Solo, A.J. - 73
Sonoda, N. - 253, 313
Soukup, M. - 94, 135
Soumillion, J.P. - 174
Spangler, C.W. - 95
Spatola, A.F. - 259
Speckamp, W.N. - 29, 297
Spitzner, D. - 71
Spreitzer, H. - 244
Spyriounis, M. - 252
Srebnik, M. - 50, 192
Sreenivasulu, B. - 320
Srikrishna, A. - 84, 286
Srivastava, R.M. - 342
Stammer, C.H. - 142, 143
Stang, P.J. - 131, 136, 418
Stanovnik, B. - 312
StC. Black, D. - 179
Stefanovsky, Y. - 69
Steglich, W. - 22
Stein, J. - 340
Steliou, K. - 94
Stella, L. - 162
Stephenson, G.R. - 2, 13
Still, W.C. - 22, 311
Stille, J.K. - 124, 198, 301
Stoddart, J.F. - 320
Stoodley, R.J. - 152
Stork, G. - 96, 274, 286, 366, 425
Streith, J. - 319, 333
Strekowski, L. - 48, 306, 326, 404
Stryker, J.M. - 249
Stumm, G. - 248
Suarez, A.R. - 107
Suarez, E. - 298
Subba Rao, G.S.R. - 84, 160
Subramanian, R.S. - 402
Sugawara, A. - 108, 327

Suginome, H. - 64
Sukata, K. - 63
Sulsky, R. - 322
Sundermeyer, W. - 313
Sunek, H. - 324
Sunjic, V. - 251
Suryawanshi, S.N. - 151
Surzur, J.M. - 336
Sustmann, R. - 75, 147, 161
Sutherland, J.K. - 135
Sutter, M. - 95
Suzuki, A. - 47, 81, 123, 124, 191, 193, 194
Suzuki, H. - 54, 108, 136, 261, 329, 356
Suzuki, K. - 58, 210
Swaminathan, S. - 208
Swartz, J.E. - 65
Swenton, J.S. - 6, 73
Sworkin, M. - 208
Sy, W.-W. - 222
Syper, L. - 375
Szabo, J. - 337
Szeimies, G. - 107, 138
Szeja, S. - 358
Szymonifka, M.J. - 20, 334
Taber, D.F. - 68, 405
Tadano, K. - 206
Tadano, K. - 34, 206
Taddei, M. - 29
Taglianini, G. - 364
Tagliavini, G. - 49
Tai, A. - 141
Takacs, J.M. - 90
Takagi, K. - 183
Takahashi, O. - 230
Takahashi, T. - 75, 143
Takahata, H. - 276, 295
Takai, K. - 60, 117
Takano, S. - 24, 29, 34, 60, 87, 133, 165, 176, 290, 295

Takase, K. - 184
Takayama, H. - 69
Takeda, H. - 241
Takeda, T. - 5, 110
Takehira, K. - 235
Takeshita, H. - 207, 209, 212
Takeshita, M. - 248
Takeshito, M. - 242
Takeuchi, H. - 331
Takeuchi, Y. - 108
Takikawa, Y. - 344, 420
Takuwa, A. - 174
Talaikite, Z.A. - 107
Tamao, K. - 114, 121, 377
Tamao, K. - 83
Tamaru, Y. - 75
Tamm, C. - 37
Tamura, R. - 15, 76
Tamura, Y. - 56, 235
Tanabe, Y. - 36
Tanaka, J. - 77
Tanaka, K. - 45, 50, 271, 329
Tanaka, T. - 422
Tanaka, Y. - 239
Tang, Y. - 191
Tanikaga, R. - 20
Tanimoto, S. - 71
Tanner, D.D. - 259
Tasi, M. - 202
Taticchi, A. - 158
Tatsuta, K. - 357
Tay, M.K. - 46
Taylor, E.C. - 305, 340
Taylor, R.J.K. - 110, 119, 328
Taylor, R.T. - 156
Taylor, S.K. - 10
Tee, O.S. - 225, 378
Teller, J. - 335
Tenaglia, A. - 218
Terashima, S. - 158, 163, 240, 272, 273

Teulade, M.-P. - 100
Tezuka, T. - 186
Thebtaranonth, Y. - 67
Thomas, A.F. - 142
Thomas, E.J. - 48, 166, 310
Thomas, E.W. - 243
Thomas, J.M. - 427
Thomas, R.C. - 272
Thomas, R.D. - 101, 425
Thomas, S.E. - 196, 197
Thompson, C.M. - 111
Thompson, D.W. - 290, 312
Thornton, E.R. - 36
Thuy, V.M. - 216
Tiecco, M. - 280
Tierney, J. - 336
Tietze, L.F. - 209, 309, 396
Tilley, J.W. - 95, 182
Tingoli, M. - 280
Tius, M.A. - 6, 8, 33, 135
Tobinaga, S. - 330
Tochtermann, W. - 213
Toda, F. - 238, 239
Togni, A. - 46
Togo, H. - 296
Toke, L. - 385, 398
Tokoroyama, T. - 60, 78
Tokuda, M. - 64
Tolstikov, A.G. - 134
Tolstikov, G.A. - 143, 151
Toma, L. - 329
Tomchin, A.B. - 343
Tominaga, Y. - 319, 351
Tomioka, H. - 139
Tomioka, K. - 4, 72, 136
Tomlinson, G.D. - 192
Tomoda, S. - 411
Tonachini, G. - 52
Torii, S. - 64, 67, 104, 125, 258, 262, 300
Toru, T. - 412

Tour, J.M. - 102
Tranchepain, I. - 95
Traylor, T.G. - 229
Tremont, S.J. - 188
Trofimov, B.A. - 338, 348, 443
Trombini, C. - 40
Trost, B.M. - 17, 89, 114, 145, 205, 206, 254, 287, 299, 331, 437
Troupel, M. - 184
Tsai, Y.-M. - 83
Tsuda, T. - 197, 283
Tsuge, O. - 100, 101, 302, 318
Tsuji, J. - 17, 34, 66
Tundo, A. - 341
Tundo, P. - 14
Turbanova, E.S. - 103
Turnbull, K. - 260
Turner, J.A. - 38
Turro, N.J. - 154, 174
Uda, H. - 5
Uemuchi, Y. - 216
Uemura, M. - 24, 39
Uemura, S. - 248
Umani-Ronchi, A. - 17, 24
Umemoto, T. - 223
Uneyama, K. - 12, 56, 92, 176, 306
Uno, H. - 54, 108, 190, 329
Urbach, H. - 295
Ushida, S. - 355
Utaka, M. - 7, 241, 256
Utimoto, K. - 111, 194, 286, 287, 299, 384
Uyehara, T. - 37, 67, 170, 427
Valderrama, J.A. - 151
van Bekkum, H. - 427
Van Boom, J.H. - 267
van der Plas, H.C. - 305
van der Steen, R. - 94
Van Hijfte, L. - 133

AUTHOR INDEX

Van Koten, G. - 271, 401
Vasella, A. - 70
Vaultier, M. - 96, 162, 246
Vedejs, E. - 93
Vederas, J.C. - 280
Vekemans, J.A.J.M. - 240
Venanzi, L.M. - 364
Venturello, P. - 52
Veschambre, H. - 242
Victory, P. - 37, 303
Vidal, J.P. - 94
Viehe, H.G. - 326
Vilarrasa, J. - 400
Villemin, D. - 181, 287, 300, 402, 409, 413
Vilsmaier, E. - 143, 163
Vinick, F.J. - 306
Vinot, N. - 324
Voelter, W. - 12
Vogel, P. - 41
von der Saal, W. - 143
Voss, J. - 364
Wada, E. - 1, 309
Wade, P.A. - 332
Wadia, M.S. - 306
Wadsworth, D.H. - 319
Wagner, P.J. - 169, 172, 176, 435
Waigh, R.D. - 310
Waldmann, H. - 153, 304
Waldner, A. - 304
Walton, J.C. - 286
Wang, J.-T. - 57
Wang, K.K. - 132
Wang, K.T. - 385
Wang, Z. - 64, 203
Wang, Z.M. - 229
Ward, D.E. - 238
Ward, J.P. - 401
Warkentin, J. - 320
Warren, S. - 38, 94, 99, 295, 416
Warshawsky, A. - 390

Wasserman, H.H. - 25, 46, 293, 294
Watanabe, M. - 38, 53
Watanabe, Y. - 64, 198, 235
Waterson, D. - 14
Watt, D.S. - 33, 94, 206, 443
Weber, L. - 434
Wegman, R.W. - 199
Weinreb, S.M. - 88, 299, 304, 349
Welch, J.T. - 37
Welzel, P. - 87
Wender, P.A. - 158
Wenkert, E. - 158
Wentland, M.P. - 272
Wernic, D. - 96
Westwood, J.W. - 295
Weyerstahl, P. - 76
White, J.D. - 120, 329
Whitesell, J.K. - 60, 64, 430
Whitesides, G.M. - 34, 441
Whitham, G.H. - 286
Wiberg, K.B. - 138, 142
Wicha, J. - 20, 94
Widdowson, D.A. - 183, 187
Widhalm, M. - 68
Wiemer, D.F. - 119, 425
Williams, D.R. - 75, 295
Williams, R.M. - 361
Williams, R.V. - 155
Williard, P.G. - 45
Wilson, R.M. - 147
Wilson, S.R. - 49
Winkler, J.D. - 83, 298
Winterfeldt, E. - 158
Winzenberg, K.N. - 30
Wirz, J. - 155
Woggon, W.-D. - 218
Wolfe, J.F. - 190, 276
Wollny, B. - 364
Wong, C.-H. - 34

Wong, H.N.C. - 290, 423
Wovkulich, P.M. - 206, 309
Wudl, F. - 327, 421
Wulff, W.D. - 53, 201
Wurthwein, E.U. - 307
Wuts, P.G.M. - 40, 331
Wynberg, H. - 57, 430
Xaus, N. - 369
Xu, Y. - 330
Yadav, J.S. - 103, 105, 133, 139
Yajima, H. - 370
Yamada, K. - 11, 40, 44, 153, 165
Yamada, Y. - 67
Yamagishi, T. - 251
Yamaguchi, H. - 100
Yamaguchi, M. - 208
Yamakawa, K. - 35, 45, 241, 267
Yamamoto, A. - 199
Yamamoto, H. - 5, 25, 49, 52, 152, 184, 203, 206, 210, 309
Yamamoto, I. - 96
Yamamoto, K. - 356
Yamamoto, M. - 120, 278
Yamamoto, Y. - 24, 29, 37, 48, 67, 204, 210, 252, 270, 271, 385
Yamamura, S. - 8, 87
Yamanaka, H. - 301, 305, 329
Yamashita, A. - 292, 401
Yamashita, M. - 4
Yamataka, H. - 52
Yamauchi, M. - 418
Yamazaki, C. - 339
Yamazaki, M. - 146
Yamazaki, S. - 215
Yamomoto, M. - 277
Yang, T.K. - 302
Yang, Y. - 307
Yaozhong, J. - 9, 53

Yarmolenko, S.N. - 54
Yoda, M. - 285
Yokoe, I. - 191
Yokoyama, M. - 441
Yoneda, N. - 441
Yonemitsu, O. - 45, 56, 96, 360
Yonomoto, K. - 291
Yoshida, J. - 27, 230, 397
Yoshida, Z. - 75
Yoshifuji, M. - 419
Yoshikoshi, A. - 262, 278
Yoshioka, H. - 104
Yoshioka, M. - 50
Zard, S.Z. - 261, 376
Zecchi, G. - 321
Zey, R.L. - 324
Zhang, Y. - 35
Zhengming, L. - 92
Zhou, X. - 246
Zhou, X.J. - 360, 362, 366
Zimmerman, H.E. - 170, 172
Zoretic, P.A. - 75, 85
Zupan, M. - 223, 224, 379, 380
Zwanenburg, B. - 37, 267, 320
Zwierzak, A. - 407

NOV 1 6 1990